Software Defined Radio zum Selbstbau

Praktischer Einstieg mit Arduino, GnuRadio und FPGA

Dr. Thomas Duden

elektor
design > share > earn

1. Auflage 2024

ISBN 978-3-89576-650-3 Print
ISBN 978-3-89576-651-0 eBook

Satz und Aufmachung: D-Vision, Julian van den Berg | Oss (NL)
Druck: Ipskamp Printing, Enschede (NL)

Elektor Verlag GmbH, Aachen
www.elektor.de

Inhaltsverzeichnis

Kapitel 1 • Einleitung

Eine Beschäftigung mit Funktechnik ist heute ohne Software Defined Radio (SDR) nicht mehr denkbar. Die elegante Abkürzung suggeriert, dass nun auch die Nachrichtentechnik in ein reines Softwareproblem konvergiert ist, das mit einigen Mausklicks leicht beherrscht werden kann.

Dazu gibt es am Markt eine mittlerweile fast unüberschaubare Vielfalt an USB-Steckmodulen und Bausätzen, die den Einstieg in SDR erleichtern sollen. Die Linux-Community schafft es mit ihrem unermüdlichen Ehrgeiz, Bibliotheken zu Ansteuerung vieler der zahlreichen Produkte zur Verfügung zu stellen – eine Leistung, die sonst nur große Softwarekonzerne erbringen können!

Ein Stück Draht oder eine Stabantenne mit der SMA-Buchse des neu erworbenen Gerätes zu verbinden ist einfach, ebenso wie die Auswahl des Moduls aus der Combo-Box eines vorgefertigten SDR-Programms. Für jemand, der sofort mit der Analyse von Signalen beginnen möchte (z.B. Wetter-Funksensoren aus der Nachbarschaft, Funksignale von Flugzeugen, Satelliten etc.), ist dies Vorgehen maximal effizient und angemessen.

Ob man auf diese Weise auch eine große Empfindlichkeit des Empfängers erreichen kann, ist dabei von vielen Details abhängig. Ein tieferes Verständnis der Signalkette und ihrer Schwächen wird zudem durch den Kauf des Gerätes an deren Entwickler delegiert. Bei der Verwendung von komplexer Host-Software steht man ebenso vor einer Blackbox, wenngleich diese Programme auch über sehr ausgefeilte GUI-Elemente verfügen.

Alle Teildisziplinen – Hochfrequenztechnik, Schaltungstechnik und Digitale Signalverarbeitung sind dicke Bretter. Der einfache Einstieg mit vorgefertigter Technik kann dazu verführen, dass man zum Konsumenten oder bestenfalls kritischen Nutzer der Technologie avanciert und dann angesichts der hohen Hürden eigene Ambitionen aufgibt. Das wäre doch schade!

Wenn Sie als Kind auch immer alles auseinander schrauben mussten, werden Sie den in diesem Buch gegangenen Weg logisch finden, der mit der Hardware beginnen soll:

Wir entwickeln ein modulares Konzept, bei dem das SDR in seine Bestandteile zerlegt wird. Eine übliche Komplikation ist der solide und abgeschirmte Aufbau; man kann ein empfindliches, hochfrequenztechnisches Gerät nicht einfach als nackte Platine auf einem Schreibtisch betreiben – zumindest nicht dauerhaft. Daher verfügt jedes Modul über sein eigenes Metallgehäuse, welches als Massenware preiswert verfügbar ist.

Etwas werbewirksam sollen die Bausteine im weiteren Verlauf "RF-Bricks" genannt werden, in Anlehnung an die nützlichen Steckbausteine einiger größerer Spielzeughersteller.

Ein Chassisblech, welches den Footprint der RF-Bricks in einem regelmäßigen Raster trägt, kann als Basisplatte für übersichtliche Experimente dienen. Integriert man das Chassisblech in eine 19 Zoll-Teilbaugruppe, ist der Aufbau skalierbar und findet mühelos in einem standardisierten 19 Zoll-Baugruppenträger Platz, was viele Blecharbeiten für ein Gehäuse erspart.

Die in jedem Modul steckenden schaltungstechnischen Anforderungen bearbeiten wir Schritt für Schritt. Die Module können über ihre standardisierten Schnittstellen im nächsten Arbeitsgang zu einer Signalkette zusammengesetzt werden.

So entsteht ein flexibles und erweiterbares Konzept, dessen Konstruktionsdaten sämtlich im Online-Material zur Verfügung stehen. Auf diese Weise können Sie auch eigene Ideen verwirklichen und mit anderen, bereits gut funktionierenden Bausteinen, kombinieren. Bausteine, die ihre Funktionsfähigkeit unter Beweis gestellt haben, verbleiben für weitere Experimente in Ihrem Arsenal. Sie sind zum Teil bereits eigenständige kleine Geräte, die auch fest in andere Apparate integriert werden könnten.

Nach der Erstellung der Signalkette ist die Anbindung an eine bestehende SDR-Software (für dem Empfang) ein Thema. Auf unseren Chassis steht dazu ein Arduino Mega zur Verfügung. Mit dem entsprechenden Sketch imitiert er einen TS-850 und kann über die hamlib / CAT-Schnittstelle direkt aus einigen SDR-Programmen heraus angesprochen werden.

Die vorgefertigten SDR-Host-Programme übersetzen wir teilweise selbst. Die beschriebenen Vorgehensweisen sollen Sie ermutigen, mit Quellcode umzugehen. Dabei verändern wir die Programme zunächst nur, um kleinere Features für die Frequenzsteuerung des SDRs zu ergänzen, soweit dies nötig erscheint.

Im nächsten Schritt wird GnuRadio zum Einsatz gebracht. Man erhält damit zwar keine sehr schicke GUI aber viel Kontrolle über das Innenleben des Programms. So lassen sich verschiedene Ideen für Demodulatoren ausprobieren und besser verstehen. Mit etwas Python gelingt auch die Frequenzverstellung unserer Hardware wieder aus dem Host-Programm heraus.

Ein kurzer Ausblick in die FPGA-Programmierung erfolgt zum Abschluss. Dies Thema ist so mächtig, dass es hier nur anhand eines Beispiels motiviert werden soll.

Am Ende haben wir alle Einzelteile eines funktionierenden SDR-Einsteiger-Modells in den Händen. Damit können Sie sich auf Ihren persönlichen Weg begeben, um die Technologie so zu erweitern, wie Sie es für richtig halten. Sie könnten die Bricks auch dazu verwenden, Ihr gekauftes SDR mit mehr HF-Verstärkung und Frequenzselektivität auszustatten.

Wenn dabei weitere RF-Bricks herauskommen sollten, könnte das eine Basis für Ihre eigene Veröffentlichung sein – halten Sie damit nicht hinter dem Berg!

Kapitel 2 • Mechanik

2.1 Das RF-Brick-Template

Häufig gibt es für neue Bauteile kleine Breakout- oder Evaluationsplatinen. Diese enthalten nur die für den Betrieb eines Chips notwendigen Bauteile und einige Steckverbinder. Für das modulare SDR-Konzept können wir einen ähnlichen Weg gehen, wenn jeder Block auf unserem Blockschaltbild in einen RF-Brick abgebildet wird. Der Leiterplattenentwurf wird dadurch stark vereinfacht.

Als Gehäuse für einen RF-Brick wählen wir ein TEKO 371-Stahlblechgehäuse. Dort hinein passt eine Template-Platine, die definierte Positionen für SMA-Buchsen und einen doppelreihigen Pfostensteckverbinder enthält. Die SMA-Buchsen zeigen senkrecht nach unten. Das mag einigen, die sich mit Mikrowellen befassen, nicht gut genug sein – bei diesen Anwendungen bevorzugt man Buchsen, die an der Stirnseite der Platine angelötet werden und bei denen zur Vermeidung von Stoßstellen sogar der Mittelpin halb ausgefräst ist.

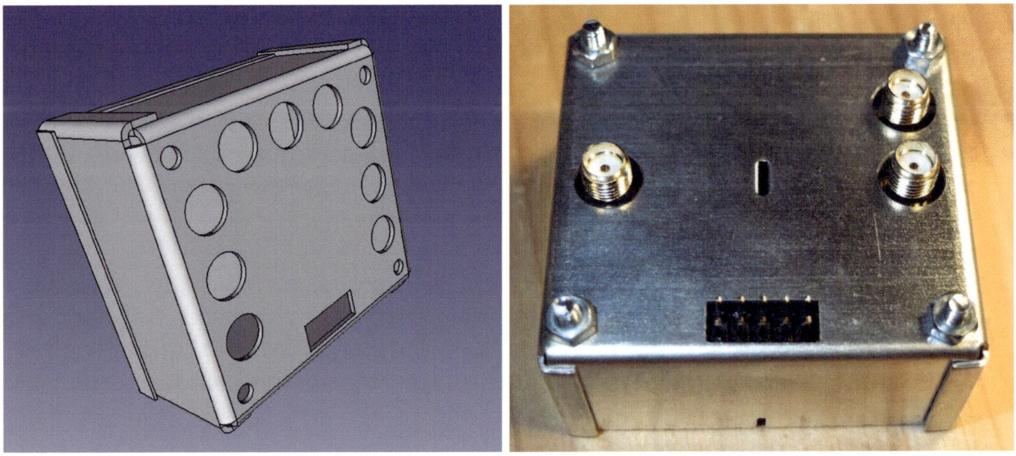

Abbildung 2-1: Links CAD-Modell vom TEKO 371 Gehäuse mit Bohrungen – nicht alle sind bei jedem Brick nötig, rechts ein Foto mit einem Beispiel-Brick

In diesem Buch wollen wir bei der Weitergabe von Signalen zwischen Modulen im Chassis an Frequenzen bis 200 MHz denken, was auch "um die Ecke" problemlos möglich sein sollte. Dies ist keine prinzipielle Einschränkung – wer GHz-schnelle Signale verarbeiten will, kann dies immer noch innerhalb eines einzelnen Bricks tun und konstruiert sich ein Frontend mit niedrigerer ZF zur Weitergabe in das Chassis. Auch sollte man sich von Experimenten nicht abhalten lassen – probieren Sie einfach aus, ob die Stoßstellen in ihrer konkreten Anwendung überhaupt zu Problemen führen.

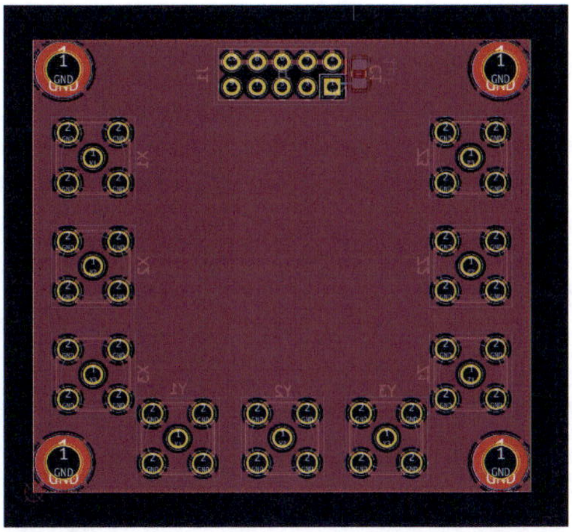

Abbilding 2-2: Template-Platine (KiCAD)

Wird ein neuer Brick konstruiert, so startet man den Leiterplattenentwurf in KiCAD zunächst durch Hinzufügen der Template-Platine zum Entwurf. Aus dieser löscht man die nicht benötigten SMA-Buchsen heraus. Manchmal sind die Bricks passiv, dann kann auch der Pfostenverbinder entfallen, über den andernfalls Betriebsspannung und Steuersignale zugeführt werden. Es erfordert ein wenig Übung, die Template-Platine und die zugehörigen Schaltplansymbole so einzufügen, dass die Annotation zwischen beidem danach funktioniert: Fügen Sie in KiCAD zunächst die Leiterplatte zur Entwurfsplatine hinzu ("Datei | Platine hinzufügen"). Dann kopieren sie die Schaltplansymbole aus dem Template-Schaltplan in den aktuellen Schaltplan. Gehen Sie zurück zur Platinenansicht. Verwenden Sie das Werkzeug "Werkzeuge | Schaltplan aus Platine aktualisieren" um die Annotation zwischen Schaltplansymbolen und Leiterplatte wieder herzustellen.

Eingefleischte HF-Techniker sehen in der Verwendung eines Pfostensteckverbinders ein offenes Scheunentor für hochfrequente Störungen – idealerweise sollte die Betriebsspannung mit Durchführungskondensatoren zugeführt werden. Aus drei Gründen kommen sie hier nicht vor: Zum einen sind sie für Hobbyisten gar nicht so leicht zu beschaffen, zum anderen würde man mit den teilweise recht flankensteilen Steuersignalen in Schwierigkeiten geraten. Der letzte Grund liegt in der Montierbarkeit der Platine, die von oben in das Gehäuse eingeführt wird: Als letzte Verbindung müssten die von unten durchgesteckten Drähte des Durchführungskondensators in die Platine eingelötet werden. Diese starre Verbindung steht in Konkurrenz zu den Befestigungsschrauben, so dass der Kondensator beim Nachziehen der Befestigungsschrauben unter mechanische Spannung geraten und zerbrechen kann.

Wer den Pfostensteckverbinder dennoch nicht mag oder wessen Anwendung gegen den Kompromiss spricht, dem stehen alle Konstruktionsdaten zur Modifikation im Online-Material zu Verfügung.

Beim Anbringen der Bohrungen in die Unterseite des TEKO 371-Gehäuses sollte man nicht klassisch nach Maßen anreißen, da die Gehäuse selbst deutliche Toleranzen aufweisen. Viel praktischer ist es, die einzubauende Brick-Platine auf die Gehäuseunterseite mittig aufzulegen (eventuell mit Klebefilm fixieren) und die Bohrungen mit einem Faserschreiber von der Platine auf das Gehäuse zu übertragen. Aber Vorsicht: Nicht immer sind die Bricks symmetrisch mit Buchsen ausgestattet. Verifizieren Sie bitte, dass Sie wirklich die Unterseite der Platine beim Anzeichnen sehen, damit die Platine genauso orientiert ist, wie sie später eingebaut wird, sonst liegen die Bohrungen hinterher spiegelverkehrt.

Abbilding 2-3: Übertragen der Bohrungen mit einem Faserschreiber

Nachdem Sie die Lage der Bohrungen als Filzschreibermarken auf dem Gehäuse sehen können, körnern Sie die Positionen noch einmal an. Dazu können Sie entweder einen klassischen Körner verwenden oder sie spannen einen spitzen Krauskopf in die Bohrmaschine und bohren ihn etwas in das Gehäuse ein. Unterstützen Sie dabei die Innenseite des Gehäuses mit einem Holzklötzchen und schlagen bzw. drücken Sie nicht zu fest zu! Die Gehäuse reagieren anfangs recht weich auf den Druck und könnten dabei schnell verbeulen.

Ist die mechanische Markierung der Bohrungen erfolgt, bohren Sie bitte eine kleine Vorbohrung (z.B. D = 2 mm). Stahlblech ist tückisch: Hat der Bohrer erst einmal ein Ziel dicht neben der Markierung gefunden, verformt er sich und geht den falschen Weg. Ein spezieller Vorbohrer ist steifer aufgebaut und das Risiko für ein Verlaufen damit geringer – eine sinnvolle Investition!

Abbildung 2-4: Von Links nach Rechts: Ausführung der Bohrungen gemäß Text

Nach den Vorbohrungen bohren Sie nun die Löcher auf D = 3.2 mm auf. Der Bohrer sollte scharf sein, dann entstehen spiralige Späne (sonst kratzt es, das Gehäuse wird heiß und Sie bekommen einen dicken Grat). Bohren Sie zügig an, dann bleibt das Loch leichter rund, andernfalls tänzelt der Bohrer und sie bekommen ein unschönes Dreieck. Arbeiten Sie danach mit wenig Druck weiter, damit der Span dünn und beherrschbar bleibt. Halten Sie das Gehäuse dabei gut fest – wenn der Bohrer zu schnell unten durchstößt, neigt das Gehäuse dazu, sich am Bohrer hochzuziehen (Finger wegnehmen!); das unbefriedigende Ergebnis sieht dann nicht mehr präsentabel aus. Verwenden Sie dafür unbedingt einen Niederhalter oder einen Maschinenschraubstock, um Verletzungen zu vermeiden.

Im nächsten Arbeitsgang bohren Sie die Löcher für die SMA-Stecker zunächst mit D = 4 mm (Spiralbohrer) und dann mit D = 8 mm (Stufenbohrer) auf. Schmieren Sie den Stufenbohrer gut – so bleibt er scharf und die Erwärmung des Gehäuses hält sich bei der Arbeit in Grenzen.

Entgraten Sie alle Bohrungen sorgfältig. Die großen Bohrungen können Sie mit dem Stufenbohrer entgraten. Stahlblech und seine Späne sind scharfkantig, die Bohrer ebenso. Vermeiden Sie unbedingt Verletzungen!

Abbildung 2-5: Vom Chassis mit Filzschreiber übertragener Ausschnitt

Für den rechteckigen Ausschnitt schrauben Sie das fertig gebohrte Gehäuse mit den 4 Befestigungsschrauben auf das Chassis. Richten Sie die Bohrungen für die SMA-Verbinder sorgfältig mit denen im Chassis aus. Dann zeichnen Sie den rechteckigen Ausschnitt vom Chassis mit dem Faserschreiber auf das Gehäuse durch.

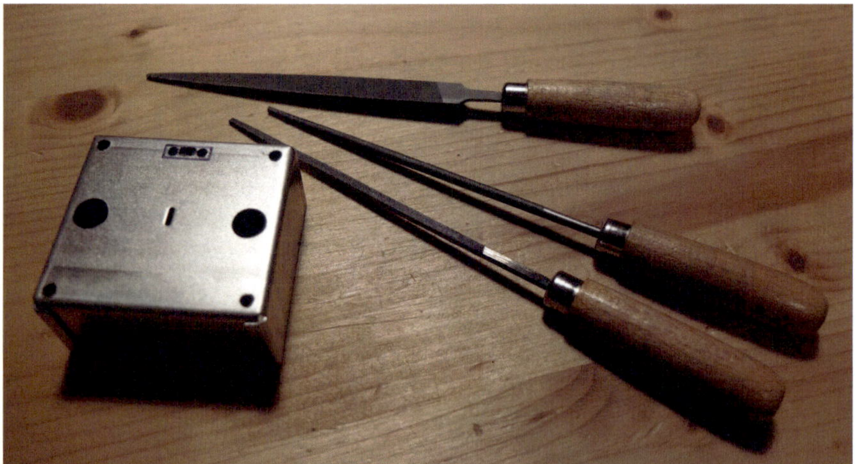

Abbildung 2-6: Ausführung des Ausschnittes – zunächst mit Bohrungen

Bohren Sie auf dem Bohrständer eine Reihe kleiner Löcher in das durchgezeichnete Rechteck (wieder: Mechanisch markieren, Bohren ...). Dann erweitern Sie die Lochreihe mit Schlüsselfeilen zum Rechteck. Testen Sie die Lage und Größe mit einer fertig bestückten Brick-Platine und einem Pfostenstecker. Der Stecker sollte leicht hindurchgehen. Bei der Gelegenheit schauen Sie bitte auch gleich nach, ob der rechteckige Ausschnitt im Chassis sauber von den Eckradien befreit ist und keine Unebenheiten aufweist, die den Pfostenstecker klemmen lassen würden. Auch hier hilft eine kleine Schlüsselfeile.

Ganz ohne handwerkliche Arbeit geht es also nicht. In der angegebenen Weise konnte die erforderliche Genauigkeit aber wiederholt ohne große Nacharbeiten erreicht werden.

Abbildung 2-7: Fertig ausgeführtes Brick-Gehäuse

Wenn Sie die Brick-Platine in das Gehäuse einbauen, verwenden Sie bitte M3 x 12-Schrauben. Als Distanzstück zwischen Gehäuse und Platinen haben sich je zwei M3 Muttern pro Befestigungsschraube als passend herausgestellt (DIN EN 24032, zusammen ca. 4,8 mm hoch). Die Muttern sind in einer Großpackung preiswerter als Distanzstücke.

2.2 Das Chassis

Wenn man den standardisierten Footprint des RF-Brick-Templates in einem Raster auf ein Blech bringt, erhält man ein flexibel einsetzbares Chassis. Ein solches Blech manuell herzustellen ist aufgrund der erforderlichen Genauigkeit sehr schwierig. Einfacher ist es, sich das Blech anhand der im Online-Material enthaltenen Konstruktionsdaten (z.B. in Form einer exportierten DXF-Datei) lasern oder fräsen zu lassen. Auch dann bleiben einige Nacharbeiten – z.B. sollte man die Ecken der Ausschnitte für die Pfostensteckverbinder mit einer kleinen Schlüsselfeile von ihren fertigungsbedingten Radien und eventuellen Unebenheiten befreien, damit der Stecker leicht hindurchgeht.

Man muss zudem darauf achten, dass die Materialstärke des Chassis-Blechs das Festziehen der SMA-Stecker zulässt. Sollte das Blech zu dick sein, dann stößt die Überwurfmutter des Steckers vielleicht an den Rand der Bohrung. Zur Abhilfe kann man an den Bohrungen für die SMA-Stecker kräftige Fasen mit einem Kegelsenker anbringen. Alternativ könnte man auch an die Verwendung von SMA-Buchsen mit längerem Gewindeansatz denken. Diese sind aber nicht so verbreitet wie die übliche, kurze Bauform und daher wahrscheinlich auch teurer.

Bei der Wahl der Blechstärke sollte man auch daran denken, welche Möglichkeiten zum Abkanten zur Verfügung stehen (sollten, wie beim Chassis, Vorder- und Rückseite abgekantet werden). Eine Blechstärke von 2 mm ist bei Aluminium schon recht widerspenstig, besser wählt man 1,5 mm dafür. Wenn das Blech von einem Dienstleister geliefert wird, kann sich die Nachfrage lohnen, was die vier Abkantungen für das Chassis zusätzlich kosten.

Das Chassis kann man mit zwei Profilen in den unteren Ecken versteifen. Am einfachsten kantet man das Blech zuerst ab und misst dann aus, wie lang die Streben sein müssen – das Abkanten mit dem Biegeradius hat immer Toleranzen, die Streben sollten aber genau passen.

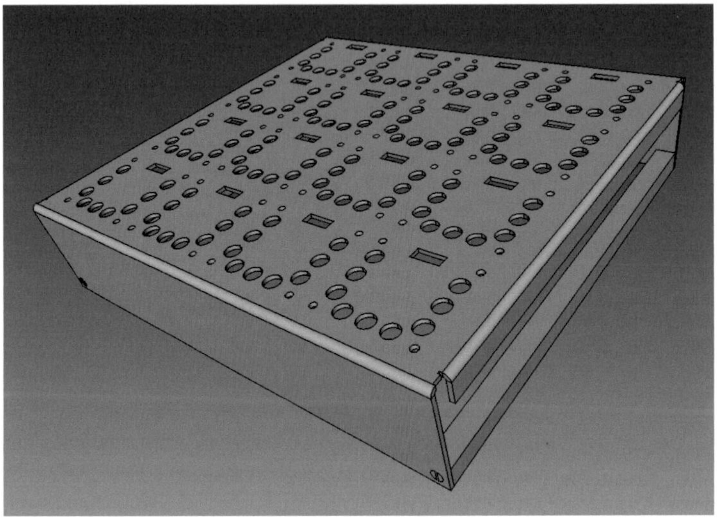

Abbilding 2-8 FreeCAD-Modell mit Streben

Wer das Abkanten nicht mag, kann das Chassis auch aus einem flachen Blech fräsen. Front- und Rückwand könnten dann auch über 4 Streben mit dem Chassis verschraubt werden. Dies ist zwar aufwändiger, man hätte aber die Möglichkeit, Front- und Rückplatte nötigenfalls zu ersetzen. Auch die nachträgliche Anbringung von Ausschnitten ist einfacher, wenn man die demontierten Bleche flach auflegen kann.

Bei der Anlage des Chassis gibt es einige Festlegungen: Ein Arduino Mega erscheint als Controller für das Chassis keine schlechte Wahl zu sein. Ein kleines Display in der Frontplatte hilft beim Debugging. Und auf der Rückwand sollte man gleich reichlich Verbindungselemente vorsehen, was auf längere Zeit das Anbringen zusätzlicher Bohrungen ersparen hilft. Optimieren Sie die Positionen der Buchsen auf der Rückwand, so dass möglichste keine Kollisionen mit den SMA-Buchsen (und den später dort herausragenden Kabeln) der Bricks entstehen.

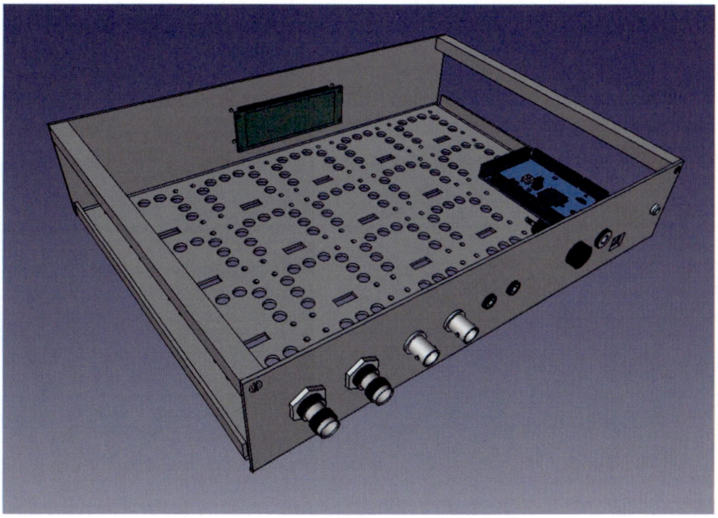

Abbildung 2-9 FreeCAD Modell von unten mit Arduino Mega und Display

Um die Bricks mit dem Chassis zu verschrauben sowie Bridges (kleine Zusatzplatinen im Rastermaß der Bricks) anzubringen und den Kabelbaum zu fixieren, ist ein kleiner Metallbaukasten aus preiswerten Standardelementen nützlich, den man am Besten gleich zu Anfang mitbestellt:

Dazu gehören M3 x 12 Zylinderkopfschrauben (z.B. 200 Stück), eine erhebliche Anzahl von M3 Muttern (ein 1000er Karton reicht erst einmal) sowie eine Anzahl M3-Distanzstücke verschiedener Länge (5 und 10 mm, 20 und 25 mm). Sockel für Kabelbinder können auf den Oberseiten von Distanzstücken befestigt werden, um Kabelbäume zu fixieren. Dazu sind noch kurze M3 x 6-Senkkopfschrauben sinnvoll.

Diese Materialien gehen Ihnen und der Nachwelt nicht verloren, sondern sie können vielfach wieder verwendet werden, es sei denn man entschließt sich dazu, ein erstelltes Chassis (oder Teile davon) fest in einem Gerät zu verbauen.

Da Sie die Daten zum Chassis im Online-Material als FreeCAD-Dateien zur Verfügung haben, können Sie auch Varianten leicht selbst herstellen (z.B. breitere oder kleinere Stücke). Verlassen Sie sich bitte dabei nicht auf die Maßhaltigkeit der Teile und Ausschnitte - prüfen Sie unbedingt, ob Ihre Versionen von BNC-Buchsen, Displays, Pfostensteckverbindern, etc. in die aktuelle Konstruktion passen, bevor Sie den Auftrag zur Fertigung losschicken. Nacharbeiten sind mit einem Satz Schlüsselfeilen zwar auch kein Drama aber oft vermeidbar.

Abbilding 2-10 Gefertigtes Chassis bestückt mit einigen Bricks

2.3 Die 19 Zoll Teilbaugruppe

Das RF-Bricks-Chassis aus dem vorigen Kapitel ist nützlich für viele Experimente. Wegen des geschirmten Aufbaus der Module können Sie auch ein SDR damit störungsarm betreiben.

Es könnte aber auf die Dauer doch der Wunsch entstehen, permanentere Aufbauten mit den RF-Bricks zu erproben. Dazu möchte man das umgebende Gehäuse nicht unbedingt selbst bauen müssen. Hier bietet das Konzept der 19 Zoll Baugruppenträger eine nützliche Möglichkeit. Dort hinein passen Teilbaugruppen mit genau definierten Maßen.

Die in diesem Abschnitt beschriebene 19 Zoll-Teilbaugruppe besteht aus nur 4 Blechen: Dem Chassis oben und unten (für mehr Packungsdichte der Bricks) sowie der Front- und der Rückwand. Es sind keine Abkantungen nötig, dafür braucht man aber 8 gleiche Streben aus 10 x 10 mm Aluminiumprofil, mit zentralen M3-Bohrungen in den Stirnseiten.

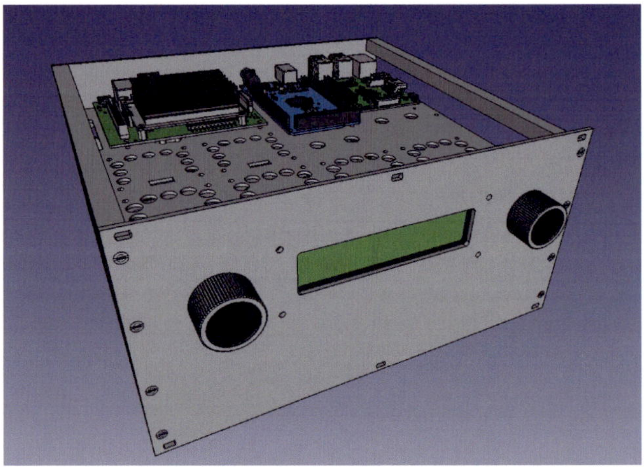

Abbilding 2-11 Teilbaugruppe 49 TE von vorne

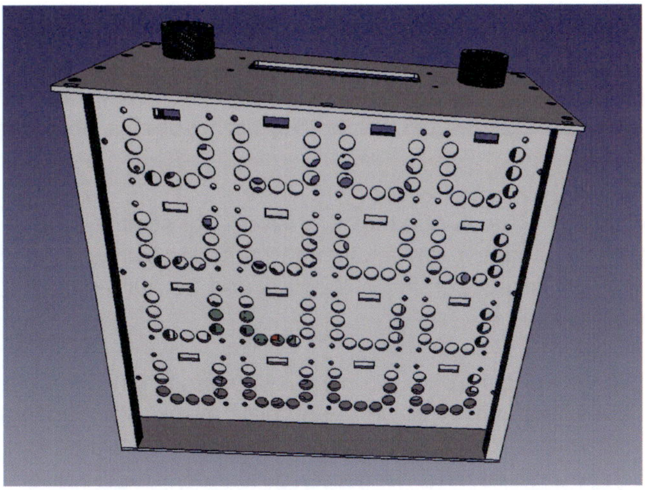

Abbilding 2-12 Teilbaugruppe 49 TE von unten

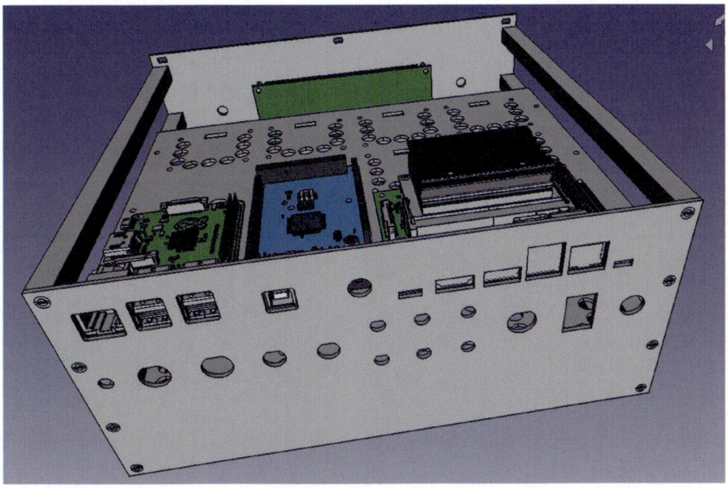

Abbilding 2-13 Teilbaugruppe 49 TE von hinten

Die Daten zu den Bauelementen finden Sie im Online-Material. Verändern Sie ruhig die Frontplatte oder setzen Sie auf der Rückwand andere Buchsen ein. Prüfen Sie aber unbedingt die Maße in Ihrer konkreten Anwendung, so dass am Ende nichts überraschend klemmt oder stecken bleibt.

Auf dem oberen Chassis sind 3D-Modelle für Jetson Nano, Arduino Mega und Raspberry Pi untergebracht, damit es bei den Experimenten später nicht an Möglichkeiten fehlt. Auch diese Anordnung können Sie variieren. Lassen Sie Dinge, die Sie nicht benötigen, einfach weg. Mit FreeCAD ist die assoziative Anlage von Bohrungen und Ausschnitten kein Problem. Achten Sie bitte beim Kauf des Arduino Mega darauf, dass dieser genau die Leiterplattenform des Originals aufweist. Es gibt preiswerte Varianten, die mechanisch erheblich abweichen und daher nicht in das Chassis passen.

Die 19 Zoll-Teilbaugruppe können Sie in einem handelsüblichen Baugruppenträger verschrauben. Es gibt günstige, bei denen man sich fragen muss, ob die Verkleidungsbleche aufgrund ihres schlechten Kontakts untereinander eine sinnvolle Abschirmung überhaupt ermöglichen - die wegen unseres bereits geschirmten Aufbaus aber gar nicht so streng realisiert werden müsste.

Kostspieligere Varianten weisen Kontaktstreifen (Vorsicht - scharfe Kanten – verwenden Sie unbedingt Montagehandschuhe!) und ineinandergreifende Falzverbindungen auf. Solche Baugruppenträger allein haben bereits, ordentlich und mit Originalteilen aufgebaut, eine erhebliche Schirmwirkung.

Was auch immer Sie verwenden (und sei es ein recyceltes Schätzchen aus dem Elektronikschrott-Container), die Teilbaugruppe wird von vorne in das Standard-Raster passen. Die Rückwand ragt frei zwischen den Modulschienen heraus. Es wäre zu viel von der Vorausplanung verlangt, hier Z-Schienen und genau passende, standardisierte Steckverbinder vorzusehen, zudem sich die Experimente ja auch noch ständig ändern sollen.

Ein Vorteil ist, dass Sie neben der RF Bricks 49 TE-Teilbaugruppe auch noch Netzteile bzw. andere nützliche Baugruppen zur Verbesserung der Empfangsqualität vorsehen können, z.B. einen ATU100 Antennentuner oder einen X-Phase QRM Eliminator.

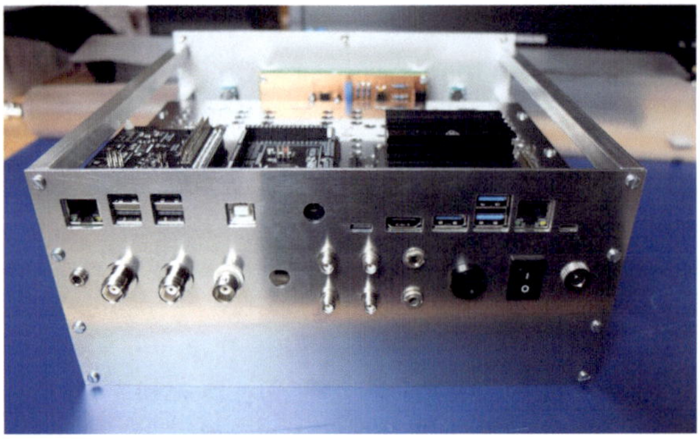

Abbilding 2-14,15,16: 49 TE-Teilbaugruppe mit Controllern bestückt

Man erkennt sehr schön, dass sich die Arbeit mit FreeCAD lohnt: Die Ausschnitte in der Rückwand fallen präzise mit der Lage der Buchsen auf den Controller-Boards zusammen. Von Hand wäre das nur mit erheblicher Mühe zu erreichen.

Abbildung 2-17: 49 TE Teilbaugruppe in kommerziellem Baugruppenträger

2.4 Abschließende Bemerkungen

Mit Chassis und Teilbaugruppe haben wir eine gute Basis für HF-technische Experimente gewonnen. Es ist Ihnen wahrscheinlich nicht entgangen, dass die Testchassis keine weitere Abschirmung aufweisen. Insbesondere sind die Chassisbleche der 49 TE Teilbaugruppe nur am Rand mit den Distanzstücken verschraubt. Bei sehr hohen Frequenzen (bei denen die Gehäuseabmessungen bereits einen erheblichen Teil der Wellenlänge ausmachen würden) können wir nicht mehr erwarten, dass die nur am Rand kontaktierte Chassisplatte, so gering ihre Impedanz auch erscheinen mag, eine Äquipotentialfläche ist.

Profis verwenden daher bei sehr hohen Frequenzen verschweißte Konstruktionen und umlaufende Kontaktfederstreifen bzw. leitfähige Textildichtungen zwischen den Bauteilen. Für unsere einfachen Empfangsexperimente mit Kurz- und Ultrakurzwellen ist die hier gezeigte Konstruktion aber voll ausreichend.

Das betrifft übrigens nicht die schnellen Digitalsignale aus den Prozessoren – bei diesen kann es durchaus Abstrahlungen bis in den GHz-Bereich geben, und üblicherweise sind nicht geschirmte Baugruppenträger damit schnell überfordert. Sollten Sie Probleme mit solchen Störaussendungen bekommen, können Sie später immer noch einen besser geschirmten Baugruppenträger einplanen.

Kapitel 3 • Bridges

Für den Aufbau unserer Experimente benötigen wir Hilfsmodule, die nicht unbedingt eine externe Abschirmung benötigen. Sie sollten mit dem Chassis kompatibel sein und daher auch das Montageloch-Raster der Bricks besitzen. Die Hilfsmodule erledigen einfache Aufgaben, wie etwa die Versorgung mit einer schaltbaren 12V-Versorgungsspannung sowie deren sauber verdrahtete Zuleitung. Weiterhin können sie bei der Einbindung von I^2C-Bus-Komponenten mit verschiedenen Spannungen helfen. Oder sie trennen den USB galvanisch, um Brummschleifen zwischen PC und seinem Empfänger zu vermeiden.

Die Bridges werden unterhalb des Chassis mit Distanzstücken an den Bolzen des darüber liegenden Bricks befestigt. Alternativ können kurze M3-Schrauben und z.B. 5 mm-Distanzstücke verwendet werden, sollte sich kein Brick im Montageplatz darüber befinden. Die Montageweise auf den 4 Stelzen ähnelt einer Brücke, daher kommt die etwas werbewirksame Namensgebung "Bridge", als Partner der Bricks.

Eine Bridge-Platine lässt sich leicht aus dem Brick-Template gewinnen, indem man in KiCAD das Template zur aktuellen Leiterplatte hinzufügt und bis auf die Montagelöcher alle Komponenten löscht.

Einige Hilfsmodule, die auch in unseren Experimenten Verwendung finden, sind in den folgenden Abschnitten beschrieben.

3.1 Die USB-Isolator-Bridge

Die Übermittlung von PC-Kommandos an den Arduino im Chassis erfolgt oft durch die serielle Schnittstelle. Zwar verfügt der Arduino selbst über ein USB-Interface mit dem In-circuit-Programmer sowie einen darüber verfügbaren seriellen Port. Es hat sich aber gezeigt, dass die Verwendung dieser Anbindung zu hochfrequenten Störungen oder Brummschleifen führen kann.

Eine aufwändigere Auflösung der Brummschleife bestände in einem faseroptischen Interface. So schön das Konzept auch in der Praxis selbst über größere Entfernungen funktioniert, die Komponenten dazu sind nicht gerade billig. Zudem darf man die Kunststofffaser nicht knicken oder scharf biegen, was allerdings beim Verschieben von Ausrüstung auf dem Tisch gerne einmal passiert.

Eine günstigere Lösung für dies Problem besteht darin, eine über den USB versorgte Einchiplösung für den seriellen Port aufzubauen und nur die seriellen Signale RxD und TxD per Optokoppler galvanisch getrennt an den Controller weiter zu leiten. Vor einigen Jahren waren die Chips von FTDI das Mittel der Wahl. Diese benötigen aber einen externen Schwingquarz und einige andere Bauteile, um zu funktionieren. Der Vorteile liegt in deren vielfältigen Konfigurationsmöglichkeiten (RS485, Inversion für Optokoppler, etc).

Mittlerweile ist die Integration von USB-Schnittstellenbausteinen stärker voran geschritten und der Takt wird mit integrierten Oszillatoren erzeugt. In unserem Entwurf kommt daher ein MCP2221 zum Einsatz, der mit nur wenigen externen Bauteilen vom Linux-Betriebssystem ohne weitere Treiber sofort erkannt wird. Die Schaltung bietet keine Überraschungen. Eine Sicherung für die 5V vom USB ist nützlich. J4 liefert die Pins der optionalen I²C-Schnittstelle, sollte man sich später dafür interessieren.

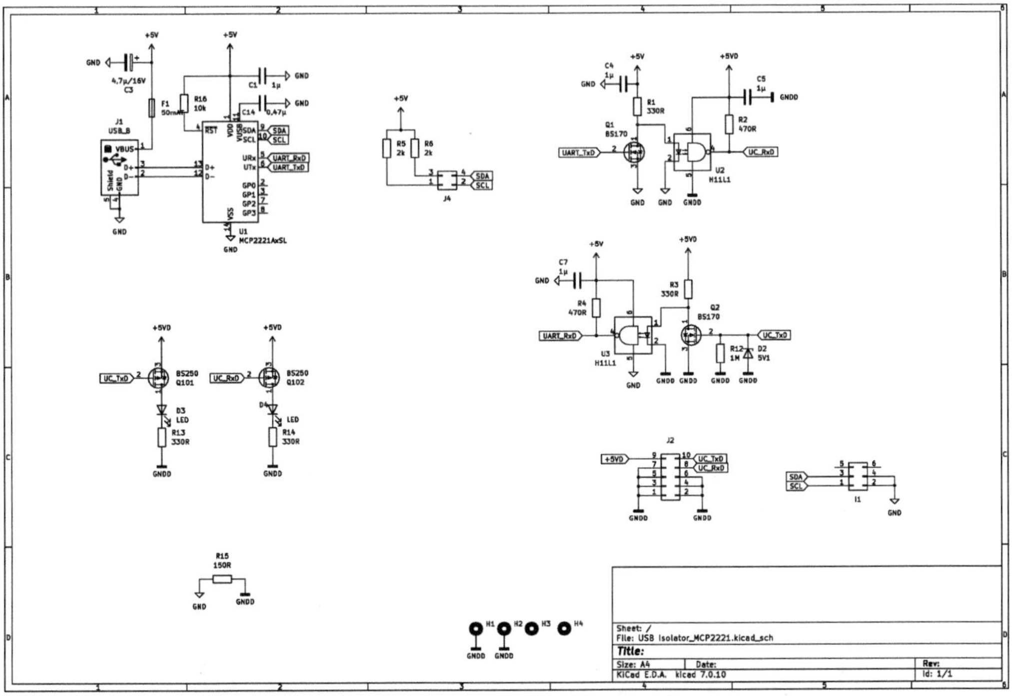

Abbildung 3-1: Schaltung des USB-Isolators

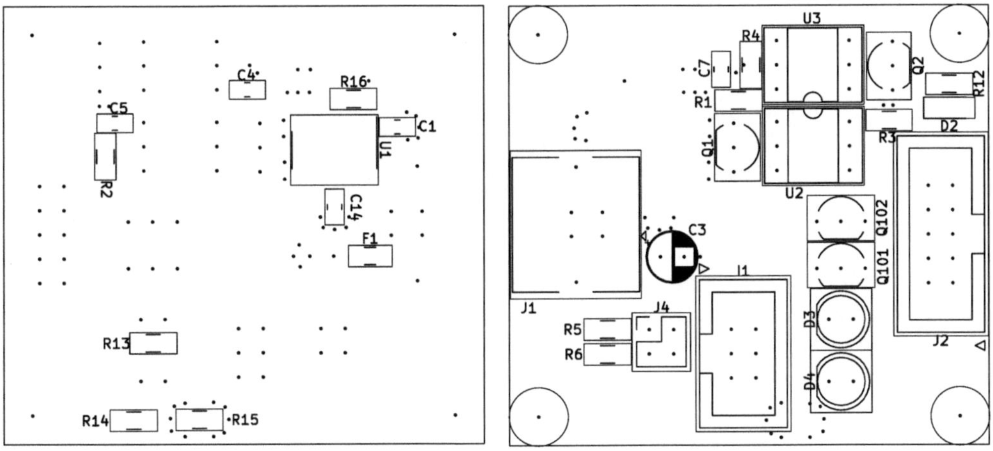

Abbildung 3-2: Bestückungsplan des USB-Isolators

Q1 und Q2 geben die Leuchtdioden in den Optokopplern nur frei, wenn eine "1" übermittelt wird (also ein "low"-Signal). Das erspart ihnen wertvolle Betriebsstunden. Zudem wird die Sperrschichtkapazität der LEDs so zügig entladen, was der Übertragungsgeschwindigkeit zugute kommt.

Die zwei Leuchtdioden D3 und D4 zeigen an, wenn Daten empfangen bzw. gesendet werden. Mit zwei P-Kanal-MOSFETs gelingt die Ansteuerung am einfachsten, da die Signalleitungen active low sind.

Ein I^2C-Signal steht an I1 zur Verfügung, in einem zu den anderen Baugruppen kompatiblen Pinout. Steckt man die Brücken des Jumper-Bocks J4, so kann man auch Pullup-Widerstände hinzufügen.

Auf der Platine wird eine vertikale USB-Buchse verwendet. Dadurch könnte man die Leiterplatte auch an einer Rückwand unterbringen, wenn man ein Gerät neu konzipiert. Die Ausschnitte in der Rückwand kann man dann leicht mit FreeCAD assoziativ erzeugen, indem man das STEP-Modell der Bridge aus KiCAD exportiert und in die Blechkonstruktion einfügt.

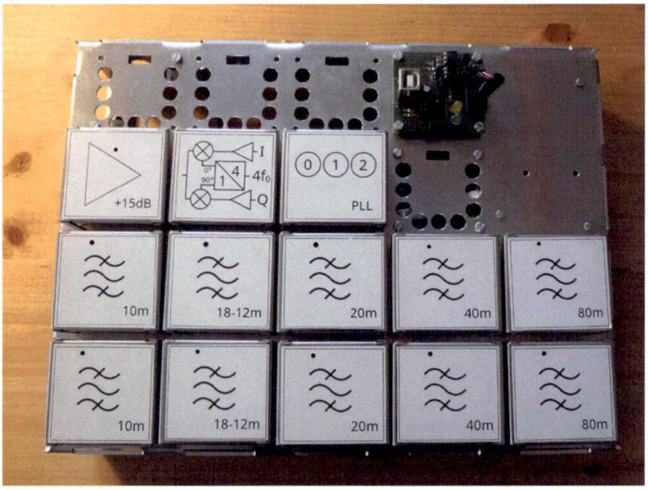

Abbildung 3-3: Foto des USB-Isolators, hier auf der Oberseite des Chassis eingebaut

Ohne den USB-Isolator findet man beim Empfang abhängig vom Aufbau vielleicht auf einigen Frequenzen einen kleinen Lattenzaun von Störungen. Diese treten aber nur auf, wenn der Port durch z.B. den rigctl-Daemon belegt wird. Wird der Daemon gestoppt, so verschwinden auch die Spektrallinien. Dies wird in Abbildung 3-4 demonstriert.

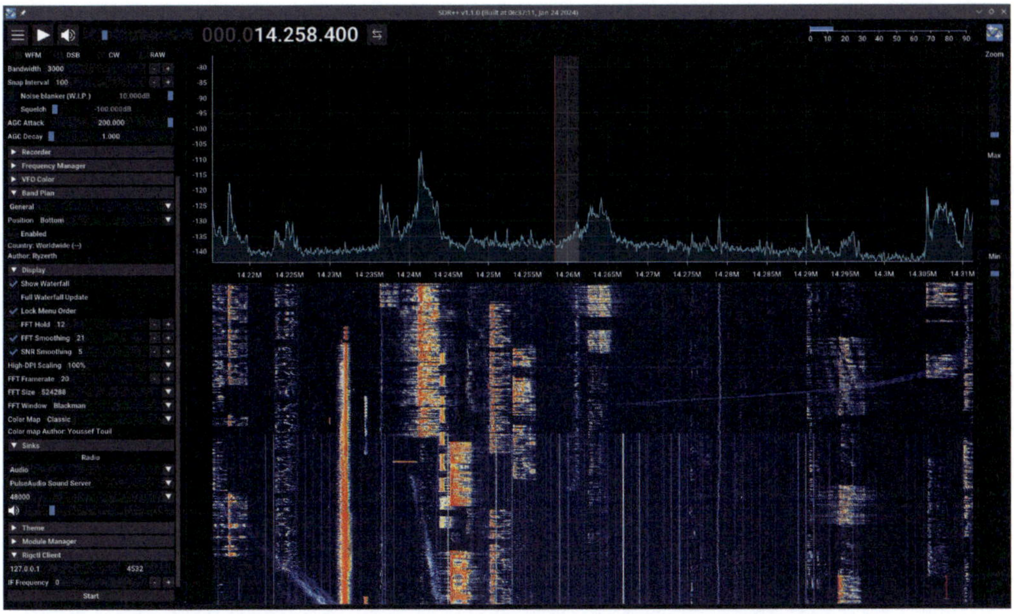

Abbildung 3-4: Störungen mit Rigctld-Fernbedienung durch USB (Wasserfall, unten) und bei gestopptem Rigctl-Daemon (Wasserfall, oben)

Mit dem USB-Isolator waren die Störungen beim Autor verschwunden. Hoffentlich können Sie auch wenigstens einen Teil Ihrer Masseschleifen so einfach loswerden!

Im 19-Zoll-Einschub verschwanden die Störungen übrigens, wenn der Metallschirm der USB-Buchse durch eine Kontaktfeder direkt mit der Rückwand verbunden wurde. In jedem individuell aufgebauten Gerät werden sich Schwierigkeiten dieser Art anders zeigen. Auf die Dauer steigern solche Herausforderungen Ihre Erfahrung und das Verständnis von EMV-gerechtem Aufbau.

Wenn Sie sich für den USB-Isolator entscheiden, werden dessen RxD- und TxD-Leitungen mit einem der seriellen Ports des Arduino Mega verbunden. Um Ihnen die Suche nach den Referenzen zu ersparen, sind im folgenden Code-Fragment die nötigen Änderungen für die serielle Interrupt-Routine und die Schnittstellen-Aufrufe in den Kommentaren angegeben.

```
void setup()
  {
  ...
  //Start serial -- the TS480 only uses 4800 baud, but rigctld allows us 115200
as well
  //example lists the standard seral port available through the Arduino USB port
  Serial.setTimeout(10000000);        //when using RxD1,TxD1 (USB isolator):
  Serial.begin(115200);               //replace object "Serial"with "Serial1",
  Serial.flush();                     //other port numbers accordingly
  ...
```

```
  }
...

void serialEvent()                   //when using Serial1: Use "serialEvent1"
  {                                  //(other port numbers accordingly)
  if(Serial.available())             //when using Serial1:
    {                                //replace object "Serial"with "Serial1",
    char data = Serial.read();       //other port numbers accordingly
    CATcmd[cat_ptr++] = data;
    if(data == ';')
      {
      CATcmd[cat_ptr] = '\0';        // terminate the array
      cat_ptr = 0;                   // reset for next CAT command
      analyseCATcmd();
      }
    else if(cat_ptr > (CATCMD_SIZE - 1))
      {
      Serial.print("E;"); cat_ptr = 0;
      } // overrun
    }
  }
```

3.2 I²C-Level-Shifter-Bridge

Oft hat man Komponenten aus verschiedenen Zeitaltern der Elektronikgeschichte. Dazu könnte, wie beim Autor, ein älteres LCD gehören. Die I²C-Schnittstellen sind dann noch für 5V ausgelegt. Ein LCD kann man z.B. über einen Port-Expander leicht mit einer Arduino-Bibliothek ansprechen. Der Port-Expander müsste dann aber 5V Ausgangspegel an das LCD liefern, also am besten gleich mit 5V betrieben werden.

Damit muss man sich über die Anbindung des Displays an den I²C-Bus eines 3.3V-Controllers Gedanken machen. Sowohl die SCL-Leitung als auch die SDA-Leitung können beim I²C-Bus von mehreren Partnern auf LOW gezogen werden. Bei der SCL-Leitung bestimmt der Master zwar den Takt, langsamere Slaves können aber die steigende Flanke des Taktes verzögern, sollten sie mehr Zeit benötigen.

Bei der SDA-Leitung ist die Bidirektionalität offensichtlicher: Bei Datentransfers vom Slave an den Master bestimmt der Slave den Zustand der Datenleitung, beim Schreiben vom Master an den Slave erwartet der Master am Ende einen "ACK"-Impuls vom Slave.

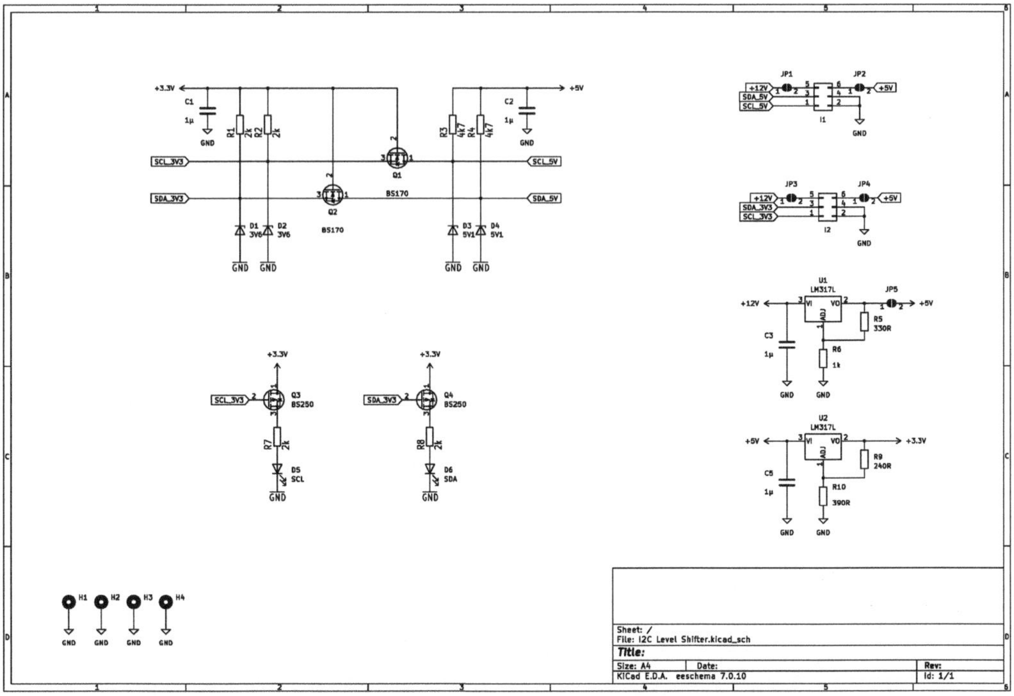

Abbilding 3-5 Schaltung des I²C Level Shifters

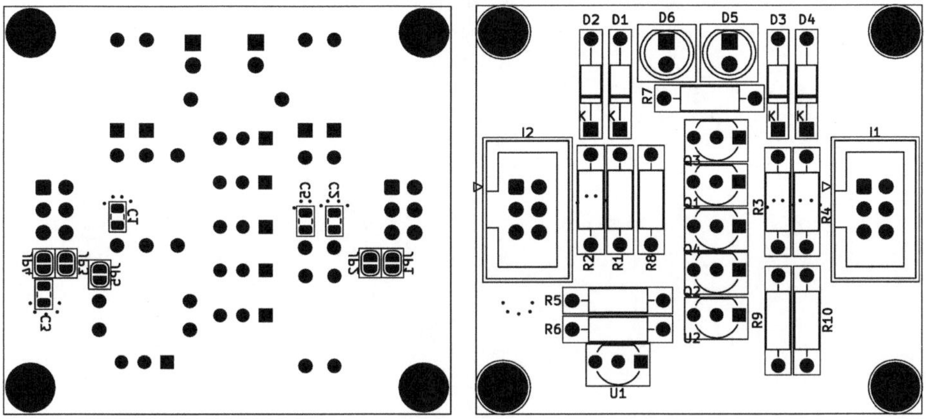

Abbilding 3-6 Bestückungsplan des I²C Level Shifters

Im Level-Shifter kommen zwei N-Kanal-MOSFETs zur Anwendung. Der Transfer von der 3.3V-Seite zur 5V-Seite ist übersichtlich: Wird dort SCL (oder SDA) auf GND gezogen, so leitet der entsprechende MOSFET, da sein Gate auf 3.3V festliegt. Also wird auch die korrespondierende Signalleitung auf der 5V-Seite nach GND gezogen.

Zieht man dagegen ein Signal von der 5V-Seite auf GND, so leitet die Body-Diode des entsprechenden MOSFETs und die 3.3V-Leitung folgt der 5V-Seite.

Von der 3.3V-Seite werden auch die Indikator-LEDs angesteuert. Die Widerstände R7 und R8 kann man den verwendeten LEDs anpassen (hier kamen high-efficiency-Versionen zum Einsatz, die nur 2 mA benötigen).

Einige Löt-Jumper erlauben die Konfiguration der Betriebsspannungen. Dabei sollte man sich gründlich überlegen welche Baugruppe die Versorgungsspannung liefert und ob die 12V noch auf die andere Seite weitergegeben werden sollten. Kleinere Ströme kann der Level-Shifter gut vertragen. Sollte die Peripherie auf der 5V-Seite umfangreicher ausfallen, sollte man die 12V-Versorgung nicht durch das Flachbandkabel führen, sondern separat mit größerem Querschnitt verdrahten.

Die Überlegung für einen einfachen Fall könnte so aussehen: Das historische Display benötigt 12V für die Hintergrundbeleuchtung. Zudem gibt es auf der Platine des Displays neben dem Kontrastspannungsgenerator auch einen Port-Expander. In diesem Fall ist die Strombelastung der 12V-Schiene nur klein und die 12V- Jumper könnten auf beiden Seiten geschlossen werden, um die 12V-Versorgungsspannung an das Display durchzureichen. Für die 5V-Versorgung des Displays kann man, da der Strombedarf ebenfalls nicht sehr hoch ist, den 5V-Regler auf dem Level Shifter verwenden, indem man JP5 schließt.

Abbilding 3-7 Foto des I²C Level Shifters

Die Anwendung der Lötjumper muss man zwar genau planen, dafür braucht man aber an der Platine selbst nichts zu ändern, wenn man eine neue Aufgabe lösen will.

3.3 Die I²C Schaltstufen-Bridge

Ganz im Sinne der Steuerung durch den Host-PC sollte der Arduino im Chassis die Betriebsspannung der Bricks ein- und ausschalten können. Zwar verfügt der Arduino über eine große Zahl von GPIOs und könnte die Kanäle damit auch direkt steuern. Im Sinne der

Plattformunabhängigkeit ist es aber besser, den I²C Bus einzusetzen (z.B. für den späteren Wechsel zu einem Raspberry Pi). Zudem bleibt die Verdrahtung für die Steuerung schön übersichtlich – genau wie von den Erfindern des I²C-Busses einst gedacht.

Die I²C-Schaltstufen-Bridge besteht aus einem PCF8574 Port-Expander-Baustein, einem ULN2803 und PNP-Schalttransistoren. Ein HIGH-Signal an einem Ausgang des Expanders aktiviert den entsprechenden Schaltausgang.

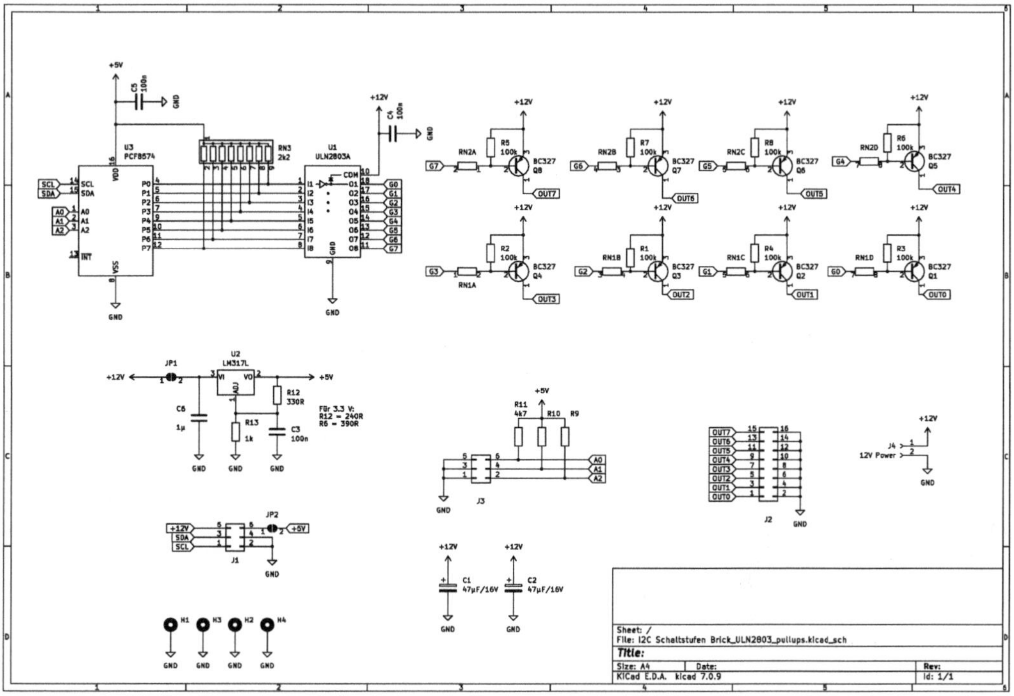

Abbildung 3-8: Schaltung der I²C Schaltstufen-Bridge

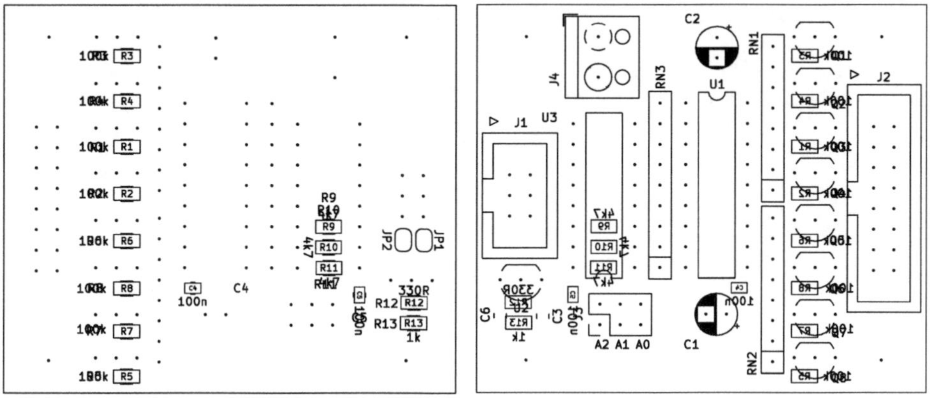

Abbildung 3-9: Bestückungsplan der I²C Schaltstufen-Bridge

Ein Wort zur Vorsicht ist an dieser Stelle angebracht: Aus Gründen der Robustheit wurden die Transistoren vom Typ BC327-16 ausgewählt. Jeder einzelne könnte einen Strom von bis zu 0,5A weiterleiten. Mit 4 A Gesamtstrom wäre die kleine Platine aber sicher überlastet. Daher sollte man die 12V-Schiene oder sogar einzelne Zweige (sollten mehrere Schaltstufen-Bridges zur Anwendung kommen) flink auf einen sicheren Gesamtstrom absichern. Dies erspart auch den Wechsel von PNP-Transistoren im Kurzschlussfall. Eine Alternative wäre der Aufbau einer 12V-Stromschiene mit individuell einstellbaren Strombegrenzungen.

Auch die Schaltstufen-Bridge wird mit dem 6-poligen I^2C-Bus-Kabel an den Arduino angeschlossen. Da die Stromaufnahme bei z.B. voll aktivierten Ausgangsstufen hoch sein kann, sollte man sich überlegen, ob eine Versorgung der Peripherie durch das Flachkabel ausreichend ist. Besser ist es, in Fällen mit höherer Strombelastung die 12V direkt durch den Klemmenblock J4 - abgesichert - zuzuführen. Die Betriebsspannung für den Port-Expander kann entweder aus den 12V gewonnen werden (mit U2, JP 1 schließen), wobei dann R12 und R13 die Wahl der Spannung für den I^2C-Bus zulassen (3,3V oder 5V). Oder man bekommt sie (im 5V-Fall) alternativ aus dem 6-poligen Flachkabel vom Arduino geliefert, dann ist JP 2 zu schließen.

Wem die Verwendung des ULN2803 als Treiber für die PNP-Transistoren übertrieben erscheint, der kann auf dem Footprint von U1 auch einfach Zenerdioden als Level Shifter bestücken. Das ist zwar ökonomischer, hat aber den Nachteil, dass die Robustheit gegenüber der 12V-Betriebsspannung sinkt – ist diese zu hoch, werden alle Schaltstufen eingeschaltet. Sind die Transistoren noch nicht in der Sättigung, weil die Betriebsspannung nur leicht zu hoch liegt, nehmen sie wahrscheinlich Schaden. Man sollte diese Variante nur verwenden, wenn man sich seiner Sache sehr sicher ist. Für eine Betriebsspannung von 3,3V für den Port Expander kann man ZPD 9V1 verwenden, bei 5V Betriebsspannung für den I^2C-Bus funktionieren ZPD 6V8.

Wer NPN-Schaltstufen wünscht, kann statt RN1 und RN2 Drahtbrücken bestücken und in den Footprints von Q1 bis Q8 jeweils die Basen und Kollektoren überbrücken. Es gibt also auch hier mehrere Möglichkeiten, mit derselben Platine unterschiedliche Probleme zu lösen.

Abbildung 3-10: Foto von alternativ bestückten I^2C-Schaltstufen-Bridges: Links: Standard mit ULN2803 und PNP-Transistoren, Mitte: Zenerdioden, Rechts: Drahtbrücken für direkte NPN-Ausgänge des ULN 2803

In der Arduino-Welt ist die harte Arbeit der Hardware-Programmierung häufig durch geeignete Bibliotheken bereits erledigt. Das ist auch bei den beliebten PCF8574-Port-Expandern für den I²C-Bus der Fall. Die Ausgänge des Schaltstufenbausteins werden aktiv, wenn das entsprechende Bit des enthaltenen Expanders auf "HIGH" gesetzt wird. Hier lauert ein kleiner Nachteil dieses Konzeptes: Beim Einschalten der Versorgungsspannung sind alle Ausgänge des Expanders zunächst per default auf "HIGH" und damit ziehen erst einmal alle damit verbundenen Relais kurzzeitig an. In der setup-Routine sollte man daher gleich zu Anfang die Expander-Bits auf "LOW" setzen. Natürlich sollte die Verdrahtung und Absicherung des Gerätes zulassen, dass alle Relais und Verbraucher gefahrlos gleichzeitig eingeschaltet werden können.

Im folgenden Code-Fragment sind die nötigen Anweisungen für ein Beispiel gelistet:

```
…
#include "pcf8574.h"
…
//instantiate power switch port expander object
PCF8574 pcf_01(0x20);
//PCF8574 write addresses:  0x20 .. 0x27
//PCF8574A write addresses: 0x38 .. 0x3f
//example connections of pcf_01-- change according to your needs
#define power_noisebridge 0x80
#define power_preamp1 0x40
#define power_preamp2 0x20
#define bandpass_10m 0x10
#define bandpass_18_12m 0x08
#define bandpass_20m 0x04
#define bandpass_40m 0x02
#define bandpass_80m 0x01
//PCF8574 port extender bit variables
static unsigned char pcf_01_bits = 0x00;         //output bits of PCF_01
static unsigned char prior_pcf_01_bits = 0x00;   //to limit data transfers if
nothing changed
…
setup()
  {
  ...
  //initialize power switches (all relays off)
  pcf_01_bits = 0x00;
  prior_pcf_01_bits = 0x00;
  pcf_01.write(pcf_01_bits);
  ...
  }
  …
  //example to set the bits: target_freq is frequency in Hertz
  pcf_01_bits &= ~(bandpass_10m | bandpass_18_12m | bandpass_20m |     \\
```

```
                               bandpass_40m | bandpass_80m);  //at first, reset
all bandpass bits
                                                              //then, set the
according bandpass bit
   if ((target_freq >= 28000000) && (target_freq <= 29700000))
      pcf_01_bits |= bandpass_10m;
   if ((target_freq >= 18000000) && (target_freq <= 25000000))
      pcf_01_bits |= bandpass_18_12m;
   if ((target_freq >= 14000000) && (target_freq <= 14350000))
      pcf_01_bits |= bandpass_20m;
   if ((target_freq >= 7000000) && (target_freq <= 7200000))
      pcf_01_bits |= bandpass_40m;
   if ((target_freq >= 3500000) && (target_freq <= 3800000))
      pcf_01_bits |= bandpass_80m;
   if (pcf_01_bits != prior_pcf_01_bits)  //only operate i2c bus when changes
occur
      {
      pcf_01.write(pcf_01_bits);
      prior_pcf_01_bits = pcf_01_bits;
      }
```

3.4 Beispiele für die Verwendung der Bridges

Im einfachen Chassis wurde das LCD direkt vom Controller angesteuert. Für die Kontrolle aller Bricks war daher nur eine einzige I²C-Schaltstufen-Bridge nötig (Abbildung 3-11).

Abbildung 3-11: Anlage der Steuerleitungen im Chassis

In der 19 Zoll Teilbaugruppe wurde ein älteres LCD verbaut. Daher war neben einer I²C-Schaltstufen-Bridge auch noch ein I²C Level Shifter nötig. Die Verdrahtung der Steuerleitungen sowie die Zuführung der Betriebsspannung ist sehr übersichtlich (Abbildung 3-11).

Anstelle der Lochraster-Platine für den I²C-Bus-Verbinder zur Oberseite der Baugruppe, könnte man auch eine spezielle Bridge-Platine verwenden.

Abbildung 3-12: Anlage der Steuerleitungen in der 19 Zoll Teilbaugruppe

Kapitel 4 • Signalketten mit RF Bricks

Nachdem für die zukünftigen Experimente ein robustes Chassis vorbereitet ist und mit Versorgungstechnik und Bussen bestückt wurde, wird es Zeit, die HF-Signalkette zusammen zu bauen. Für die Beispiele werden die Amateurbänder des Kurzwellenbereiches verwendet. Dies ist keine harte Einschränkung; es wäre z.B. auch denkbar, mit passend ausgelegten Bandfiltern den Fokus auf den Kurzwellen-Rundfunk zu legen.

Hat man die erste Stufe - die Antenne - gemeistert, ist die nachfolgende Systematik trivial: Das Antennensignal wird durch ein Bandfilter geschickt, das nur das Nutzband passieren lässt. Darauf folgt ein Hochfrequenzverstärker mit fester Verstärkung von 15 dB. Je nach Qualität der Antenne kann man auch noch einen zweiten einfügen, um bei den höheren Bändern (14...30 MHz) noch genügend Empfindlichkeit zu haben.

Der Verstärker liefert den Grund für den Eingangsbandfilter: Wird er stark durch spektrale Komponenten außerhalb des Nutzbandes belastet, kann er Intermodulationsprodukte erzeugen, die im Nutzband erscheinen. Begrenzt man das Eingangsspektrum nur auf das Nutzband, so kann das zwar ausnahmsweise immer noch passieren (z. B. bei einem Fieldday arbeiten mehrere, direkt nebeneinander aufgebaute Amateurstationen auf benachbarten Frequenzen), die Verhältnisse sind aber schon viel übersichtlicher als im ungefilterten Fall, wo Intermodulation zwischen Eingangssignalen in der gesamten Bandbreite des Verstärkers entstehen kann.

Nach dem Verstärker folgt wieder ein Bandfilter. Manche mögen das als reine Verschwendung empfinden. Man sollte sich aber klar machen, dass der folgende Demodulator auch Signale von allen ungeradzahligen Harmonischen der Taktfrequenz ins Basisband umsetzen kann, wenngleich mit reduzierter Effizienz. Da der Verstärker unabhängig vom Eingangssignal auch noch ein breitbandiges Eigenrauschen hinzufügt, resultierte daraus zusätzliches Rauschen im umgesetzten Basisband, das die Empfindlichkeit des Empfängers verringern würde. Zudem steigert das zusätzliche Bandfilter die Selektivität des Empfängers.

Nach Bandfilter, HF-Verstärker(n) und weiterem Bandfilter folgt der Detektor. Dazu gibt es zwei mögliche Bricks: Einen diskret mit BS170 als Schaltern aufgebauten Detektor aus dem Lima-Projekt sowie eine Alternative integrierten Analogschaltern, analog zu dem aus dem USDX-Projekt. Beide Baugruppen enthalten bereits NF-Vorverstärker, so dass eine Soundkarte oder ADCs direkt angeschlossen werden können.

Wir besprechen im folgenden die Bricks in der Reihenfolge, mit der wir sie in unserem Experiment verbauen.

4.1 Die Antenne

Die erste Stufe des Empfängers ist kein Brick – sie besteht aus der Antenne. Dazu gibt es umfangreiche Literatur und ein Universum aus Internet-Artikeln [Rothammel]. Es würde den Rahmen des Buches deutlich sprengen, hier ausführlich auf den Antennenbau einzugehen. Erlauben Sie mir nur einige Grundaussagen dazu, damit wir eine gute Richtung finden und Sie vernünftige Signale in Ihr SDR bekommen, sonst sind Sie vielleicht gleich zu Anfang unnötigerweise enttäuscht. Ein Besuch Ihres lokalen DARC-Ortsverbands kann sich ebenfalls lohnen – dort finden Sie erfahrene Gesprächspartner, die Ihnen wertvolle Hinweise zum Aufbau Ihrer Antenne geben können. Es ist nicht völlig unwahrscheinlich, dass Ihnen sogar jemand für den Aufbau Hilfe anbietet.

4.1.1 Was die Antenne nicht empfängt, kann kein Verstärker aus dem Rauschen holen

Dazu gibt es das vermeintlich immer richtige Sprichwort, dass eine Antenne der beste Hochfrequenzverstärker ist. Da jeder weitere Verstärker in der Kette dem Signal auch sein Eigenrauschen hinzufügt (und damit das Signal-zu-Rauschverhältnis verkleinert), erscheint das logisch. Beim Aufbau einer realen Antenne ist diese einfache Weisheit aber insofern eine verkürzte Beschreibung, als die Antenne im ungünstigen Falle auch Störsignale stark hervorheben kann. Dabei sind die Verhältnisse nicht immer einfach zu durchschauen: Es könnte beispielsweise passieren, dass Störungen zunächst aus Ihrer Werkstatt über das Antennenkabel nach draußen gelangen (bei koaxialer Speiseleitung als Mantelwelle) und dort wieder in die Antenne einkoppeln.

4.1.2 Eine Antenne gehört nach draußen

Heutige elektronische Geräte verursachen eine Vielzahl von Störungen, die auch über die Netzleitungen weitergeleitet und abgestrahlt werden. Selbst wenn die EMV-Regeln für jedes einzelne Gerät eingehalten werden müssen – die Summe der Störstrahlung kann in Wohngebieten erheblich sein. Hinzu kommt auch noch die Verbreitung von Power Line Communication, bei dem auf die Netzspannung starke, hochfrequente Signale aufmoduliert werden. Die Ankopplung dieser Störungen an unser SDR ist in der Nähe des Stromnetzes stärker. Die einzige Möglichkeit, diesem Störnebel zu entgehen, besteht in einem größeren Abstand der Antenne zum Störer.

Daher – so wenig man es wegen der aufkommenden Korrosionsprobleme vielleicht mag – eine Antenne gehört nach draußen!

Oft hat man keine Möglichkeit, Löcher in die Wände zu bohren. In diesem Fall kann man immer noch eine dünne Speiseleitung in z.B der Fensterdichtung einklemmen.

4.1.3 Ein Blitz- und Überspannungsschutz ist unbedingt notwendig

Der direkte Einschlag eines Blitzes in die Antenne führt mit sehr hoher Wahrscheinlichkeit zu Brand-, Personen- und Sachschäden! Aber auch, wenn es nur stark regnet oder hagelt, können an der Ableitung der Antenne bereits erhebliche Spannungen entstehen. Ohne Schutzmaßnahmen können die Entladungen auf dem Arbeitstisch sehr heftig und zerstörerisch sein. Beachten Sie unbedingt die einschlägige Literatur zu diesem Thema, z.B. [Amann 2024] und weiterführende Zitate darin! Ist Ihr SDR außer Betrieb, sollte die Antenne stets zuverlässig geerdet sein. Ein starkes Relais, welches beim Abschalten des Shacks die Antenne selbsttätig zum Erder kurzschließt, ist für vergessliche Zeitgenossen ein praktisches Detail. Wenn Sie in einem Mehrfamilienhaus wohnen, sollten Sie auch Ihren Vermieter über Ihre Vorhaben informieren.

4.1.4 Eine Antenne besitzt frequenzabhängige Eigenschaften

Jedes einfache Drahtgebilde, das wir vielleicht zwischen den Bäumen im (nicht öffentlichen) Grünstreifen aufhängen dürfen, hat aufgrund seiner Abmessungen am Fußpunkt eine frequenzabhängige Impedanz. Die koaxiale Eingangsbuchse des Empfängers erwartet aber den Systemwiderstand von 50 Ohm, andernfalls kann die Antenne den Empfänger nicht mit der größtmöglichen Leistung versorgen. In ungünstigen und häufigen Fällen ist die Antenne hochohmig und damit für unseren Empfänger recht ineffizient. Man kann sich auf mehrere Arten behelfen:

Die Antenne kann mit einem Anpassgerät an den Empfängereingang angepasst werden. Für die Anpassung diskutieren wir in einem späteren Kapitel, wie wir die Impedanz der Antenne mit einem zusätzlichen Brick prüfen sowie mit einem handelsüblichen Bausatz für ein Anpassgerät (ein ATU-100) preiswert und automatisch (!) anpassen können und zwar ganz ohne Sender. Die Meinungen zu Anpassgeräten divergieren. Der Grund sind die Verluste, die ein Anpassglied verursachen kann. Für den reinen Empfang können wir zunächst darüber hinwegsehen.

Alternativ kann eine breitbandige Antenne Verwendung finden (z.B. eine T2FD). Bauanleitungen für breitbandige Antennen findet man in der o.a. Literatur. Diese verschenken zwar häufig einen Teil der eingehenden Leistung an einen ohmschen Widerstand, sind aber dafür sofort in ihrem gesamten Frequenzbereich ohne weitere Anpassungsschritte betriebsbereit.

Man darf dabei aber nicht vergessen, dass in der Frequenzabhängigkeit der anderen Antennen auch ein Vorteil liegt: Durch die Anpassung werden spektrale Komponenten außerhalb des Nutzbandes gleich zu Anfang etwas unterdrückt, da diese ja eine Fehlanpassung an den Empfänger erfahren. Man erhält also durch die schmalbandigere Anpassung eine kleine Vorselektion der Nutzsignale – diesen Vorteil können die breitbandigen Antennen nicht liefern.

4.1.5 Die symmetrische Speiseleitung vermeidet Gleichtaktstörungen

Sollten Sie der Einfachheit halber eine Langdrahtantenne einfach durch den Fensterrahmen zum Arbeitstisch und erst danach einem Anpassgerät zuführen, so werden wahrscheinlich starke Störungen aus der eigenen Wohnung (kapazitiv) in den Draht einkoppeln.

Besteht die Speiseleitung dagegen aus einem symmetrischen Bandkabel, so wird das Nutzsignal in den beiden Leitern gegenphasig weitergeleitet. Wird die lokale Störung in beide Leiter gemeinsam eingekoppelt (man spricht daher von einer Gleichtaktstörung), kann man diese leicht vom Nutzsignal trennen, zum Beispiel mit einem Balun-Transformator. Obwohl die symmetrische Bandleitung üblicherweise keinen Schirm hat, ist sie also gegen Gleichtaktstörungen immun. Kein Wunder, dass dieser preiswerte Kabeltyp (die älteren werden sich erinnern) früher bei Fernsehantennen häufig verwendet wurde.

Es lohnt sich demnach, eine Antenne mit symmetrischer Speisung aufzubauen. Das Bandkabel kann man sich selbst aus Litzen und Abstandshaltern herstellen oder man kauft eines fix und fertig. Die beiden Leiter lassen sich auch gut in eine (Kunststoff-)

Fensterdichtung einklemmen – dies vermeidet lästige Bohrungen, die der Vermieter vielleicht nicht erlaubt.

Man sollte das Bandkabel aber wo immer möglich mit geeigneten Isolatoren (z.B. einer Plastikschnur) von anderen Gegenständen fernhalten, da die physische Nähe auch zu schlechter leitenden Materialien wie z.B. Holz oder Pflanzenteilen zu einer Dämpfung führen kann.

4.1.6 Signalkosmetik

Es gibt noch einen anderen Weg, Störungen zu unterdrücken, den wir ebenfalls später, bei den Zusatzgeräten, noch betrachten werden: Man baut drinnen eine zweite (kleine) Antenne auf, die nur zur Aufnahme von lokalen Störungen gedacht ist. Deren Signal wird gegenphasig und mit passender Amplitude zum Signal der Antenne draußen addiert. Dadurch verkleinert sich zwar meistens auch das Nutzsignal leicht, da die Hilfsantenne es ebenfalls noch schwach aufnimmt. Der Kompensationseffekt für Knister-, Prassel- und andere lästige Störungen kann das Vergnügen am Kurzwellenempfang dennoch häufig steigern.

Die Kompensation ist aber keine Kur für eine schlecht angeordnete Antenne, sondern eher das i-Tüpfelchen, um einem bereits akzeptablen Empfang einen Hauch von Perfektion zu geben.

Im Internet kursiert dazu ein Eigenbau-Rezept, das recht gut funktioniert: Der "X-Phase QRM Eliminator". Im Online-Material finden Sie dazu eine Platine, die direkt an einem Rückwandblech mit PL-Steckern verschraubt und verlötet werden kann. Da der QRM-Eliminator mit signalführenden Potentiometern versehen werden muss, kann man ihn nicht so leicht in einem eigenen Brick unterbringen. Am besten verwenden Sie ein separates Metallgehäuse.

Der später noch genauer beschriebene Entwurf hat wieder Bypass-Relais: Wenn Sie die 12V-Versorgung des Gerätes abschalten, schaltet sich der QRM-Eliminator selbsttätig aus dem Signalweg. Einen PTT-Schalteingang finden Sie für den Fall, dass Sie inzwischen eine Lizenz erworben haben und auch Signale durch die Antenne aussenden wollen oder wenn sie das Gerät für die Abstimmung mit Rauschbrücke und ATU-100 aus dem Signalweg ausschleifen müssen.

4.2 Der Bandfilter-Brick

Nach der Antenne folgt die Vorselektion. Für das Baustein-Konzept verwenden wir Bandfilter, die nur den Nutzfrequenzbereich durchlassen sollen. Wenn Sie an Bandfilter denken, haben Sie wahrscheinlich eine Anordnung aus zwei Parallelkreisen vor dem inneren Auge, die am oberen Ende durch eine kleine Kapazität miteinander gekoppelt sind. So findet er sich in vielen Lehrbüchern wieder.

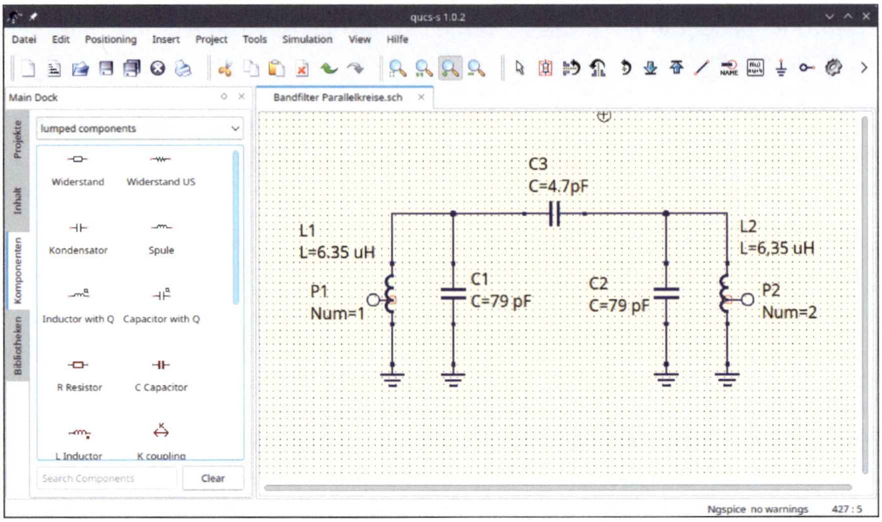

Abbilding 4-2-1 Schaltung eines üblichen Bandfilters

Eine Schwierigkeit besteht in der angezapften Spule: Es ist nicht sofort ersichtlich, bei welcher Windungszahl die Anzapfung liegen sollte. Weiterhin erfolgt die Kopplung zwischen den Kreisen, am oberen ("heißen") Ende der Schwingkreise. Dort sind sie im Resonanzfall idealerweise unendlich hochohmig (im realen Fall ist die Kreisgüte durch Verluste begrenzt). Ein Trimmer an dieser Stelle muss daher mit einem Schraubendreher aus Plastik abgeglichen werden und Leckwiderstände zur Masse sind dort zu vermeiden.

Wenn Sie das Bandfilter auch zum Senden verwenden wollen, muss auf eine ausreichende Spannungsfestigkeit für die Kondensatoren der Parallelschwingkreise geachtet werden, da dort wegen der Resonanz hohe Spannungen auftreten.

Einfacher ist eine Anordnung aus gekoppelten Serienkreisen. Das vorige sowie das folgende Schaltbild sind mit QUCS erstellt worden, mit dem auch Simulationen zu den Filtern durchgeführt werden können.

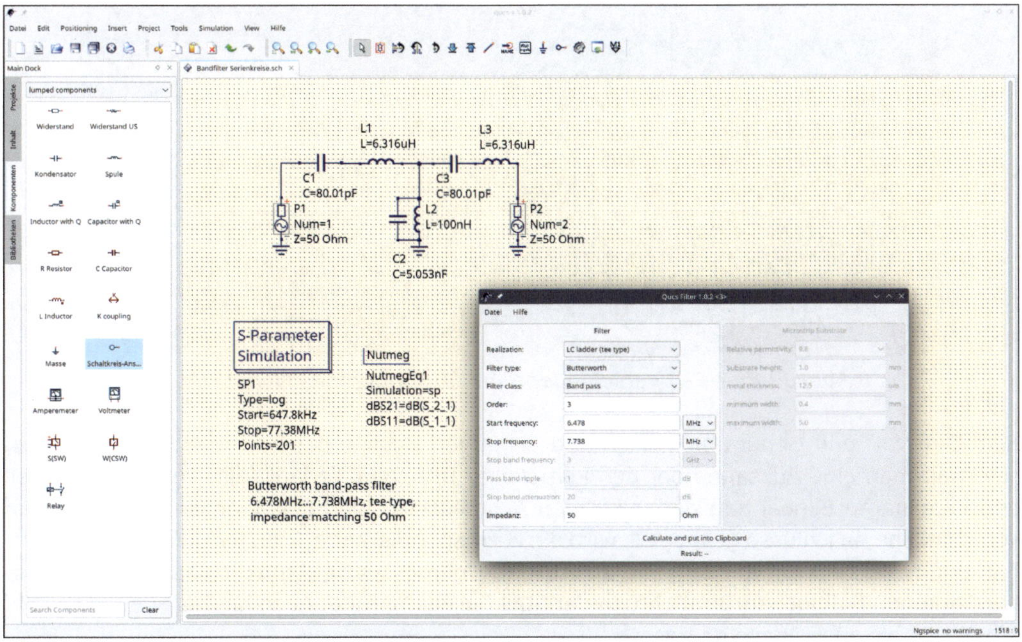

Abbilding 4-2-2 Schaltung mit gekoppelten Serienkreisen

Die Serienkreise stellen im Resonanzfall Kurzschlüsse dar. Man kann einen dritten Pol in das Filter einbauen, indem man am Mittelpunkt nicht nur einen Kondensator, sondern einen Parallelschwingkreis nach Masse vorsieht (C2 und L2 in Abbildung 4-2-1). Dieser wird an seinem oberen Ende bei Resonanz mit geringeren Spannungen beaufschlagt, weil er niederohmig an Ein- und Ausgang angekoppelt ist. Einzelheiten zur Auslegung der Filter findet man in einem lesenswerten Artikel von DG0SA [Wippermann 2016].

Bandfilter müssen abgeglichen werden, sonst können sie hohe Verluste verursachen. Die gekoppelten Serienkreise lassen sich aber sehr leicht auf das gewünschte Verhalten trimmen. Als Messgerät benötigen wir einen NanoVNA (Nano Vector Network Analyzer), den es fast überall für kleines Geld zu kaufen gibt.

4.2.1 Exkurs: Die Arbeit mit dem NanoVNA

Der NanoVNA ist ein eigenständiges Gerät. Er bestimmt die S-Parameter des Testobjektes. Dazu enthält er einen Signalgenerator (mit variabler Frequenz) und einen Detektor. Diese werden beim Ablauf einer Messung automatisch mit Ein- und Ausgang des Testobjektes verbunden. Der Detektor erfasst mit einem Richtkoppler Amplitude und Phase.

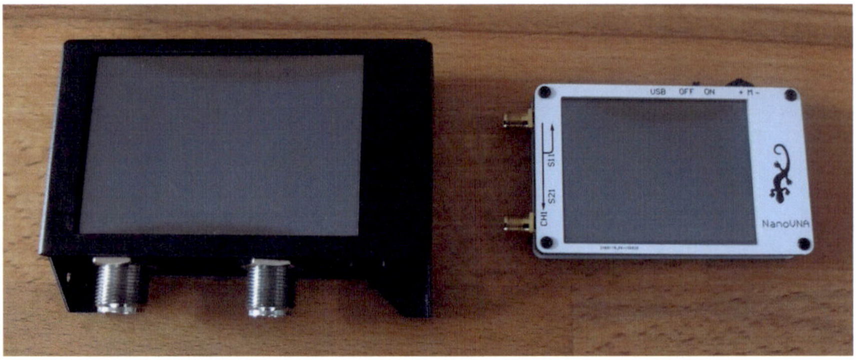

Abbildung 4-2-3 Verschiedene Ausführungen des NanoVNAs

Sind Detektor und Generator mit ein und derselben Buchse des Testobjektes verbunden, so erhält man eine Aussage über den komplexen Impedanzverlauf (also realen Wirkanteil und imaginären Blindanteil) des jeweiligen Anschlusses. Sind Detektor und Generator an verschiedene Anschlüsse gekoppelt, wird die korrespondierende Transferfunktion bestimmt. Bei einem Verstärker, von Eingang zu Ausgang gemessen, entspricht das der Vorwärts-Verstärkung, in umgekehrter Richtung der Rückflussdämpfung. Auch hierbei werden sowohl Amplitude als auch Phase gemessen.

Es handelt sich also um recht viel Information. Daher wird meistens ein Smith-Diagramm zur Darstellung verwendet (Abbildung 4-2-4). Es hat den Vorteil, dass durch eine einzige Kurve (über deren Strecke die Frequenz variiert) Real- und Imaginärteil in ihrem gesamten Wertebereich gleichzeitig abgebildet werden. Zudem ist es auf den System-Wellenwiderstand normiert (Z0 in Abbildung 4-2-4), der genau im Mittelpunkt des Smith-Diagramms liegt. Dort läuft die Messkurve des interessierenden Parameters also hindurch, wenn eine gute Anpassung existiert.

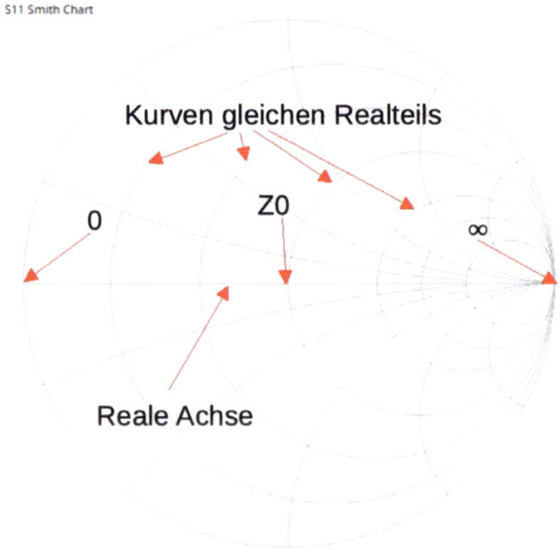

Abbildung 4-2-4 Smith-Diagramm: Realteil

Die Gitternetzlinien im Smith-Diagramm sind krummlinig aber lokal immer senkrecht zueinander. Die Krümmung wird von der nichtlinearen Skalierung der Achsen verursacht. Betrachtet man z.B. die horizontale, reale Achse in der Widerstandsdarstellung, so findet man am linken Ende den Widerstandswert Null, am rechten Ende den Widerstandswert unendlich.

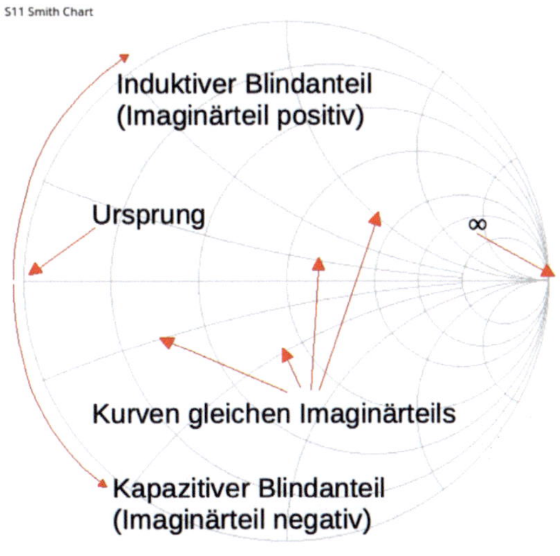

Abbildung 4-2-5: Smith-Diagramm: Imaginärteil

Die "Achse" für die imaginären Blindanteile finden wir auf dem Außenkreis des Smith-Diagramms (Abbildung 4-2-2). Das kennen wir so aus dem kartesischen Fall: Die imaginäre Achse des Koordinatensystems beginnt einfach im Ursprung (also dort, wo auch der Realteil Null ist) und steht senkrecht auf dieser. Das Ungewöhnliche ist die kreisförmige Verbiegung der imaginären Achse sowie der Schnitt mit der realen Achse im Punkt des unendlichen Widerstands ganz rechts. Bei unendlichem Widerstand ist die Phase des (unendlich kleinen) Stroms schlecht definiert. Anstelle einer krakeligen, verrauschten Kurve konvergiert die Darstellung daher einfach in den Punkt des unendlichen Widerstands – sehr übersichtlich!

Das Diagramm ist gerade für die Hochfrequenztechnik praktisch – dort hat man es oft mit Resonanzstellen in Form (manchmal auch unbeabsichtigter) Serien- und Parallelresonanzkreise zu tun. Es treten deshalb frequenzabhängig sowohl Kurzschlüsse als auch sehr hochohmige Widerstände auf. Das Diagramm vergrößert durch seine krummlinige Verzerrung den Bereich kleinerer Impedanzen. Dieser ist von besonderer Wichtigkeit, wenn es um die Anpassung (endlicher) Generator- und Lastwiderstände geht. Zugleich bleibt der gesamte Wertebereich der Impedanz übersichtlich dargestellt - ein linear skaliertes Diagramm käme da schnell an seine Grenzen.

Im Laufe der Zeit lernt man die charakteristische Kurvenverläufe zu interpretieren, was bei der Fehlersuche und beim Abgleich viel Zeit sparen kann. Kein Wunder, dass das Smith-Diagramm solche Verbreitung gefunden hat.

Es gibt auch noch einen weiteren Grund für diese Beliebtheit, den Sie in vielen Internetquellen selbst recherchieren können: Das Diagramm erlaubt es beispielsweise, grafisch durch eine Punktspiegelung im Zentrum vom Widerstand, zum Leitwert zu transformieren – das ist mit komplexen Zahlen allein schon eine etwas aufwändigere Rechnerei. Sie können auch Anpassglieder relativ leicht grafisch in wenigen Schritten bestimmen. Das nimmt Ihnen heute zwar jedes bessere Simulationsprogramm mit einem Mausklick ab. Dennoch ist es immer nützlich zu wissen, wo die Dinge einmal herkamen. Das Smith-Diagramm sehen Sie auf dem Bildschirm des NanoVNAs wieder. Daneben wird auch eine kartesische Darstellung für Rückflussdämpfung und Verstärkung angezeigt.

Mit dem NanoVNA können Sie alle Arbeiten an den folgenden Bandfiltern auch ohne Steuerung durch einen Host-PC durchführen. Es gibt – neben dem winzigen Bildschirm – auch einige andere Begrenzungen dabei, insbesondere ist die Anzahl der Messpunkte für eine einzelne Messung auf 101 Punkte beschränkt. Mit Fernsteuerung durch einen PC kann man mehrere Messungen zu einer genaueren Darstellung kombinieren. Zudem lassen sich die Ergebnisse speichern und in einer Dokumentation darstellen. Das sollten Sie sich, zumindest auf die Dauer, nicht entgehen lassen.

Glücklicherweise wurde die harte Arbeit bereits erledigt, so dass wir uns auf die Bedienung des Programms beschränken können. Zunächst laden Sie sich bitte das App-Image zu "NanoVNA Saver" herunter. App-Images sind zwar recht groß, aber auch bequem: Durch die statisch gelinkten Libraries ist das Programm weitgehend immun gegen die allgegenwärtigen Updates des Linux-Betriebssystems.

4.2.1.1 Installation der NanoVNA-Software auf dem Host

Eine Installation ist bei einem App-Image gar nicht nötig. Erzeugen Sie ein gut auffindbares Verzeichnis und kopieren Sie das App-Image dorthin. In dieses Verzeichnis speichert NanoVNA Saver auch die Kalibrierdaten. Für den Test des NanoVNA Savers verbinden Sie zunächst Ihren NanoVNA mit dem Host-PC. Schalten Sie den NanoVNA ein. Danach führen Sie das App-Image aus.

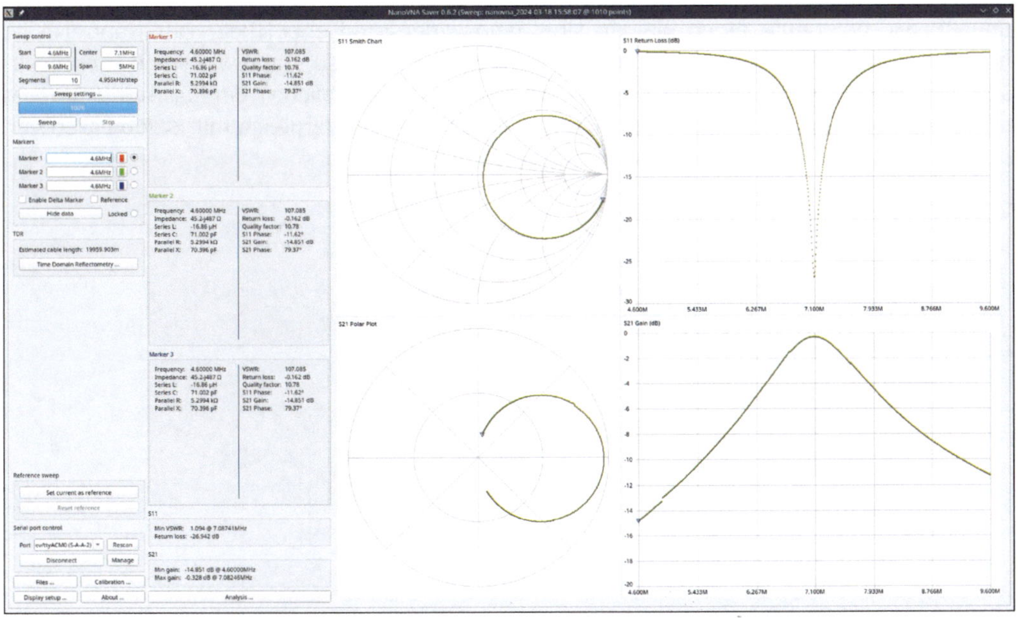

Abbildung 4-2-6: Hauptfenster vom NanoVNA Saver

Links unten im Hauptfenster finden Sie das Panel "Serial Port Control". Die Detektion des NanoVNAs erfolgt automatisch. Wenn Sie mehrere Einträge in der Combo-Box für den Port vorfinden, müssen Sie eine Auswahl treffen. In den meisten Fällen dürfte der korrekte Eintrag bereits vorgewählt sein.

Klicken Sie auf den "Connect"-Button, um den NanoVNA mit dem Programm zu koppeln. Dies kann einen kleinen Moment dauern. Nach der erfolgreichen Kopplung erscheinen bereits erste Datenpunkte in den Diagrammen.

Wahrscheinlich haben Sie die Einstellungen im Panel "Sweep Control" links oben im Hauptfenster bereits gesehen. Sie können, wie bei einem Spektrum Analysator, für die Frequenz entweder "Center" und "Span" angeben (verwenden Sie bei den Zahlen einen Punkt als Komma, sonst bricht die Programmausführung unvermittelt ab). Oder Sie geben für die Frequenzen "Start" und "Stop" an.

Eine wichtige Einzelheit ist die Box "Segments". Hier können Sie einen Sweep in mehreren Teilschritten durchlaufen (jeder einzelne davon ist durch die Bauart des NanoVNAs auf 101 Schritte begrenzt). In der Abbildung 4-2-6 sehen Sie beispielsweise eine Messung mit 10 Segmenten, insgesamt also 1010 Punkten.

4.2.1.2 Kalibrierung des Nano-VNAs

Der NanoVNA muss vor jeder Messung kalibriert werden. Bitte nehmen Sie das Kalibrieren ernst – sonst sind Ihre Messdaten nicht akkurat. Sie sind auch nicht ungefähr richtig. Eine unkalibrierte Messung ist schlichtweg unbrauchbar. Verlassen Sie sich auch nicht auf die Kalibrierung von gestern – vielleicht haben Sie die beiden Testkabel ja vertauscht oder eine Buchse hat heute einen kleinen Übergangswiderstand entwickelt. Der NanoVNA ist zwar äußerst preiswert aber leider diesbezüglich nicht ganz so stabil wie seine "größeren" Geschwister. Durch die Kalibrierung werden (teilweise erhebliche) Einflüsse des Gerätes selbst sowie der Anschlussleitungen heraus gerechnet – ein Vergleich mit Ergebnissen von einem kommerziellen Gerät wird später dargestellt.

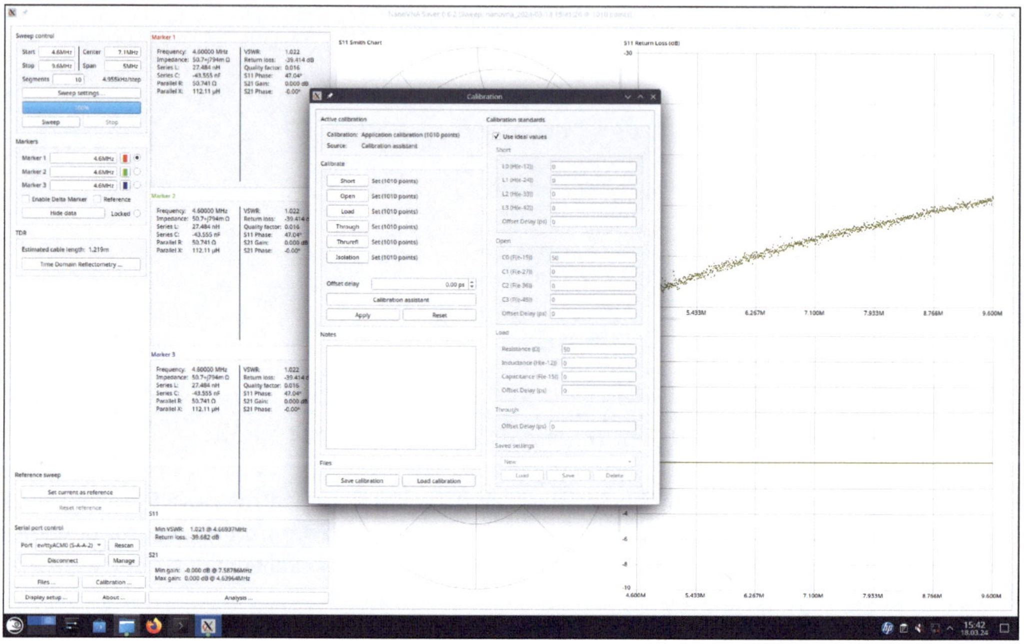

Abbildung 4-2-7 Der Kalibrierassistent des NanoVNA Savers

Die Kalibrierung wird in mehreren Schritten durchgeführt. Damit nichts schiefläuft, gibt es dazu eine automatisierte Prozedur (Abbildung 4-2-7). Sie können den Dialog durch Klicken des Buttons "Calibration" im Hauptfenster links unten anzeigen. Um den Vorgang zu starten, klicken Sie bitte auf den Button "Calibration Assistant" im neu geöffneten Dialogfenster. Die ersten Schritte beziehen sich auf "Port 0" (den ersten Port des VNAs).

Der erste Port ist bei den verschiedenen Geräten leider unterschiedlich bezeichnet: Entweder als "Port 0" oder als "TX" oder auch als "CH0". Auf manchen Geräten findet sich zusätzlich noch der Hinweis "S11" an der Buchse von "Port 0".

Wenn Sie den ersten Port lokalisiert haben, verbinden Sie zunächst das Messkabel. Dann brauchen Sie die kleine Tüte mit den Normalen. Diese werden nacheinander vom Calibration Assistant angefordert: "Short" (der SMA-Stecker besteht aus einem einzigen Stück Metall mit Pin), "Open" (dieser hat in der Mitte ein Loch) und "Load" (dieser hat ein verdächtig hohles Gehäuse und einen nach außen isolierten Mittelpin, darin steckt ein 50 Ohm-Widerstand, der leider oft einen (kostengünstigeren) Wert von 51 Ohm aufweist).

Geht es z.B. nur um die Anpassung einer Antenne, sind Sie mit der Kalibrierung von "Port 0" bereits fertig. Der Assistent fragt Sie danach. Da wir Filter (mit Ein- und Ausgang) charakterisieren wollen, müssen wir die Kalibrierung weiterlaufen lassen. Dazu verbinden Sie, falls noch nicht geschehen, den zweiten Port ("Port 1") mit einem weiteren Messkabel und klicken im Assistenten auf "Weiter".

Die beiden Schritte für den "Port 1" sind "Load" (also der Abschlusswiderstand) und "Through" – das ist eine Kupplung der beiden Messleitungen. Damit sind Sie fertig. Der Assistent lädt die Kalibrierdaten bereits in das Programm. Sie könnten die Kalibrierung mit einem Kommentar speichern, auch eine ältere laden und mit "Apply" zur Anwendung bringen – mit den bereits genannten Einschränkungen, was die Reproduzierbarkeit angeht.

Durch die Kalibrierung sind die Einflüsse des NanoVNA und der Kabel berücksichtigt – Sie messen jetzt alles weitere von Stecker zu Stecker, zwischen den beiden Messkabeln.

Dabei ist zu beachten, dass Sie die Kalibrierung für eine segmentierte Messung bei den gleichen Sweep-Einstellungen (inklusive Segmentanzahl) vornehmen müssen. Das führt zu mehr Kalibrierpunkten (Im Beispiel von Abbildung 4-2-7 zu 1010 Punkten).

Mit der erfolgreichen Kalibrierung ist der NanoVNA bereit für die Optimierung der im folgenden beschriebenen Bandfilter.

4.2.2 Filterdaten selbst berechnen

Wenn Sie Filterdaten selbst berechnen wollen, ist das wegen der Verfügbarkeit von hilfreichen Programmen kein Problem mehr. Früher hätten Sie normierte Daten aus Tabellenwerken auf Ihre Nutzfrequenz hochskaliert (wenn Sie es bevorzugen, können Sie dies natürlich auch immer noch tun).

Die Verwendung von Programmen bietet aber mehr Flexibilität. Zudem können Sie auch (nicht bei allen Anwendungen) Verluste in Kondensatoren und Spulen mit berücksichtigen, um zu studieren, wo die aktuelle Struktur ihre Schwachstellen hat und für welche Teile Sie bessere Qualitäten kaufen sollten.

Programm	OS	Quelle
RFSim99	Windows	www.ad5gg.com/2017/04/06/free-rf-simulation-software/
QUCs Studio	Windows	https://qucsstudio.de/de/start/
Mini Ringkern Rechner	Windows	https://www.dl0hst.de/mini-ringkern-rechner.htm
QUCs	Linux	Paketverwaltung von openSuse Tumbleweed

Eine kleine Schwierigkeit besteht darin, dass die ersten drei Anwendungen, die hier Erwähnung finden, auf dem Windows-Betriebssystem laufen. Um sie in der Linux-Welt zu verwenden, brauchen Sie entweder Wine (den Windows-Emulator) oder eine VM. Während Wine frei verfügbar ist, müssen Sie für eine VM über eine gültige Windows-Lizenz verfügen, die auch noch aktiviert werden muss (das funktioniert noch bei Windows 7 aber nicht mehr bei Windows XP).

Beide Lösungen können auf Ihrem Linux-System Sicherheitslücken öffnen. Bei der VM sollten Sie auf jeden Fall die Netzwerkverbindung sperren, wenn Sie eine ältere (z.B. Windows 7) Lizenz installieren. Auch USB-Sticks sollten Sie für die VM sperren, um das Einschleppen von Viren zu verhindern. Um dennoch Daten transferieren zu können, besteht die Möglichkeit z.B. bei Oracle® VM Virtual Box (in der openSuse Tumbleweed Distribution enthalten) eine gemeinsame Zwischenablage einzurichten, die nur in eine Richtung (Linux zu Windows) funktioniert. Die Windows-Versionen laufen bei Virtual Box in ihrem eigenen Container, so dass Sie Kontrolle darüber behalten, auf welche Systemressourcen zugegriffen wird. Für die Aktivierung müssen Sie den Netzwerkzugriff vorübergehend freigeben.

Alle Programme aus der obigen Tabelle enthalten Werkzeuge zur Filterberechnung. Diese wird hier am Beispiel von QUCS demonstriert, welches Sie bei openSuse Tumbleweed einfach mit der Paketverwaltung installieren können.

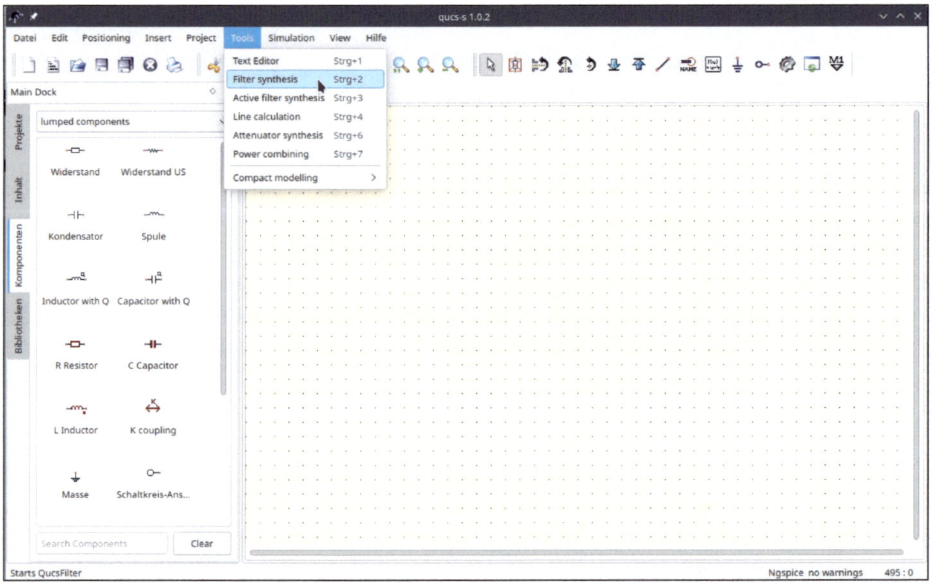

Abbildung 4-2-8 Hauptfenster von QUCS mit Tools-Menu

Nach dem Aufruf des Werkzeugs "Tools | Filter Synthesis" geben wählen Sie folgende Eingaben: Für "Realization" "LC ladder (tee type)" (das sind die gekoppelten Serienkreise), für "Filter type" Butterworth (hat einen flachen Verlauf aber minimalen Ripple im Durchlassbereich) und für "Filter class" Band pass.

Die Ordnung des Filters belassen Sie bei 3 und geben für die Eckfrequenzen (-3dB-Punkte) 6,47 MHz und 7,73 MHz ein (Abbilding 5-1-9). Damit sieht man an den Enden des Durchlassbereichs noch keine Abschwächung des Signals. Allerdings werden oberhalb von 7,2 MHz Rundfunksender mit durchgelassen, die in den Abendstunden starke Signale liefern können. Die Wahl der krummen Eckfrequenzen ist auch erfolgt, damit die Ringkernspulen auf den T50-2 Kernen realisierbar bleiben. Das prüfen wir gleich mit einem Mini RK Calculator nach.

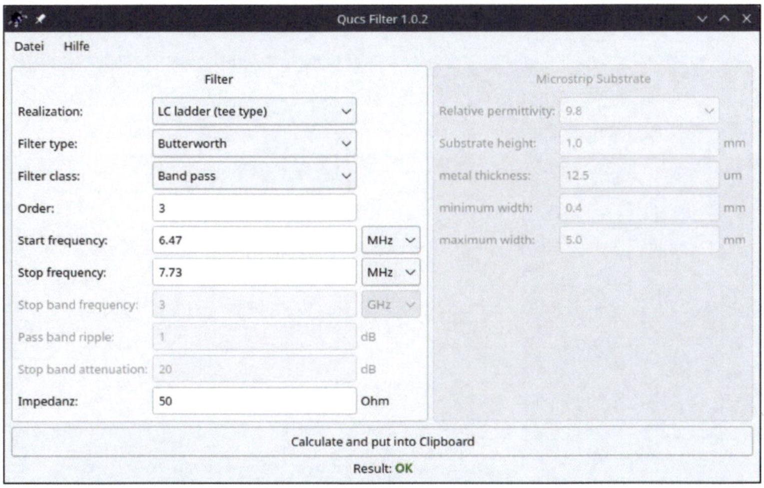

Abbildung 4-2-9: Der Dialog "Tools | Filter Synthesis"

Klicken Sie für die Filterberechnung zunächst im geöffneten Filter-Tool auf den Button "Calculate and put into Clipboard". Hat alles geklappt, blinkt im Dialog unten fröhlich ein grünes "OK". Danach wechseln Sie ins Hauptfenster von QUCS zurück. Wichtig: Schließen Sie den Filter-Dialog nicht, sonst müssen Sie bei jeder kleinen Änderung alle Eingaben wiederholen. Fügen Sie das Filter mit <CTRL-V> in das Hauptfenster ein. Nicht vergessen, die Datei mit einem sprechenden Namen zu speichern.

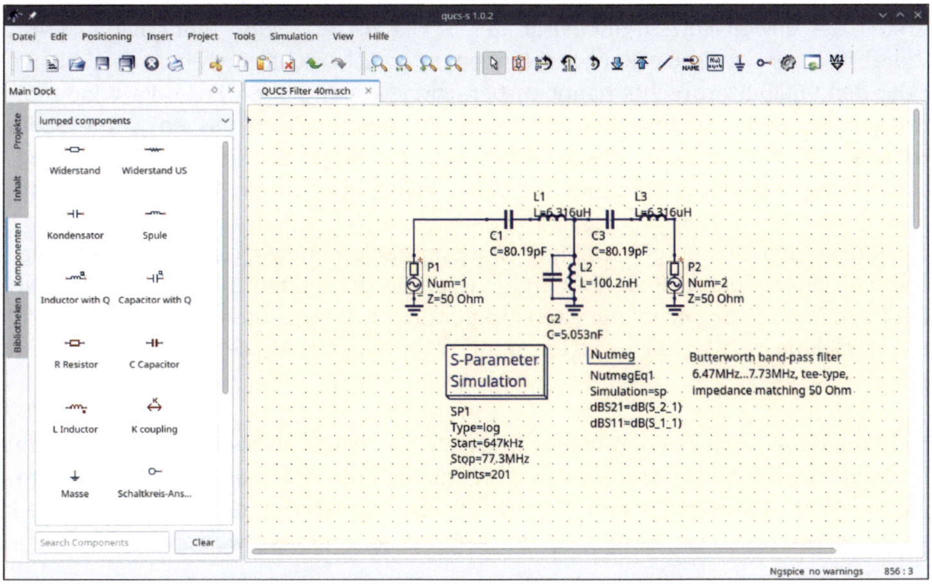

Abbildung 4-2-10: Synthetisiertes Filter

Jetzt überprüfen wir, ob die Ringkernspulen realisierbar sind. Dazu den Mini Ringkern Calculator starten.

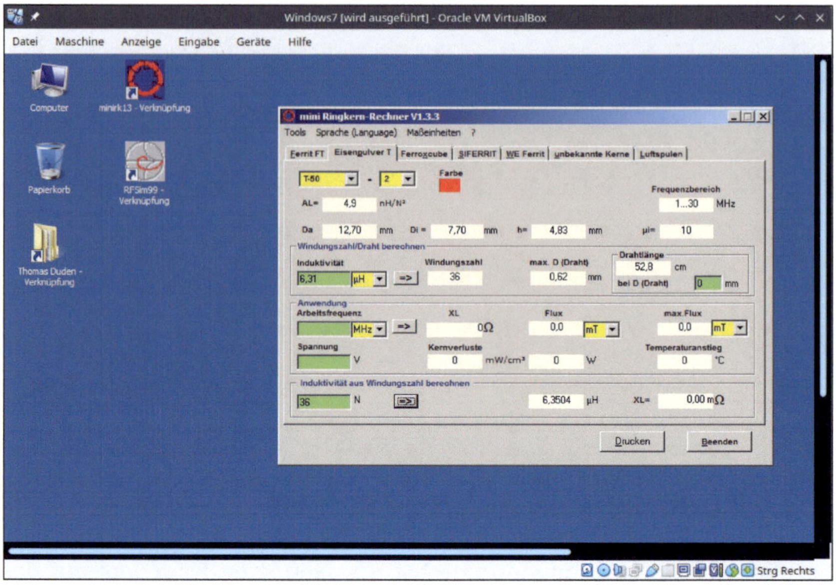

Abbildung 4-2-11: Mini Ringkern Calculator (hier in VM gestartet)

Für das Kernmaterial den Tab "Eisenpulver T" wählen. Links oben die Größe "T-50" und daneben das Material "2" wählen. Um Irrtümer zu vermeiden, wird neben den Feldern die Kernfarbe angezeigt, für das Material 2 von Amidon ist es die Farbe rot.

Als erstes die gewünschte Induktivität der Spule in das Feld "Induktivität" eintragen und darauf achten, dass die korrekte Einheit, hier µH, rechts daneben gewählt ist. Ein Klick auf den Pfeilbutton rechts daneben berechnet in der selben Zeile die Windungszahl, den maximalen Drahtdurchmesser, der noch auf den Ringkern passen würde sowie die Drahtlänge. So gibt es beim Abschneiden von der Rolle weniger Verschwendung. Die Zugabe einiger Zentimeter zur Länge ist für die Handhabung beim Wickeln vorteilhaft.

Da bei Rinkernspulen nur ganzzahlige Windungszahlen möglich sind, nehmen Sie eine weitere Prüfung vor und tragen die Windungszahl in der letzten Zeile im Feld "N" ein. Ein Klick auf den Pfeilbutton rechts daneben ergibt den mit N erreichten Induktivitätswert. Man sieht in Abbildung 4-2-11, dass dieser um 40 nH größer ist, als der ursprünglich gewählte Wert.

Für die Berechnung eines neuen Filters wechseln Sie zwischen diesen beiden Werkzeugen hin und her. Nachdem Sie die erreichbaren Induktivitäten in das Schaltbild eingetragen haben, muss neu simuliert werden. Wahrscheinlich müssen nun die Kapazitätswerte leicht angepasst werden oder die Mittenfrequenz liegt etwas daneben, was aber noch tolerierbar ist.

Für die Simulation im Hauptfenster von QUCS klicken Sie im Hauptmenu "Simulation | Simulate" an. Ein Dialog erscheint, der anzeigt, dass die Simulation erfolgt ist. Diesen Dialog schließen Sie mit dem "Exit"-Button.

Im Hauptfenster von QUCS erscheint nun ein leerer Reiter mit dem Titel "Filename.dpl". Hier müssen noch Diagramme eingefügt werden, damit die Simulation dargestellt werden kann. Im "Main Dock" links "Kartesisch" auswählen.Wenn das Rechteck auf dem leeren Reiter platziert wird, öffnet sich ein Dialog "Diagrammeigenschaften bearbeiten". Die Auswahl von Parametern im Reiter "Daten" ist zwar leicht aber nicht unbedingt sehr intuitiv. Für dieses Beispiel im Panel "Datensatz" links unten auf die Listeneinträge "ac.dbs11" und "ac.dbs21" doppelklicken.

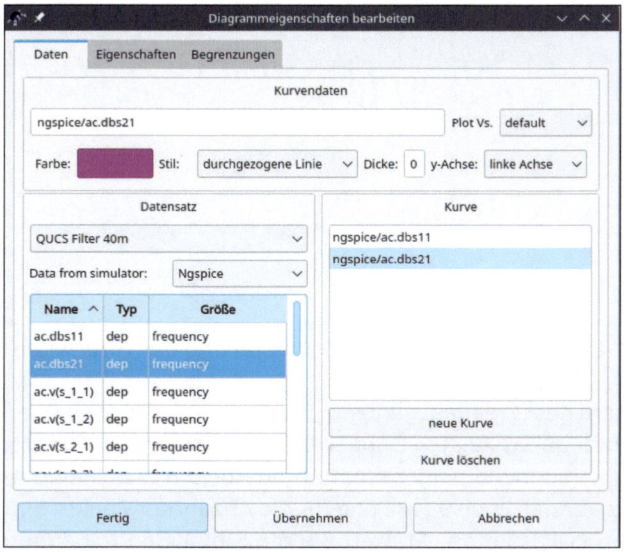

Abbildung 4-2-13: Kurven für das Diagramm auswählen

Dies fügt die Graphen für S11 (Rückflussdämpfung) und S21 (Vorwärts-Verstärkung) in dB skaliert in die Liste "Kurve" ein (Abbilding 4-2-13). Schließen Sie danach den Dialog mit dem "Fertig"-Button. Das Diagramm können Sie durch Ziehen mit der Maus an den Eckpunkten auf die gewünschte Größe bringen. (Abbilding 4-2-14).

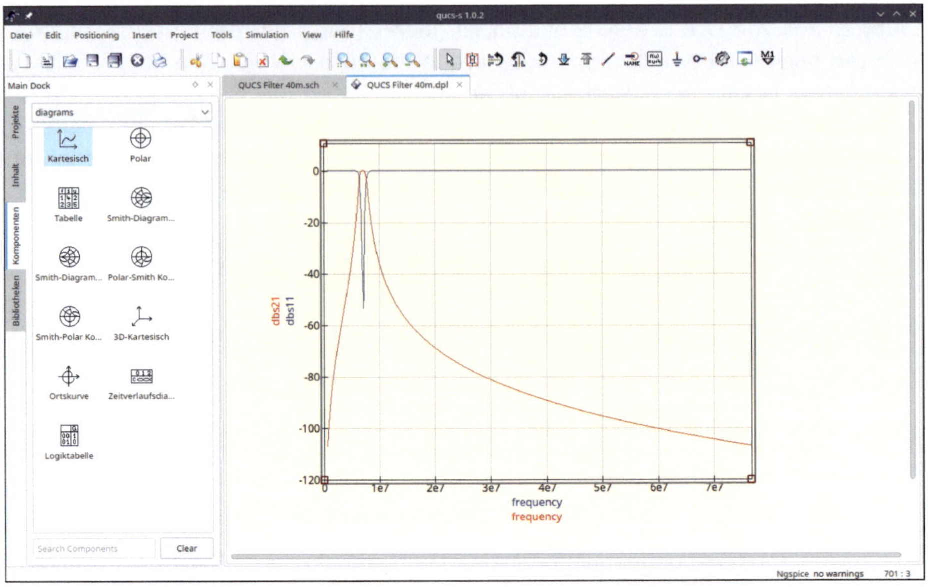

Abbildung 4-2-14: Initiale Darstellung der Filterdaten

Um die Einzelheiten des Frequenzgangs zu vergrößern, können Sie im Schaltbild die Simulationsparameter anpassen. Ein Doppelklick auf das Symbol "S-Parameter-Simulation" öffnet den Dialog "Komponenteneigenschaften bearbeiten (Abbildung 4-2-15). Tragen sie für den Start 5 MHz, für das Ende 9 MHz und für die Anzahl der Punkte 500 ein und Schließen den Dialog mit dem "OK"-Button. Starten Sie die Simulation mit "Simulation | Simulate" oder <F2> und schließen Sie am Ende mit dem "Exit"-Button. Die Durchlasskurve für S21 sieht bereits gut aus (Abbildung 4-2-16). Bei S11 gibt es noch eine kleine Asymmetrie.

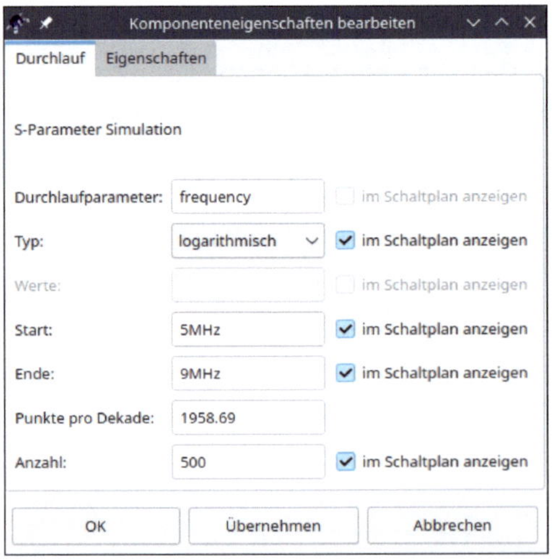

Abbildung 4-2-15: Komponenteneigenschaften für die S-Parameter-Simulation bearbeiten

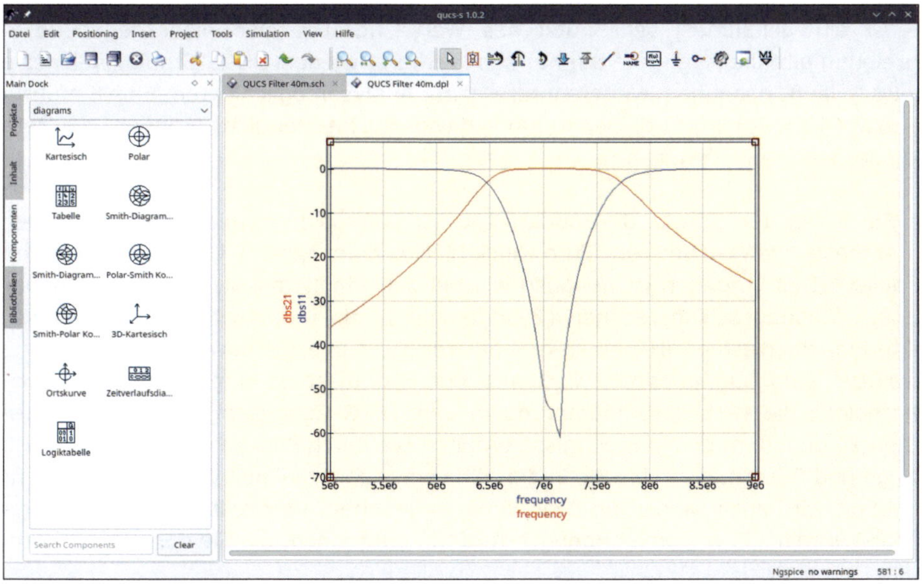

Abbildung 4-2-16: Vergrößerte Darstellung der Filterdaten

Tragen Sie die folgenden Werte in das QUCS-Schaltbild ein: Für L1 und L3: 6,35 µH, für C1 und C3: 80 pF, für C2: 5 nF und für L2 101,6 nH. Der Wert für L2 muss genau eingestellt werden, damit die Kurve für die Rückflussdämpfung symmetrisch wird. Beim praktischen Aufbau ist das später sehr leicht, da L2 eine Luftspule ist. Diese kann durch Zusammendrücken oder Auseinanderziehen gut abgeglichen werden.

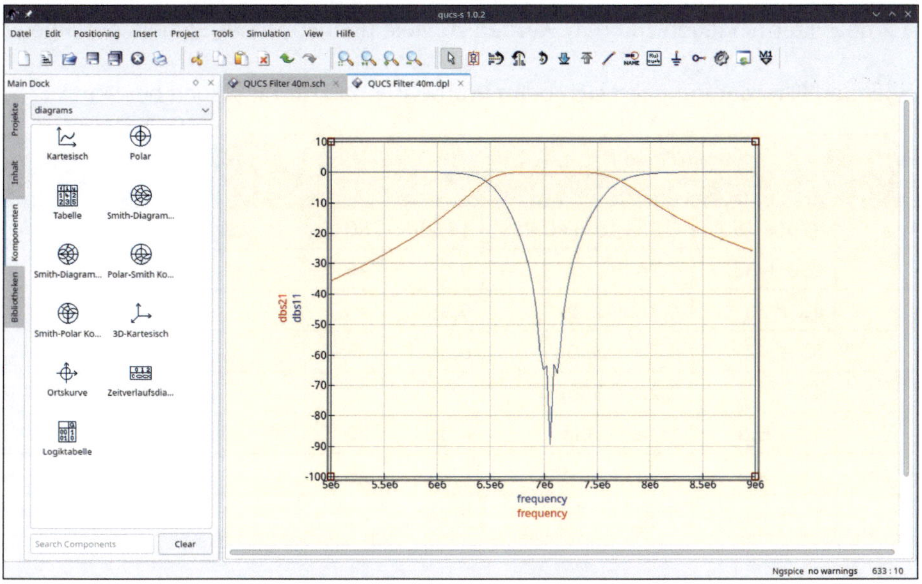

Abbildung 4-2-17: Abgeglichenes Filter

QUCS ist ein vielfältiges, sehr nützliches Werkzeug. Die hier wiedergegebene kleine Beschreibung gibt die Möglichkeiten nur sehr verkürzt wieder. QUCS Studio, welches unter Windows ® läuft, hat zudem weitere interessante Analysemöglichkeiten. Eine Einführung in QUCS bzw. QUCS Studio würde den Rahmen dieses Buches deutlich sprengen. Die Methodik dürfte aber klar geworden sein.

Wenn Sie als letzten Schritt die Induktivität der Luftspule optimiert haben, müssen Sie deren Abmessungen bestimmen. Zum Glück gibt es beim Mini RK Calculator auch den Tab "Luftspulen". Das Vorgehen ist genauso wie bei den Ringkernspulen. Zunächst geben Sie im Panel "Windungszahl berechnen (Zylinderspule)" die Induktivität ein und wählen die korrekte Einheit (diesmal nH), einen geschätzten Durchmesser sowie die Länge der Spule an. Praktisch sind Durchmesser zwischen 6 und 8 mm (sonst wird wegen der Nähe zum Abschirmblech die Wirbelstromdämpfung in den TEKO-Gehäusen zu stark) und Längen zwischen 14 und 20 mm. Die Ergebnisse erhalten Sie durch Klicken der Pfeiltaste. Variieren Sie Länge und Durchmesser, bis Sie in die Nähe einer ganzzahligen Windungszahl kommen. Als Ergebnis wird auch wieder die Drahtlänge angegeben. Hier sollten Sie etwas zugeben, denn das Wickeln z.B. auf einen Bohrer erfordert Drahtenden, die Sie dabei auch festhalten müssen.

Die folgenden Filterdaten sind mit RFSim99 berechnet worden. Es ist nicht überraschend, dass Sie exakt diese Daten auch mit den anderen Werkzeugen herausbekommen können. Der Bedienkomfort der Programme ist sehr verschieden, insbesondere beim ‚Tuning' von Bauteilwerten. Hier sollten Sie etwas Zeit in die Einarbeitung investieren, damit die Optimierungen später möglichst effizient verlaufen. Beachten Sie bitte, dass die Bandfilter im Nutzband eine möglichst flache Dämpfung aufweisen sollten. Wenn die Bandbreite zu schmal wird, sehen Sie den Empfindlichkeitsverlust an den Bandgrenzen später im Empfangsspektrum. Ist das Filter hingegen zu breit, werden zu viele unerwünschte Signale durchgelassen.

Die folgenden Filterdaten haben sich beim Prototypenbau für dies Buch bewährt:

Band	C1, C3 [pF]	C2 [F]	L1,L3 [µH]	L1,L3 Wdg.Kern T50-2	L1,L3 Drahtlänge [cm]
160m	470 + 150	6,8n+1,5n+0,22n	12,25	50	78
80m	150 + 33	4,7n	9,95	46	73
60m	68 + 33	4,7n + 2,2n	9,95	46	73
40m	33 + 47	4,7n + 330p	6,35	36	57
30m	47 + 8,2	2,2n + 330p	4,41	30	44
20m	22 + 6,8	150p + 33p	4,41	30	44
18m-12m	47 + 2,2	100p + 12p	1,1	15	22
10m	12 + 2,2	68p	2,16	21	31

Für die Luftspulen und den Kompensations-Kondensator:

Band	L2 [nH]	Anzapfung	Wdg.	D [mm]	L [mm]	Drahtlänge [cm]	C4 [pF]
160m	905	-	15	9	16	44	-
80m	381	-	11	8	16	28	-
60m	140	-	7	7	14	16	-
40m	101	-	6	6	14	14	-
30m	105	-	7	6	14	14	-
20m	650	1:4	16	7	16	35	2200 + 1000
18m-12m	500	1:2	15	7	18,5	32	220 + 680
10m	450	1:4,5	13	7	15	28,5	220 + 560

Tabellierte Filterdaten für die Amateurbänder

4.2.3 Aufbau eines Beispielfilters

Für den praktischen Aufbau der Bandfilter finden Sie im Online-Material zwei mögliche Brick-Platinen. Mit der einen Variante "Bandfilter 001" bekommen Sie ein fest verdrahtetes Bandfilter, mit dem Sie einen Monoband-Empfänger aufbauen können. Es besitzt zwar keine eingebaute Flexibilität aber eine sehr gute Sperrdämpfung.

Die zweite Variante "Bandfilter_Bypass" hat Bypass-Relais, die das Filter bei abgeschalteter Betriebsspannung breitbandig umgehen. Damit ist es möglich, eine umschaltbare Filterkette mit recht übersichtlicher Verdrahtung anzulegen – durch eine simple Reihenschaltung der Bandfilter-Bricks. Es ist nur dasjenige Filter aktiv, dessen Betriebsspannung angelegt wurde. Die Zahl der nötigen SMA-Stecker und Verbindungskabel ist dabei geringer als bei einem zentralisierten Umschalter.

Diese Flexibilität erkauft man sich mit zwei Nachteilen: Zum einen ist die Kapazität zwischen geöffneten Relais-Kontakten nicht ganz vernachlässigbar. Dies beginnt bei deutlich höheren Frequenzen (wie z.B. UKW) ins Gewicht zu fallen – die Sperrdämpfung wird dort kleiner. Zum anderen muss sich ein Signal durch alle Filter-Bricks der Kette ausbreiten, also durch viele Kontakte und Übergangsstellen. Wer die Sperrdämpfung weiter verbessern will, kann aufwändigere (und teurere) Relais einplanen, die den Bypass zusätzlich erden, wenn das Filter aktiviert wird.

Beide Filtertypen wurden bei der Vorarbeit für dieses Buch ausprobiert. Für den Empfang von Kurzwellensignalen funktionierten sowohl die feste als auch die schaltbare Variante ausreichend gut. Wenn Sie die Filter auch als Ausgangsfilter für einen kleinen QRP-Sender betreiben wollen, könnten Sie vorsichtshalber an der Antennenbuchse noch einen weiteren Tiefpass für Frequenzen ab 100 MHz vorsehen.

Abbildung 4-2-18: Schaltbares Bandfilter ohne frequenzbestimmende Bauteile

Den Filterbau beginnen Sie mit der Platine Ihrer Wahl: Bestücken Sie alle Teile bis auf die Resonanzkreise. Achten Sie bitte darauf, dass die Aussparungen in der Massefläche (Abbildung 4-2-20) zur Verringerung von Wirbelströmen zu den Spulen zeigen, sonst liegt die Platine verkehrt herum auf dem Tisch. Die Buchsen hingegen müssen auf der Unterseite bestückt werden, um die spätere Verkabelung der Bricks vom Chassis her zu ermöglichen.

4.2.3.1 Wickeln der Ringkernspule nach Tabelle

Die Filterdaten sind für die Verwendung von Amidon T50-2 Kernen optimiert. Das ist wichtig, weil es bei Ringkernspulen nur ganzzahlige Windungszahlen gibt. Daneben können Sie, sofern es der Wickelraum zulässt, die Windungen noch etwas zusammendrücken oder (z.B. mit einem Zahnstocher) auseinander schieben. Der Einfluss dieser Maßnahme ist messbar, aber gering.

Magnetische Kerne haben eine nicht unerhebliche Toleranz. Wenn Sie einen Kern bewickeln, lassen Sie die Drahtenden etwas länger und wickeln gleich eine Windung mehr als errechnet auf. An den Enden des Drahtes können Sie den Lack entweder mit etwas Schleifpapier oder mit einer Lackabziehpinzette entfernen.

4.2.3.2 Messen der Induktivität, Anpassen der Windungszahl

Für die Messung der Windungszahl können Sie ein handelsübliches Induktivitätsmessgerät verwenden. Die Effizienz ist sowohl beim teuersten (sehr gut, aber...) als auch beim billigsten Apparat (zeigt Hausnummern an) wahrscheinlich zu schlecht. Die in Abbildung 4-2-19 gezeigte SMD-Messpinzette hat mit 10 kHz Messfrequenz beim Aufbau der Filter eine gute Genauigkeit erreicht.

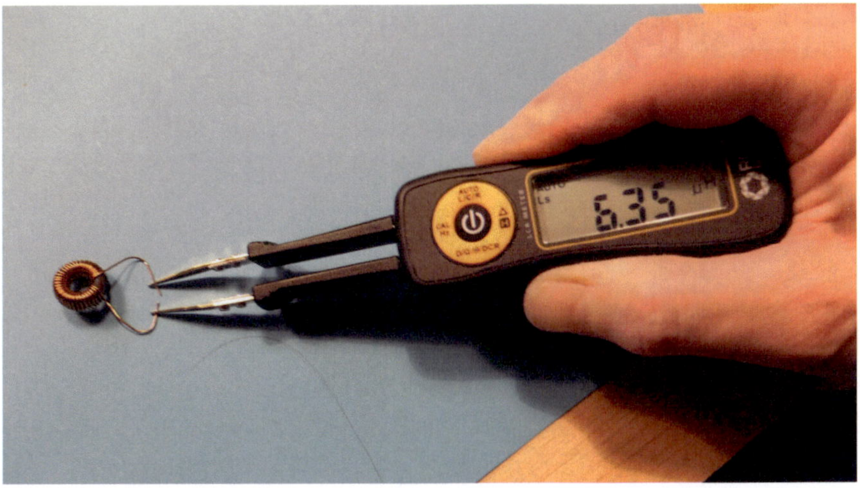

Abbildung 4-2-19: Messen der Induktivität der Ringkernspulen

Durch Auf- bzw Abwickeln einzelner Windungen vom Ringkern nähern Sie sich zunächst so gut wie möglich dem Induktivitäts-Sollwert an. Im vorletzten Schritt kürzen Sie die Anschlussdrähte, dadurch verringert sich die Induktivität noch etwas. Dann versuchen Sie einmal, Windungen zusammen zu drücken (erhöht die Induktivität leicht) oder etwas gleichmäßiger auseinander zu rücken (verringert die Induktivität geringfügig). Für das in diesem Beispiel beschriebene 40m-Filter brauchen wir zwei Ringkernspulen mit je 6,35 µH.

4.2.3.3 Den ersten Resonanzkreis aufbauen, Resonanzstelle nachmessen

Entfernen Sie den Lack von den gekürzten Drahtenden der Spule. Dann verzinnen Sie die Enden. Bevor Sie jetzt den Lötkolben ansetzen – der Qualm durch den verbrennenden Lack ist doch erheblich: Arbeiten Sie an einem gut durchlüfteten Platz oder benutzen Sie eine Absauganlage. Das ist auch für die anderen Lötstellen eine gute Technik. Für die Kondensatoren bestücken Sie den 47 pF-Kondensator, in einen der dafür vorgesehenen Plätze des Serienresonanzkreises (die Leiterbahnen einer Seite führen zu den SMA-Buchsen). Den zweiten (mit dem Wert von 33 pF) löten Sie zunächst von der Unterseite auf die Lötstellen des ersten Kondensators auf. Kondensatoren haben größere Toleranzen. Sie können die Kondensatoren auch mit dem Kapazitätsmessgerät vorher aussuchen – das empfiehlt sich vor allem bei den höheren Frequenzen, wenn die Kapazitäten kleiner werden.

Abbildung 4-2-20: Aufbau des ersten Resonanzkreises
Kurzschlussbrücke für den zweiten Resonanzkreis

Bringen Sie ein Drahtende auf der Platine an, so dass Sie nur den gerade gebauten Serienkreis zwischen den SMA-Buchsen haben (Abbildung 4-2-20 unten). Der NanoVNA läuft wahrscheinlich wegen der aktuellen Kalibrierung bereits vor sich hin. Jetzt ist die Zeit für die erste Messung gekommen: Verbinden Sie die SMA-Stecker der Messkabel mit der Platine, versorgen Sie ggf. die Bypass-Relais mit 12V (Abbildung 4-2-21 rechts). Nehmen Sie eine Durchlasskurve mit dem NanoVNA Saver auf.

Es ist sehr wahrscheinlich, dass, nachdem viel Sorgfalt für die Spulen und vielleicht auch für das Aussuchen der Kondensatoren investiert wurde, die Mittenfrequenz nahezu auf Anhieb getroffen wird. Liegt der Dip in der S11-Kurve bei zu niedriger Frequenz, versuchen Sie, die Windungen etwas gleichmäßiger auf dem Toroidkern zu verteilen. Eine gute Chance dazu besteht unten, bei den Lötstellen: Dort schiebt sich der Draht gerne etwas zusammen.

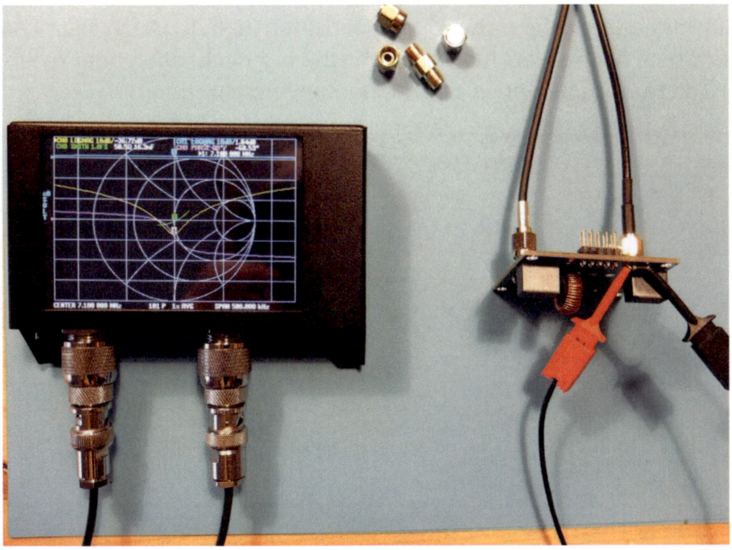

Abbildung 4-2-21: Nachmessen der ersten Resonanzstelle mit dem NanoVNA

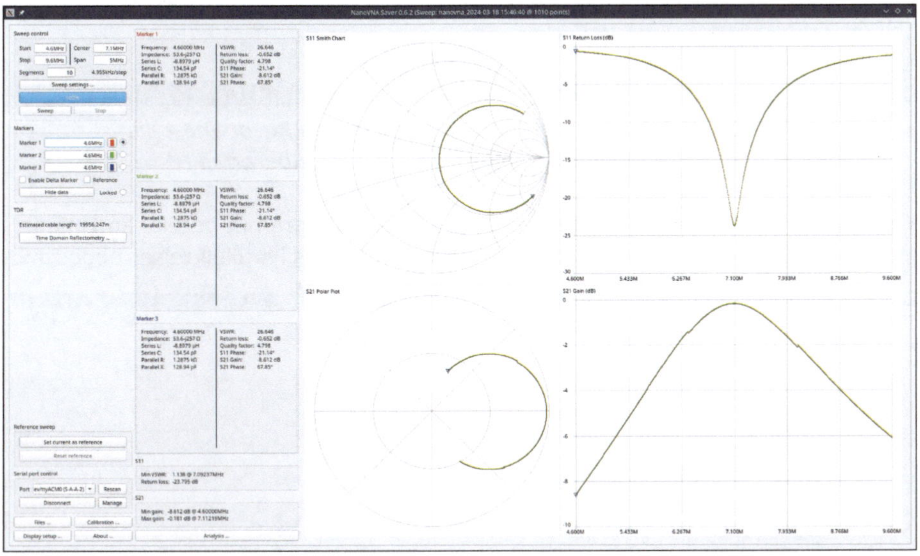

Abbildung 4-2-22: Nachmessen der ersten Resonanzstelle mit dem NanoVNA Saver

4.2.3.4 Den zweiten Resonanzkreis aufbauen, Resonanzstelle nachmessen

Den zweiten Serienkreis bauen Sie genau so auf, wie im vorigen Abschnitt beschrieben. Sie können versuchen, den ersten Serienkreis mit einem Stückchen Draht zu überbrücken und mit dem NanoVNA nur den zweiten Kreis auszumessen. Interessanterweise gelingt das nicht mehr perfekt, da die Drahtbrücke selbst eine endliche Induktivität besitzt. Der kurzgeschlossene Resonanzkreis macht sich mit einer zusätzlichen kleinen Zacke in der Darstellung bemerkbar (Abbilding 5-1-23). Dennoch können Sie einen Hinweis gewinnen, ob Sie die Mittenfrequenz ausreichend gut getroffen haben. Auch hier können Sie den Windungen der Spule noch etwas mit dem Zahnstocher nachhelfen oder einen Kondensator mit zu starker Toleranz gegen einen mit geringerer austauschen.

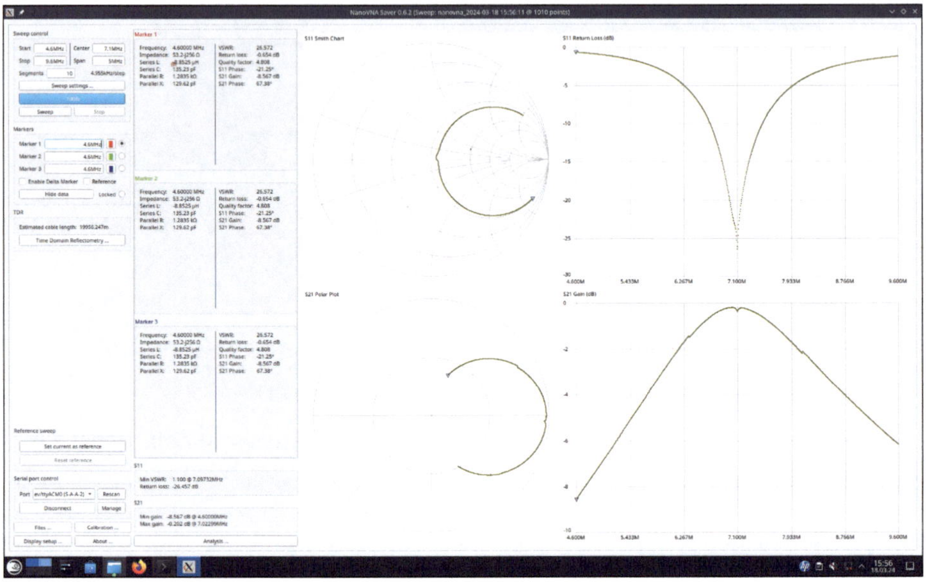

Abbildung 4-2-23: Nachmessen der zweiten Resonanzstelle mit dem NanoVNA Saver, erster Kreis überbrückt

Wenn Sie jetzt die Drahtbrücke entfernen, hat das S11-Diagramm bereits an Linienschärfe gewonnen. Damit sind die Vorbereitungen für den Aufbau des Parallelkreises abgeschlossen.

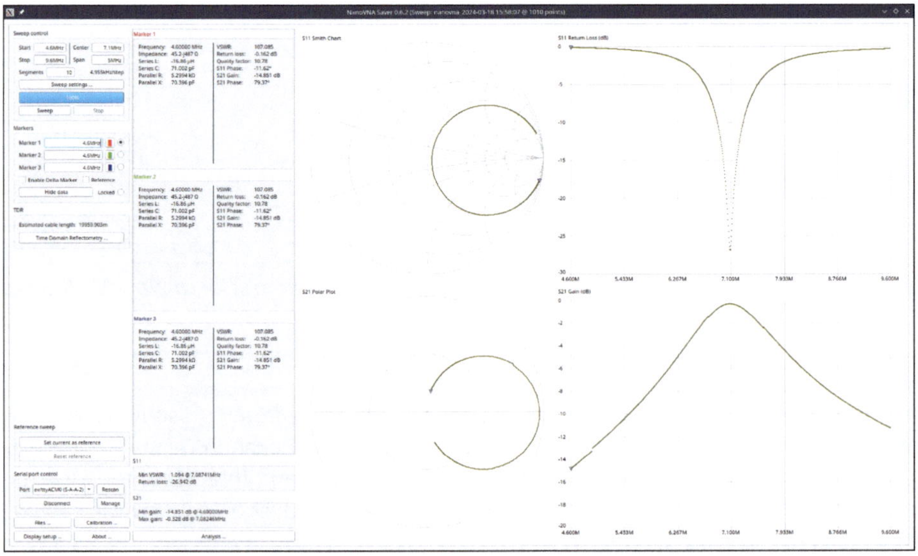

Abbildung 4-2-24: Beide Serienkreise voll gekoppelt

4.2.3.5 Den Parallelkreis aufbauen (nicht angezapft) und abgleichen

Zunächst die Drahtbrücken bestücken (Abbildung 4-2-27, in der Mitte der Platine). Bei 40m benötigt man beim Parallelkreis noch keine Anzapfungen. Wickeln Sie zunächst die Spule: 6 Windungen Kupferlackdraht stramm auf einen 6mm Bohrer wickeln (ein Putzlappen um den Bohrer erspart kleine Schnittverletzungen). Für die Rückbiegung wickeln Sie vielleicht eine halbe Windung mehr auf – probieren Sie das beim Wickeln gleich mit aus. Danach die Anschlussdrähte mit einer Flachzange in Richtung der Spulenachse abwinkeln und die Spule auf eine Länge von 14 mm auseinander ziehen.

Abbildung 4-2-25: Herstellung der Luftspule

Abbildung 4-2-26: Die Luftspule auf Länge bringen

Den ersten Spulenanschluss mit der Flachzange nach unten abwinkeln. Eine Stellprobe auf der Platine zeigt, wo das zweite Drahtende abgewinkelt werden muss. Der dickere Lackdraht lässt sich recht gut mit einer Diamantfeile vom Lack befreien. Dazu kann man das Drahtende auf einen kleinen Schraubstock auflegen. Gelingt die Lackentfernung gut, so braucht die Spule nicht vor dem Einsetzen in die Platine verzinnt zu werden. (Bei dünnerem Draht ist die Verzinnung vorher besser, da sonst meistens Lackreste den Lötvorgang stören).

Für den Kondensator (gemäß Tabelle: 5 nF) zunächst 4,7 nF in eine Lötposition einsetzen. Dieser ist zwar etwas zu klein, doch die Leiterbahnen haben auch eine Streukapazität zur Massefläche und später ist es einfacher, einen Kondensator zu ergänzen als einen zu entfernen.

Abbildung 4-2-27: Das vollständig aufgebaute Filter

Ist der Parallelkreis fertig aufgebaut, kann man mit dem NanoVNA die Durchlasskurve nachmessen. Es ist vielleicht überraschend, wie gut man die Resonanzstelle treffen kann, trotz selbst gewickelter Luftspule. Ist die Durchlasskurve zu niedrigeren Frequenzen verzogen, so kann man die Spule etwas auseinander ziehen. Andernfalls hilft ein leichtes Zusammendrücken. Das Ergebnis zeigt Abbildung 4-2-28.

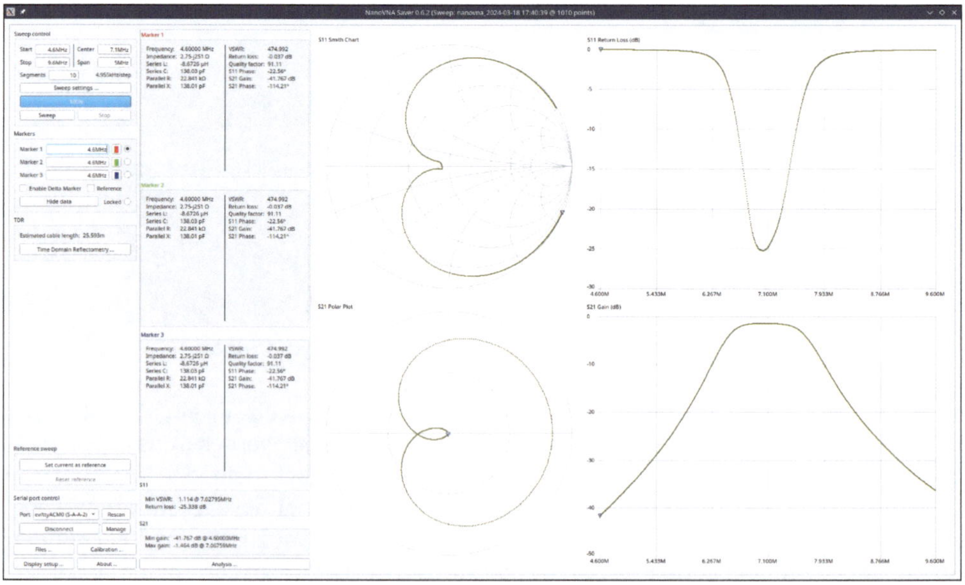

Abbildung 4-2-28: Das abgeglichene Filter

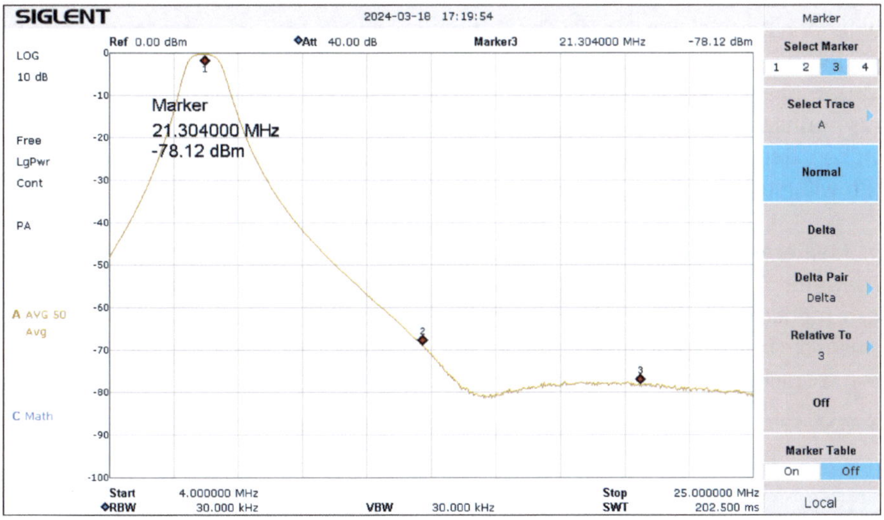

Abbildung 4-2-29: Das fertig aufgebaute Filter mit Siglent SSA3032X gemessen

Mit einem SSA3032X sieht die Messung nahezu identisch aus. Zudem ist die gemessene Dämpfung erfreulicherweise noch etwas kleiner als der vom NanoVNA gemessene Wert. Seien Sie bei Diagrammen in dB-Skalierung nicht allzu freigiebig – wir rechnen hier mit (wenn auch mit 10 multiplizierten) Exponenten zur Basis 10. Würden Sie Ihr Auto mit 3 dB weniger Leistung aus der Werkstatt zurückerhalten, wäre das wohl ein Grund für große Unzufriedenheit!

Die Filterkurven in den vorigen Abschnitten stammten von einem festen Bandfilter, dessen frequenzabhängige Komponenten aber genauso aufgebaut wurden, wie bei der in den Fotos dargestellten schaltbaren Version.

4.2.3.6 Den angezapften Parallelkreis aufbauen und abgleichen

Ab 20m Wellenlänge wird eine angezapfte Spule für den Parallelkreis benötigt. Die Anzapfung ist beim Platinenlayout bereits mitberücksichtigt.

Abbildung 4-2-30: Die Ausführung der Anzapfung

Beim folgenden Beispiel wurden bei den Serienkreisen alle bisher besprochenen Maßnahmen angewendet, also das Aussuchen von Kondensatoren und der Abgleich der Ringkernspulen durch Zusammenschieben der Windungen. Das Heraussuchen passender Kapazitäten ist durchaus mühsam. Wer will, kann auf der Leiterplattenlayout SMD-Trimmer vorsehen. Diese haben den Nachteil geringer Spannungsfestigkeit. Wer später auch einen Sender betreiben will, sollte auf die Trimmer besser verzichten.

Bei den kleineren Kapazitätswerten sucht man schon einige Zeit nach den passenden Kondensatoren. Der Abgleich ist natürlich auch mit drei provisorisch von hinten aufgelöteten Trimmern möglich. Nach dem erfolgreichen Abgleich können diese einzeln getrennt und durch ausgesuchte Festkondensatoren ersetzt werden. Der Abgleich von 3 Spulen und 3 Trimmern ist nicht unbedingt einfacher!

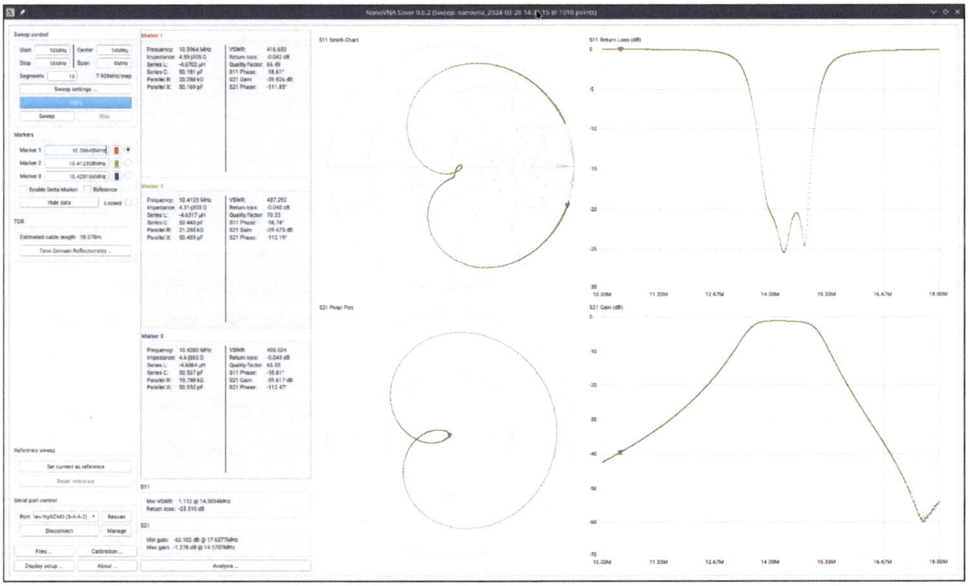

Abbilding 4-2-31: Vorläufig abgeglichenes Bandfilter ohne Kompensations-C

Beim Auseinanderziehen der Parallelkreisspule gibt es zwei Möglichkeiten dazu: Entweder das Herausbiegen einzelner Windungen am oberen oder am unteren Ende des Parallelschwingkreises. Beim Herausbiegen einer Windung am unteren Ende verringert sich auch die Kopplung (die effektive Windungszahl der Anzapfung). Wenn das obere Ende auseinander gezogen wird, vergrößert sich dagegen die Kopplung, da sich die Gesamtinduktivität ohne Veränderung der Kopplungswindungen verkleinert. Auf diese Weise kann bei den angezapften Kreisen die Bandbreite des Filters in gewissen Grenzen variiert werden. Das vorläufige Ergebnis zeigt Abbilding 4-1-31.

4.2.3.7 Die Polstelle kompensieren

Die Anzapfung hat eine weitere interessante Konsequenz: Im Parallelschwingkreis kompensieren sich im Resonanzfall Induktivität und Kapazität. Der Anteil der Spule, der für die Anzapfung verwendet wird sowie Anschlussdraht und Leiterbahn, erscheinen wegen ihrer Induktivität als zusätzlicher Pol im Spektrum oberhalb der Mittenfrequenz (roter Kreis rechts unten in Abbilding 5-1-31). Diese zusätzliche Induktivität ist also im Resonanzfall nicht kompensiert. Wem das gefällt, weil sich die Oberwellendämpfung im Nahbereich dadurch leicht verbessert, der braucht nach dem bisherigen Abgleich nichts weiter zu tun. Es ist aber möglich, die verbleibende Induktivität der Anzapfung ebenfalls mit einem Kondensator im Resonanzfall zu kompensieren. Die Belohnung ist ein schön symmetrischer Verlauf der Durchlasskurve, weil der vierte Pol nun gleichmäßig auf die Filterflanken verteilt erscheint.

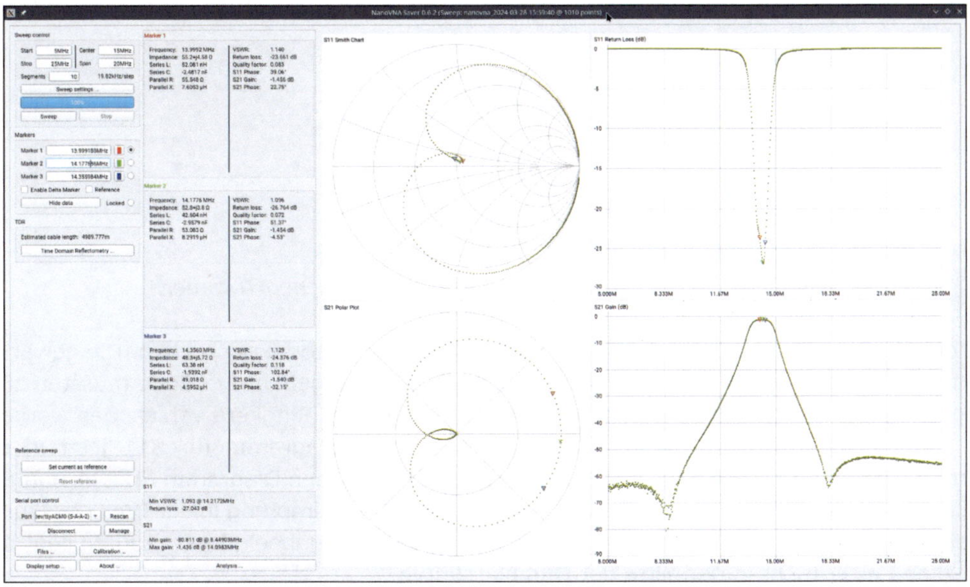

Abbilding 4-1-32: Filter mit Kompensations-C, noch kein Feinabgleich – so könnte es schon bleiben!

Ist das Smith-Diagramm für S11 nicht symmetrisch zur realen Achse, sondern etwas verdreht, so deutet dies auf ein inkorrektes Verhältnis von L und C bei den Serienkreisen hin. Bei den höheren Frequenzen kann man einen Abgleich vornehmen, indem man z.B. alle 4 Windungen der Ringkernspulen zusammendrückt und so die Induktivität leicht vergrößert. Zusammen mit kleinen Trimmern auf der Platinenrückseite ergab sich zunächst das folgende Bild:

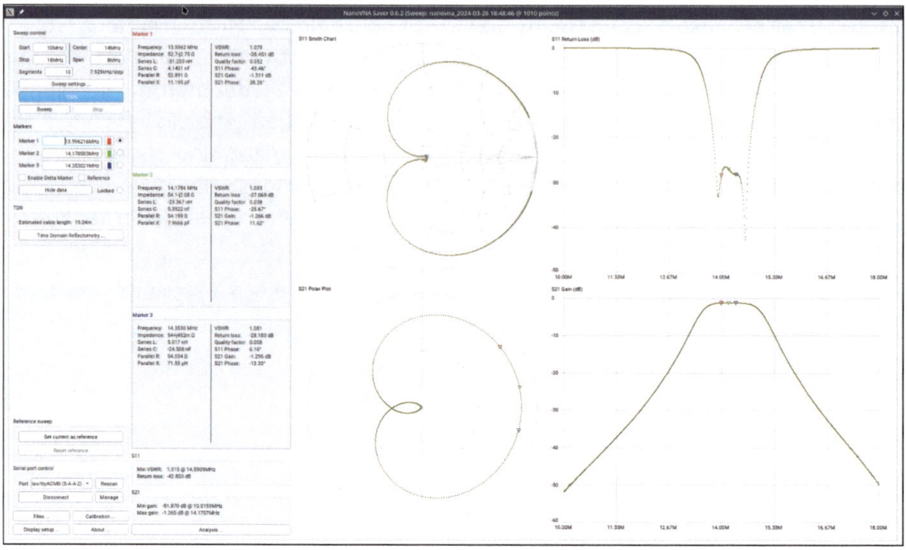

Abbilding 4-1-33: Feinabgleich mit provisorischen Trimmern

Ist die Richtung klar, so kann man auch passende Kondensatoren aussuchen. Die gewählte Endversion des Filters ist in der Abbildung 4-2-34 wiedergegeben. Am Ende mussten zum Abgleich einzelne Windungen mit dem Zahnstocher auf dem Ringkern verschoben werden. Im Vergleich zu Abbildung 4-2-31 hat sich das Smith-Diagramm für S11 jetzt in die korrekte Orientierung gedreht. Auch sieht man im kartesischen Diagramm für S11 nun alle 3 Filterpole (der mittlere ist nur schwach ausgeprägt). Die Dämpfung in der Durchlasskurve blieb von diesen recht aufwändigen Feinoptimierungen fast unbeeinflusst. Zudem liegt das Nutzband nicht mehr in der Mitte der Durchlasskurve.

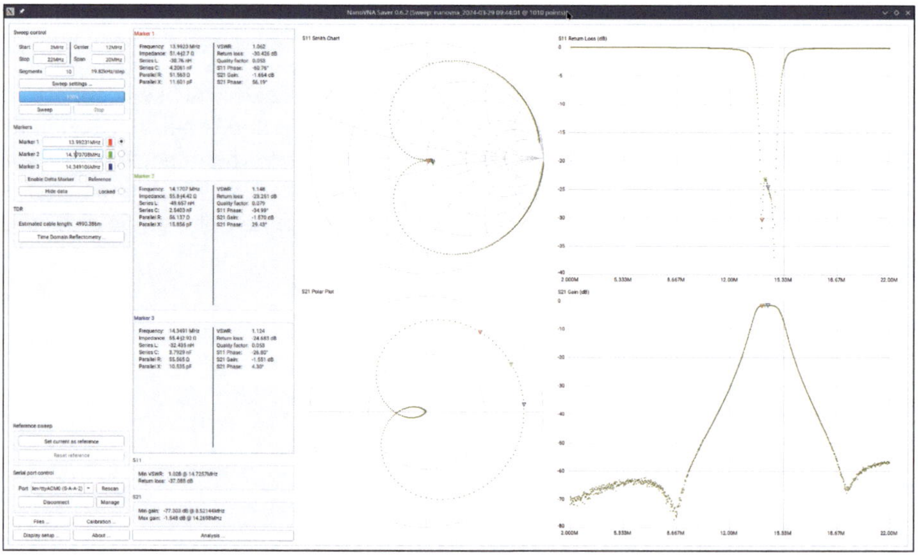

Abbilding 4-1-34: Endversion mit ausgesuchten Kondensatoren

Wenn man die Filter zusammenbaut, werden schnell die Grenzen der Bauteildimensionierung erkennbar: Spulen können nur ganzzahlige Windungszahlen haben und im neu erworbenen Kondensatorsortiment fehlen wichtige Zwischenwerte. Die Optimierung eines Bandfilters ist eine Herausforderung an die Geduld – es ist besser, nicht zu viele davon an einem Tag anzugehen. Zudem bewirkt der hier gezeigte Feinabgleich kaum noch Verbesserungen bei der Dämpfung im Passband. Wenn das Filter nur für den Empfang genutzt werden soll, brauchen die Polstellen daher nicht unbedingt auf perfekte Symmetrie getrimmt werden. Beim Senden dagegen können einige Prozent zurücklaufender Leistung bereits merkliche Effekte verursachen, zusätzlich zu einem unerwünschten Leistungsverlust am Ausgang des Gerätes.

Abbildung 4-2-35: Fertig abgeglichenes 20m-Bandfilter mit zusammengedrückten Ringkernwicklungen

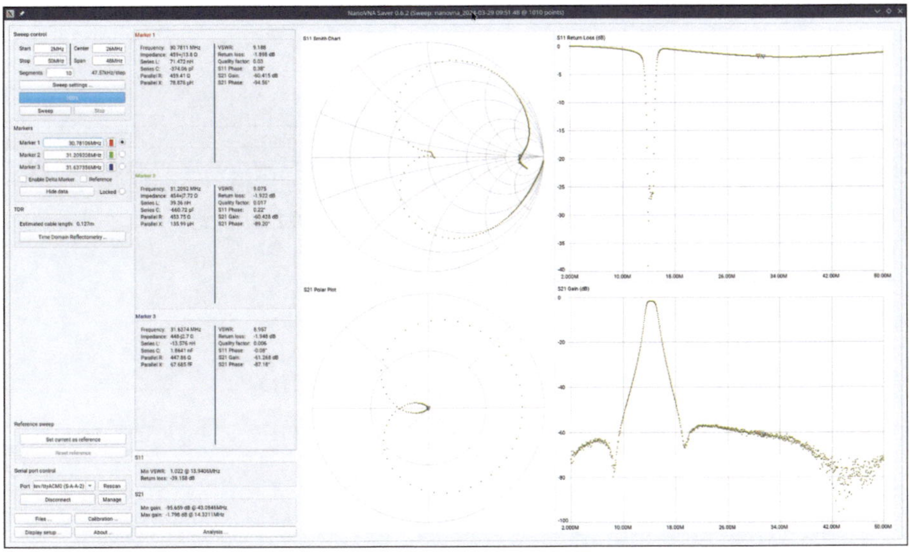

Abbildung 4-2-36: Pass- und Sperrband in der Übersicht bis 50 MHz.

4.3 Der Vorverstärker-Brick

Wir verwenden eine Schaltung, die aus zahlreichen Veröffentlichungen im Internet bekannt ist: Den 15 dB Verstärker nach [SV1AFN]. Sie könnten den Verstärker auch bei SV1AFN als Bausatz bestellen. Es gibt beispielsweise Versionen, die über das Ausgangs-Koaxkabel phantomgespeist werden können. Ein solches Gerät könnten Sie im Garten, direkt am Fußpunkt Ihrer Antenne unterbringen. Dort muss er ohne vorgeschaltete Filter natürlich mit allen Antennensignalen gleichzeitig fertig werden.

Für unsere SDR-Experimente verwenden wir den Vorverstärker im RF-Brick-Format. Wieder bekommt der Brick Bypass-Relais, so dass er sich im spannungslosen Zustand selbsttätig aus der Signalkette entfernt. Die restliche Schaltung entspricht der Internet-Quelle.

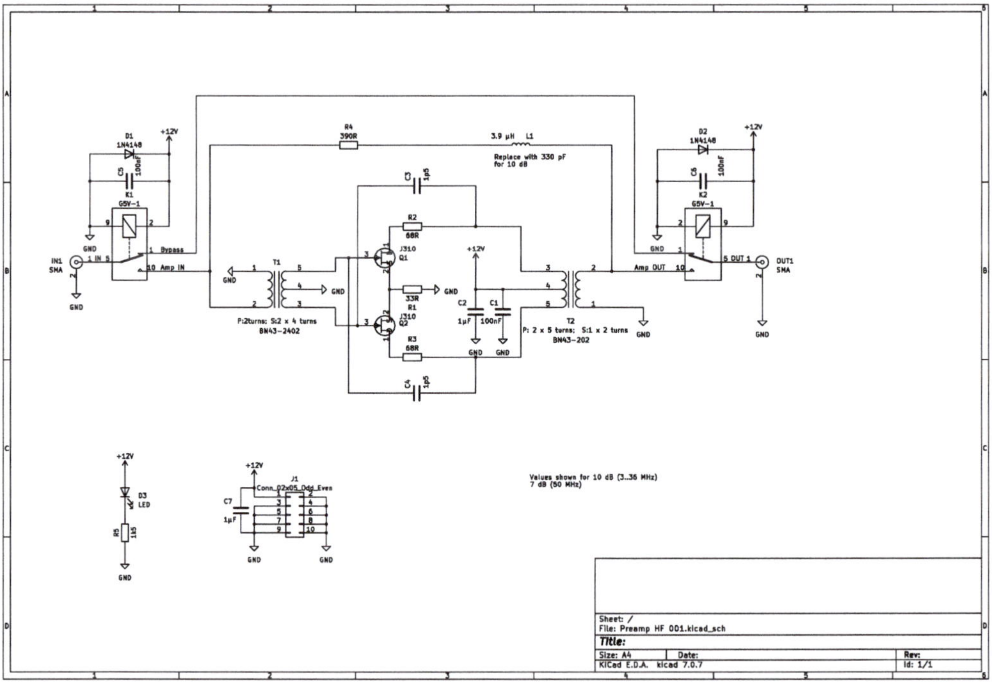

Abbilding 4-3-1: Schaltung des HF 001 Bricks

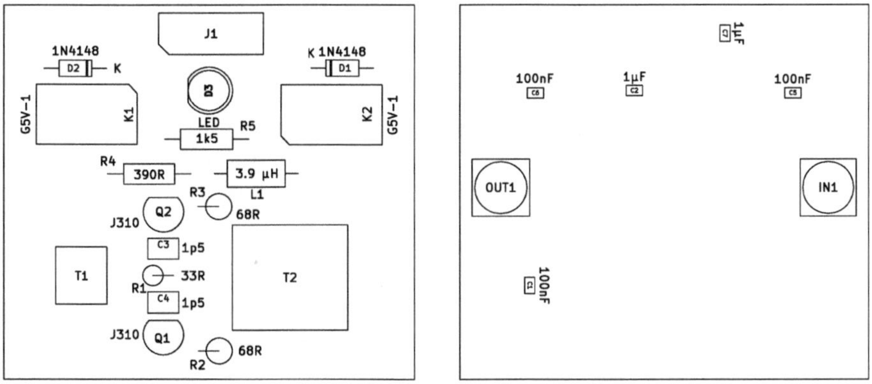

Abbilding 4-3-2: Bestückungsplan des HF 001-Bricks

Der Verstärker ist mit zwei im Gegentakt arbeitenden J310-JFETs ausgestattet. Diese Anordnung kann auch große Signale noch recht linear verstärken. Dabei ist zu beachten, dass die erreichbare Verstärkung ohne Gegenkopplung (R4, L1 sowie C3 und C4 weglassen) natürlich von der Steilheit der JFETs abhängt. Es zeigte sich, dass durchaus verschiedene Qualitäten von J310 verkauft werden. Eine preiswerte Charge von Fairchild aus dem Online-Handel erbrachte ohne Gegenkopplung gerade 10 dB Verstärkung – wahrscheinlich waren die besseren Exemplare vorher aussortiert worden. Versionen aus einer anderen Quelle (und einem früheren Jahrgang) kamen dagegen mühelos in der Mitte des Frequenzbereiches auf ca. 15 dB.

Wenn Sie die Linearität verbessern wollen, können sie die Gegenkopplung (R4 und L1) einbauen. Mit einem Widerstand von 390 Ohm und - abweichend von der Originalschaltung - einer Kapazität von 330 pF anstelle von L1 können Sie die Verstärkung auf 10 dB reduzieren uns dabei den IP3-Interceptpunkt von +15 dBm auf +35 dBm steigern (bei 7 MHz gemessen, Messung und Werkzeuge werden in einem späteren Kapitel beschrieben).

Wie immer hängt die genaue Wahl der Parameter vom Anwendungsfall ab: Liefert Ihre Antenne bauartbedingt nur geringere Signale, können Sie sich für die höhere Verstärkung entscheiden, da kaum eine Übersteuerung Ihres Eingangs droht. Allerdings verringert der Verstärker aufgrund ihres Eigenrauschens das SNR. Haben Sie dagegen viele bereits sehr starke Signale zur Verfügung, verwenden Sie weniger Verstärkung – nur so viel, dass das kleinste Signal noch gut über dem Grundrauschen der folgenden Stufen sichtbar ist aber dennoch keine Übersteuerungen auftreten.

Abbildung 4-3-3: Foto des Vorverstärker-Bricks

Sie können auch zwei Verstärker-Bricks kaskadieren: Dann nehmen Sie für den ersten die maximale Verstärkung und für den zweiten eine Gegenkopplung. So stellen Sie sicher, dass die zweite Verstärkerstufe durch die erste nicht zu schnell übersteuert wird. Mit einer solchen Anordnung können Sie den Kompromiss zwischen Signalstärke und Verstärkerrauschen experimentell optimieren – ein hoher Signalpegel am Ausgang ist nicht immer besser.

Die Transformatoren für den Verstärker werden auf Doppellochkerne gewickelt. Bei der Anzahl der Windungen kann leicht ein Fehler passieren: Die Löcher sind magnetisch unabhängig voneinander. Daher entspricht eine Windung auf dem Trafo nur einem einfachen Hindurchstecken eines Drahtes durch ein Loch. Beim Aufbau von Schaltungen ist daher zu beachten, dass immer beide Löcher symmetrisch mit Windungen belegt werden müssen.

Abbildung 4-3-4: Frequenzgang eines Vorverstärker-Bricks

Abgesehen von diesem Detail gibt es keine weiteren Besonderheiten zu berücksichtigen. Die beim Autor getesteten Verstärkerprototypen arbeiten stabil. Die Stromaufnahme der JFETs sollte nicht mehr als 20 mA pro Transistor betragen. Zusammen mit den Relais zieht der Brick dann ca. 70 mA Betriebsstrom.

4.4 Der PLL-Brick

In vielen Entwürfen von kompakten SDR-Empfängern findet sich der SI5351 von Silicon Labs. Er gehört zu einer Familie von programmierbaren Taktgeneratoren. Ursprünglich wurden diese ICs konzipiert, um Quarzoszillatoren zu ersetzen, die früher häufig z.B. auf Grafik- und Schnittstellenkarten zu finden waren. Oft diktierten die Spezifikationen "krumme" Quarzfrequenzen. Um die Anfertigung von Spezialquarzen zu vermeiden, ist ein programmierbarer Taktgenerator ein ökonomischer Ausweg.

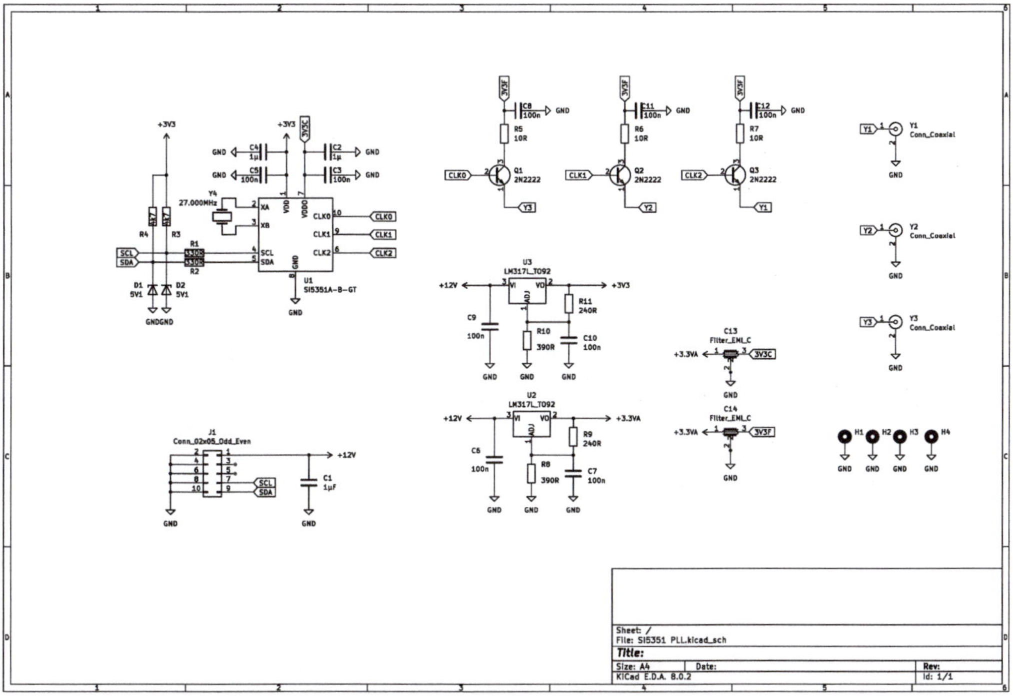

Abbildung 4-4-1: Schaltung des PLL-Bricks

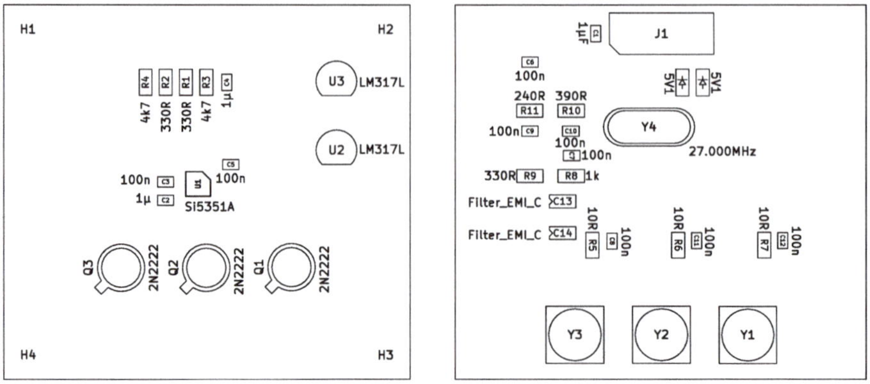

Abbildung 4-4-2: Bestückungsplan des PLL-Bricks

In Abbildung 4-4-1 ist die Schaltung des PLL-Bricks wiedergegeben. Die Ausgänge sind mit den Emitterfolgern Q1, Q2 und Q3 verstärkt, die an den Eingangsbuchsen der PLL-Signalempfänger einen 50 Ohm Widerstand erwarten. Auf diese Weise kann leicht eine vernünftige Anpassung zwischen den Bricks erreicht werden. Der Trick stammt aus einer älteren Ausgabe von "The Art of Electronics" von Horowitz und Hill und funktioniert beim Autor ausgezeichnet. Die Widerstände R5, 6, 7 dienen der Strombegrenzung.

Abbildung 4-4-3: Fotos des PLL-Bricks

Der SI5351 bietet sehr viel Flexibilität: Der kleinste der Familie (SI5351A) enthält einen Quarzoszillator für den Betrieb mit einem externen Quarz. Meistens wird für den Quarz eine Frequenz von 27 MHz gewählt. Der Quarzoszillator dient zwei PLLs als Referenz, die auf Frequenzen zwischen 600 und 900 MHz einrasten können. Dazu wird die VCO-Frequenz mit je einem fraktionellen Teiler auf die Referenzfrequenz herunter geteilt.

Hat man die gewünschte VCO-Frequenz eingestellt, folgt zunächst ein Schalterfeld, mit welchem die Ausgänge der beiden PLLs mit den weiteren Signalpfaden verbunden werden können. Für jeden Ausgang folgt dann zunächst ein weiterer fraktioneller Teiler, mit dem die VCO-Frequenzen wieder auf einen niedrigeren Endwert herunter geteilt werden können. Bevor die Signale zum Ausgang gelangen, gibt es noch eine weitere, ganzzahlige Teilerstufe.

Darüber hinaus gibt es noch viele Konfigurationsmöglichkeiten: Zum Beispiel können die Stromstärken der Ausgangstreiber einzeln gesetzt werden. Auch werden keine externen Kondensatoren für den Quarzoszillator benötigt – man kann den Wert der internen Kondensatoren durch einige Registerbits einfach passend umschalten.

Der SI5351A ist zweifellos eines dieser winzigen Chips (nur ein 10-Pin MSOP, gerade 3 x 3 mm^2 groß), denen man die große interne Komplexität von außen nicht ansieht. Es ist daher nicht verwunderlich, dass selbst das ausführliche Datenblatt und die wichtigste Application Note (AN619) nur schwer lesbar sind.

Glücklicherweise haben sich bereits viele gute Leute mit dem Chip befasst und die harte Arbeit für die Ansteuerroutinen geleistet, so dass einige Arduino-Libraries zur Verfügung stehen, die Frustrationen vermeiden und die Nutzung des Chips stark vereinfachen.

Zunächst aber noch einige Bemerkungen zu fraktionellen Teilern: Die nicht ganzzahligen Teilerverhältnisse kommen bei diesen Teilern nur im zeitlichen Mittel zustande: Will man z.B. ein Teilerverhältnis zwischen N und N+1 einstellen, so wird mit einem Phasenakkumulator dafür gesorgt, dass die Teilerkette zwischen diesen beiden Teilerwerten hin- und herpendelt. Der Überlauf des Akkumulators steuert dabei die Zeitverhältnisse. Das auf diese Weise etwas zerhackte Rückkopplungssignal erreicht den Phasenvergleicher und wird dann vom Loop-Filter der PLL etwas ausgemittelt.

Ähnlich wie bei einem DDS-Generator gibt es aufgrund dieses Jitters kleine Störsignale (Spurs), da sich die Sprünge der Phasenvegleicher-Ausgangsspannung in kleine Phasensprünge des VCOs übersetzt. Zur Vermeidung der Spurs gibt es wiederum weitere Kompensationsmöglichkeiten in den Chips – insgesamt eine spannende Geschichte, die man z.B in einem Artikel von Texas Instruments [Barrett 1999] nachlesen kann. Wir können uns hier einfach merken, dass der Phasenjitter minimal wird, wenn die Teilerketten im ganzzahligen Modus arbeiten.

So lange die Ausgangsfrequenzen weit unterhalb der VCO-Frequenz liegen, lassen sie sich mit Hilfe der Library-Funktionen leicht einstellen (teilweise sogar bis auf 1/100 Hz).

Bei unserem Mischer erfolgt die Ansteuerung später aber bei 4f – am oberen Ende des 10 m-Bandes benötigt man also ein Steuersignal von 120 MHz.

Je nach Library gibt es beim Schalten, insbesondere bei den hohen Frequenzen über 100 MHz, unterschiedlich lange Aussetzer beim VFO-Signal. Diese machen sich leider als Knacksen im Ausgangssignal bemerkbar.

Es gibt mehrere Möglichkeiten, diese Störungen zu vermeiden:

Der Mischer-Brick kann so aufgebaut werden, dass er I- und Q-Signal separat akzeptiert. Dann müssen beim SI5351 zwei Ausgänge so programmiert werden, dass sie einen festen Phasenversatz von 90° aufweisen. Das klappt zwar, jedoch sind die Teilerverhältnisse dann nicht mehr ganzzahlig zu realisieren.

Alternativ könnte ein Frequenzverdoppler erlauben, den SI5351 nur bis 60 MHz zu betreiben, allerdings verstärkt dieser den Phasenjitter ebenfalls um Faktor 2.

Ein weiterer Ausweg liegt in der Verwendung der Library von Pavel Milanes [Milanes 2024]. Diese ist auf minimale glitches optimiert, so dass es nur selten Aussetzer gibt. Diese Library funktioniert ausgezeichnet!

Wenn Sie tiefer in die Problematik einsteigen wollen, sollten Sie sich die Quellen [Barrett 1999, Analog 2009] ansehen. Weiterhin ist das Studium der Quellcodes von Etherkit und Pavel Milanes Libraries eine interessante Lektüre. Ein weiterer Beitrag findet sich im Quellcode des USDX-Projektes [USDX].

Glücklicherweise verfügt der Arduino Mega über reichliche Speicher-Ressourcen, so dass die Größe der Firmware kein begrenzender Faktor ist. Wichtig ist es, die Übertragungsgeschwindigkeit auf dem I^2C-Bus nicht aus dem Auge zu verlieren und den Datenverkehr auf dem Bus auf das Nötigste zu begrenzen. Weiterhin schreiben sowohl die Autoren des USDX-Projektes als auch Pavel Milanes die Daten im bulk transfer zum SI5351, was die Dauer des Aussetzers weiter minimiert. Neben einigen Optimierungen der Teilerfaktoren spielt dann noch eine Rolle, wann die berüchtigten "PLL-Resets" (eigentlich Multisynth-Resets) durchgeführt werden müssen.

Der SI5351 ist mit den angegebenen Methoden gut in den Griff zu bekommen, wofür man den Autoren der verschiedenen Quellcodes sehr dankbar sein kann. Es zeigt sich ebenfalls, wie nützlich das Arduino-Projekt geworden ist – was früher Stunden und Tage dauerte, kann man heute mit einer "#include"-Anweisung in Sekunden erledigen. Das folgende Code-Fragment zeigt ein Anwendungsbeispiel:

```
…
#include "si5351mcu.h"  //this is the library from Pavel Milanes, thank you for
providing
                                       //this virtually glitch-free performance!
…

//pll stuff
Si5351mcu si5351;
int32_t cal_factor = 4580;              //in Hertz, 171510 ppm for Etherkit
library;
const uint64_t f_xtal = 27000000ULL;
uint64_t target_freq = 7100000ULL;      // 7.1 MHz, in Hertz
```

```
uint64_t prior_target_freq = target_freq;
setup()
  {
  si5351.init();
  // Start on target frequency
  si5351.correction(cal_factor);
  si5351.reset();
  si5351.setPower(0, SIOUT_6mA);  //using only output 0
  si5351.setFreq(0, 4 * target_freq);
  si5351.enable(0);
  }
  …
  si5351.setFreq(0, 4 * target_freq);
  ...
```

So einfach die Frequenzerzeugung mit dem kleinen PLL-Chip auch ist, auf die Dauer sollte der SI5351-PLL-Brick vielleicht nicht Ihr letztes Wort zu Lokaloszillatoren bleiben. Gerade bei höheren Frequenzen ist die spektrale Reinheit der Ausgangssignale ein Thema. Ersetzen Sie die PLL einfach durch eine andere Lösung, z.B. einen schnell getakteten DDS-Chip, falls es nötig werden sollte. Durch das modulare Brick-Konzept ändert sich damit nur ein einzelner Baustein!

4.5 Der Lima-Demodulator-Brick

Der einfachste und sehr populäre Empfängertyp ist wahrscheinlich der Direktmischer, für den auch dieser Demodulator gedacht ist. Das Nutzband wird direkt in das Basisband umgesetzt und ist mit DC in der Mitte auf den Lokaloszillator (LO) zentriert. Ein Signal, das genau auf der LO-Frequenz liegt, wird also zu einer Gleichspannung umgesetzt. Signale mit kleinerer oder größerer Frequenz erscheinen als Differenzfrequenz zum LO.

Wenn man nichts weiter unternimmt, entsteht dadurch eine unerwünschte Symmetrie – man kann nach dem Demodulator nicht mehr unterscheiden, ob die Signalfrequenz ober- oder unterhalb der LO-Frequenz liegt.

Für die Unterscheidung braucht man eine weitere Information zum zeitlichen Phasenverlauf zwischen LO und dem Eingangssignal: Die Signalfrequenzen oberhalb des LO werden Phasenverschoben und eilen voraus, unterhalb erhalten sie eine Verzögerung und eilen nach – damit kann man die spektralen Komponenten unterscheiden.

Um die ursprüngliche Information am Empfänger zurück zu gewinnen, muss man das Empfangssignal mindestens zweimal mit einem Phasenversatz zum LO messen. Das gelingt, wenn man einen LO hat, der über zwei Mischer zwei um 90° phasenversetzte Steuerspannungen liefern kann. Die Mischer liefern dann zwei Ausgangssignale, die man I (in phase) und Q (quadrature) nennt.

Unser PLL-Brick könnte bei entsprechender Programmierung die beiden um 90° versetzten Phasen liefern. Man findet ein Beispiel dazu im Quellcode des USDX-Projektes. Wenn die

Frequenzen höher werden, ist die phasentreue Übertragung solcher Signale von Platine zu Platine nicht mehr trivial – zudem leidet beim SI5351 durch die Phasenkopplung die spektrale Reinheit. Daher verwenden wir hier eine Schaltung mit einem Vorteiler wie ihn auch Burkhard Kainka auf seiner Elektor-SDR-Platine [Kainka 2019] verwendet hat. Der hier angegebene Demodulator stammt aus dem Lima-Projekt [Lima].

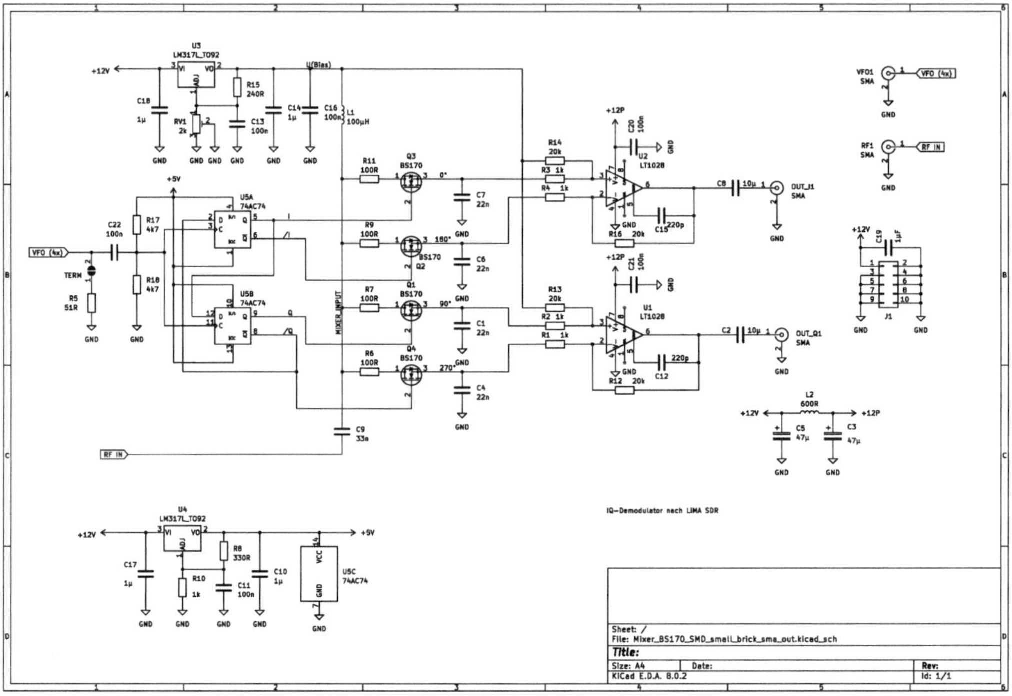

Abbildung 4-5-1: Schaltung des Lima-Demodulator-Bricks

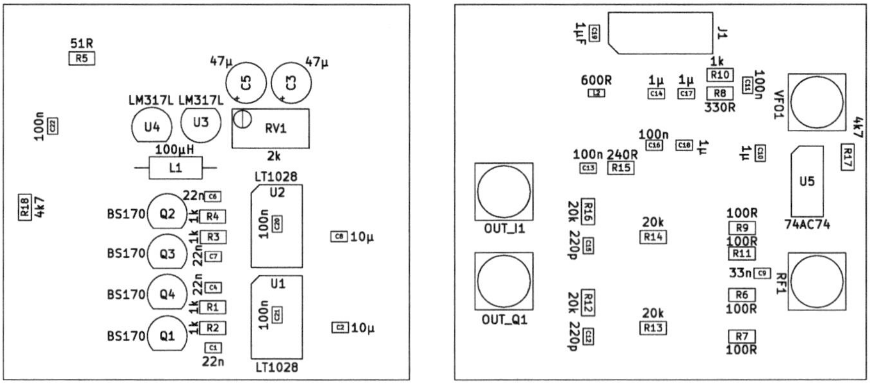

Abbildung 4-5-2: links Bestückungsplan des Lima-Detektors

Anstelle der üblichen Analogschalter werden bei der Lima-Schaltung BS170 MOSFETs als Schalter eingesetzt (Q1 bis Q4). Die Ansteuerung der Gates erfolgt klassisch mit einem 74ALS74, dessen Flip-Flops so verschaltet sind, dass sie zwei Rechtecksignale mit einem genauen Taktverhältnis von 50% und einem Phasenversatz von 90° bereitstellen. Dazu muss die Flip-Flop-Kette zwar mit der vierfachen Eingangsfrequenz angesteuert werden (bei 30 MHz also mit 120 MHz), dies ist aber bei der Verwendung des bereits beschriebenen PLL-Bricks kein Problem. Mit dem Lötjumper "TERM" kann der für den PLL-Brick erforderliche 50 Ohm Abschlusswiderstand zur Verfügung gestellt werden (hier hat er aus Kostengründen 51 Ohm). Der 74AC74 besitzt erfreulicherweise Schmitt-Trigger-Eingänge, so dass außer dem Koppelkondensator C22 und dem Bias-Spannungsteiler mit R17 und R18 kein weiterer Eingangsverstärker erforderlich ist.

Abbildung 4-5-3: Fotos des Lima-Demodulator-Bricks

Eine übliche Beeinträchtigung bei Direktmischempfängern ist die nur schwer zu vermeidende Einstreuung des eigenen VFO-Signals in den Antenneneingang, was zu Brummtönen und Mikrofonie führen kann. Daher ist die Ansteuerung des Mischers mit der vierfachen Frequenz eher von Vorteil – so entsteht die schädliche Einkopplung auch nicht auf der dritten Oberwelle der Empfangsfrequenz, die der Mischer ebenfalls ins Basisband umsetzen könnte. Zudem ist der Phasenjitter zwischen I und Q durch die Teilerkette minimal.

Den Arbeitspunkt der Transistoren stellt man mit dem Potentiometer RV1 ein. Am einfachsten baut man einen Empfänger auf und dreht das Poti, bis das Rauschen klar hörbar wird. Dann stellt man fest, wie breit der Bereich ist, in dem die MOSFET-Schalter arbeiten (die Umdrehungen des Potis mitzählen), um dann eine Einstellung in der Mitte des Arbeitsbereiches zu finden.

Der Abgleich gelingt genauer, wenn man einen Signalgenerator an den Empfänger anschließt und den Mischer leicht übersteuert (mit einem SDR-Programm und Spektrum zur Kontrolle). Mit dem Potentiometer kann man nun den möglichen Aussteuerpegel maximieren.

Für die Verstärker sind zwei LT1028 vorgesehen. Diese betagten aber immer noch erhältlichen Bauteile zeichnen sich durch ihre Rauscharmut insbesondere bei niedrigen Frequenzen aus. Zudem sind sie recht schnell, daher sollte man die Bandbreite mit den Kondensatoren C12 und C15 eingrenzen. Die Kompensationskondensatoren erhöhen zudem die Stabilität bei kapazitiver Belastung der Ausgänge – dort reagiert der LT1028 leicht allergisch. Planen Sie daher kein langes Audio-Kabel ein, sondern bringen Sie die externe Soundkarte so nahe an den Empfänger wie möglich.

Wenn Ihnen die LT1028 zu teuer sind, nehmen Sie zwei OP27 (dann müssen die Kompensations-Kondensatoren weggelassen werden) – bei verringerter Bandbreite und etwas mehr Rauschen können Sie so etwas Geld einsparen.

Noch ein Wort zu den hier verwendeten Sampling- und Kopplungskondensatoren: Diese weisen als Keramik-Kondensatoren häufig einen kleinen piezoelektrischen Effekt auf, was zu Mikrofonie und mechanisch eingetragenem Netzbrumm führen kann. An den oben genannten neuralgischen Stellen wäre daher die Verwendung von (teureren und größeren) Folienkondensatoren besser.

4.6 Der integrierte Doppel-Demodulator

Für Experimente mit zwei senkrecht zueinander angeordneten Antennen zur Richtungsortung ist der folgende integrierte Doppel-Demodulator gedacht. Er enthält nicht nur zwei komplette Demodulatoren mit Analogschaltern und Differenzverstärkern, sondern auch gleich die SI5351-PLL, so dass die I- und Q-Steuerspannungen nicht erst durch lange Leitungen laufen müssen.

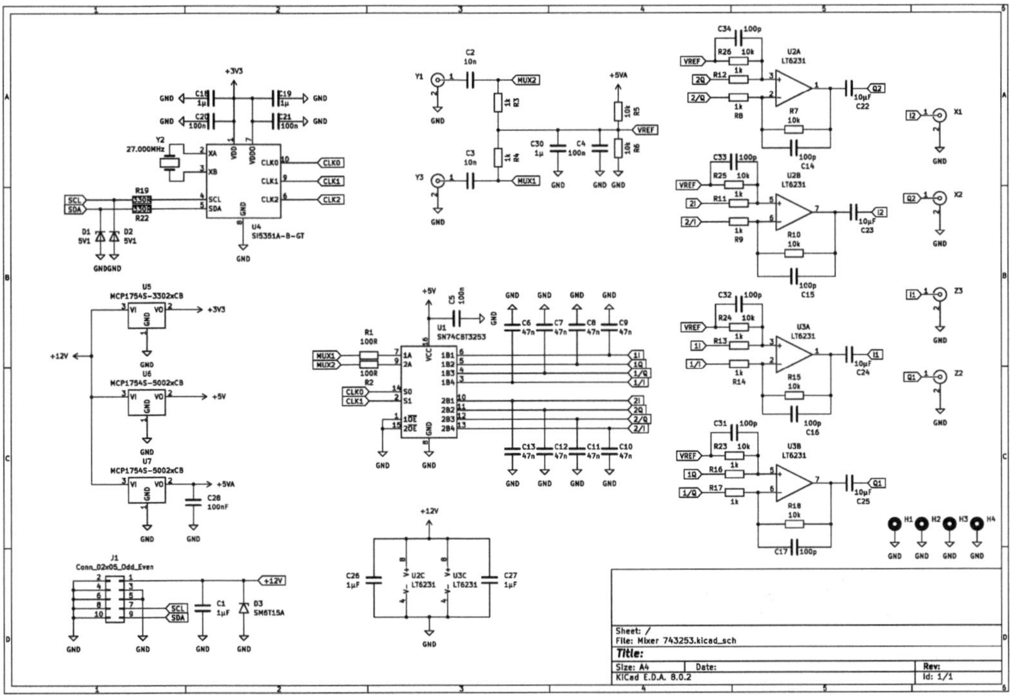

Abbildung 4-6-1: Schaltung des Doppel-Demodulator-Bricks

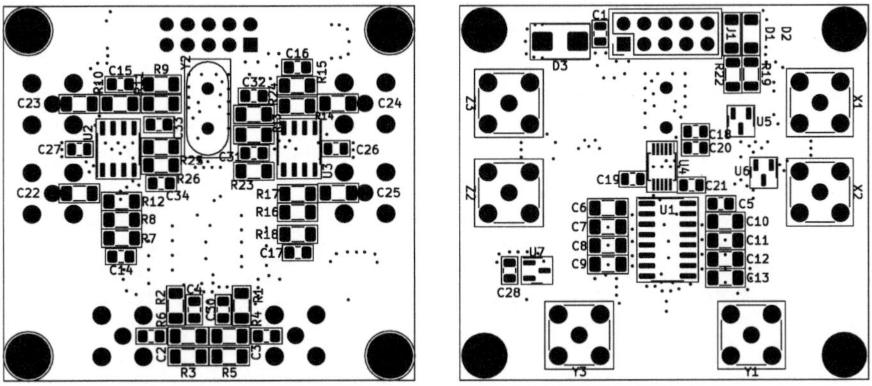

Abbildung 4-6 2: Bestückungsplan für den Doppel-Demodulator-Brick

Für die Sampling-Kondensatoren C6 bis C13 ist bereits genügend Platz vorgesehen, so dass auch Folienkondensatoren eingesetzt werden können. Bei den Koppelkondensatoren C22 bis C25 ist das wegen der räumlichen Enge nicht so einfach. Sollten Sie 1 µF-Folienkondensatoren ausprobieren wollen, können Sie diese versuchsweise hochkant zwischen den Mittelpins der SMA-Buchsen und den 100 pF Kondensatoren C14 bis C17 einlöten (Detail in Abbildung 4-2-6, links).

Abbildung 4-6-3: Fotos des Doppel-Demodulator-Bricks

Der Pfostensteckverbinder des Doppeldemodulators ist pinkompatibel zum PLL-Brick, so dass der PLL-Brick leicht am gleichen Chassisplatz durch den Doppeldemodulator ersetzt werden kann, ohne dass sich am Flachstecker und dem Kabel zum Arduino etwas ändert.

Für diesen Brick benötigt man einen speziellen Arduino-Sketch, der an den Ausgängen CLK0 und CLK1 der SI5351-PLL die um 90° versetzten Signale bereitstellt. Mit der Etherkit-Library ist das kein besonderes Problem. Leider knackst es oberhalb von 20 MHz dann wieder beim Frequenzwechsel. Vielleicht lässt sich die Ansteuerung aus dem USDX-Projekt [USDX] weiter verwenden? Bleiben Sie dran. Den Sketch finden Sie im Online-Material in der Datei "SI5351_tuning_as_TS850_with_PCF8574_copy_I_and_Q_Phase.ino" .

4.7 Die Direktmischer-Signalkette

Aus den in den vorigen Abschnitten beschriebenen Bricks lässt sich bereits ein einfacher Direktmischempfänger aufbauen. Mit dem Lima-Detektor könnte die Anordnung der Bricks folgendermaßen aussehen:

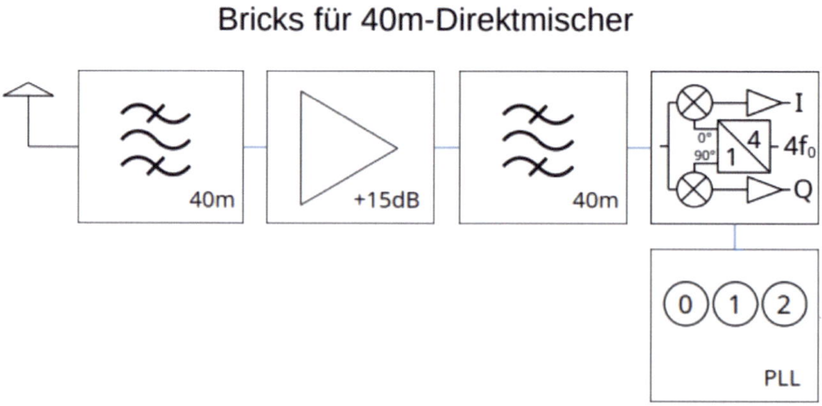

Abbildung 4-7-1: Blockschaltbild für den 40 m – Direktmischers

Aus den Abbildungen 4-7-1 und 4-7-2 wird ersichtlich, dass unser Brick-Konzept im Idealfall das Blockschaltbild des Experiments anschaulich wiedergibt. In der folgenden Abbildung ist der Aufbau auf einem Chassis gut erkennbar abgebildet.

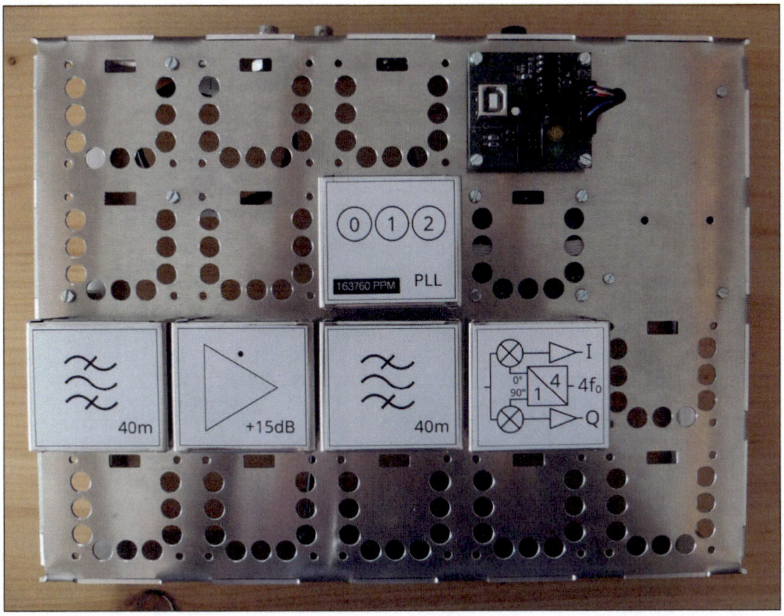

Abbildung 4-7-2: Der 40 m - Direktmischer fertig aufgebaut

Auf dem Chassis war das Display über 4 GPIO-Pins mit dem Arduino verbunden, einen entsprechenden Sketch gibt es dazu im Online-Material unter ("Arduino/SI5351_tuning_as_TS850_with_PCF8574_monoband"). Der Sketch kommuniziert über den Arduino - USB-Port als TS-850 und kann so mit den meisten fertigen SDR-Programmen fernbedient werden.

Der Sketch ist für die Fernbedienung über einen USB-Isolator geschrieben - die Schnittstellenaufrufe sind also bereits abgeändert, so dass Sie nicht erst nach den korrekten Funktionsaufrufen suchen müssen, wenn Sie einen verwenden wollen.

Der zwischen zwei Bandfiltern eingefügte Verstärker kann mit dem Spektrumanalysator untersucht werden. Im Nahbereich bis 30 MHz gibt es keine Besonderheiten (Abbildung 4-7-3). Die kaskadierten Filter haben trotz des Verstärkers mehr als 60 dB Sperrdämpfung. Der Tracking-Generator lieferte einen Ausgangspegel von -10 dBm. Es ist auch zu erkennen, dass aufgrund der Verluste in den Filtern die volle Verstärkung der Kette nur etwa 10 dB beträgt und nicht etwa die ca. 13,5 dB, die man nach dem Frequenzgang aus Abschnitt 4-3 erwarten würde.

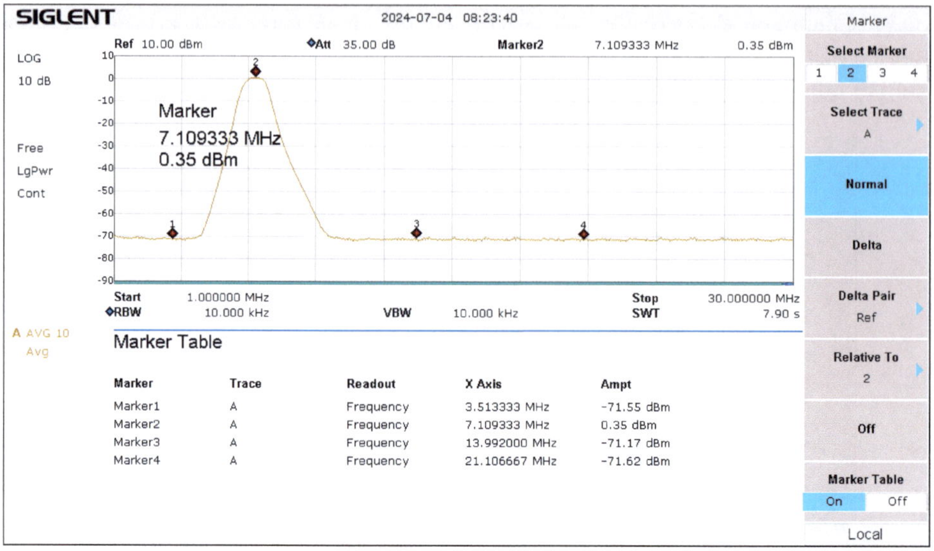

Abbildung 4-7-3: Frequenzgang des Vorverstärkers mit Eingangsfiltern, Tracking-Generator -10 dBm

In der folgenden Abbildung 4-7-4 ist der Frequenzbereich bis 200 MHz vergrößert – oft verstecken sich bei höheren Frequenzen konstruktive Schwachstellen, wodurch die Sperrdämpfung dort unerwartet verringert wird. Dank der konzeptionellen Vorarbeit von DG0SA gibt es hier aber auch keine Besonderheiten und die Weitabselektion ist ebenfalls sehr gut.

Abbildung 4-7-4: Frequenzgang des Vorverstärkers mit Eingangsfiltern, Tracking-Generator -10 dBm, Weitabselektion

Da sich zwischen den Filtern ein Verstärker befindet, ist es eine Frage wert, welche Artefakte bei hoher Aussteuerung zusätzlich entstehen. Bei einem Pegel von 0 dBm des Trackinggenerators verursacht der Verstärker im Spektrum sichtbare Verzerrungen (Abbildung 4-7-5), die das zweite Filter passieren.

Abbildung 4-7-5: Frequenzgang des Vorverstärkers mit Eingangsfiltern, Tracking-Generator 0 dBm, Weitabselektion

Die beiden Filter erreichen ihre Sperrdämpfung durch starke Fehlanpassungen an den Systemwiderstand – lediglich im Passband herrscht Anpassung (wenngleich auch mit durch die Filterpole verursachten Phasenverschiebungen). Der Verstärker muss also in der gesamten Arbeitsbandbreite mit teils extremen Fehlanpassungen stabil funktionieren! In Abbildung 4-7-5 gibt es glücklicherweise keine Hinweise auf eine Schwingneigung.

Der Abgleich des Lima-Detektors wurde bereits im Abschnitt 4-5 beschrieben. Den Sketch müssen Sie an Ihre Verdrahtung anpassen – insbesondere die Anschlussweise des LCD. Im Musteraufbau des Autors sind die Betriebsspannungen für Vorverstärker und Lima-Detektor aus einer I^{2}C-Schaltstufen-Bridge abgeleitet. Auch hier müssten Sie die Bits der Ausgangsstufen an Ihre Belegung der Schaltstufen anpassen.

4.8 Der Multiband-Direktmischer mit umschaltbaren Bandfiltern

Im vorigen Abschnitt wurde ein Monoband-Empfänger beschrieben. Es gibt aber im Online-Material auch noch einen umschaltbaren Filter-Brick mit Bypass-Relais. Mit diesen Bricks ist der Aufbau einer umschaltbaren Filterkette sehr leicht: Alle Filterbricks werden einfach in Reihe geschaltet. Im stromlosen Zustand sind alle Bypass-Relais abgefallen und die Filterkette wird überbrückt. Wird an den Schalteingang eines Filters Spannung angelegt, so schleift es sich in den Signalweg ein.

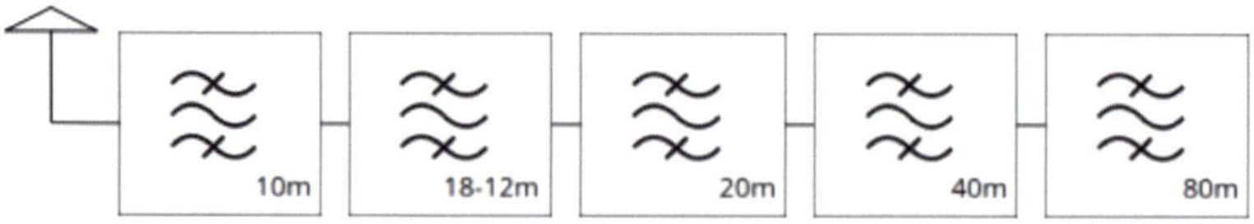

Abbildung 4-8-1: Blockschaltbild der umschaltbaren Filterkette

Ein Nachteil der Anordnung ist offensichtlich: Das Signal muss immer alle Bricks durchlaufen, also alle SMA-Verbindungen und Bypass-Relais. Der Vorteil ist aber der übersichtliche Aufbau mit einem Minimum an SMA-Verbindungskabeln (im Vergleich zu zentralisierten Relaisplatinen auf Ein- und Ausgangsseite). Auch lassen sich so zusätzliche Filter leicht in die Ketten integrieren, sollten weitere Frequenzbereiche von Interesse sein. Dies ist bei komplett auf Platinen aufgebauten Filtersätzen nicht so einfach und auch auf einer zentralen Relaisplatine fehlt vielleicht am Ende noch ein Kanal.

Ein Blick auf den Frequenzgang zeigt die Vor- und Nachteile. In Abbildung 4-8-2 wurde die Durchgangsdämpfung für zwei vollständige Filterketten mit je 5 Filtern und zwei Vorverstärkern erfasst. Alle Bricks waren natürlich ausgeschaltet, so dass sich nur die Bypass-Relais und die Überbrückungsleitungen im Signalweg befanden:

Abbildung 4-8-2: Durchgangsdämpfung 2 Filterketten mit je 5 Filtern und zwei Vorverstärkern

Bei 30 MHz beträgt die Dämpfung 2,3 dB – sie ist also nicht mehr vernachlässigbar. Bei niedrigeren Frequenzen ist sie erwartungsgemäß kleiner. Damit ist der beschriebene Nachteil klar zu erkennen. Für den Kurzwellenempfang können wir diese noch moderaten Werte aber tolerieren, zumal bei den höheren Bändern ohnehin die Vorverstärker zugeschaltet werden. Deren Rauschzahl kommt dann jedoch hinzu – und etwas Anerkennung für die professionellen Entwickler der "großen" Brüder. Wer die Empfindlichkeit auf die Spitze treiben will, kann sich immer noch für nicht umschaltbare Bandfilter entscheiden und einen Monoband-Empfänger optimieren. Mit den RF-Bricks ist das schnell und flexibel arrangiert.

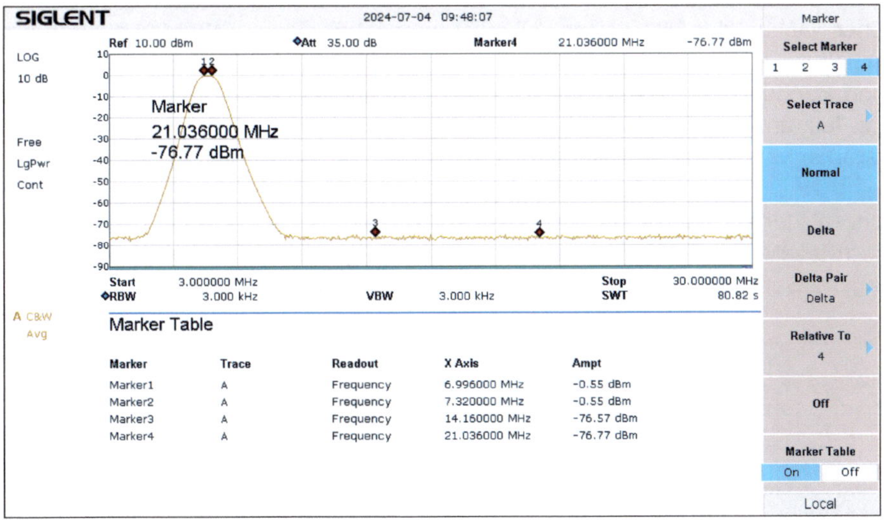

Abbildung 4-8-3: 40m - Bandfilter (Trackinggenerator -10 dBm, ein Vorverstärker)

Es bleibt noch die Frage, wie die Durchlasskurven der Filter aussehen. In Abbildung 4-8-3 ist die Kurve im Bereich 1 Mhz – 30 MHz abgebildet. Mit einem aktivierten Vorverstärker ergibt sich eine Durchlassdämpfung von 0,55dB sowie eine Sperrdämpfung von 76 dB.

Weiterhin ist wichtig, ob die Bypass-Relais nicht vielleicht doch zu einem Abfall der Sperrdämpfung bei höheren Frequenzen führen. Dazu ist in Abbildung 4-8-4 noch eine Durchlasskurve bis 200 MHz abgebildet. Es gibt hier keine Auffälligkeiten.

Abbildung 4-8-4: 40 m - Bandfilter
(Trackinggenerator -10 dBm, ein Vorverstärker) Weitabselektion

Ein kleiner Nachteil der Filterketten soll nicht unerwähnt bleiben: Werden die Vorverstärker ausgeschaltet und die Filter dadurch direkt kaskadiert, kann es je nach Optimierung der einzelnen Bandfilter zu Asymmetrien in der Durchlasskurve kommen. Der Grund dafür sind die Toleranzen in den Kondensator- und Spulenwerten. Mit zwischengeschaltetem Vorverstärker verschwindet dieses Problem.

Das Konzept der Filterketten ist also keinesfalls ideal, die auftretenden Dämpfungen sind aber noch tolerierbar. Jetzt können wir daran gehen, aus den Modulen einen Mehrband-Empfänger zusammen zu bauen. Das Blockschaltbild könnte so aussehen:

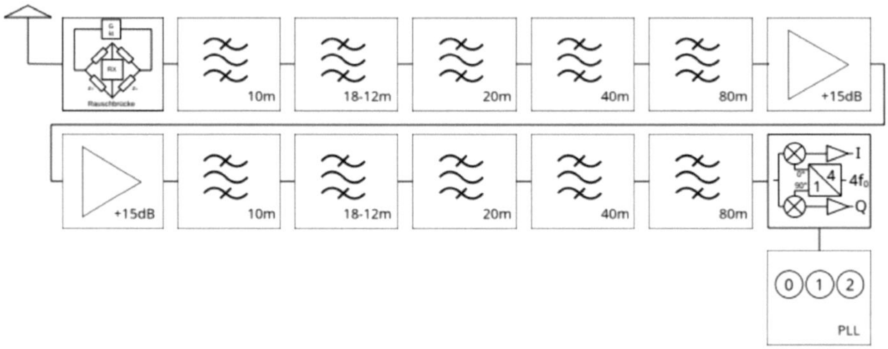

Abbildung 4-8-5: Blockschaltbild eines Mehrband-Direktmischempfängers

Zwei Vorverstärker erlauben mehr Flexibilität sowie anschauliche Experimente mit dem Signal-zu-Rauschverhältnis. Eine Impedanzmessbrücke hilft später bei der Anpassung der Antenne (der Brick dazu wird in Abschnitt 5-3-6 beschrieben).

Die folgende Abbildung zeigt den Aufbau eines Direktmischempfängers mit 2 Filterketten, 2 Vorverstärkern und einer Impedanzmessbrücke in einem 19 Zoll Baugruppenträger – damit ist eine Ebene schon recht voll bestückt!

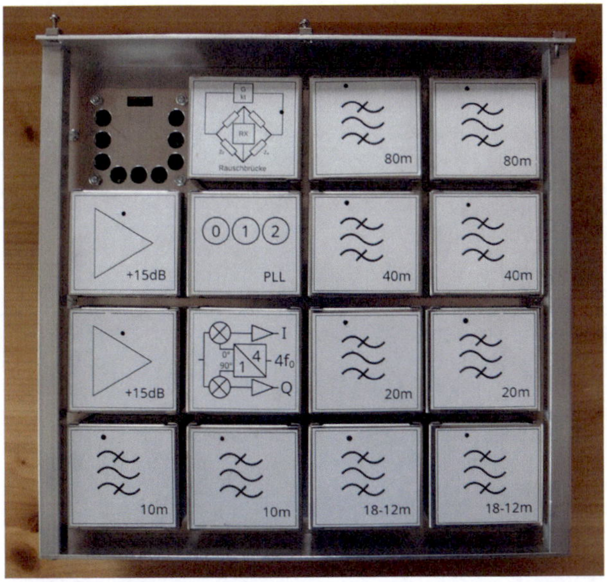

Abbildung 4-8-6: Aufbau eines Direktmischempfängers mit umschaltbaren Filterketten, zwei Vorverstärkern und einer Impedanzmessbrücke

Trotz des komplexen Aufbaus ist die Verdrahtung wegen der Kettenstruktur der Filter noch recht übersichtlich (Abbildung 4-8-7). Ein wichtiges Detail ist die Schnittstelle zum oberen Chassis. Über diese wird lediglich der I^2C-Bus geführt sowie die 12V-Versorgung für den Arduino Mega. Die Verbindung lässt sich leicht trennen, wenn am unteren Chassis Arbeiten anfallen. Sollten auch HF-Signalkabel von unten nach oben führen, so muss genug Länge eingeplant werden, damit die SMA-Stecker beidseitig verschraubt werden können. Sind die Koaxkabel auf einer Seite der Baugruppe eingeplant, kann das in der Nähe liegende Profil für das obere Chassis auch als Scharnier verwendet werden. Dazu wird das obere Chassis der den Koaxleitungen abgewandten Seite komplett gelöst. Danach werden die stirnseitigen Schrauben des nahe bei den Koaxleitungen liegenden Profils gelöst und das Chassis kann heraus geklappt werden.

Abbildung 4-8-7: Verdrahtung des Multiband-Direktmischempfängers

Bei der Suche nach den vom Arduino emittierten Störungen war ein Ergebnis, dass es vorteilhaft ist, die USB-Buchse des Arduinos direkt an der Rückwand zu erden. Dazu ist eine Kontaktfeder aus einem Stück Federbronze eine nützliche Ergänzung (Abbildung 4-8-8, rote Ellipse). Auf dem oberen Chassis sind noch Einbauplätze für Bricks vorhanden. Dort könnte zukünftig noch ein ADC-Platz finden, der direkt mit dem Raspberry Pi oder einem FPGA ausgelesen wird.

Wem der enge Stapel aus Chassisblechen nicht gefällt, der kann das obere Blech einfach herauslassen oder sich für mehr Kapazität gleich den ganzen Baugruppenträger verbreitern. Mit den CAD-Daten sollte das nicht mehr schwierig sein – lassen Sie sich nicht bremsen!

Abbildung 4-8-8: Oberseite des Baugruppenträgers mit Controller-Platinen

Dieser hier gezeigte Empfänger ist bereits gut einsetzbar, auch in den Abend- und Nachtstunden gibt es wenig Probleme damit.

4.9 Der 45 MHz Schmalband-Brick

Ein Schmalband-Konzept mit mehrfacher Mischung des Eingangssignals scheint dem SDR-Konzept zu widersprechen: Eigentlich möchte man doch alle Filter und Umsetzer in die Software konvertieren, idealerweise das Eingangssignal gleich mit dem ADC direkt abtasten.

Es gibt aber SDR-Anwendungen, die nicht klassisch mit PC und GUI arbeiten. Eines davon ist das sehr beeindruckende USDX-Projekt. Im Empfangszweig des minimalistischen Konzepts findet man einen Direktmischer mit Vorverstärkern und eine Filterbank. Die nachfolgende Signalverarbeitung ist in einen ATMega328 konzentriert, der mit 20 MHz Taktfrequenz arbeitet. Man könnte sich einen solchen Prozessor auch gut hinter einer Doppelumsetzung mit Roofing-Filter vorstellen, um z.B. einen Empfänger im VHF- Bereich zu realisieren.

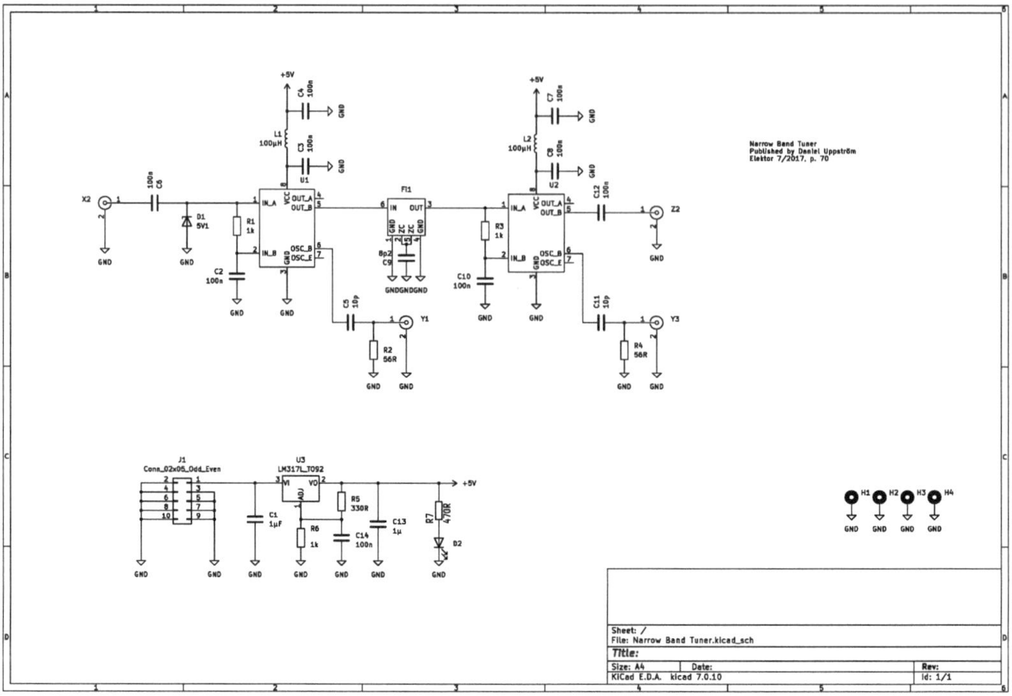

Abbildung 4-9-1: Schaltung des Schmalband-Tuner-Bricks

Die Schaltung des 45 MHz-Schmalband-Bricks stammt ebenfalls aus einem "SDR-ohne-PC"-Projekt: Dem FPGA-Transceiver von Daniel Uppström [Uppström 2017]. Eine ähnliche Signalkette wird später im Kapitel mit FPGA-Anwendungen beschrieben, wo auch Elemente aus Daniel Uppströms Projekt Verwendung finden werden.

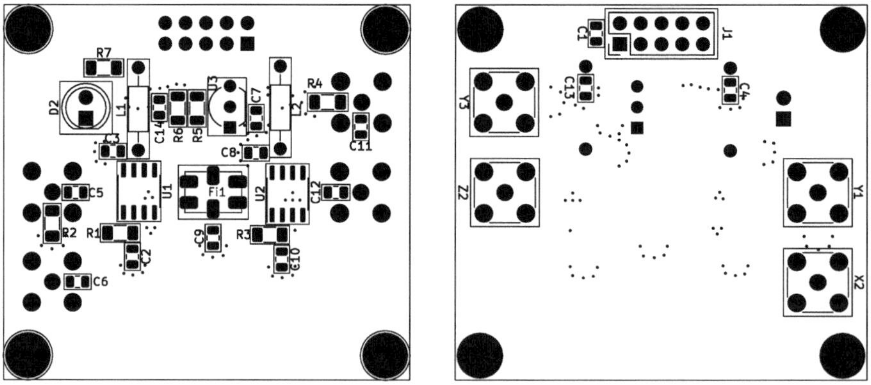

Abbildung 4-9-2: Bestückungsplan des Schmalband-Tuner-Bricks

Abbildung 4-9-3: Foto vom Schmalband-Tuner-Brick

4.9.1 Die Doppelsuperhet-Signalkette

Aus dem Schmalband-Empfänger-Brick lässt sich leicht ein Doppelsuperhet aufbauen. Es ist nicht nötig, hinter dem Schmalband-Brick noch einen Lima-Detektor einzubauen. Der zweite Lokaloszillator kann auch dazu verwendet werden, das vom Roofing-Filter durchgelassene Passband direkt in den NF-Bereich umzusetzen. Es erfolgt in diesem Brick auch keine ZF-Verstärkung (vom eingebauten Mixer-Gain der SA612-Chips einmal abgesehen). Vielmehr wird die hauptsächliche Verstärkung wieder durch die empfindlichen Vorverstärker der Soundkarte geleistet. Eine ZF könnten wir im PC bei z.B. 16 kHz ansiedeln und nur ein schmales Passband für die Demodulation der SSB-Signale weiterverarbeiten. Damit gehört dann auch eingestreuter Netzbrumm der Vergangenheit an.

Bei der später diskutierten FPGA-Anwendung tastet ein 24 Bit-ADC das Signal bei hoher ZF (250 kHz) ab und stellt die notwendigen Filter sowie das Weaver-Schema zur Verfügung.

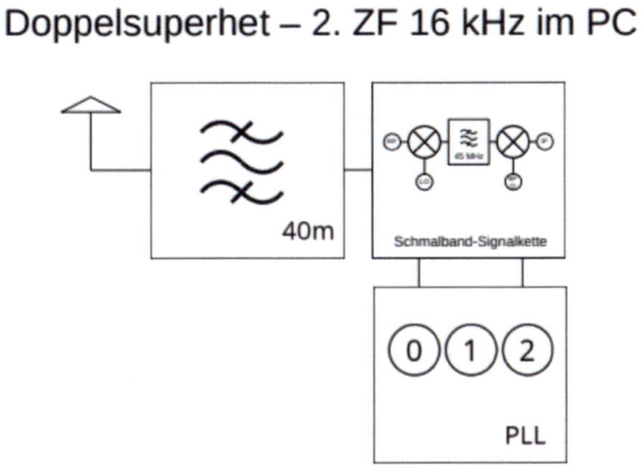

Abbildung 4-9-4: Die Doppelsuperhet-Signalkette, hier für das 40 m-Band

Kapitel 5 • Bricks für HF-Messungen

Für die quantitative Beurteilung von Empfängern benötigt man, wenn es genau werden soll, einen kalibrierten Messgerätepark. Wegen der abschreckend hohen Kosten beschäftigen sich nur die wenigsten damit. Das ist schade, weil die dahinter steckenden Konzepte aufschlussreich sind.

Mit einigen Bricks und etwas preiswerterem Zubehör kann man aber durchaus schon Erkenntnisse gewinnen – man sollte sich nur nicht aus falschem Ehrgeiz über einzelne dB streiten. Eher dienen die Experimente dem grundsätzlichen Verständnis sowie dazu, gröbere Fehler in der Anordnung aufzuspüren. Auch Optimierungsschritte lassen sich damit durchaus sinnvoll beurteilen. Es ist schon nützlich, herauszufinden, ob eine Maßnahme tatsächlich eine Verbesserung bewirkt hat oder ob sie überflüssig ist.

Wenn man einen Empfänger aufgebaut hat, möchte man wissen wie gut er gelungen ist. Dazu kann man mehrere Dinge testen:

a. Die Grenzempfindlichkeit – welches Signal erschient über dem Grundrauschen des Empfängers gerade noch erkennbar

b. Den Dynamikbereich – wie stark kann ein einzelnes Signal werden, ohne den Empfänger zu übersteuern?

c. Wie stark können zwei dicht beieinander liegende Signale werden, ohne den Empfänger zu übersteuern?

d. Verwandt mit c. Kann man sich auch fragen, wie stark man alle spektralen Kanäle außerhalb der gerade verwendeten Filterbandbreite mit zufälligen Signalen belegen kann, ohne dass diese im Nutzkanal Störungen verursachen.

Dazu werden üblicherweise verschiedene Testsignale verwendet, die wir hier kurz erwähnt werden sollen:

5.1 Messsignale - Eine Spektrallinie

Für die Grenzempfindlichkeit und den Dynamikbereich kann man einen einzelnen Generator verwenden, der ein spektral möglichst reines, stabiles Signal abgibt. Da der SDR-Empfänger in den meisten Fällen bereits über eine Ansicht des Spektrums verfügt, kann man die Grenzempfindlichkeit einfach mit einem kalibrierten Generator testen. Wer einen modernen Funktionsgenerator hat, ist meistens schon gut aufgestellt, was Stabilität und spektrale Reinheit angeht. Für das untere Ende der Skala benötigt man zusätzlich einige Abschwächer und eine Eichleitung. Diese Dinge sind in ausreichender Qualität nicht mehr sehr teuer. Werden Signale dicht über dem Grundrauschen betrachtet, addieren sich die Pegel von Rauschen und Signal. Sieht man die Spektrallinie mit 3 dB oberhalb des Grundrauschens, ist das Signal folglich genauso groß wie der Rauschpegel und das Signal-zu-Rauschverhältnis beträgt genau eins [Schnorrenberg 2024]. Man nennt diesen Pegel daher MDS – minimum discernible Signal. Mit diesem Kriterium kann man den Empfänger mit anderen vergleichen und feststellen, ob man grob daneben liegt.

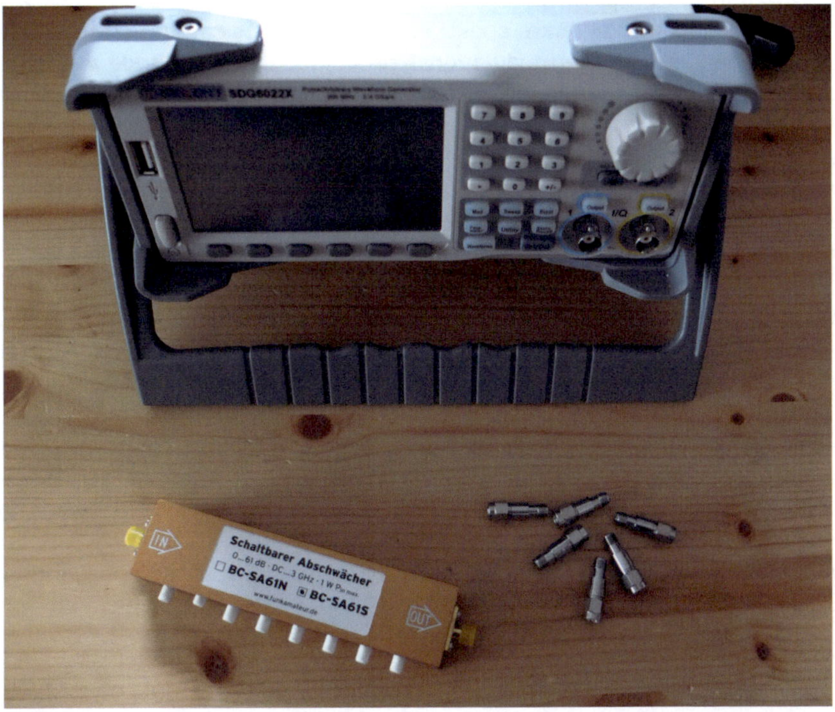

Abbildung 5-1: Funktionsgenerator und Eichleitung, Dämpfungsglieder

Für das obere Ende des Dynamikbereiches kann der Signalpegel des Testsignals so weit erhöht werden, bis merkliche Verzerrungen auftreten. Bei einem SDR treten sie erst kurz vor dem Übersteuern des ADCs auf, wenn der Empfang bei weiterer Steigerung des Pegels plötzlich abbricht oder die Signalverarbeitung hörbar durcheinander gerät.

5.2 Messsignale - Zwei Spektrallinien

Das Testen mit einem einzelnen Signal ist für den praktischen Betrieb eines Empfängers noch nicht sehr aussagekräftig, sondern liefert nur erste Hinweise darauf, dass keine groben Fehler vorliegen.

Ein Empfänger soll die Eingangssignale aus dem Nutzband für die nachfolgende Demodulation sauber trennen und verstärken. Diese Signale liegen häufig dicht nebeneinander und können insbesondere nachts sehr kräftig werden.

In diesem Fall führen Nichtlinearitäten in den Verstärkerstufen zu Mischprodukten zwischen den Signalen. Dabei sind die Mischprodukte der dritten und weiteren ungeradzahligen Ordnungen besonders störend, da sie wieder als "Lattenzaun" in der Nähe der verursachenden Spektrallinien auftauchen. Hat man es mit zahlreichen Signalen zu tun, ist das Vergnügen des Kurzwellenempfangs schnell vorbei und die Nutzsignale verschwinden in einem unübersichtlichen Gemisch verschiedenster Störungen.

Ein idealisiertes Testsignal für Messungen besteht aus nur zwei solchen Signalen (es wird daher oft "Zweitonsignal" genannt). So entsteht beim Einsetzen von Verzerrungen eine übersichtliche und leicht erkennbare spektrale Signatur, die sich gut vermessen lässt. Die Mischprodukte nennt man "Intermodulations"-produkte. Ihre Amplitude wächst schneller als die der beiden Nutzsignale. Eine übliche Messgröße ist der "IM3-Interceptpunkt". Bei dieser Aussteuerung wären die Intermodulationsprodukte der dritten Ordnung (die am dichtesten bei den verursachenden Spektrallinien liegen) genau so groß wie das Nutzsignal. In der Praxis betreibt niemand einen Verstärker so stark ausgesteuert. Aber die ermittelte Zahl erlaubt den Vergleich verschiedener schaltungstechnischer Maßnahmen: Je größer sie ist, umso später setzen die Verzerrungen merklich ein.

Einen schönen Artikel findet man dazu bei [Schnorrenberg 2016]. Aus dem Artikel stammen auch die ursprünglichen Schaltungen für den verzerrungsarmen, quarzgesteuerten Generator sowie den breitbandigen Power Combiner mit einer Wheatstone-Bridge.

5.2.1 Der verzerrungsarme Generator-Brick

Die Schaltung aus [Schnorrenberg 2016] wurde mit nur wenigen Anpassungen übernommen. Für den Pufferverstärker wurden die leichter erhältlichen BS170 MOSFETs eingesetzt. Eine Besonderheit dieses Generators liegt in der Auskopplung der Oszillator-Spannung direkt am Schwingquarz. Dadurch werden die Verzerrungen der Oszillatorstufe geringer – sehr geschickt!

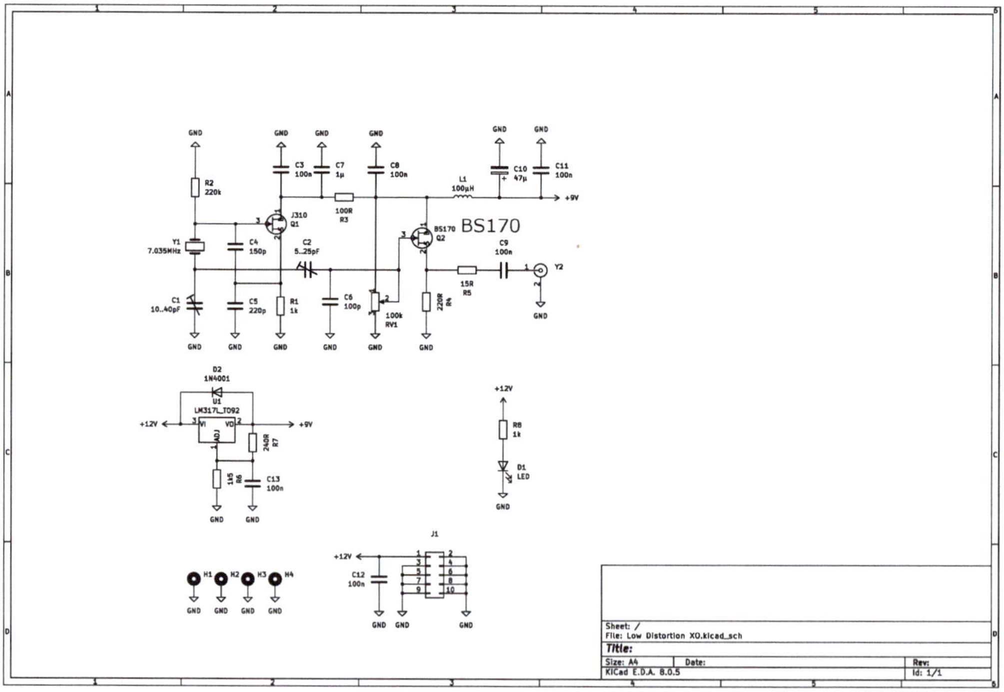

Abbildung 5-2-1: Buffertransistor ist ein BS170

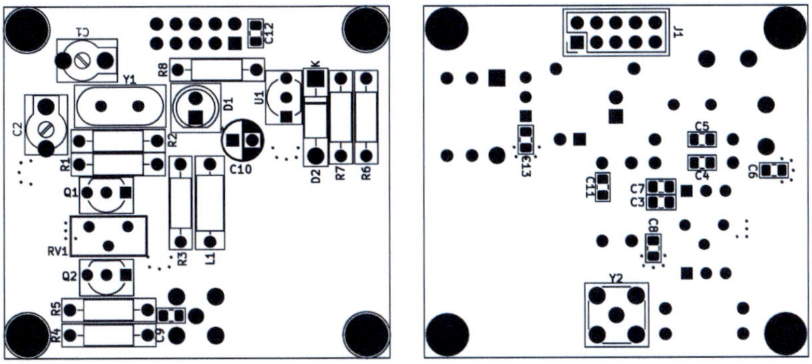

Abbildung 5-2-2: Bestückungsplan des verzerrungsarmen XO-Bricks, links: Bauteilseite, rechts: Lötseite

Für den Abgleich stellt man zunächst die Frequenz mit dem Ziehtrimmer C1 so ein, dass der Quarz gut anschwingt. Die Amplitude des Ausgangssignals justiert man mit dem C2 im kapazitiven Spannungsteiler. Je nach Quarz muss eventuell die Amplitude mit dem Festkondensator im kapazitiven Spannungsteiler angepasst werden, sollte der Variationsbereich von C2 nicht ausreichen. Mit dem Trimmer RV1 wird der Arbeitspunkt des folgenden MOSFET-Pufferverstärkers auf minimale Verzerrungen abgeglichen.

Abbildung 5-2-3: Foto des verzerrungsarmen XO-Bricks

Den Abgleich kann man mit einem Spektrumanalysator vornehmen oder mit einem Empfänger, der auf die erste Oberwelle der Quarzfrequenz eingestellt wird. Ein Beispielspektrum ist in der Abbildung 5-2-4 angegeben.

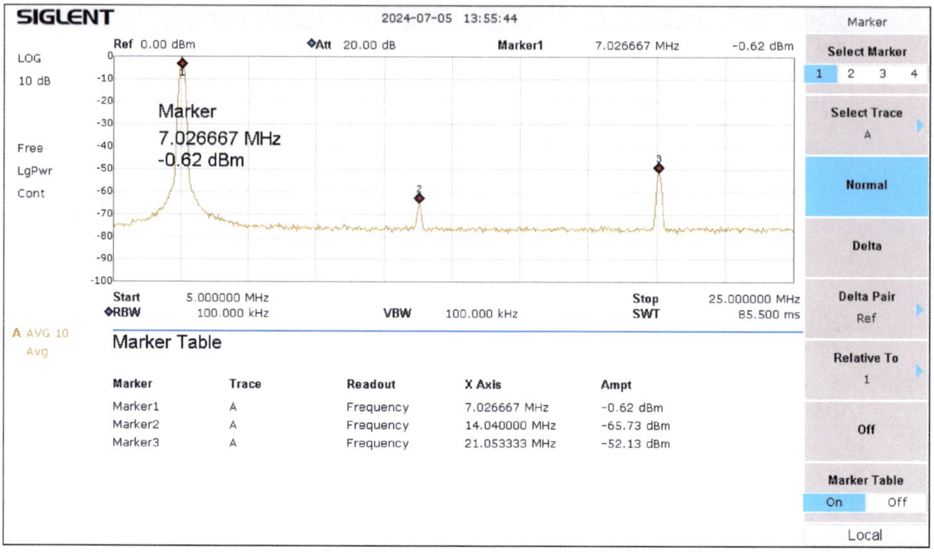

Abbildung 5-2-4: Spektrum eines verzerrungsarmen XO-Bricks

5.2.2 Der Wheatstone-Bridge Power Combiner

Wenn man das Zweitonsignal aus zwei verzerrungsarmen Quarzgeneratoren zusammenfügen will, dürfen sich die Generatoren nicht gegenseitig beeinflussen. Zudem muss der Ausgang angepasst und möglichst rückwirkungsarm sein. Die in [Schnorrenberg 2016] angegebene Brückenschaltung bewerkstelligt diese Dämpfung zwischen den Generatoreingängen – nehmen Sie sich etwas Zeit, um diese exzellente Schaltung zu durchdenken.

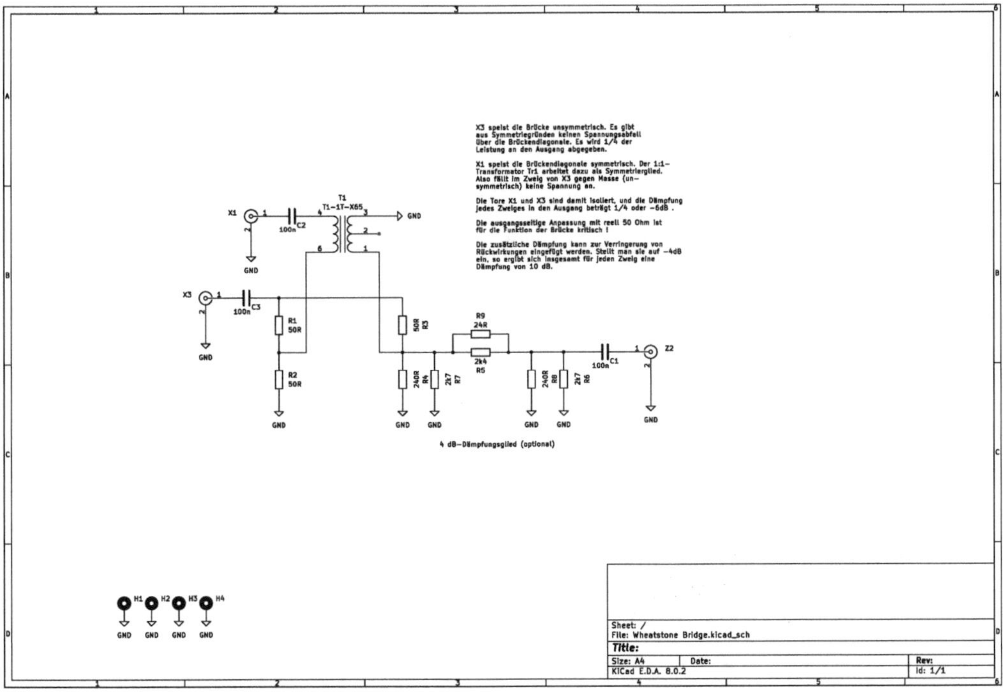

Abbildung 5-2-5: Schaltung des Wheatstone-Bridge Power Combiner-Bricks

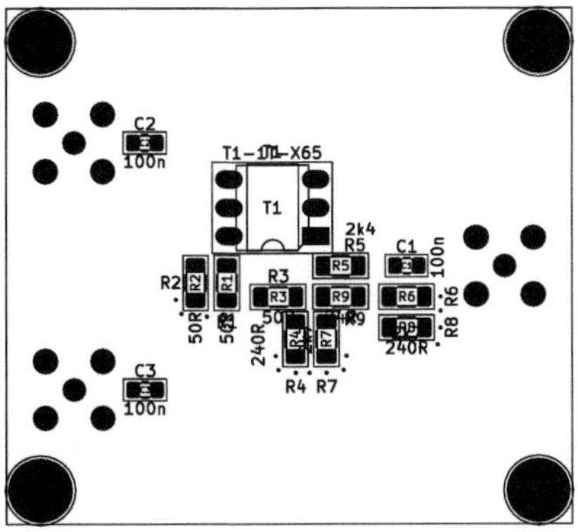

Abbildung 5-2-6: Bestückungsplan des Wheatstone-Bridge Power Combiner-Bricks

Der Preis dafür liegt in den 6dB Dämpfung je einem Eingang zum Ausgang. In unserem Combiner-Brick verwenden wir einen kleinen Trafo von Mini Circuits, so dass nichts gewickelt werden muss (und der Combiner schön breitbandig ausfällt). Das Dämpfungsglied wird nicht benötigt – Bestücken Sie einfach einen 0 Ohm Widerstand für R5 und lassen sie R4, R6, R7, R8 und R9 heraus.

Die passive Schaltung funktioniert genauso, wie man es erwartet. Im Prinzip bräuchte man für eine IP3-Messung keine weiteren Filter hinzufügen (Abbildung 5-2-9). Da beim Autor ein 40 m-Bandfilter-Brick vorhanden war, ließen sich die schon geringen Oberwellen noch weiter ausfiltern, wie in Abbildung 5-8 gezeigt.

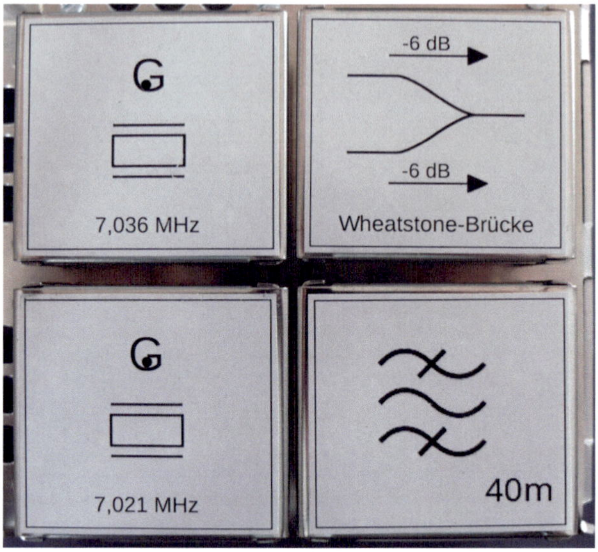

Abbildung 5-2-7: Aufbau des Zweitongenerators mit RF Bricks

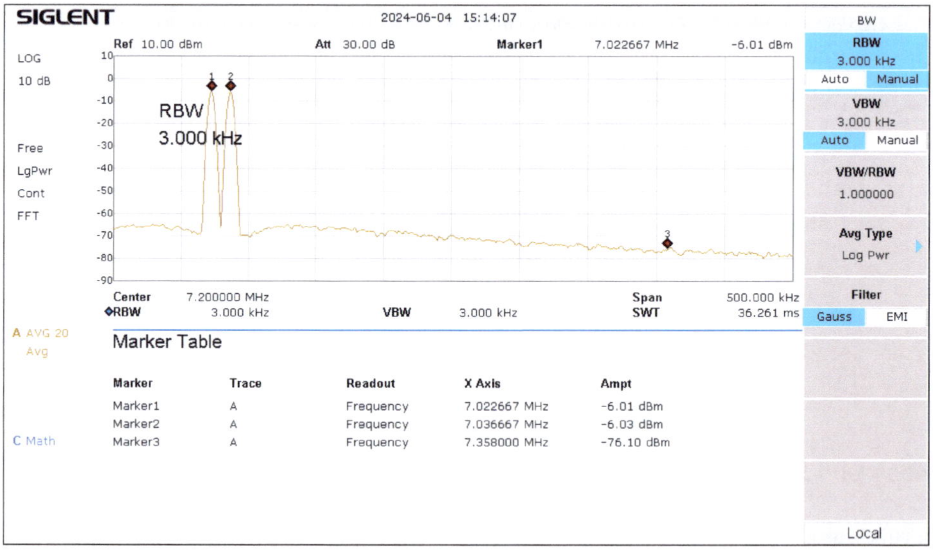

Abbildung 5-2-8: Abgeglichene Pegel – 2 x -6 dBm

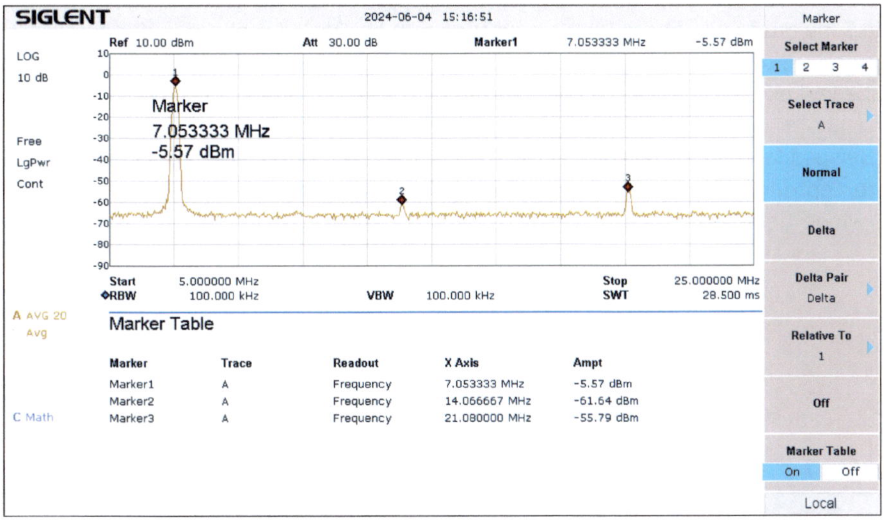

Abbildung 5-2-9: Ausgangsspektrum ohne Bandfilter bis zur 3. Oberwelle

Abbildung 5-2-10: Ausgangsspektrum mit 40 m - Bandfilter

Mit dem Testsignal kann man für unseren Vorverstärker-Brick den IM3-Interceptpunkt bestimmen. Dazu benötigt man neben dem komplett aufgebauten Zweitongenerator auch noch einen Spektrumanalysator und einen schaltbaren Abschwächer.

Der Ablauf der Messung ist detailliert in [Schnorrenberg 2016] beschrieben. Zunächst wird die Kalibrierung des Zweitonsignals mit einem Oszilloskop oder Spektrum Analysator geprüft. Danach wird das Zweitonsignal wird über den schaltbaren Abschwächer mit dem Eingang des Verstärker-Bricks verbunden. Das Ausgangssignal wird mit dem Spektrum Analysator überwacht.

Für jede Schaltstufe des Abschwächers werden nun die Peak-Amplituden der beiden Zweiton-Komponenten sowie der benachbarten IM3-Produkte gemessen. Bei der Auswertung hilft eine Tabellenkalkulation (im online-Material sind Beispieldateien enthalten).

In der Beispieldatei "IP3 Messung HF-001 neu Reichelt ohne Gegenkopplung.ods" wird der IM3-Interceptpunkt für die steileren J310 FETs bestimmt. Das Ergebnis ist in Abbildung 5-2-11 wiedergegeben:

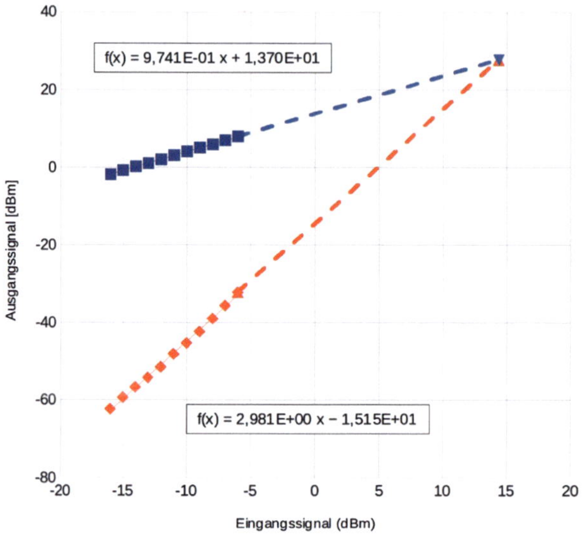

Abbildung 5-2-11: IM3-Bestimmung am Vorverstärker HF-001 ohne Gegenkopplung, IP3-Intercept-Punkt bei einem Eingangssignal von 14,4 dBm; G = 14 dB

Der Schnittpunkt der zwei Geraden ergibt einen IM3-Interceptpunkt von 14,4 dBm. Wenn man die Gegenkopplung aus 390 Ohm Widerstand und 330pF Kondensator einbaut, erhält man einen Intercept-Punkt von 25,7 dBm, allerdings bei einer auf 10 dB verringerten Verstärkung (Abbildung 5-2-12):

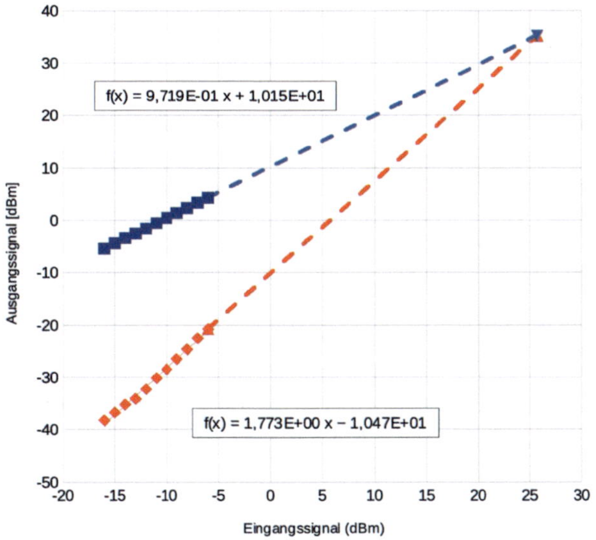

Abbildung 5-2-12: IM3-Bestimmung am Vorverstärker HF-001 mit Gegenkopplung 390 Ohm / 3,9 µH, IP3-Intercept-Punkt bei einem Eingangssignal von 25,7 dBm; G = 10 dB;

Das Experiment kann auch dazu verwendet werden, die in der Quelle angegebenen Gegenkopplungsmaßnahmen auf Wirksamkeit zu überprüfen. Weder die im Originalentwurf vorkommenden 1,5 pF Kondensatoren noch die Gegenkopplung mit 390 Ohm / 3,9 µH erwiesen sich dabei als vorteilhaft, so dass wir diese auf den Platinen nicht bzw. verändert bestücken.

Eine Charge J310-FETs von Fairchild aus dem Versandhandel erbrachte nur 10 dB Verstärkung ohne Gegenkopplung. Allerdings ergab sich ein ähnlicher IM3-Intercept-Punkt wie mit den gegengekoppelten, steileren J310 von Reichelt Elektronik.

5.3 Messsignale - Rauschen

Das Zweitonsignal ist bereits realistischer als nur eine Spektrallinie (neben vielen leisen Signalen im Nutzband gibt es vielleicht nur einige wenige, sehr starke Peaks). Eine Steigerung der Belastung des Empfängers kann erreicht werden, wenn nicht nur einzelne spektrale Kanäle, sondern alle gleichzeitig mit stochastisch verteilter Energie gespeist werden. Dies kann man mit einem Rauschgenerator bewerkstelligen.

5.3.1 Bitte 5 Hz Bandbreite Rauschen am Stück aus der Mitte

Dabei ergibt sich eine Komplikation: Bei tonalen Signalen ist das Pegelmaß anhand der Signalspannung genau definiert. Man kann die Amplitude auch mit z.B. einem Oszilloskop messen. Dagegen hängt die Rauschamplitude davon ab, wie viel Bandbreite aus dem kontinuierlichen Spektrum in der Messung verwendet wird, da jeder verwendete spektrale "Kanal" aufsummiert werden muss. Dazu werden die einzelnen Spannungen folgendermaßen addiert (die Profis nennen das ganz deskriptiv "root of the sum of squares"):

$$U(noise,rms)=\sqrt{(U1^2+U2^2+...+Un^2)}$$

Um bei Berechnungen unabhängig von der Rauschbandbreite des Rechenverfahrens für die spektrale Darstellung zu sein, normiert man das Rauschen als spektrale Dichte. Dazu dividiert man die gelieferte Rauschleistung durch die Rauschbandbreite eines spektralen Kanals. Es ist wichtig (und vielleicht anfangs verwirrend), dass dazu die gesamte Rauschleistung (z.B. in Milliwatt) und nicht etwa deren Pegelmaß (z.B. in dBm) durch die Bandbreite (in Hz) dividiert wird, also:

$$Rauschdichte[mW/Hz]=Rauschleistung[mW]/Bandbreite[Hz]$$

Wenn Sie für die Rauschdichte bei der dB-Darstellung bleiben wollen, können Sie natürlich auch durch die Bandbreite dividieren – beim Logarithmus wird daraus eine Subtraktion, da wir mit Exponenten rechnen:

$$Rauschdichte[dBm/Hz]=Rauschleistung[dBm]-10\log(Bandbreite)[1/Hz]$$

Hat man erst die spektrale Rauschdichte (in dBm/Hz) ermittelt, so ist es leicht, auf die Rauschleistung in einem z.B. gefilterten Kanal zurück zu schließen: Dazu muss nur die spektrale Rauschdichte (in Watt/Hz) mit der Filterbandbreite multipliziert werden:

$$Rauschleistung(hinterFilter)[mW]=Rauschdichte[mW/Hz]xFilterbandbreite[Hz]$$

Die Rauschspannung könnte man z.B. mit einem geeigneten AC-Voltmeter an einem Lastwiderstand messen. Beim Multiplizieren muss der Logarithmus addiert werden und die Einheit bleibt im Zähler, wenn sie vor den Logarithmus gezogen wird. In dB-Darstellung lautet die Gleichung:

$$Rauschleistung(hinterFilter)[dBm]=Rauschdichte[dBm/Hz]+10\log(Filterbandbreite)[Hz]$$

Nach dem Einsetzen der Gleichung für die Rauschdichte erhalten Sie schließlich in dB-Darstellung:

$$Rauschl.(hinterFilter)[dBm]=Rauschl.(gesamt)[dBm]+10\log(B(Filter)/B(Rausch,gesamt))$$

Wir reiten hier etwas darauf herum, damit Sie später sofort erkennen, wie die Formeln für Verhältnismaße wie z.B das Noise Power Ratio (NPR) zustande kommen, sollten Sie z.B. einen Artikel dazu lesen.

Wenn bereits eine spektrale Ansicht betrachtet wird, so ist bei der Anzeige maßgeblich, wie breit die Kanäle des Spektrums ("bins") sind. Oft wird in den SDR-Programmen die Anzahl der Bins angezeigt oder sie kann als Parameter eingestellt werden. Die Bandbreite ergibt sich als Quotient aus der Samplerate (bei den I/Q-Empfängern wird +/- f(Nyquist) angezeigt) und der Anzahl der Bins. Dabei muss man aber noch eine effektive Verbreiterung der Bins berücksichtigen, die aus der verwendeten Fensterfunktion stammt. GQRX erlaubt eine

Auswahl verschiedener Normierungen für die FFT – insbesondere die auf die Bandbreite normierte Anzeige ist sehr nützlich!

5.3.2 Das Noise Power Ratio (NPR)

Um die Übersteuerungseffekte des kontinuierlich gefüllten Spektrums auf den Empfänger zu studieren, muss ein Signal bereitgestellt werden, in welchem das Rauschen in einem engen Spektralbereich stark unterdrückt ist. Wenn der Empfänger ideal funktioniert, sollte im Sperrbereich ("notch") außer dem Grundrauschen des Empfängers nichts zu sehen sein (wir nehmen hier an, dass der Empfänger über eine Spektrumansicht verfügt, wie sie die meisten SDR-Programme bereitstellen). Dazu muss die Sperrdämpfung des Filters recht hoch sein!

Erhöht man die Belastung des Empfängers durch Vergrößern der Rauschleistung, so wächst die Amplitude im angezeigten Spektrum außerhalb des Notches, während sich am im Bereich des Sperrbands nichts ändert. Ab einer bestimmten Rauschleistung beginnt der Pegel innerhalb des Notches zu steigen: Der Empfänger ist dann nicht mehr in der Lage, die Signale perfekt zu trennen. Ist der Pegel innerhalb des Notches um 3 dB gestiegen, so kann man das NPR (noise power ratio) direkt aus dem Spektrum ablesen, als Differenz zwischen den Rauschpegeln außer- und innerhalb des Notches.

Beim Messen des NPRs sollte man angeben, wie breitbandig das Eingangsrauschen ist. Diese Rauschbandbreite ist entweder durch die Bandbreite der Eingangsfilter bestimmt oder sie wird (bei breitbandigen Eingängen ohne Filter) am Rauschgenerator eingestellt. Die Rauschbandbreite ist wichtig, weil sie die Gesamtrauschleistung bestimmt, mit der der Empfängereingang belastet wird.

5.3.3 Der Notchfilter-Brick

Die Schaltung für das 5-polige Notchfilter stammt aus [Schnorrenberg 2020]. Die ursprüngliche Idee dazu stammt von OE3HKL, der auf seiner Website noch weitere Hinweise zum Aufbau solcher Filter liefert [Hoefelner 2014].

Die Grundidee für das Filter ist gut nachvollziehbar: Als Kettenleiter wird ein Tiefpassfilter mit 7 Polen angelegt. Zu den Kapazitäten werden die Quarze als "Störung" parallel geschaltet. Dabei wird ausgenutzt, dass sie bei Serienresonanz einen sehr niedrigen Widerstand haben. Um die Sperrwirkung weiter zu erhöhen, ist der Tiefpass für einen Generatorwiderstand von 450 Ohm ausgelegt (dann sind die Induktivitäten entsprechend größer).

In [Hoefelner 2014] wird der Tiefpass aus Halbgliedern entwickelt. Die Eckfrequenz wurde als eineinhalbfache Quarzfrequenz gewählt (10,6 MHz, bei 7,1 MHz Quarzfrequenz). Man kann ähnliche Bauteilwerte bekommen, wenn man z.B. mit QUCS einen Chebyshev-Tiefpass mit 0,1 dB Welligkeit für die gleiche Eckfrequenz berechnet. Dabei nicht vergessen, die Impedanz auf 450 Ohm zu setzen!

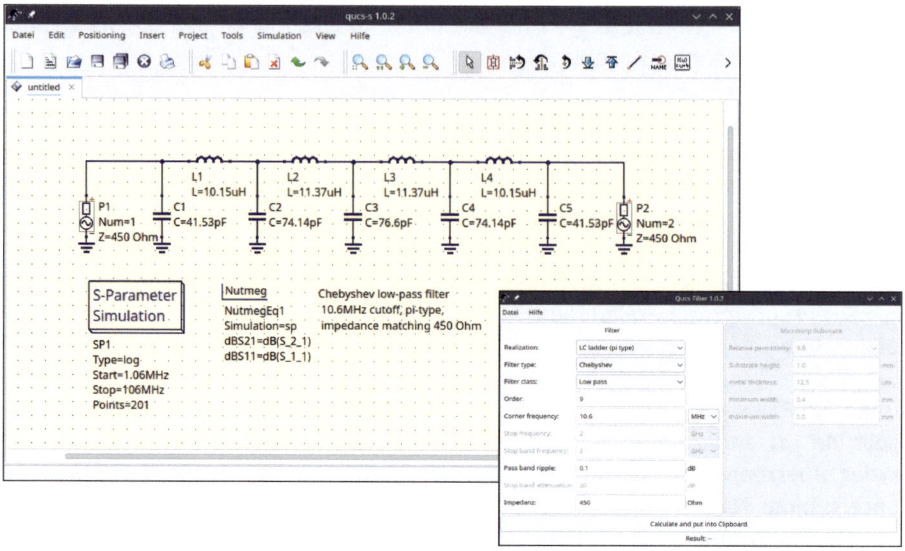

Abbildung 5-3-1: QUCS-Filtersynthese für das Notchfilter

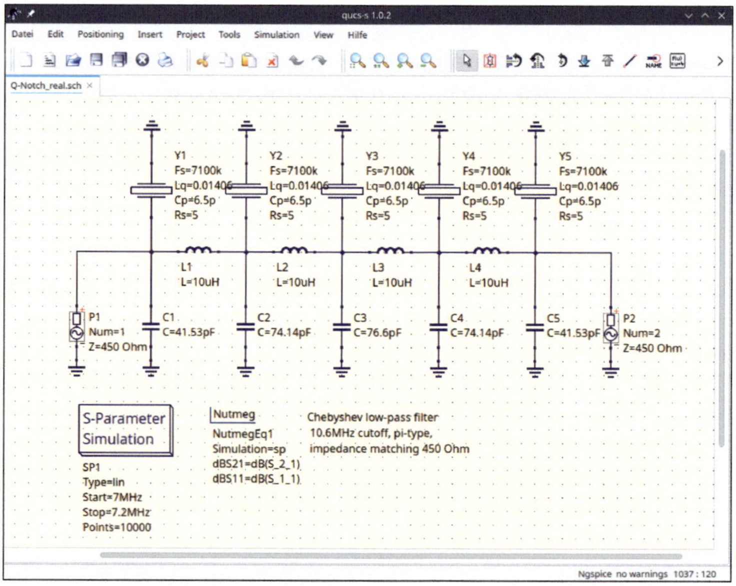

Abbildung 5-3-2: QUCS-Schaltung mit Quarzen und 10 µH-Drosseln (für 7,1 MHz)

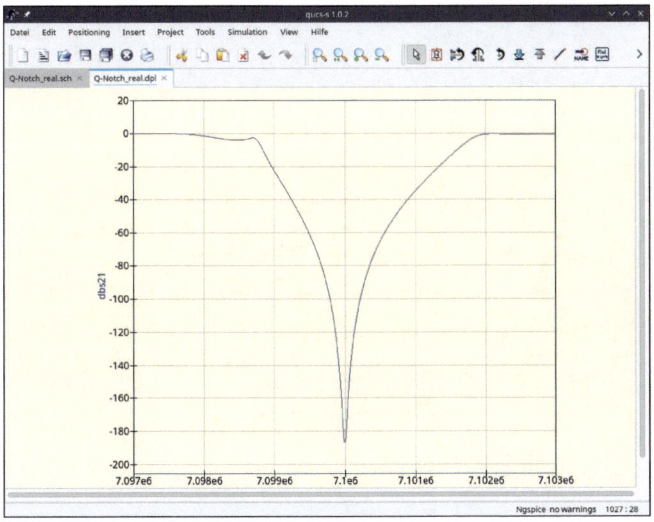

Abbildung 5-3-3: Simulation des Filters aus Abbildung 5-3-2

Damit endet auch schon die Einfachheit - Die Kapazitäten in der Schaltung setzen sich aus der Leiterbahnkapazität, der Quarz-Halterungskapazität sowie der des Trimmers zusammen. Man muss diese Kapazitätswerte so einstellen, dass einerseits die Welligkeit des Tiefpasses auch in der Nähe des Notches gering bleibt, andererseits die durch die Quarze festgelegten Pole möglichst nahe beieinander liegen. Zudem sollte die Anpassung des Tiefpasses an den Generator und die Last nicht zu stark abweichen, sonst gibt es im Durchlassbereich eine zu starke Dämpfung.

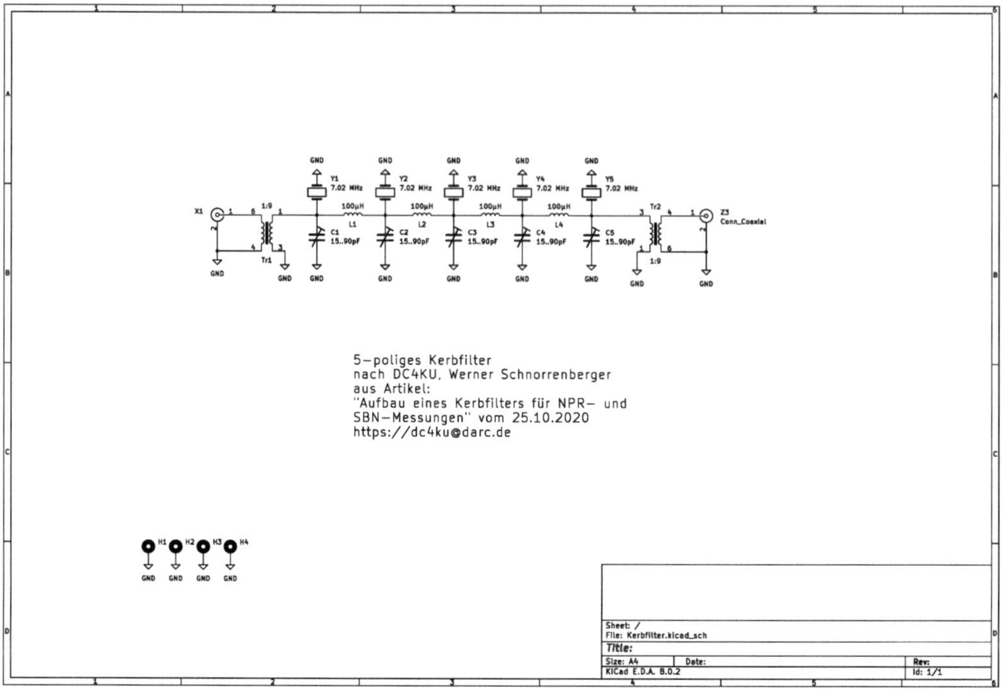

Abbildung 5-3-4: Schaltung des Notchfilters

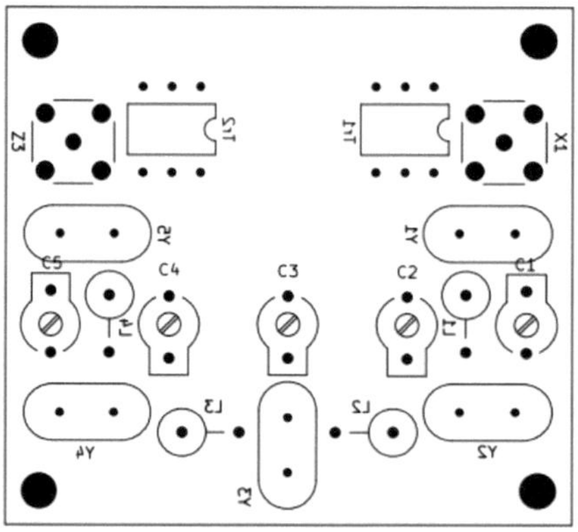

Abbildung 5-3-5: Bestückungsplan des Notchfilters

Abbildung 5-3-6: Foto des Notchfilters

Es ist nicht trivial, diese drei Anforderungen gleichzeitig zu erfüllen; der Abgleich führt zu einem Kompromiss, der überraschend schwer zu finden ist. Sie können folgendermaßen vorgehen:

Bestücken Sie die Filterplatine zunächst nur mit Drosselspulen und Quarzen sowie den 1:9-Übertragern. Dadurch hat die Durchlasskurve nun einen sehr scharfen, tiefen Dip, allerdings ist die ansteigende Flanke der Kurve nur minimal steil.

Fügen Sie zunächst die mittleren drei Trimmer hinzu. Stellen Sie am Spektrumanalysator die Mittenfrequenz etwas höher ein als den ohne Trimmer gemessenen Dip. Schalten Sie "Span" auf Null, dann können Sie die Sperrtiefe des Dips leicht in Echtzeit auf Minimum abgleichen. Arbeiten Sie sich auf diese Weise schrittweise zu etwas höheren Frequenzen hinauf.

Danach erfassen Sie die Durchlasskurve jeweils neu. Sie werden feststellen, dass mit steigenden Kapazitätswerten an den Trimmern die Durchlasskurve symmetrischer wird und sich die Anpassung verbessert. Sie können zusätzlich probieren, mit den beiden außermittigen Trimmern die Steilheit der Durchlasskurve zu maximieren.

Am Ende können Sie die beiden äußeren Trimmer ergänzen und die Anpassung unter- und oberhalb des Notches weiter verbessern.

Der Sperrbandpol sollte sich nicht zu breit aufspalten – in der Mitte zwischen den aufgespaltenen Polen fehlt andernfalls etwas Sperrbanddämpfung - dann sind die Kapazitätswerte zu hoch geraten.

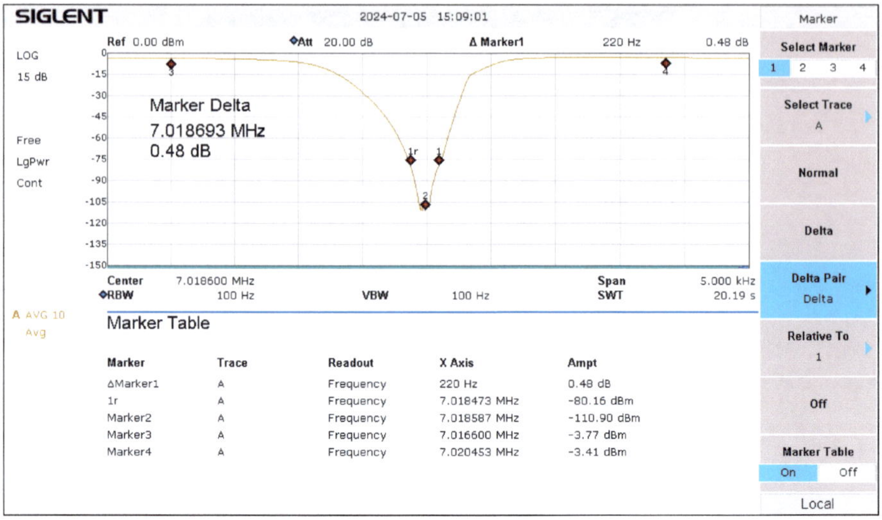

Abbildung 5-3-7: Durchlasskurve des Notchfilters mit 7,02 Mhz-Quarzen

Werden geringere Quarzfrequenzen eingesetzt (beim Autor z.B. auch 4,6 MHz), so ist die Bandbreite bei einer Sperrbanddämpfung von 100 dB sehr gering (wenige 10 Hz). Bei höheren Frequenzen werden größere Bandbreiten berichtet ([Hoeflner 2014]: 200 Hz bei 7,1 MHz, [Schnorrenberg 2014]: 1 kHz bei 9 MHz).
Bitte beachten Sie auch die Informationen zu den Bauteilqualitäten in diesen Veröffentlichungen. Unser Brick enthält nur preiswerte Keramik Trimmer – dennoch zeigen die Ergebnisse in Abbildung 5-3-7 eine Sperrdämpfung von 110 dB und eine Bandbreite von 220 Hz an den -80 dB - Punkten. Die Durchlasskurve wurde langsam erfasst (30 Hz RBW) und zehnmal gemittelt, da im Sperrband das Rauschen des Spektrum Analysators dominiert.

Sollten Sie nur wesentlich geringere Sperrdämpfungen bekommen, prüfen Sie bitte zunächst Ihre Leitungen – es ist ein Unterschied, ob ein RG174 mit preiswerter Hardware aus dem online-Versandhandel oder z.B. ein Aircell 7 mit sehr guten Steckern eingesetzt wird. Bis -80 dB geht vieles, darüber hinaus merkt man jede Kleinigkeit. Setzen Sie die Platine auch in das Abschirmgehäuse ein. Nach kleinen Korrekturen an den Trimmern sollte die Sperrdämpfung jetzt wieder einige dB besser sein. Bei [Hoeflner 2014] ist die Platine rundherum mit dem Gehäuse verlötet – das sollten Sie nur tun, wenn sich an den Bauteilen ganz sicher nichts mehr ändert.

Man darf das Spektrum nur sehr langsam erfassen, da die Quarze aufgrund ihrer hohen Güte extrem schmalbandig reagieren (langsames An – und Ausschwingen).

Der Bau schmalbandiger Quarzfilter ist eine herausfordernde Disziplin. Es gibt dazu einige hilfreiche Informationen von Spezialisten, die auch von allgemeinem Interesse sind [Bartels 2013],[Steder 2009]. Zwar wollten wir durch das SDR-Konzept gerade solche Schwierigkeiten vermeiden, bei den Messgeräten kommen wir um einige Präzisionsarbeit aber nicht herum.

Die Filterflanken des Notchfilters sind meistens nicht symmetrisch, wenn die Sperrdämpfung besonders hoch ist – sich diesem Zustand zu nähern braucht viel Geduld, wegen des Zeitaufwandes für die Erfassung eines einzelnen Spektrums. Für die Messung des NPR reicht aber bereits eine Sperrdämpfung von 80 dB, das in Abbildung 5-3-7 gezeigte Filter ist also ausreichend.

Die NPR-Messung ist einfach, wenn mit z.B. einem SDR-Programm ein Spektrum beobachtet werden kann. Dazu wird das Notchfilter zwischen Empfänger und Rauschgenerator geschaltet. Nachdem das SDR auf die Mittenfrequenz des Filters abgestimmt und die Bandbreite der Ansicht passend eingestellt wurde, kann der Rauschgenerator aufgedreht werden. Dabei steigt zunächst der Rauschpegel rechts und links vom Notch, innerhalb des Notches ist nur das Hintergrundrauschen des Empfängers zu sehen. Wird das maximale NPR erreicht, beginnt sich das Grundrauschen innerhalb des Notches ebenfalls anzuheben. Ist es ca. 3dB höher als bei kleiner Rauschintensität, so kann das maximale NPR direkt aus dem Spektrum abgelesen werden – für alle spektralen Bins ist die Normierung ja die gleiche. Bei der Angabe des Wertes ist auch wichtig, mit wie viel Rauschleistung der Empfänger belastet wurde, also wie groß die Rauschbandbreite des Eingangsfilters war – das ist aus dem Spektrum allein nicht zu ersehen.

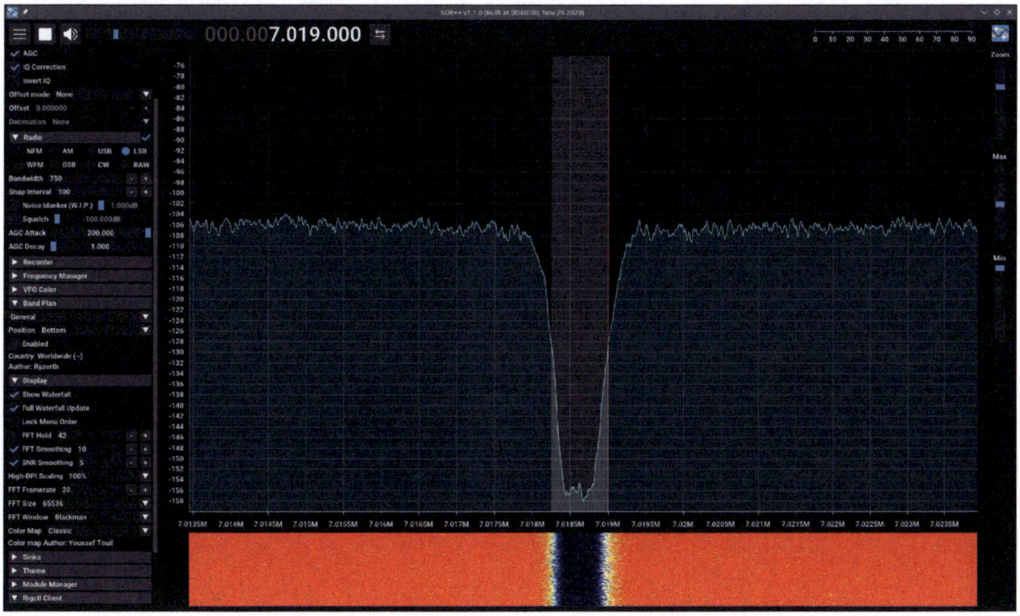

Abbildung 5-3-8: Beispielmessung des NPR mit dem Kerbfilter und SDRPP: Top zu bottom = 50 dB

Für unser SDR ohne Vorverstärker können wir aus diesem Spektrum ein NPR von 50 dB ablesen (Abbildung 5-3-8), die Rauschbandbreite war dabei vom Eingangsbandfilter auf ca. 300 kHz vorgegeben.

Anstatt es bei einer einzigen Messung zu belassen, ist es besser, das NPR in Abhängigkeit der Eingangsleistung aufzunehmen. Die Eingangsleistung hinter dem Bandfilter bekommen wir durch Multiplikation der spektralen Rauschdichte mit der Filterbandbreite. Beim Funktionsgenerator SDG6022X ist die Bandbreite B(Generator) des Generatorrauschens einstellbar, so dass man die spektrale Rauschdichte wie in 5.3.1 beschrieben errechnen kann:

$$P_{noise,Generator}[dBm/Hz] = 10\log(U_{noise}^2[V^2]/50[Ohm]) - 10\log(B_{Generator}[Hz])$$

Für die folgenden Messungen war die Rauschbandbreite des Generators auf 10 MHz begrenzt. Wenn Ihr Funktionsgenerator keine einstellbare Rauschbandbreite hat, können sie das Ausgangsspektrum ausmessen und die Rauschbandbreite aus dem Spektrum abschätzen. Die Eingangsleistung hinter dem Filter bekommen Sie dann wieder durch Multiplikation mit der Rauschbandbreite des Filters, die wir hier nur mit 300 kHz abschätzen:

$$P_{noise,Filter}[dBm] = P_{noise,Generator}[dBm/Hz] + 10\log(B_{Bandfilter}[Hz])$$

Wenn Sie auch diese Möglichkeit nicht haben, tragen Sie das NPR einfach anhand des Eingangsparameters auf (z.B. der quadrierten Rauschamplitude in - dann können Sie zwar nicht genau mitteilen, mit welcher Leistung der Mischer oder erste Verstärker belastet wurde, der Kurvenverlauf selbst ist aber dennoch aussagekräftig. Die folgenden Diagramme stammen aus Messreihen, deren Daten Sie im Online-Material in den Dateien "NPR-Messung am 19 Zoll Chassis Notch mittig.odt" und "NPR-Messungen am 19 Zoll Chassis Notch aussermittig.odt" finden.

Bei der ersten Messreihe wurde der Notch in der Spektrumansicht von SDRPP zentriert. Eine kleine Schwierigkeit ist das Auftreten von 50 Hz-Einstreuungen, wenn man den Generator mit dem Empfänger verbindet. Dadurch entsteht in der Mitte des Notches ein kleiner Peak, der beim Messen vernachlässigt werden muss.

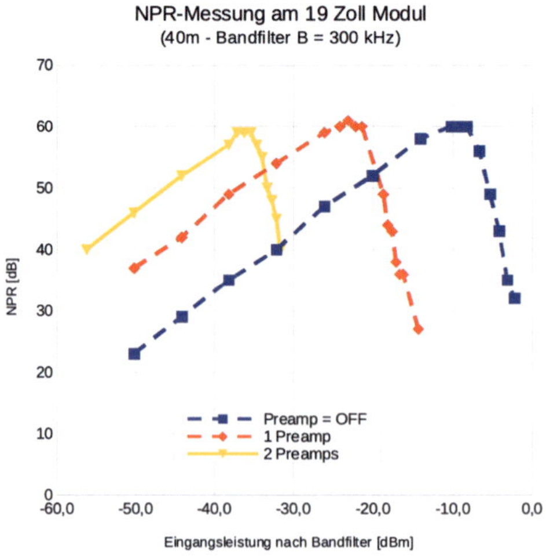

Abbildung 5-3-9: NPR-Messung mit zentriertem Notch

Aus dem Diagramm geht hervor, dass das NPR zunächst monoton bis zu einem Wert von ca. 60 dB anwächst und dann rasch abfällt. Das ist nicht so hervorragend wie bei z.B. einem Icom IC705, der ein NPR von über 70 dB erreicht [Schnorrenberg 2020]. Es ist eine Frage wert, warum unser NPR mit einen 24 Bit ADC im Vergleich zur Theorie [Kester 2008] so "gering" ausfällt.

Auch das Zuschalten der Vorverstärker bewirkt im Wesentlichen nur eine Verschiebung der NPR-Kurve nach links – das ist logisch: Die Belastung von Mischer und Signalverarbeitung wächst mit der zusätzlichen Verstärkung. Für jeden der Verstärker können wir nach dem Frequenzgang im Abschnitt 4-3 ca. 13 dB an Verstärkung erwarten – das entspricht recht gut dem in Abbildung 5-3-9 erkennbaren Versatz der NPR-Kurven.

Wiederholt man die Messung mit einem in der Spektrumansicht außermittig verschobenen Notch, so ändert sich das Resultat, hier für den Fall ohne Vorverstärker wiedergegeben:

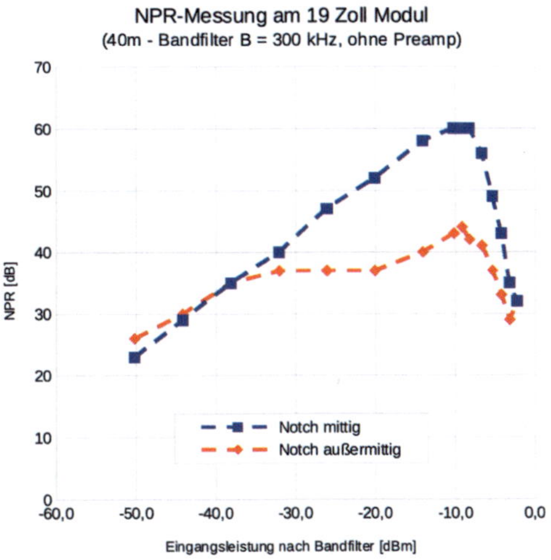

Abbildung 5-3-10: NPR-Messung mit außermittigem Notch

Obwohl der Notch im Spektrum nun aussieht wie im Bilderbuch (mit flachem Boden, ohne Spike in der Mitte), verläuft das NPR nun alles andere als systematisch (Abbildung 5-3-10). Dies hat einen Grund, der mit einem Signalgenerator und einer einzelnen Spektrallinie untersucht werden kann: Die Seitenbandunterdrückung der Signalkette ist nicht unendlich hoch, sondern beträgt nur ca. 45 dB. Daher erscheinen im Notch nun auch Rauschkomponenten aus dem unvollständig unterdrückten Seitenband, die den Pegel am Boden anwachsen lassen und das NPR dadurch verkleinern. Dies Problem hatten wir im voran gegangenen Fall durch die Zentrierung des Notches im Spektrum ausgeblendet – beide Seitenbänder wurden durch das Notchfilter gleichermaßen gedämpft, dadurch erhielten wir ein höheres NPR.

Mit GQRX ergibt der gleiche Versuch ein etwas anderes Bild:

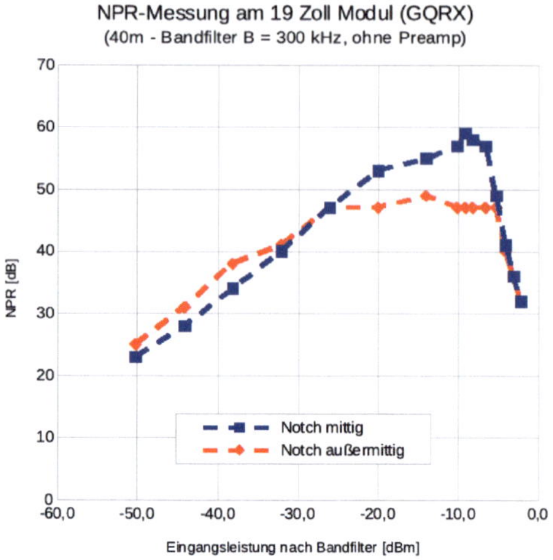

Abbildung 5-3-10a: NPR-Messung mit GQRX, Aufbau wie in Abbildung 5-3-10

Einen Hinweis auf mögliche Ursachen liefert das Herumspielen mit den Eingangsoptionen. Ist z.B. bei GQRX im Reiter "Input controls" die Checkbox "IQ balance" angehakt, verschwindet der Notch zum großen Teil aus dem Spektrum, wenn er nicht im Zentrum des Spektrums liegt. Die NPR-Messung lässt sich dann nicht mehr sinnvoll durchführen. Ohne die "IQ balance" Option funktioniert die Messung dagegen recht gut. Dennoch – gegenüber dem zentrierten Notch sind es fast 10 dB weniger NPR. Weitere Ursachenforschung können Sie mit der hier demonstrierten Methode anstellen.

In der Realität besteht unser SDR nicht nur aus einem ADC, dem das Eingangssignal zugeführt wird: Das Eingangssignal durchläuft zunächst Filter – auch diese reagieren bei höheren Aussteuerungen nichtlinear. Wie bereits mit dem Zweitonsignal demonstriert, liefert zudem der Vorverstärker seinen Anteil an IM3-Produkten. Danach wird im Tayloe-Detektor gemischt, es gibt also Phasenrauschen der PLL, Asymmetrien bei den Analogschaltern und Opamps, Rauschen der Eingangsverstärker, der Soundkarte und andere Nebenwirkungen der zusammen geketteten Schaltungstechnik.

Es gibt also schon recht viele Gelegenheiten dafür, dass der zur Verfügung stehende Dynamikbereich verringert und die Symmetrie von I und Q gestört wird. Man muss es andersherum sehen: Es ist eher erstaunlich, dass man mit einer zweckentfremdeten Soundkarte und einer Hand voll Bauteilen einen Empfänger erhalten kann, der sich nicht zu verstecken braucht.

5.3.4 Alternativen zur NPR-Messung mit dem Notchfilter

In einer neueren Veröffentlichung beschreibt Schnorrenberg [Schnorrenberg 2022], dass der nutzbare Dynamikbereich auch einfacher bestimmt werden kann, nämlich durch die Auswertung des MDS einerseits und andererseits durch die Bestimmung des Punktes, an dem der ADC erste Übersteuerungen zeigt.

Dies ist logisch – wenn der ADC nur gelegentlich in die Übersteuerung gerät, so bedeutet das nicht, dass unsere Spektrumansicht des Nutzbandes gleich völlig nutzlos ist. Vielmehr wirken die Übersteuerungen als Unstetigkeiten im erfassten Signal, die als solche breitbandig sind und sich auf das gesamte Spektrum verteilen. Dies ist gleichbedeutend mit dem Anstieg des Signalpegels im Notch, wenn man das NPR klassisch misst.

Ist die Signalkette so klar strukturiert, dass die ADC-Übersteuerung allein den begrenzenden Faktor darstellt (wie z.B. bei einem direkt abtastenden SDR), ist es plausibel, dass der alternativ bestimmte Dynamikbereich dem maximalen NPR entspricht.

Für diese Methode benötigt man eine "overload"-Anzeige. Die ist leider in den im Abschnitt 9 beschriebenen SDR-Programmen nicht vorhanden. Sie könnten aber versuchen, im zuletzt angeführten GnuRadio-Beispiel später eine zu ergänzen.

5.3.5 Welche Informationen liefern die verschiedenen Ansätze?

Auch bei einer komplexeren Signalkette sollte letztlich der ADC den Dynamikumfang begrenzen, was bei Schaltungen mit hoch auflösenden ADCs eine große Herausforderung darstellt. Eine klassische NPR-Messung bei gleichzeitiger Überwachung der ADC-Übersteuerung kann eine Aussage dazu liefern, ob die Belastbarkeit der Filter und Vorverstärker sowie des Mischers genügend hoch ist. Setzen die IM3-Produkte im Notch deutlich früher ein als die ADC-Sättigung, so gibt es vielleicht noch Optimierungsbedarf. Auch die Filter bzw. die endliche Seitenbandunterdrückung der Host-Software kann zu einem verringerten maximalen NPR beitragen.

5.3.6 Der Rauschgenerator-Brick

Die hier wiedergegebene Schaltung für einen Rauschgenerator stammt von DF9IC. In seinem Skript "Untersuchungen an Rauschquellen" beschreibt er auch Fehler, die beim Einsatz solcher Quellen gerne passieren.

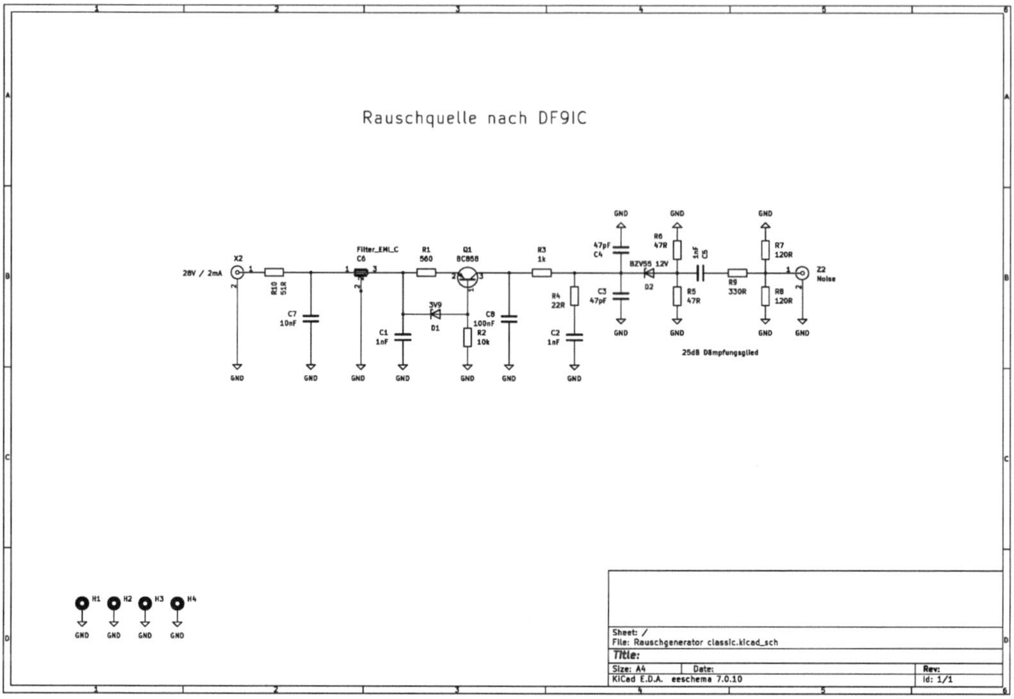

Abbildung 5-3-11: Rauschgenerator-Schaltung nach DF9IC

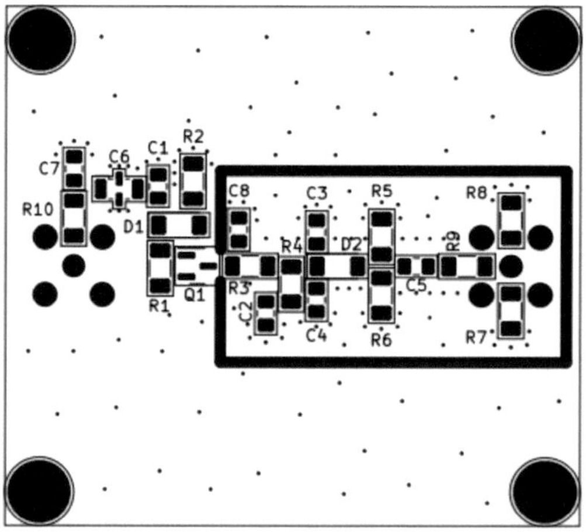

Abbildung 5-3-12: Bestückungsplan für den Rauschgenerator nach DF9IC

Abbildung 5-3-13: Foto des Rauschgenerator-Bricks

Der Rauschgenerator-Brick soll Sie dazu anregen, selbst Rauschzahlmessungen zu versuchen. Die Rauschzahl eines Verstärkers ist der Faktor, um den sich das Signal-zu-Rauschverhältnis eines Signales verkleinert, wenn es den Verstärker durchläuft. Das Rauschmaß ist die Angabe der Rauschzahl in dB.

An der Rauschzahlmessung erscheint zunächst etwas verwirrend, dass das Testsignal ebenfalls aus Rauschen besteht. Der Vorteil liegt in zwei Eigenschaften: Verstärkerrauschen und Testrauschen werden in gleicher Weise auf die Bandbreite normiert. Bestände das Testsignal nur aus einer sehr scharfen Spektrallinie, so müsste man sich überlegen, welches Grundrauschen für die Berechnung des Rauschabstandes hergenommen werden muss – die Bandbreite des gesamten Nutzkanals oder nur die, die das sinusförmige Testsignal beansprucht oder etwas dazwischen. Diese Mehrdeutigkeiten entfallen beim Testrauschen und wir können alles auf die Bandbreite von 1 Hz normieren.

Der zweite Vorteil liegt darin, dass man mit dem Testrauschen den Frequenzgang der Rauschzahl im gesamten Bereich der erfassten Spektren bestimmen kann, da das (weiße) Rauschen in seiner Bandbreite alle Frequenzkomponenten mit gleicher spektraler Dichte enthält.

Dabei wird eine weitere Schwierigkeit der prinzipiell einfachen Messung deutlich: Das Testsignal sollte nicht dominieren. Dann wäre das Signal-zu-Rauschverhältnis sehr hoch und kleine Abweichungen ließen sich schwerer feststellen. Bei den Rauschzahl-Messungen sind die Testsignalpegel also sehr klein (vergleichbar mit dem auf den Eingang normierten Grundrauschen des Verstärkers). Zudem sollte sich an der Versuchsanordnung möglichst wenig ändern, wenn das Testsignal ein- oder ausgeschaltet wird. Das Lösen oder Verbinden von SMA-Steckern verbietet sich daher. Der Rauschgenerator von DF9IC [Rech 2011] ist für diese Aufgaben optimiert. Er bleibt einfach mit dem Testobjekt verbunden und es wird nur die Betriebsspannung (28 V) ein- und ausgeschaltet. Dabei bleibt seine Ausgangsimpedanz nahezu konstant.

Die Messung wird am besten mit einem Spektrumanalysator durchgeführt. Spätestens jetzt brauchen Sie vielleicht gut ausgerüstete Freunde vom DARC, bei denen Sie mit solchen Fragen sicherlich auf Interesse stoßen werden. Einige haben sich eventuell schon mit der Rauschzahl herumgeärgert. Lassen Sie sich nur nicht abschrecken!

Eine weitere Entdeckung ist, dass beim Hochschalten der Analysator-Empfindlichkeit Ortssender (UKW, DAB und DVB-T) im Spektrum auftauchen werden – trotz abgeschirmter Koaxleitungen und "HF-dichtem" Aufbau. Hier zeigt sich die wahre Qualität von Kabeln und Steckern: Die billigen, fertig konfektionierten BNC-Stecker sind oft nicht maßhaltig und wackeln in den Buchsen oder die Abschirmung des Kabels zeigt selbst Mängel.

Auch der Übergang vom SMA-Kabel auf die BNC-Buchse in unserem Chassis, die den Innenleiter der Koaxleitung nur wenige Millimeter exponiert, kann zu Einkopplungen von außen führen. Beim Kurzwellenempfang sind solche Einflüsse kaum zu bemerken, da die Störsignale von unseren Bandfiltern unterdrückt werden – bei einer breitbandigen Rauschzahlmessung fallen sie doch ins Gewicht, da sie sich zeitlich (oder mit der Position des Operators) verändern können und eine Empfindlichkeit bis an die apparativen Grenzen benötigt wird.

Haben Sie geeignete Kabel gefunden und die Anordnung im interessierenden Frequenzbereich hinreichend gut vor Störungen geschützt, ist die Messung selbst recht einfach. Sie wird hier am Beispiel eines 15 dB-Verstärker-Bricks Schritt für Schritt erläutert.

Zunächst bauen Sie den Rauschgenerator und einen 15 dB-Verstärker-Brick auf das Chassis. Der Rauschgenerator wird über eine SMA-Buchse mit 28 V DC versorgt. Das mag einigen übertrieben erscheinen aber angesichts der möglichen Störungen durch kleinste eingetragene Rundfunksignale hat die Abschirmung der Versorgungsspannung durchaus einen Sinn.

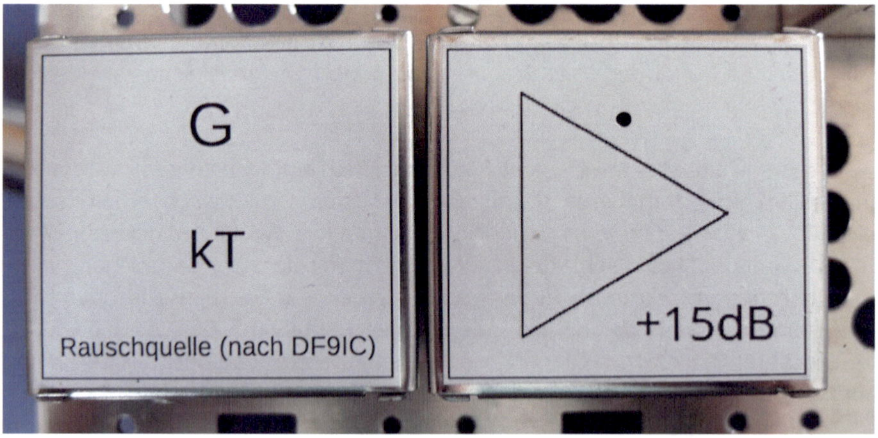

Abbildung 5-3-14: Versuchsaufbau auf dem Chassis

Verbinden Sie den Ausgang des Rauschgenerators mit dem Eingang des Verstärkers. Der Analysator wird direkt und ohne Unstetigkeiten in der Abschirmung mit einem guten Kabel an die Ausgangsbuchse des 15dB-Verstärker-Bricks angeschlossen.

Jetzt haben Sie im Prinzip alles durch Ein-und Ausschalten der Betriebsspannungen unter Kontrolle: Schalten Sie die 28V ein und aus um den Rauschgenerator zu steuern. Schalten Sie die 12V-Betriebsspannung des Verstärkers ein- und aus, um diesen in den Signalweg ein- und auszuschleifen.

Im ersten Schritt wird der Rauschgenerator charakterisiert. Als Signal-zu-Rauschverhältnis eines Rauschgenerators ist es üblich, das Johnson-Rauschen des 50 Ohm Systemwiderstandes als Grundrauschen anzunehmen. Die spektrale Energie, die der Generator im Betrieb darüber hinaus liefert, wird als "excess noise" bezeichnet. Das Verhältnis aus Generatorrauschen und 50 Ohm Grundrauschen wird "excess noise ratio" oder kurz "ENR" genannt und in dB angegeben.

Um das ENR zu bestimmen, schalten Sie zunächst sowohl den Rauschgenerator als auch den Verstärker aus und nehmen ein Spektrum auf. Höchstwahrscheinlich zeigt der Rauschmarker in Ihrem Analysator als Grundrauschpegel nicht "-174 dBm/Hz" an (das wäre der 50 Ohm Widerstand des Eingangs), sondern er liegt wegen der begrenzten Empfindlichkeit und des Rauschens vom Vorverstärker im Analysator höher.

Danach schalten Sie den Rauschgenerator ein – das Rauschen im Spektrum nimmt zu. Erfassen Sie auch dieses Spektrum. Liegen die Werte nicht wesentlich höher als die ohne Generator, so müssen Sie bei der Bestimmung des Überschuss-Anteiles das Grundrauschen mit berücksichtigen. Ab ca. 10 dB Überschuss wird das Grundrauschen aber hinreichend klein und Sie können den Pegel mit einem Rauschmarker auch direkt aus dem Spektrum ablesen (Sie sehen – es wird hier überall geschätzt. Es geht auch genauer, mit ein wenig zusätzlicher Rechnerei, das ist bei kleineren Überschuss-Pegeln wichtig [Schnorrenberg 2016]).

Nun schalten Sie den Rauschgenerator aus und den Verstärker ein – auch diese Aktion führt zu einem kleinen zusätzlichen Rauschen – das der Verstärker allein ohne Aussteuerung liefert. Dies Spektrum wird ebenfalls erfasst. Ohne Rauschgenerator wird es "cold" genannt (weil man die Assoziation dabeihaben soll, das Rauschen stamme von einem geheizten oder kalten Widerstand).

Dann schalten Sie den Rauschgenerator ein – das Rauschen des Generators wird nun vom Verstärker angehoben und ist deutlich stärker. Dies Spektrum ist im Jargon der Fall "hot".

Haben Sie die Werte alle abgelesen (mit einem kalibrierten Rauschmarker ist das sehr bequem, da bereits auf Hz normiert), können Sie die Rauschzahl leicht mit einer Näherungsformel berechnen [Nussbaum 2006]:

$$F[dB] = ENR[dB] - (Y-1)[dB]$$

mit:

$$Y = Pegel(Verstärker, hot)[dB/Hz] - Pegel(Verstärkercold)[dB/Hz]$$

Für einen beim Autor aufgebauten Verstärker-Brick ergaben sich folgende Werte (Messung mit SSA3032X, bei Verwendung der eingebauten Rauschmarker, Vorverstärker eingeschaltet, RBW=100 kHz):

Frequenz [MHz]	Rauschgenerator [dBm/Hz]		ENR [dB]	Verstärker [dBm/Hz]		Y [dB]	Rauschmaß [dB]
	Cold	Hot		Cold	Hot		
5	-166,7	-148,5	25,5	-155,4	-134,0	21,4	5
10	-166,9	-149,9	24,1	-155,3	-134,6	20,6	5
20	-166,9	-152,3	21,7	-155,4	-136,5	18,9	4
30	-166,8	-153,8	20,2	-158,4	-140,6	17,8	3

Die Streuung der Messwerte ist bei Messungen mit Rauschen nicht klein – dies ist eine Schwierigkeit der Methode. Bei der Aufnahme der Traces muss man eine Mittelung vornehmen (im Beispiel wurde jeweils über 400 Durchläufe gemittelt – daher auch die angegebenen Dezimalstellen), damit das Messergebnis nicht im Rauschen verschwindet. Nimmt man konservativ an, dass sowohl Y als auch das ENR eine Streuung von +/- 1 dB aufweisen, so würde sich für die Rauschzahl daraus eine Streuung von +/- 2 dB ergeben.

In den folgenden Abbildungen wurden die Spektren vom Analyzer als csv-Dateien heruntergeladen und in einer Tabelle ausgewertet, die im Online-Material enthalten ist ("Noise Figure Calculation.odt"). Für den Verlauf des Rauschgenerator - ENR ergibt sich:

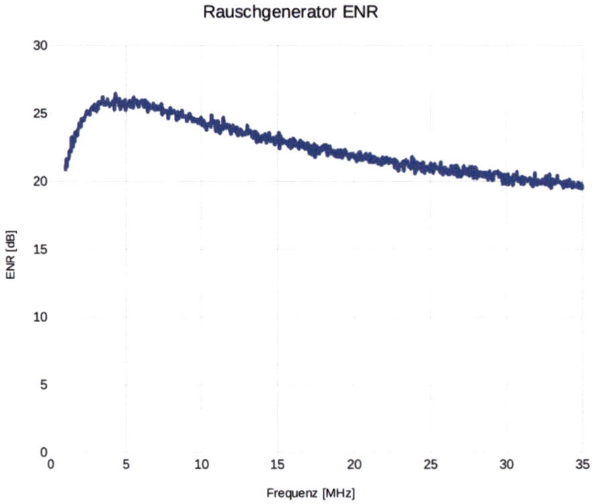

Abbildung 5-3-15: Verlauf der ENR im Bereich 1-30 MHz

Für die Berechnung des Rauschmaßes benötigt man die Filterbandbreite des Spektrumanalysators. Bei einer Auflösungsbandbreite von 100 kHz wäre der Umrechnungsfaktor zwischen dBm und dBm/Hz theoretisch -50 dB (100000 summierte 1 Hz-Bänder in einem Analysator-Meßwert). In der Realität gibt es einen Korrekturfaktor für die Filterbandbreite. Beim SSA3032 kann man den Faktor folgendermaßen finden: Man setzt einen Rauschmarker auf einen Punkt im Spektrum und speichert alles in ein csv-File. Den Umrechnungsfaktor findet man durch Vergleich des Rauschmarkerwertes mit dem passend dazu im Spektrum abgespeicherten dBm-Wert. Bei den hier verwendeten Einstellungen muss man 47,5 dBm vom spektralen Wert subtrahieren um zur Rauschdichte zu gelangen, also 2,5 dBm weniger als es die einfache Einteilung in 100000 Kanäle (-50 dB) nahelegt. Der Frequenzgang des Rauschmaßes kann dann einfach mit der Tabellenkalkulation erledigt werden (Sie finden die Datei im Onlinematerial als "Rauschzahlmessung/Noise Figure Calculation.ods") :

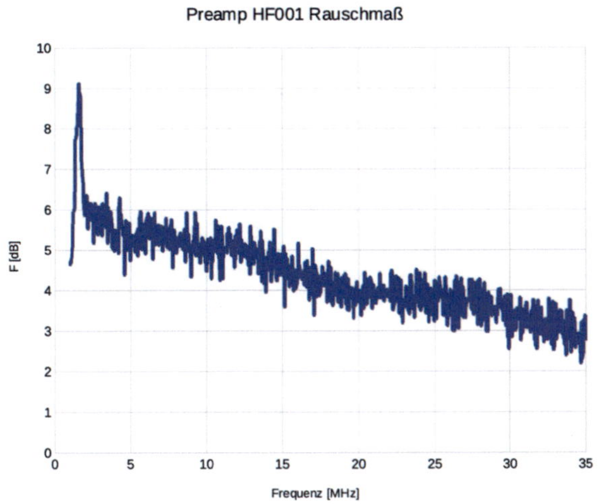

Abbildung 5-3-16: Frequenzgang des Rauschmaßes

Am Beginn der Kurve in Abbildung 5-3-16 gibt es eine steile Spitze: Diese ergibt sich aus dem Frequenzgang der Verstärkung – unter 3 MHz fällt sie stark ab, so dass das SNR damit im gleichen Maße absinkt, es gibt also weniger Signal bei ähnlich großem Grundrauschen des Verstärkers.

Sie sehen – es ist nicht völlig unmöglich, das Rauschmaß zu ermitteln. Streiten Sie aber nicht mit jemand anderem über einzelne dB, dazu ist die Genauigkeit hier nicht hoch genug – insbesondere, wenn es beim Rauschmaß selbst insgesamt nur um ein oder zwei dB gehen sollte. Nutzen Sie die Technik einfach, um Ihre eigene Schaltung vergleichend mit demselben Testaufbau zu optimieren. Ein Rauschmaß von mehr als 10 dB kann vielleicht noch verbessert werden oder sie deutet auf einen Fehler Ihrem neuen Entwurf hin. Wenn Sie das Experiment durchführen, erlauben Sie der Rauschquelle, sich genügend lange aufzuwärmen. Insbesondere die recht einfache Konstantstromquelle sollte sich thermisch gut stabilisiert haben.

Für die Arbeit mit sehr rauscharmen UHF- und Mikrowellenverstärkern ist diese Demonstration offensichtlich zu ungenau – eine Recherche unter dem Stichwort "Rauschzahlmessung" zeigt Ihnen viele Anstrengungen der Community, auch diese Aufgabe mit "Hausmitteln" anzugreifen. Die unternommenen Versuche und berichteten Probleme sind lehrreich und zeigen, wie schwierig es sein kann, sehr kleine Signale von eingestreuten Störungen abzuschirmen. Vielleicht verbessern Sie das RF-Bricks-Experiment und schreiben einen Artikel dazu.

Sollten Sie aufgrund Ihrer Beschäftigung mit Hochfrequenztechnik eine entsprechende Arbeitsstelle bekommen, mag Ihnen die spätere Arbeit mit einem fertig eingerichteten professionellen Messplatz trivial erscheinen. Durch unsere Vorübungen mit den RF-Bricks können Sie dann die automatisierte, kalibrierte Version des Experiments besser genießen.

5.3.3 Der Breitband-Verstärker-Brick mit MMICs

Vielleicht möchten Sie Signale breitbandig verstärken und nicht weiter über die Einzelheiten nachdenken. Für diesen Fall ist der folgende Brick gedacht. Er besteht aus 3 kaskadierten MMIC (Monolithic Microwave Integrated Circuit), die ein Signal breitbandig um je 12 dB verstärken können. Sie müssen nicht alle MMICs bestücken, wenn Sie weniger Verstärkung benötigen – überbrücken Sie dann einfach die nicht benötigten Positionen. Sie können auch einen anderen MMIC-Typen aus der gleichen Familie bestücken, um mehr Verstärkung zu bekommen.

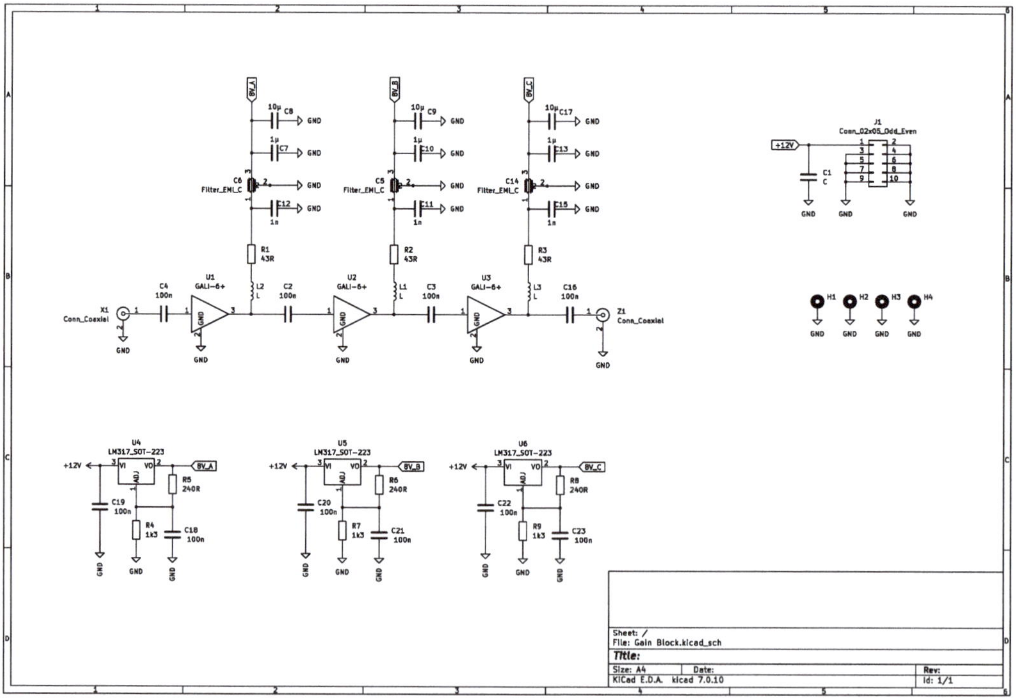

Abbildung 5-3-17: Schaltung des Breitband-Verstärker-Bricks

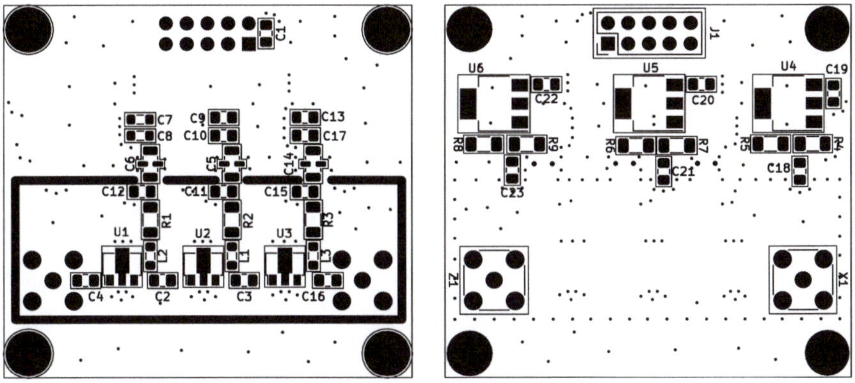

Abbildung 5-3-18: Bestückungsplan des Breitband-Verstärkers, links: Oberseite; rechts: Unterseite

Es handelt sich bei den MMICs um spezielle Transistoren mit passend einstellbaren Bias, die der Eingangs- und Ausgangsimpedanz von 50 Ohm optimiert nahe kommen. Da die (invertierenden) Verstärker AC-gekoppelt sind und bereits zwei davon eine Phasendrehung von 360° verursachen, sind die Betriebsspannungen einzeln stabilisiert, damit es nicht zu wilden Schwingungen (z.B. im NF-Bereich) kommt.

Um die niedrigen Ausgangsimpedanzen an den Kollektoren zu erreichen, muss ein erheblicher Ruhestrom durch die MMICs fließen, die sich dadurch merklich erwärmen. Auch die Kollektorwiderstände müssen Leistung in Wärme umsetzen, daher ist die Last auf zwei 1206-Gehäuse verteilt.

Abbildung 5-3-19: Fotos vom Breitbandverstärker, links: Oberseite, rechts: Unterseite

Sie könnten auf die Idee kommen, damit das Rauschen aus unserem Rauschgenerator breitbandig zu verstärken. Das klappt auch, doch ist Vorsicht angesagt: Die Ausgangsspannung der Kette ist von der Rauschbandbreite abhängig und letztere ist wegen der Breitbandigkeit der MMICs nicht mehr klein, sondern GHz-breit. Führt man das

Rauschen einem Spektrumanalysator zu, so kann er überlastet werden, selbst wenn der Pegel im abgebildeten spektralen Bereich noch gering aussieht.

Abbildung 5-3-20: Frequenzgang des Breitbandverstärkers bis 500 MHz, Ansteuerung mit -20 dBm

Abbildung 5-3-18 zeigt den Frequenzgang des Breitbandverstärkers. Pro Stufe sollten nominal 12 dB erreicht werden, in der Praxis ergeben sich 34 dB Gesamtverstärkung (der Trackinggenerator lieferte -20 dBm Steuersignal). Der Brick benötigt 240 mA Betriebsstrom und erwärmt sich merklich. Für einen Dauerbetrieb sollte die Wärme in ein Chassis abgeführt werden, damit er nicht zu warm wird.

Abbildung 5-3-21: Frequenzgang des Breitbandverstärkers bis 3 GHz, TG = -20 dBm

Die breitbandige Messung des Frequenzgangs ist nicht einfach, da die Einflüsse der Koaxkabel und Buchsen beginnen, bei höheren Frequenzen eine Rolle zu spielen (Dämpfung, Unstetigkeiten in der Impedanz).

5.3.4 Die Impedanzmessbrücke

Verfügt man über einen Empfänger, so hat man damit ein frequenzselektives, empfindliches Messgerät für sehr kleine HF-Spannungen. Integriert man den Empfänger in eine Brückenschaltung, so lassen sich durch den Vergleich mit einer bekannten Impedanz (z.B. einem Drehkondensator und einem Potentiometer) auch unbekannte Impedanzen vermessen – sowohl ohmscher Anteil, als auch die Reaktanz. Dazu gleicht man die Brücke bei einer bestimmten Frequenz auf "Null" ab – was tatsächlich gelingt. Experimente mit Brückenschaltungen sind immer beeindruckend; Sie sollten sich das nicht entgehen lassen! Als Speisespannung für die Brücke wird eine Rauschspannung verwendet, aus der sich der Empfänger den für die Messung wichtigen spektralen Anteil herausfiltert.

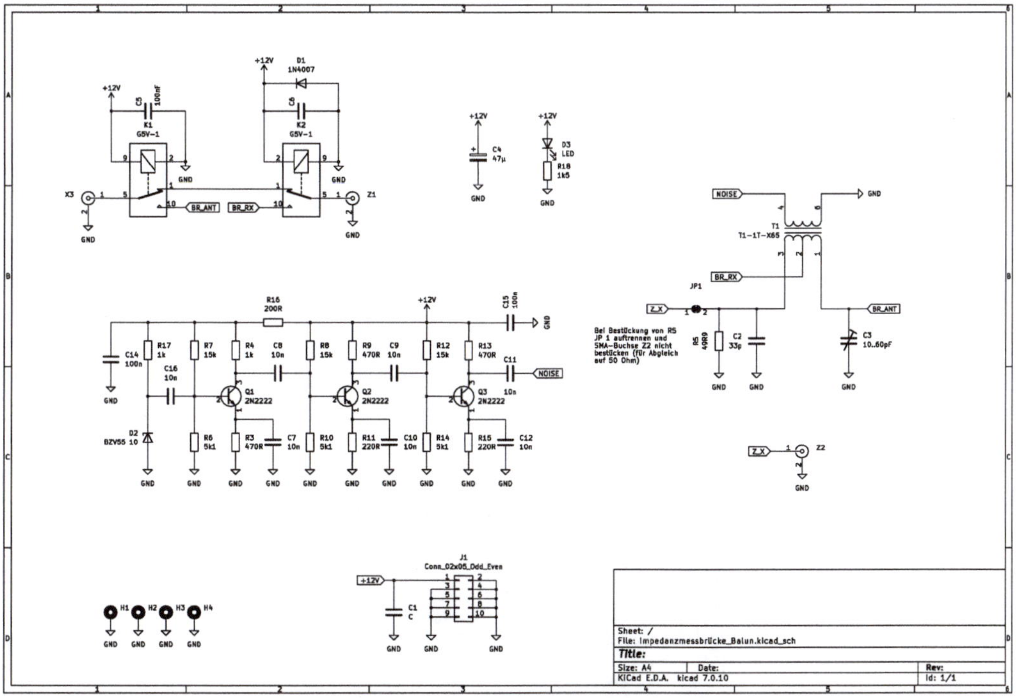

Abbildung 5-3-22: Schaltung der Impedanzmessbrücke

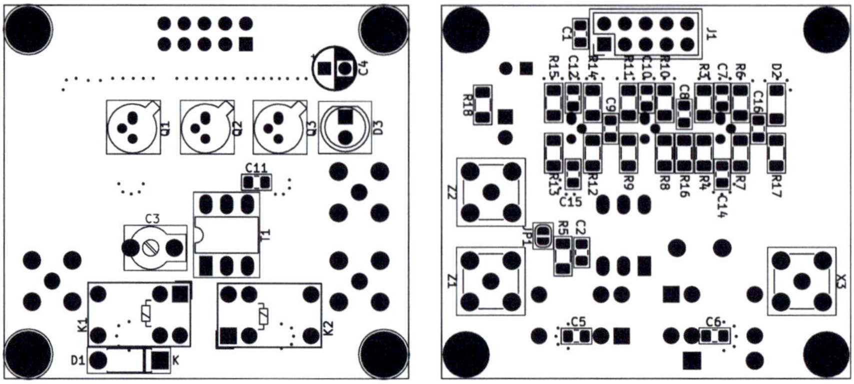

Abbildung 5-3-23: Bestückungsplan der Impedanzmessbrücke, links: Oberseite, rechts: Unterseite

Die Impedanzmessbrücke mit Rauschgenerator ist eine alte Idee, die allerdings auch heute noch ausgezeichnete Dienste leisten kann. Eine Ausführung in Brick-Format ist in den Abbildungen 5-3-22 und 5-3-23 angegeben.

Die Schaltung enthält auch einen 50 Ohm Widerstand (2 x 100 Ohm parallel auflöten, wenn Sie keinen 49,9 Ohm Widerstand haben sollten). Für den Kurzwellenbereich ist der einfache Rauschgenerator mit dreistufigem Transistorverstärker kräftig genug. Heutige Rauschgeneratoren werden häufig mit MMICs aufgebaut. Diese benötigen ein Vielfaches des Betriebsstromes und sind für die hier beschriebenen Anwendungen nicht unbedingt nötig.

Abbildung 5-3-24: Foto des Impedanzmessbrücken-Bricks

Für eine variable, kalibrierte Vergleichsimpedanz ist wegen des Brick-Formates auch eine SMA-Buchse vorgesehen – das ist viel Luxus für eine einfache Aufgabe. Wer aus dem Brick ein eigenständiges Gerät aufbauen will, kann auch einfach Kabel an den Footprint von Z2 anlöten.

Wer den Brick nur zur Kontrolle des 50 Ohm Eingangswiderstandes an seinem Empfänger verwenden möchte, braucht Z2 nicht zu bestücken, sondern schließt lediglich den Lötjumper JP1 mit etwas Lötzinn.

Die Impedanzmessbrücke liefert viele nützliche Erkenntnisse. Nicht nur lässt sich in Erfahrung bringen, wie groß die Fußpunktimpedanz der Antenne wirklich ist, wenn man einen ausgemessenenen Drehkondensator als Vergleichsimpedanz verwendet. Es bleibt auch nicht unbemerkt, dass billige 50 Ohm Widerstände in SMA-Technik häufiger einen Wert von 51 Ohm haben. Oder dass die sehr preiswerten Koax-Stecker aus dem Versandhandel durch zu große Toleranzen nicht ordentlich passen und wackelige Übergangswiderstände verursachen.

Wir werden die Impedanzmessbrücke später noch zur Abstimmung der Antenne mit einem zweckentfremdeten ATU-100 verwenden, dem wir dazu eine passende Firmware einprogrammieren.

Der Abgleich der Messbrücke gelingt leicht, wenn man einen guten 50 Ohm Abschlusswiderstand hat. Es ist dann lediglich der Trimmer C3 mit einem angeschlossenen Empfänger auf Brückennull (Verschwinden des Rauschsignals) abzugleichen. Dessen Kapazität entspricht dann derjenigen von C2 und ist der unbekannten Impedanz parallelgeschaltet. Gelingt das nicht perfekt, könnte das am Abschlusswiderstand liegen der vielleicht 51 Ohm aufweist. Der Nullabgleich sollte in vernünftigen Grenzen frequenzunabhängig sein. Wegen der immer gegenwärtigen Streukapazitäten und -Induktivitäten gelingt das nie ganz perfekt, das Ergebnis sollte aber sehr deutlich erkennbar sein.

Kapitel 6 • Nützliche Zusatzgeräte

Nicht alles, was zum erfreulichen Empfang von Signalen benötigt wird, passt in die kleinen Brick-Gehäuse. Die Antenne als erste "Stufe" der Signalkette hatten wir bereits im Abschnitt 4.1 diskutiert. Dort fand auch schon Erwähnung, dass Verbesserungen an der Antenne stets sinnvoll sind, weil die so erreichbaren Signalanhebungen ohne zusätzliches Rauschen aus nachgeschalteten Verstärkerstufen erreicht werden – vorausgesetzt, dass die Antenne wegen ihrer günstigen Anordnung nur wenige zusätzliche Störsignale aufnimmt.

Für beide Aspekte gibt es auch nützliche Zusatzgeräte, die sich im Shack befinden können – die Effizienz der Signalauskopplung aus der Antenne kann durch ein Anpassglied verbessert werden. Der Effekt kann, abhängig von der verwendeten Antenne, beträchtlich sein.

Hat man die Anpassung gemeistert, können immer noch lokale Störer den Empfang erheblich beeinträchtigen. Leider ist die Situation durch billige LED-Leuchten und zahlreicher werdende PV-Wechselrichter nicht einfacher geworden. Abhilfe könnte die Subtraktion von gezielt mit einer Hilfsantenne aufgenommenen Störsignalen bringen

6.1 Das Antennenanpassgerät ATU-100

In einem üblichen Antennenanpassgerät werden schaltbare Spulen und Drehkondensatoren eingesetzt. Früher waren Drehkondensatoren wegen der Röhrenradios sehr verbreitet - mittlerweile haben sie Seltenheitswert. Eine Ausnahme sind kleine Versionen mit Folien-Dielektrikum, wie man sie aus japanischen Transistorradios kennt. Mechanisch sind sie schwierig einzubauen, da sie nur über eine kleine Stummelachse verfügen, die man erst mit einem passend gefertigten Drehteil verlängern muss.

Aus diesen Gründen gehen wir hier einen anderen Weg, der weniger Beschaffungsprobleme verursacht. Für die Antennenanpassung ist derzeit der Einplatinen-Automatiktuner ATU-100 von N7DCC sehr populär. Einen Bausatz bekommt man schon für unter 30 Euro. Oft ist der PIC-Controller auf dem Board bereits programmiert und alle SMD-Komponenten sind fix und fertig bestückt – ein schöner Luxus.

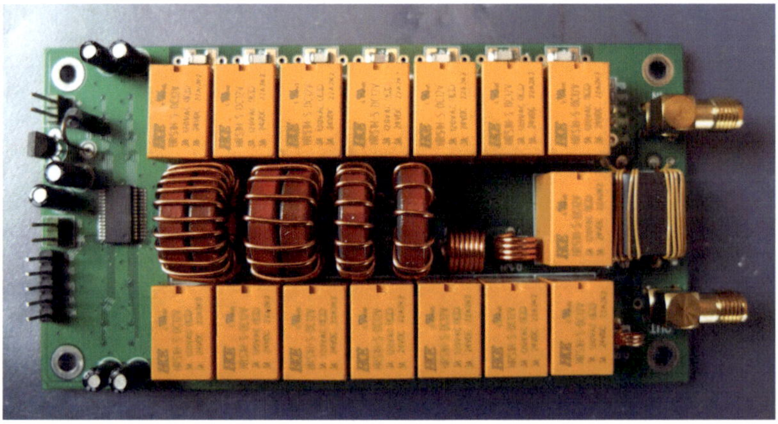

Abbildung 6-1: Die Platine "ATU-100 extended"

Auf der Leiterplatte befinden sich nach dem Zusammenbau mit Relais schaltbare Induktivitäten, deren Gesamtwert sich bei der "extended"-Version der Leiterplatte in 127 Stufen von Null (natürlich abgesehen von der Zuleitungsinduktivität) bis maximal 8,53 µH verändern lässt. Dazu kommt eine Reihe von mit Relais koppelbaren Kondensatoren. Addiert ergeben sich rechnerisch 1869 pF, die ebenfalls in minimalen Stufen von ca. 10 pF gewählt werden können. Die Kondensatoren können mithilfe eines weiteren Relais entweder vor oder hinter der Induktivität eingefügt werden. So ergibt sich ein recht großer Bereich, in dem die Anpassung erfolgen kann.

Leider ist das ATU-100 für den Betrieb mit einem Sender gedacht. Wenn man bereits über eine Sendelizenz verfügen sollte, wäre das kein Problem. In diesem Fall reicht bereits das kurze Anlegen von 5 bis 10 W Sendeleistung, um die Antenne abzustimmen. Man könnte es als Black Box auch ohne Display und Bedienknöpfe betreiben, z.B. auf dem Dachboden. Kein Wunder, dass das Gerät so beliebt ist.

Abbildung 6-2: ATU-100 von unten mit markierten Lötaugen für FWD- und REV-Signal

Als Erweiterung unseres Empfängers lässt sich die Platine aber auch für den Betrieb ohne Sender leicht zweckentfremden. Mit unserem Rauschbrücken-Brick haben wir bereits ein Werkzeug, mit welchem man die Abstimmung der Antenne prüfen kann – im Falle der Anpassung ist das Rauschen, dass vom Empfänger geliefert wird, minimal. In erster Näherung könnte man also den Analogeingängen des PIC-Controllers eine kleine Gleichspannung für das vorlaufende Signal sowie die gleichgerichtete NF-Spannung des Demodulators als rücklaufendes Signal zuführen. Der ATU-100 würde folglich versuchen, das Rauschen zu minimieren – also die Antenne anzupassen!

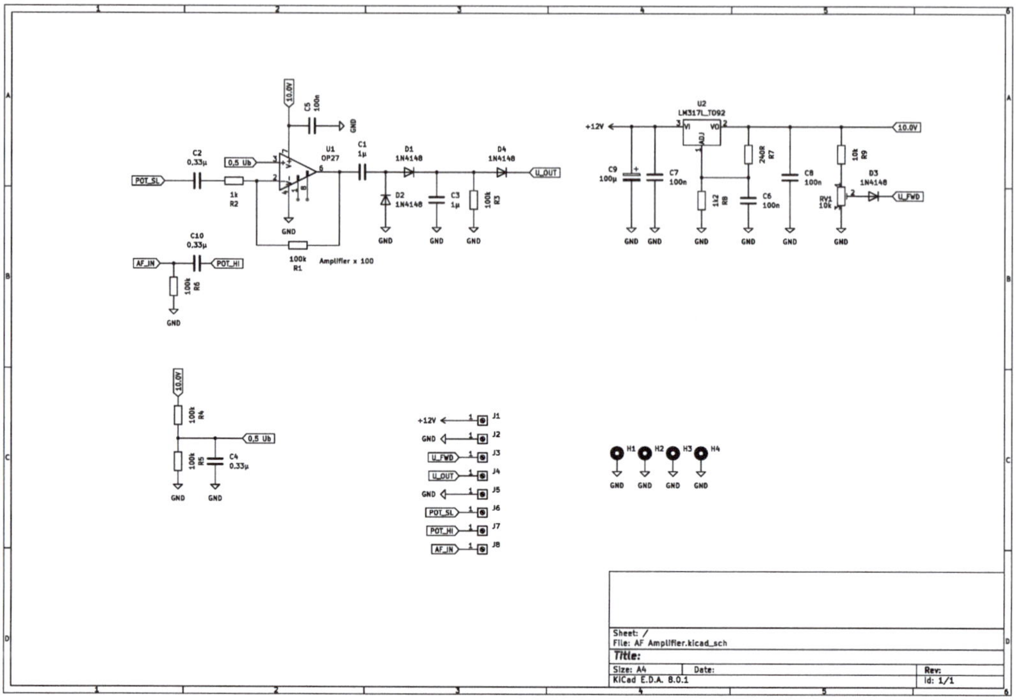

Abbildung 6-3: Schaltung des NF-Verstärkers mit Gleichrichter und FWD-Spannungsquelle

Eine Schaltung, die diese Spannungen bereitstellt, ist in Abbildung 6-3 angegeben. Die KiCAD-Daten finden sich wieder im Online-Material. Lassen Sie es sich nicht nehmen, diese Idee einmal auszuprobieren. Bei herkömmlich aufgebauten Empfängern können durchaus brauchbare Ergebnisse erzielt werden – vergessen Sie dabei nur nicht, die AGC abzuschalten, sonst werden die Unterschiede der Amplitude vom Empfänger wieder heraus geregelt. Zudem muss man vielleicht die Zeitkonstante des Gleichrichters (R3, C3) an den Empfänger anpassen. Für mehr Verstärkung können Sie auch andere Werte für R2 und R1 einsetzen. Ebenso empfiehlt es sich, den Timeout-Parameter für die Relais des ATU-100 auf den Maximalwert von 99 ms zu setzen, dies gibt dem NF-Gleichrichter etwas mehr Zeit für das Stabilisieren der Ausgangsspannung. Bitte sehen Sie sich dazu das originale Handbuch zum ATU-100 an. Sie finden es an der URL:

https://github.com/Dfinitsky/N7DCC-ATU-100-mini-and-extended-boards

Dort stehen auch die verschiedenen Firmware-Versionen von N7DCC und seinem Team zum Download bereit.

Etwas überraschend lassen sich die teils recht guten Ergebnisse nicht direkt mit unserem SDR reproduzieren. Ein Grund findet sich in der Latenz des SDRs - je nach Komplexität des DSPs erscheint das Ausgangssignals gegenüber dem Eingangssignal mehr oder weniger stark verzögert. Das ATU-100 schaltet selbst mit der Timeout-Konstante von 99 ms recht schnell und landet daher oft daneben.

6.1.1 Die Firmware des ATU-100 verändern

In diesem Buch wollen wir die Dinge aber nicht einfach so lassen, wie sie sind. Mit der MPLAB-IDE von Microchip steht ein kostenloses Werkzeug zur Verfügung, um die Veränderungen vorzunehmen.

Leider ist der Originalcode von N7DCC durch unzählige Beiträge der Community sehr umfangreich geworden. Dafür enthält er viele beeindruckende Details, wie .B. die direkte Anzeige des SWRs und der vorlaufenden Leistung, wie auch der Effizienz, mit der die Leistung vermutlich an die Antenne abgegeben wird. Der Quellcode kann aber wegen seines Umfangs (sowie der Verwendung proprietärer Funktionen und Makros eines Drittanbieters) nicht mehr mit MPLAB kompiliert werden.

Mit einem neuen, schlankeren Programm gelingt die Anpassung auch mit dem Rauschbrücken-Brick. Dazu wurden die Quellen für LCD / OLED-Displays von N7DCC so umgeschrieben, dass der XC8-Compiler von Mircochip diese übersetzen kann. Ganz ohne ein Display ist das Debugging sonst nicht zu stemmen. Hinzu kommt eine einfache Version für einen Tuner, die leicht durchschau- und optimierbar ist.

Der Code ist im online-Material enthalten, im Verzeichnis "ATU100 Noise Control.x" Das übersetzte Hex-File belegt nur einen Bruchteil des Speichers und kann problemlos mit einem Programmieradapter (z.B. Galep) in das PIC geladen werden.

Ein Low-Signal am Button-Eingang startet den Abstimmvorgang. Dabei wird der Parameter-Raum zunächst in einem groben Raster komplett durchlaufen, um den Punkt mit dem geringsten Rauschen zu finden. Dabei steht im Display "Tuning Coarse ...". Diesen ersten Durchlauf kann man hinterfragen, weil er etwas Zeit kostet. Es ist aber durchaus wichtig, sich für das absolute Minimum zu entscheiden (und nicht nur für ein lokales) – und das findet man erst nach einer vollständigen Suche im Parameterraum.

Die Feinabstimmung startet am so gefundenen Punkt mit dem geringsten Rauschpegel. Abwechselnd werden L und C mit abnehmender Schrittweite um diesen Punkt herum variiert. Wird dabei ein tieferes Minimum gefunden, verschiebt sich der Mittelpunkt des Suchintervalls sofort. Nach einer Optimierung von L und C wird der Suchradius immer weiter verkleinert, bis er auf einen Punkt konvergiert. Oft liegt das Ergebnis aber schon nach einem oder zwei Optimierungsschritten ausreichend genau vor. Daher stoppt die Suche, wenn zwei aufeinanderfolgende Feinabstimmungen dasselbe Resultat liefern.

Nach vielen Tests und Anpassungen findet der Code die Minima, auch wenn diese flach ausfallen sollten. Eventuell muss man die verwendeten Antennendrahtlängen oder die Länge der symmetrischen Speiseleitung variieren, bis sich das gewünschte Verhalten ergibt. Dabei ist es relativ einfach, die Optimierung für einen einzelnen Frequenzbereich durchzuführen. Sollen mit einer einzelnen Antenne mehrere Bänder empfangen werden, wird das schnell unübersichtlich. Es lassen sich auch mehrere Dipole verschiedener Länge parallelschalten und einzeln optimieren.

6.1.2 Der mechanische Aufbau

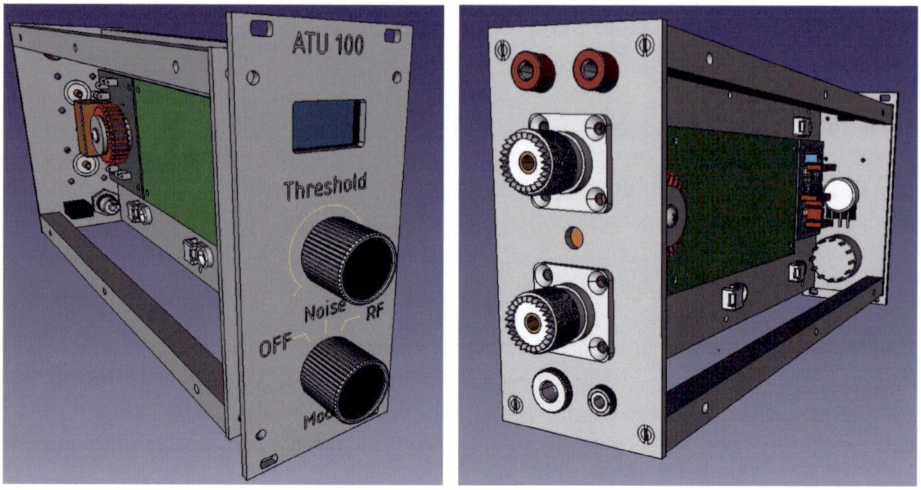

Abbildung 6-4: FreeCAD Modell des Musteraufbaus als 19 Zoll-Teilbaugruppe

Für den mechanischen Aufbau ist im Online-Material eine Teilbaugruppe für den 19 Zoll-Baugruppenträger enthalten. Die folgenden Abbildungen zeigen den Musteraufbau. Neben dem ATU-100 extended board sind auch der NF-Verstärker und eine Relaisplatine mit Balun enthalten. Der Balun kann auf einen Amidon FT114-77 Ringkern gewickelt werden. Das Relais schließt im stromlosen Zustand den Antenneneingang nach Masse kurz. Das erspart vielleicht Schäden durch statische Elektrizität, ist aber keinesfalls ein vollwertiger Blitzschutz!

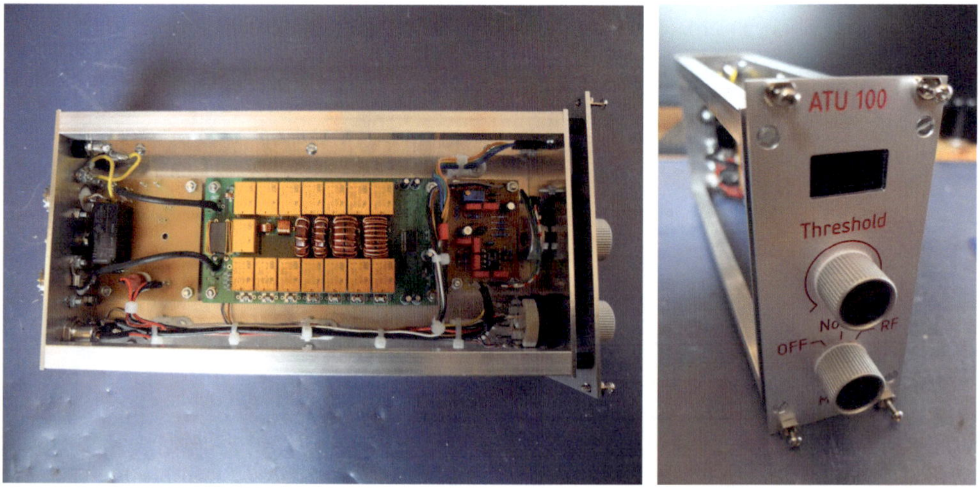

Abbildung 6-5: Fertig gestellter Musteraufbau

Beim Musteraufbau in Abbildung 6-5 erkennt man an der Frontplatte 2 Bedienorgane:

- Das Poti "Threshold" war für die Verwendung mit der originalen Firmware von N7DCC zur Einstellung der "FWD"-Spannung gedacht, wird aber jetzt für die Einstellung des NF-Eingangspegels verwendet.

- Der Schalter "Mode" schaltet die Betriebsspannung ein und aus. Daneben koppelt oder er in der Stellung "Noise" die Spannungen vom NF-Verstärker an die Messeingänge des ATU-100. In der Stellung "RF" sind unsere zusätzlichen Spannungen dagegen getrennt und der ATU-100 kann, wie von N7DCC ursprünglich intendiert, einfach mit einem Sender verwendet werden.

Es würde hier zu weit führen, tiefer in den Antennenbau einzusteigen. Die Literatur dazu ist sehr umfangreich. Vielleicht ist dies ein guter Zeitpunkt, beim lokalen Ableger des DARC vorbeizuschauen – dort finden Sie viele Experten, die die Anfänge erfolgreich durchlitten haben, so dass Sie das Rad nicht ganz neu erfinden müssen.

Bei der Abstimmung der Antenne mit der Rauschbrücke fallen viele Dinge auf, die man sonst nicht bemerken würde: Es lohnt sich immer, z.B. gute Stecker und Buchsen zu kaufen. Einige Billigwaren erzeugen wegen exzessiver mechanischer Toleranzen unsichere Kontakte. Ist mit Antennenkabel und Buchsen schließlich alles in Ordnung, das Ergebnis aber immer noch instabil - und z.B. durch leichtes Klopfen auf das SDR-Chassis zu beeinflussen - so könnte sich noch die Suche nach lockeren SMA-Steckern auf dem Chassis lohnen. Übergangswiderstände von wenigen Ohm werden deutlich sichtbar und die dadurch verursachten Verluste können durch die systematische Behandlung aller Einzelheiten am Ende minimiert werden. Eine angepasste Antenne liefert zudem mehr Signal an den Empfänger. Dieser Gewinn kann recht deutlich ausfallen. Jedes dB, das man hier gewinnt, muss später nicht verstärkt werden.

6.2 Der X-Phase QRM Eliminator

Wer kennt nicht die entnervenden Störungen von Schaltnetzteilen und häuslicher LED-Beleuchtungstechnik? Sie driften als breite, brummelige Lattenzäune von Peaks quälend langsam durch das Spektrum. Ihre Frequenz ist nicht sehr reproduzierbar aber man scheint sie immer dort zu finden, wo auch interessante Signale auftauchen. In der eigenen Wohnung ist es (vielleicht) noch möglich, die Störer nach ihrer Identifikation wenigstens zeitweise abzuschalten. Nachbarn entspannt darauf hin anzusprechen, ist dagegen nicht mehr ganz so trivial – zudem sie uns für den draußen sichtbaren Antennenbau vielleicht selbst schon als Störer ihrer eigenen Elektronik vermuten.

6.2.1 Die Störung kompensieren

Unkomplizierter ist es, zunächst etwas Technik im Shack zu bemühen. Das Prinzip ist einfach – eine kleine Hilfsantenne nimmt vorwiegend Störsignale auf. Diese Hilfsantenne kann ein kurzes Stück Draht sein und darf sich - je nach Ursprung der Störung - natürlich auch in der Nähe der häuslichen Netzleitungen befinden. Sie sollte so wenig Nutzsignal empfangen, wie möglich. Dazu muss etwas experimentiert werden.

Das Signal der Hilfsantenne durchläuft zunächst einen einstellbaren Phasenschieber, danach wird es mit regelbarer Amplitude zum Signal der Hauptantenne addiert. Sind die Phasen gegenläufig und die Amplitude gleich eingestellt, verschwindet die Störung oder wenigstens ein merklicher Teil davon! Dabei wird zwar auch das Nutzsignal etwas kleiner (einen Rest davon liefert die Hilfsantenne immer mit), das Vergnügen an den weg gefallenen Prasselstörungen wiegt das aber meistens wieder auf.

Im Internet kursiert dazu eine Schaltung – der X-Phase QRM Eliminator, z.B. an der URL:

https://www.qsl.net/z33/qrm_eliminator_eng.html

Dies ist aber nur eine von unzähligen Quellen. Sie sollten auch die anderen Treffer der Suchmaschine anschauen, denn es gibt neben dem fast immer gleichen Grundkonzept auch Abweichungen in der Dimensionierung der Bauteile, z.B. der Drosselspule oder des Trafos.

Die recht einfache Schaltung ist in Abbildung 6-6 wiedergegeben. Der Differenzverstärker wird aus Q1 und Q2 mit den Source-Widerständen R1 und R2 gebildet. Der Eingang von Q1 erhält sein Signal über das Poti B (Gain B, B2 = Schleifer) von der Antenne "ANT". Die Dioden D2, 3, 4 und 5 begrenzen das Eingangssignal für den Q1 auf sichere Werte.

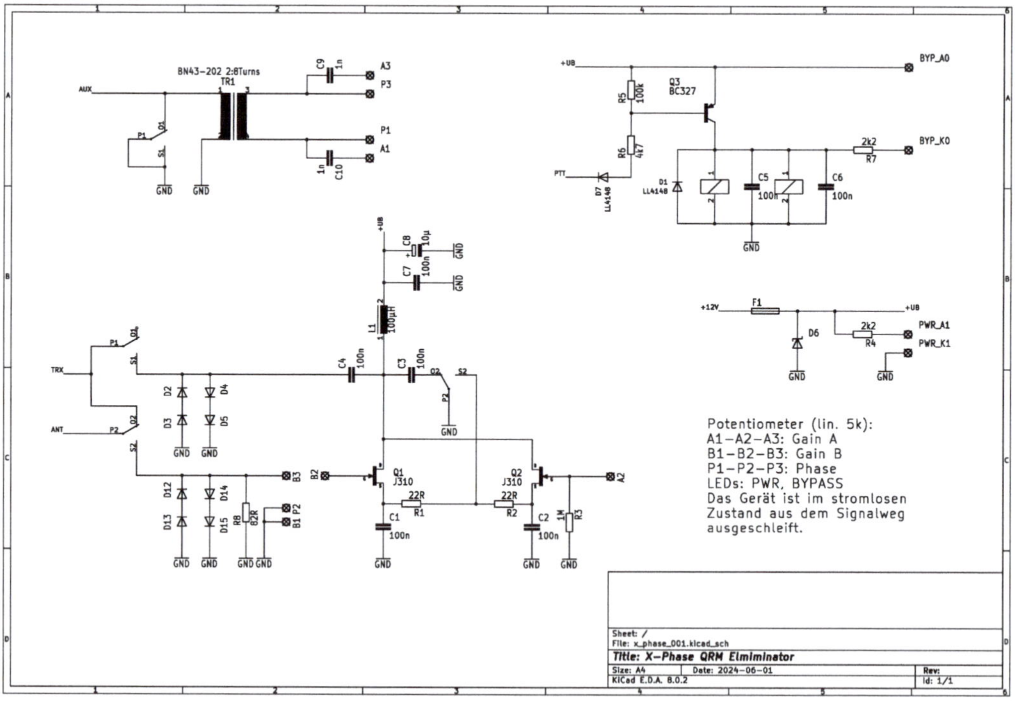

Abbildung 6-6: Die Schaltung des X-Phase QRM Eliminators

Das Signal der Hilfsantenne "AUX" wird zunächst mit TR1 spannungsmäßig hochtransformiert und potentialfrei bereitgestellt. Für TR1 bewickeln Sie einen Doppellochkern mit primär 2 Windungen (also 2 x durch je ein Loch hindurchstecken), so dass die Drahtenden aus einer Seite herausschauen. Die Sekundärwicklung bekommt in derselben Weise 8 Windungen, so dass deren Enden zur anderen Seite des Doppellochkerns herausragen. Andere Autoren veröffentlichen im Internet andere Dimensionierungen. Für Ihren Spezialfall müssen Sie also etwas experimentieren.

Die Sekundärwicklung ist mit den äußeren Anschlüssen des Phasen-Potentiometers verbunden, der Schleifer des Phasen-Potentiometers erhält einen Massenanschluss. Mit dem Phasen-Potentiometer können Sie bestimmen, wie sich die Ausgangsspannung von Tr1 gegen Masse verteilt. Steht das Poti genau auf Mittelstellung, ist auch die gelieferte Wechselspannung symmetrisch zur Masse. Verstellen Sie den Regler, so hat das einen ähnlichen Effekt, als würden Sie eine virtuelle Mittelanzapfung an Tr1 verschieben (wenn weitere Strombelastungen des Ausgangs gegen Masse vernachlässigt werden). Sie kennen die Schaltung vielleicht noch von der Heizung der VFDs oder von direkt geheizten Kathoden – auch dort spielt die Symmetrie der Filamentversorgung eine Rolle, damit z.B. das VFD nicht auf einer Seite heller leuchtet als auf der anderen.

Kapazitiv über C9 und C10 abgetrennt erhält das Poti A ("Gain A") die Ausgangsspannung von Tr1 auf die Außenanschlüsse. Der Schleifer von Poti A ist mit dem Gate von Q2 für die Differenzbildung verbunden. Das Ausgangssignal wird von den zusammengeschalteten Drain-Anschlüssen des Summationsverstärkers an die Antennenbuchse abgegeben. Auch diese Ausgangsleitung ist mit 4 Dioden gegen Überspannungen geschützt – sonst könnten z.B. im Sendebetrieb hohe Spannungen von der Bypass-Leitung auf den Verstärker koppeln und ihn zerstören.

Die Bypass-Relais K1 und K2 überbrücken das Gerät im spannungslosen Zustand. Zudem gibt es einen "PTT" (push-to-talk)-Eingang, mit dem man den X-Phase-QRM-Eliminator auch mit angelegter Betriebsspannung aus dem Signalweg ausschleifen kann – wenn man z.B. ein Sendesignal durch das Antennenkabel schicken möchte. Dazu muss man "PTT" auf Masse ziehen, das ist bei vielen Funkgeräten der Standard. Auch der ATU-100 könnte, passend ausgestattet, den "PTT"-Eingang auf Masse ziehen, damit die Rauschbrücke die Antenne und nicht etwa den Verstärkerausgang des QRM-Eliminators analysiert. Diese Automatisierung könnten Sie später selbst weiter entwickeln. Die LEDs "PWR" und "BYPASS" signalisieren den Betriebszustand.

6.2.2 Verpolungsschutz und Absicherung

Bleibt noch die Verpolunsschutzdiode D6 sowie die Absicherung mit F1 zu erwähnen: Im Shack gibt es oft wegen des Senders oder seiner Endstufe recht gewaltig dimensionierte 12 V-Netzteile. Ohne eine sinnvolle Absicherung besteht daher im Kurzschlussfall durchaus Brandgefahr – also sichern wir hier intern ganz konservativ mit 200 mA ab. Achten Sie unbedingt auch auf eine gute Qualität bei den Hohlsteckern – der Innenleiter sollte nicht exponiert sein, sonst könnten bei Berührungen mit masseführenden Chassis recht hohe Kurzschlussströme fließen (Lichtbogen!). Ebenso sollte die 12 V-Verteilung einzeln zum Netzteil hin abgesicherte Zweige enthalten.

Das Problem einer Potentialverschleppung wird dadurch noch unübersichtlicher, dass der PC eventuell über den USB galvanisch gekoppelt ist. Ein Kurzschluss über die Masse des USB-Hubs, durch den 20 A fließen, wäre am Ende auch für den PC gefährlich. Dies könnten Sie z.B. mit einem USB-Isolator verhindern. Das Kabel zum USB-Port des Arduino stecken Sie dann nur noch ein, wenn Sie dessen Firmware programmieren wollen.

Die linearen 5 kOhm Potentiometer sind nicht auf dem Schaltplan enthalten. Sie werden über Drähte angeschlossen. Abbildung 6-7 zeigt einen zum Zusammenbau vorbereiteten Prototypen mit der beschriebenen Platine. Die etwas langen Drähte sind nicht ganz optimal, das Gerät funktioniert dennoch bis ins 10 m - Band. Wenn man ein Gehäuse aus eloxierten Alu-Halbschalen oder Steckprofilen verwendet, sollte man Deckel und Boden auf jeden Fall noch einmal separat an einem Masseanschluss erden, damit das Gehäuse auch eine Schirmwirkung erreicht.

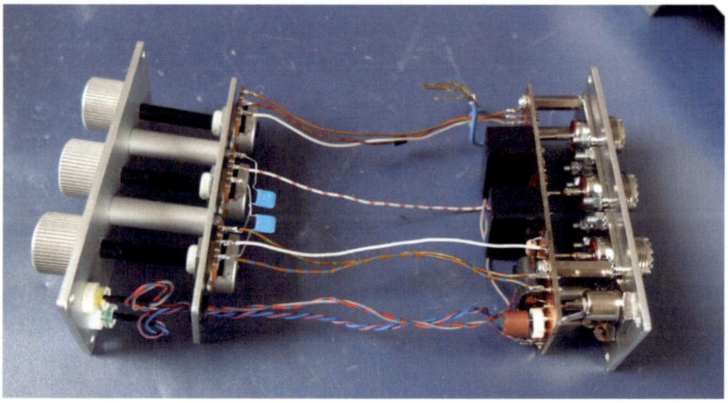

Abbildung 6-7: Zum Zusammenbau vorbereiteter Prototyp

6.2.3 Mechanische Konstruktion und Zusammenbau

Der im Online-Material enthaltene Platinen Entwurf kann direkt über den Buchsen an einer Rückwand befestigt werden. Dazu übertragen Sie die genaue Lage der Buchsen von der Platine mit einem Filzschreiber auf die Rückwand. Danach sollten zunächst die zentralen Bohrungen für die PL-Buchsen ausgeführt werden. Die Schraubenlöcher für die PL-Flanschbuchsen werden dann wiederum von in die Bohrungen eingesteckte PL-Buchsen auf die Rückwand übertragen.

Sie können natürlich auch FreeCAD verwenden. Hier erfolgt nur eine Kurzbeschreibung der nötigen Schritte, um Ihre Neugier zu wecken: Exportieren Sie sich das step-Modell der Leiterplatte aus KiCAD und setzen Sie es in Ihre FreeCAD-Konstruktion für die Rückwand ein. Dann erzeugen Sie mit Formbindern assoziative Referenzen auf die Lötaugen für "AUX", "TRX" und "ANT" sowie die "PTT"-Buchse und den 12V-Anschluss. Verwenden Sie diese Formbinder, um Modelle für die Buchsen (Sie finden welche im online-Material zum ATU-100) zu positionieren. Definieren Sie ausgehend von den Modellen für die Buchsen passgenau die fehlenden Bohrungen. Wenn das Vorgehen bereits bekannt ist, gelingt die Erzeugung von Fertigungsdaten fast schon schneller als Anreißen und Bohren.

Wenn Sie FreeCAD noch nicht verwenden, sollten Sie sich auf die Dauer das Vergnügen nicht entgehen lassen: Die mit CAD-Unterstützung gefertigten Teile passen meistens auf Anhieb – eine erhebliche Zeitersparnis, verglichen mit der manuellen Vorgehensweise. Zudem bekommt man die CAD-Modelle und Zeichnungen für die Dokumentation gleich mitgeliefert. Ein genau zum Thema passendes Buch gibt es (bitte sehen Sie mir die Eigenwerbung nach) ebenfalls im Elektor-Verlag [Duden 2023].

Nach der Montage aller Buchsen (3 x PL259, 1 x Cinch, 1 x Hohlsteckerbuchse für 12 V) in der Rückwand werden an deren Mittelleitern Drähte angelötet. Die beiden äußeren Schrauben der außen liegenden PL-Buchsen werden anstelle von Muttern mit Distanzstücken für die Platine versehen.

Die Drahtenden werden beim Zusammenbau durch die zugehörigen Pads in der Platine gefädelt. Danach kann die Platine kann mit den Distanzstücken verschraubt werden. Untergelegte Sperrkantscheiben gewährleisten dabei einen sicheren Massekontakt. Der Abstand der Platine von den Buchsen sollte so klein wie möglich gehalten werden. Allerdings müssen die Pads auf der Unterseite der Platine zum Verlöten noch zugänglich sein. Dies ist nicht nötig, wenn die Platine professionell mit durchkontaktierten Bohrungen der Pads angefertigt wird – in diesem Fall kann das Verlöten bequem von der Oberseite erfolgen. Sollten Sie die Platine in Auftrag geben, passen Sie bitte Durchmesser und Bohrungen in den Anschlusspads an Ihre Buchsen an – dann könnten Sie den Abstand noch weiter verkleinern und die durchgesteckten Mittelkontakte direkt (ohne Drähte) mit der Platine verlöten.

Abbildung 6-7 zeigt den Zusammenbau vorbereiteten Prototypen, Abbildung 6-8 das fertige Gerät.

Abbildung 6-8: Fertiges Gerät

Sollten beim Sendebetrieb FETs zerstört werden, können Sie zur Abhilfe noch einen Strombegrenzungswiderstand in Reihe mit L1 vorsehen (z.B. 15 oder 33 Ohm).

6.2.4 Den X-Phase QRM-Eliminator betreiben

Wenn Sie mit dem Einsatz des X-Phase QRM-Eliminators beginnen, können Sie zunächst "Gain B" auf Null stellen. Danach bringen Sie den Phasenregler ungefähr auf Mittelstellung und drehen so lange an "Gain A", bis das Signal der Hilfsantenne ebenfalls verschwindet (die beiden Einstellungen wechselweise optimieren). Nun drehen Sie "Gain B" auf, bis Sie Ihr Antennensignal mit den Störungen wieder deutlich hören. Erst dann versuchen Sie, durch ein Wechselspiel mit den Reglern "Phase" und "Gain A" die Störungen zu mindern. Sie werden wahrscheinlich in der Nähe des Punktes fündig, wo auch das Nutzsignal etwas kleiner wird. Wenn Sie Glück haben, verschwindet die Störung. Sie wird auch dann wesentlich geringer auffallen, wenn Sie die Verstärkung "Gain B" wieder etwas weiter aufdrehen.

Probieren Sie verschiedene Anordnungen für die Hilfsantenne aus. Die Verbesserungen können ein wegen der Störungen bereits aufgegebenes Frequenzband (z.B. 40 m) durchaus wieder genießbar machen. Viel Erfolg!

Kapitel 7 • Kabel und Kabel

Zur Verbindung von SDR-Hardware und PC benötigen wir passende Verbindungskabel. Oft werden fertig konfektionierte Leitungen gleich im Karton mit dem PC geliefert - sehr praktisch z.B. für den schnellen Anschluss der PC-Lautsprecher. Auch für andere Audio-Komponenten bekommt man im Fachhandel günstige Cinch-Verbindungskabel mit farbigen Steckern fix und fertig für wenige Euro, dazu Adapter zwischen den verschiedenen Normen.

Vielleicht hat man früher die audiophile Szene gerne etwas belächelt - sauerstofffreie, mit Gewebe ummantelte Kupferkabel und vergoldeten Steckergehäuse wirken doch deutlich überzogen - oder nicht? Andererseits hat etwas Steampunk auch seine Reize ... Bei den teils winzigen NF-Signalen des SDR-Empfängers sollten wir aber ganz nüchtern sein und bei den schön verschweißten Fertigkabeln aus dem Versandhandel nicht der billigen Bequemlichkeit erliegen.

Beispielsweise ergab der Anschluss einer Asus Xonar U7 MKII an einen Empfänger ständig störende Brummeinstreuungen. Die werden Sie, wenn sie Direktmischempfänger aufbauen, auch noch häufiger begleiten - denn die hauptsächliche Verstärkung erfolgt beim Direktmischer auf der NF-Seite (und Sie werden deshalb auf die Dauer zu einem Brummschleifen-Experten). Es brummte aber auch dann noch, wenn das offene Ende des NF-Kabels mit in einem geschlossenen Metallgehäuse (Keksdose) eingebauten Buchsen verbunden wurde. Es stellte sich heraus, dass das Kabel selbst handempfindlich war - seltsam, sollte es doch über einen elektrostatischen Schirm verfügen.

Solchen Dingen gehen Sie am besten mit einem Seitenschneider auf den Grund. Die Ursache wurde auch schnell gefunden, denn "Abschirmung" wurde in diesem Fall durch den Hersteller sehr locker interpretiert: Der Innenleiter samt Isolation war nicht mit einem Geflecht überzogen, wie man es erwarten sollte, sondern es befand sich nur ein Bündel eng beieinander liegender Litzenhaare im Außenmantel (Abbilding 8-1). Liegt das Kabel frei und auf Abstand von Störquellen, kann so etwas durchaus unbemerkt durchgehen.

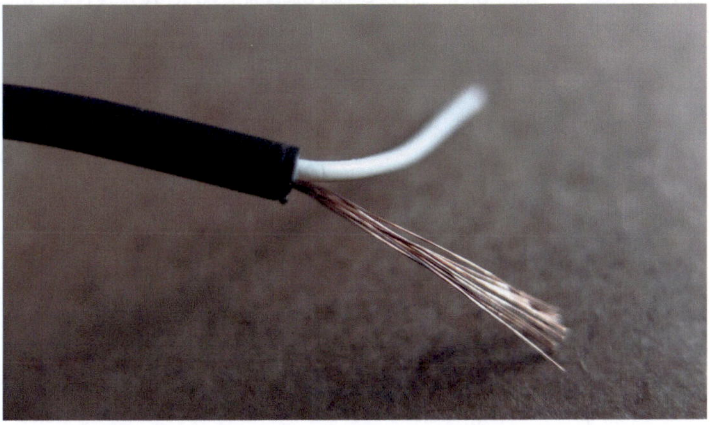

Abbildung 7-1 Kabel mit unzureichender Schirmung

Ein älteres Cinch-Kabel aus den 1970er Jahren war dagegen nicht handempfindlich. Wenn man den Innenaufbau eines vergleichbaren Kabels betrachtet, ist das auch kein Wunder (Abbildung 7-2): Es befindet sich zwar kein Geflechtschirm in der Leitung, die Litzenhaare des Schirms sind aber auf dem Umfang der Innenleiter-Isolation recht gleichmäßig verteilt und zudem verseilt, so dass der Innenleiter auf der Abbildung 7-2 kaum zu erkennen ist. Obwohl man ein Geflecht bevorzugen sollte – ein solches Kabel liefert bereits eine passable Abschirmung für NF.

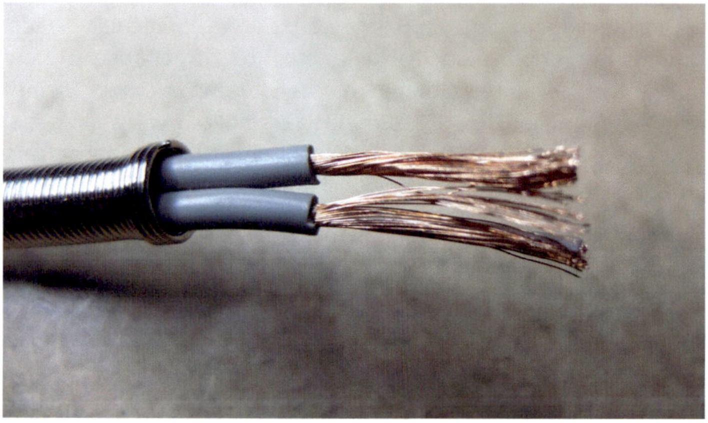

Abbildung 7-2 Übliches, älteres NF-Kabel

Ein weiteres Problem können die Stecker darstellen - sie sollten ein Metallgehäuse aufweisen. Das kostet etwas mehr, es kann damit aber ein fast lückenloser Schirm aufgebaut werden. Die meisten Fertigkabel haben dagegen aufgeschweißte Kunststoffgehäuse. Man sollte folglich auf diese Kabel verzichten und insbesondere alle Eingangssignalleitungen selbst anfertigen, um Überraschungen zu vermeiden. Kleine Stecker anlöten kann nervig sein – insbesondere scheint der Anschluss gerade dann besonders gut zu glücken, wenn das Steckergehäuse noch vergessen auf dem Arbeitstisch herum liegt. Aber der Aufwand lohnt sich doch - zudem erhalten Sie damit eine reparable Ausrüstung, da Sie die Stecker nach Belieben beschädigungsfrei öffnen und wieder verwenden können.

Kapitel 8 • Soundkarten und Soundkarten

Für die erste Beschäftigung mit SDR sollte man die PC-Soundkarten nicht verachten. Es gibt sie mittlerweile mit 24 Bit-ADCs und bis zu 192 kHz Abtastrate. Die Perfektion, die für den audiophilen Genuss ständig weiterentwickelt wird, arbeitet uns zu: Neben der Abtastrate, die eine erhebliche Bandbreite zulässt, ist der hohe Dynamikbereich der 24 Bit-Soundkarten ebenfalls sehr nützlich, da starke Signale die Signalkette insbesondere in den Abendstunden herausfordern.

Auch bei der Soundkarte interessieren wir uns also, genau wie beim restlichen Empfänger, für die Empfindlichkeit, die neben dem Eigenrauschen der Eingangsverstärker auch von Störungen aus dem Computer oder dem USB einstreuen, begrenzt wird.

Es ist offensichtlich, dass interne, insbesondere auf dem Mainboard angeordnete Soundkarten wegen der Nähe zum störenden digitalen Lärm des PCs und der Versorgung durch das vielfältig belastete PC-Netzteil dabei schlechter abschneiden.

Bei den externen Soundkarten gibt es die Variante als USB-Stick aber auch komplett abgesetzte Geräte. Im USB-Stick ist nicht viel Platz für entkoppelte Betriebsspannungen, während die externen Geräte mit integrierten Schaltwandlern galvanisch isolierte Betriebsspannungen bereitstellen können, die den Entwicklern eine gewisse Kontrolle über den analogen Massepunkt geben.

Für dies Buch wurden verschiedene Soundkarten verglichen – nicht im Sinne eines erschöpfenden Tests, wie ihn audiophile Fachjournale im Labor veranstalten lassen, sondern einfach im Hinblick auf die Benutzung mit den verschiedenen SDR-Programmen, die im Abschnitt 8 genauer beschrieben werden. Dabei zeigten sich auch Schwächen der verschiedenen Designs, die teilweise durch Eingriffe in die Geräte tendenziell entschärft wurden.

8.2.1 Die interne Soundkarte

Die hier als Beispiel gezeigte interne Soundkarte befindet sich auf dem Mainboard eines Mini-ITX-PCs. Sie wird von den Computer-Stromschienen mitversorgt, so dass das Auftreten verschiedener Einstreuungen erwartet werden muss. Eine Herausforderung ist die Herstellung eines vernünftig abgeschirmten Kabels mit 3,5 mm Klinkenstecker.

Wenn man noch alte Versionen von Cinch-Kabeln hat (oder auf dem Flohmarkt welche aus den unübersichtlichen Kartons unter dem Tisch ergattern konnte), ist vielleicht noch eines dabei, dessen gut abgeschirmte Zwillingsleitung sich durch das metallene Steckergehäuse eines abgeschirmten 3,5mm-Klinkensteckers zwängen lässt. Damit kann man ein geeignetes Verbindungskabel selbstzusammenbauen.

Für den Vergleich wurde zunächst der Grundrauschpegel mit GQRX erfasst. Im Gegensatz zu einigen anderen Programmen verfügt GQRX über eine normierte Skala für die FFT, so dass sich Peak-Amplituden in dBVolt/- und dBm/Hz Einstellung nicht mit der FFT-Auflösung verändern. In Abbildung 8-1 wurde für die Amplitudenskala auf dbFS (dB full scale) gewählt, so dass man abschätzen kann, wie viele Bits das Grundrauschen kostet. Dabei wurde der Line-Eingang als Quelle gewählt und das Kabel in die Soundkarte eingesteckt. Die andere Seite des Kabels wurde mit dem ausgeschalteten und von allen anderen Kabeln getrennten SDR verbunden, um mögliche Masseschleifen zu trennen.

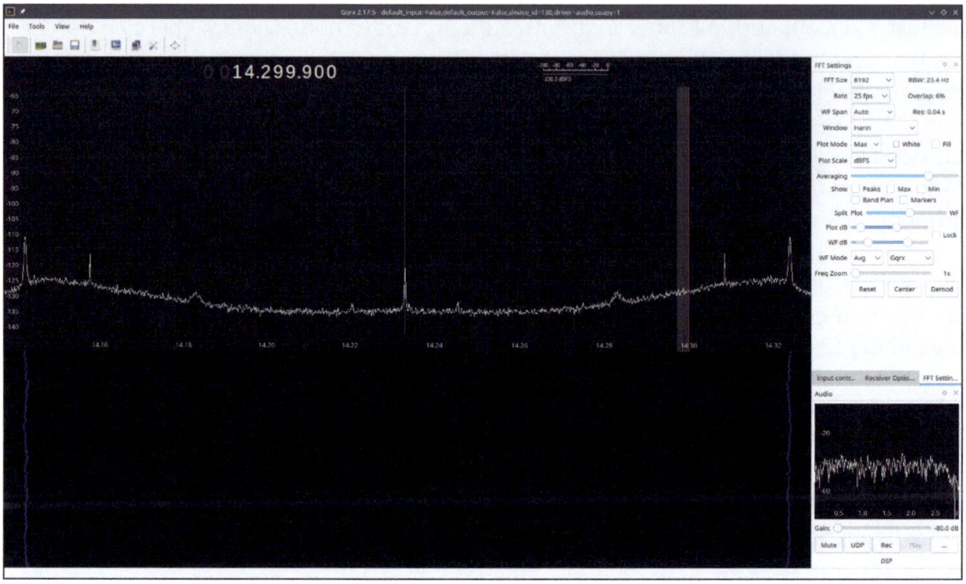

Abbildung 8-1: Interne Soundkarte eines Mini-ITX-Boards

Die Performance der getesteten internen Soundkarte auf einem ASRock-Motherboard im Mini-ITX-Format erwies sich als erstaunlich gut - man konnte z.B. auch eine 192 kHz Samplerate wählen. Es gibt aber die erwartbaren Einschränkungen mit Hinblick auf Störungen aus dem Netzteil und Einstreuungen aus der Umgebung - wie die Peaks bei ca. 85 kHz am Rand rechts und links, die mit -110 dBFS die stärksten Beiträge liefern.

In der Mitte des Spektrums (bei 0 Hz) liegt ein Peak, dessen Höhe man mit den Einstellungen "DC remove" und "IQ Balance" im Reiter "Input Controls" minimieren kann. Hier spielt die Qualität der Vorverstärker eine Rolle, die 1/f-Rauschen liefern aber auch die Wahl guter passiver Komponenten, wie wir weiter unten sehen werden.

Wenn man gar nichts anderes zur Hand hat, lassen sich auch mit einer solchen Soundkarte am Ende (mit einem guten Kabel) akzeptable Spektren bekommen - von den deutlichen Störungen am Rand einmal abgesehen.

8.2.2 USB-Stick mit 24 Bit-Soundkarte (CM6533)

Dieser Stick ist schon etwas älter. Der CM6533 enthält neben den 24 Bit-ADCs auch noch einen 8051-Mikrocontroller, der den USB-Stack enthält. In der Standardprogrammierung kann man per GPIO auch noch vorprogrammierte Equalizer-Settings auswählen (oder abwählen, da sie hier nicht gebraucht werden). Eine deutliche Einschränkung ist natürlich die maximal mögliche Samplerate von 48 kHz.

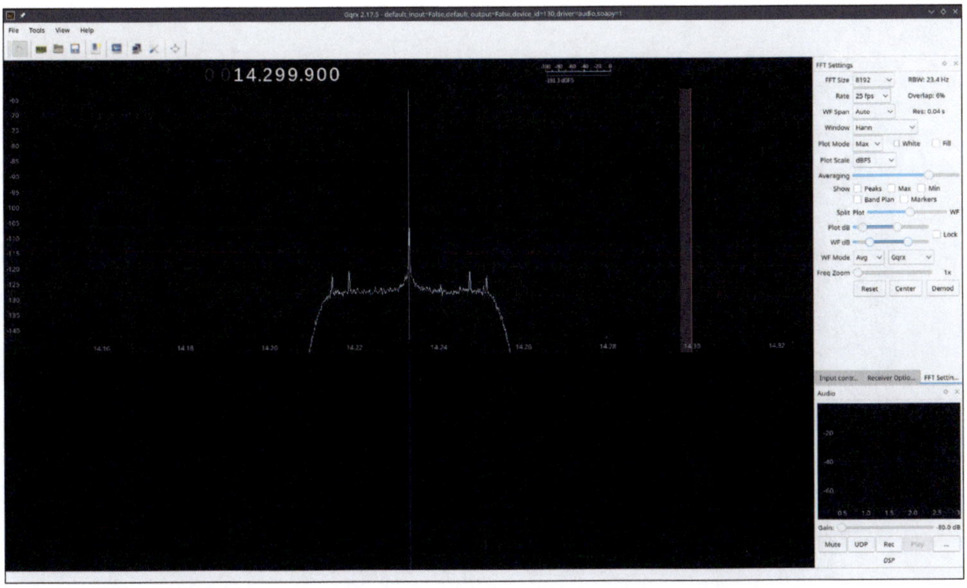

Abbildung 8-2: USB-Stick mit CM6533, GQRX-Spektrum

Als Störsignale gibt es kleine Störpeaks, die wahrscheinlich von den on-chip Ladungspumpen für die integrierte Versorgung von Elektret-Mikrofonkapseln verursacht werden. Sie fallen recht klein aus (< -120 dBFS). Gravierender ist das niederfrequente Rauschen (ca. -105 dBFS). Angesichts der eingeschränkten Bandbreite kann man diese Soundkarte immer noch sehr gut für Mikrofon und Lautsprechersignale weiterverwenden.

8.2.3 Asus Xonar U7 MKII

Diese externe Soundkarte wurde in mehreren Internet-Blogs empfohlen. Sie funktioniert auch recht gut, bis zu 192 kHz Samplerate sind möglich. Eine Einschränkung ergibt sich aus dem nicht abgeschirmten Gehäuse: Das Gerät weist eine deutliche Handempfindlichkeit auf. Ein nicht unerheblicher Teil dieser Schwachstelle entsteht durch die Verwendung eines nicht abgeschirmten Kabels zwischen Multilayer-Board und Mikrofoneingang im Gerät (Abbildung 8-3).

Abbildung 8-3: Geöffnete ASUS Xonar U7 MKII mit Flachkabeln für Mikrofon und Kofhörerbuchse

Abbildung 8-4: Umbau auf Cinch-Buchsen direkt neben dem Verstärker-Eingang

Beim Autor führte der Einbau von zwei Cinch-Buchsen dicht bei den Eingängen auf der Platine zu einer Verbesserung des Verhaltens. Man könnte auch drüber nachdenken, ein Metallgehäuse zu konstruieren oder das Plastikgehäuse von innen leitfähig zu beschichten und die Beschichtung zu erden.

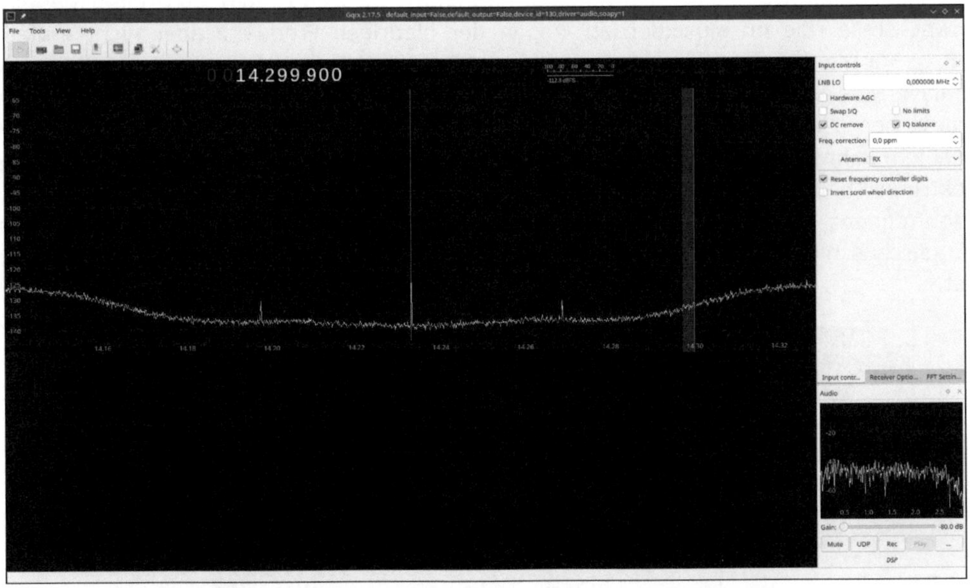

Abbildung 8-5: Asus Xonar U7 MKII, GQRX-Spektrum

Allerdings sind die Störungen bereits ohne einen zusätzlichen elektrostatischen Schirm im Gehäuse recht klein – der DC-Peak liegt bei -125 dBFS und es treten nur noch zwei Peaks bei 48 kHz aus dem Rauschen (-130 dBFS), so dass man auf weitere Verbesserungen auch einfach verzichten könnte. Ein Schwachpunkt sind sicherlich die beiden in Abbildung 8-4 hervorgehobenen Keramikkondensatoren, die recht empfindlich auf Klopfen reagieren. Die 48 kHz-Störpeaks könnten auch von Erschütterungen der Platine durch den DC-DC-Wandler stammen, die auf dem mechanischen Kanal zurück koppeln. Der Ersatz der Keramikkondensatoren durch z.B. kleine Folienkondensatoren ist nicht mit derselben Bauform möglich und daher eine umständlichere Bastelei mit begrenztem Nutzen.

Wir können daraus aber für eigene Designs lernen: Beim Einsatz von hochauflösenden ADCs und empfindlichen Vorverstärkern sollte man auf Keramikkondensatoren im Signalweg möglichst verzichten, sonst baut man sich empfindliche, piezoelektrische Erschütterungssensoren ein. Dabei stören später nicht nur niederfrequente Schwingungen des Tisches (z.B. durch Netztrafos angeregt), sondern durchaus auch subtilere Anregungen der Platine selbst durch z.B. den DC-DC-Wandler oder – wie wir später sehen werden – durch die als Piezo-Aktuatoren wirkenden Koppelkondensatoren eines Kopfhörerverstärkers.

Gerechterweise muss hier aber festgestellt werden, dass der ursprüngliche Zweck – die Erfassung von NF-Signalen im Audio-Bereich – mit der Soundkarte natürlich hervorragend ermöglicht wird.

8.2.4 Behringer U-PHORIA UMC404HD

Dieser Wandler ist für Musiker gedacht. Er verfügt über 4 Eingänge mit Pegelstellern und Tasten zur Verstärkungsvorwahl. Das Gerät hat ein stabiles Stahlblech-Gehäuse und ist auf einer Multilayer-Platine aufgebaut. Der sinnvolle Aufbau ergibt ein sehr geringes Grundrauschen ohne erkennbare Einstreuungen. Allerdings gibt es eine deutliche Schwachstelle (die im Musikbetrieb wegen der niedrigen Frequenz aber nicht auffallen dürfte): Für die 1µF-Koppelkondensatoren an den ADCs (C141, C148, C187, C188) wurden Multilayer-Keramikkondensatoren im Format 0402 verwendet, die eine starke Mikrofonie verursachen. Man kann sich leicht davon überzeugen, indem man während des Betriebes mit einem Zahnstocher leicht auf diese Bauteile klopft. In der Mitte des im SDR abgebildeten Spektrums (beim DC Spike) wird der Effekt stark sichtbar. Stimmt man das SDR auf die Mittenfrequenz ab, so kann man die Klopfgeräusche auch gut hören. Daneben tritt ein sporadisches niederfrequentes Knacken auf, welches sich durch einen Tweak verringern lässt.

Abbildung 8-6: Behringer U-Phoria UMC404HD mit nicht bestückten Positionen

Abbildung 8-7: Behringer U-Phoria UMC404HD mit zusätzlichen Bauteilen

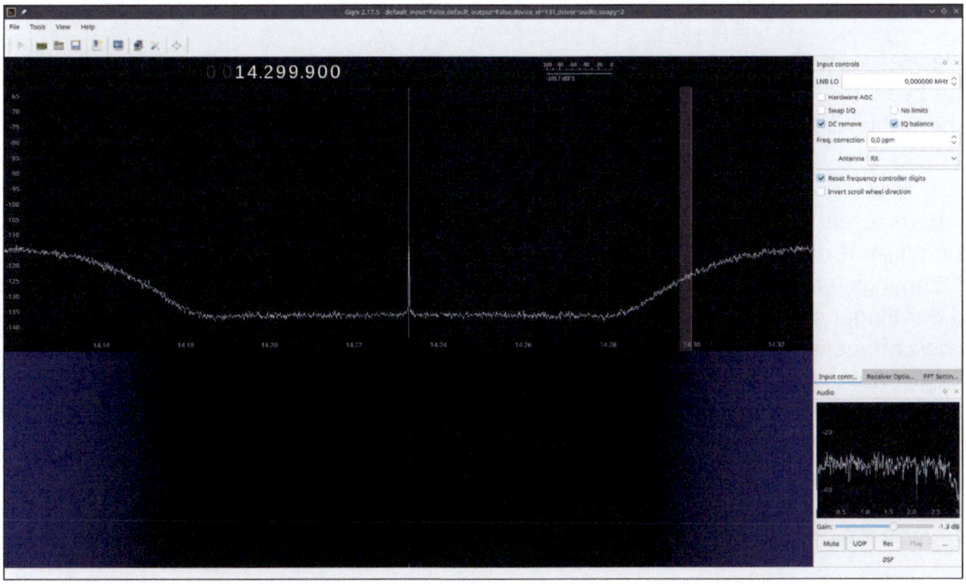

Abbildung 8-8: GQRX-Spektrum Behringer U-Phoria UMC404HD nach Tweak

Durch die Mikrofonie können Störungen durch kleine Vibrationen der Leiterplatte auf den Eingang zurück koppeln. Auch mechanische Spannungen der Leiterplatte, die z.B. durch Drehen von Potentiometerachsen entstehen, erzeugen diese Störungen. Davon betroffen sind die sehr niederfrequenten Signalanteile – beim SDR-Programm entsteht durch das ständige Nachsteuern des IQ-Ausgleiches genau in der Mitte des Spektrums eine scharfe Spektrallinie (im Jargon "DC spike" genannt). Hauptsächlich dürfte es sich um Störungen aus dem DC-DC-Wandler handeln. Diese kann man durch den Einbau von einigen zusätzlichen Komponenten an den unbestückt gelassenen Positionen auf der Leiterplatte etwas mindern (Abbildung 8-7).

Ein weiterer deutlicher Hinweis auf eine mechanische Rückkopplung ergibt sich, wenn man das SDR-Programm auf den DC-Spike abstimmt und den Kopfhörerausgang stärker aufdreht - dann schaukelt sich das Signal periodisch auf. Dies geschieht auch, wenn man die Betriebsspannung für den Ausgangsverstärker mit einer großen Kapazität puffert, so dass eine Rückwirkung auf der 5V-Schiene wahrscheinlich ausgeschlossen werden kann.

Der Ersatz der 0402-Koppelkondensatoren selbst ist schwierig und man möchte auf der empfindlichen Multilayer-Platine keinesfalls versehentlich ein Pad abreißen. Der Versuch beim Autor ergab eine weitere Absenkung des Peaks, wenn anstelle der Keramikkondensatoren Folienkondensatoren eingesetzt werden. Wegen der Zerstörungsgefahr für das Gerät wird dieser Umbau aber hier nicht angeraten.

Wiederum bleibt anzumerken, dass sich der UMC404HD hervorragend für seine ursprüngliche Anwendung - die Aufnahme von Musiksignalen - eignet. Es ist auch erkennbar, wie sinnvoll ein gutes Gehäuse und eine geschickt gestaltete Multilayer-Platine Einstreuungen verhindern.

Ein letztes Wort der Vorsicht noch - wer ein alternatives 5V-Steckernetzteil testen möchte, sollte beachten, dass beim UMC404HD der Innenleiter des Hohlsteckers auf Masse und der zylindrische Außenleiter auf +5V liegen - also umgekehrt zur üblichen Belegung.

8.2.5 Fazit

Die getesteten Soundkarten erlauben alle die Abbildung sinnvoller Spektren, wobei die Dynamik und die nutzbare Bandbreite durch Einzelheiten der Spannungsversorgung und der Eingangsverstärker begrenzt wird. Meistens erlaubt bereits das Eigenrauschen der ADCs und der Eingangsverstärker keine volle 24 Bit-Dynamik über das gesamte Spektrum. Durch die beschriebenen Schwächen der verschiedenen Konzepte wird der Dynamikbereich weiter eingeschränkt. Man muss sich dabei aber vor Augen führen, dass alle Geräte lediglich für die Aufnahme von Audiosignalen konzipiert wurden und nicht für die Anforderungen von SDR. So gesehen sind die erreichbaren Empfindlichkeiten doch erstaunlich.

Die Einschränkungen können als Ansporn dienen, selbst ADCs, vielleicht in Brick-Form, aufzubauen und direkt an die GPIOs von z.B. einem Raspberry PI anzubinden.

Für den Start ist die erfreuliche Arbeit mit den als Massenware preiswert erhältlichen Soundkarten jedoch durchaus möglich und wird daher im nächsten Kapitel weiter beschrieben.

Kapitel 9 • Vorgefertigte PC Host Software

Das Linux-Betriebssystem wird durch unzählige Nutzer weltweit ständig gepflegt und weiterentwickelt. Diese überraschende Leistung äußert sich bei dem rolling release "openSuse Tumbleweed" in vielen täglichen Updates. Auch hier gilt: Des einen Freud, des anderen Leid. Denn zahlreiche Änderungen betreffen auch Interface-Beschreibungen und APIs und nicht immer gibt es eine Rückwärtskompatibilität. Das Audio-System ist vor solchen Anpassungen natürlich auch nicht sicher. Glücklicherweise sind alle für uns wichtigen Teile des Betriebssystems und seiner Erweiterungen quelloffen. Daher können wir im Falle von Funktionsstörungen auch selbst Abhilfen entwickeln. Idealerweise kommunizieren wir diese später als registrierte Nutzer über Git an die Entwickler der Softwarepakete.

Die hier beschriebenen Änderungen an Programmteilen sollen illustrieren, in welcher Richtung nach Lösungen gesucht werden kann. Da jedes Linux-System kleine Unterschiede aufweist, können Sie auf Ihrem System eine Liste mit beschriebenen Schritten vielleicht nicht 1:1 abarbeiten. Eine variierte Lösung sollte sich aber anhand der Beispiele dennoch finden lassen.

9.1 SoapySDR

SoapySDR ist eine plattformunabhängige Software, mit der viele verschiedene Typen von SDR-Hardware angesteuert werden können. Entwickelt wurde sie hauptsächlich von Josh Blum und seinem Team von Helfern. Man kann SoapyAudio als Middleware verwenden und erhält so eine einheitliche Schnittstelle zu den verschiedenen Geräten – sehr praktisch. Daher binden viele SDR-Programme SoapySDR ein, auch z.B. GnuRadio. Das Konzept ist zudem modular, nicht benötigte Module braucht man nicht zu laden. Es findet sich neben Modulen für viele bekannte Geräte auch eine Unterstützung der Soundkarte, womit die Brücke zu unserer SDR-Hardware gebaut werden kann. Selbst der gute alte RTL-DAB-Stick kann noch eingebunden werden. SoapySDR kann aus der openSuse Tumbleweed Paketverwaltung installiert werden, das Paket wird mit dem Suchbegriff"soapy-sdr" gefunden.

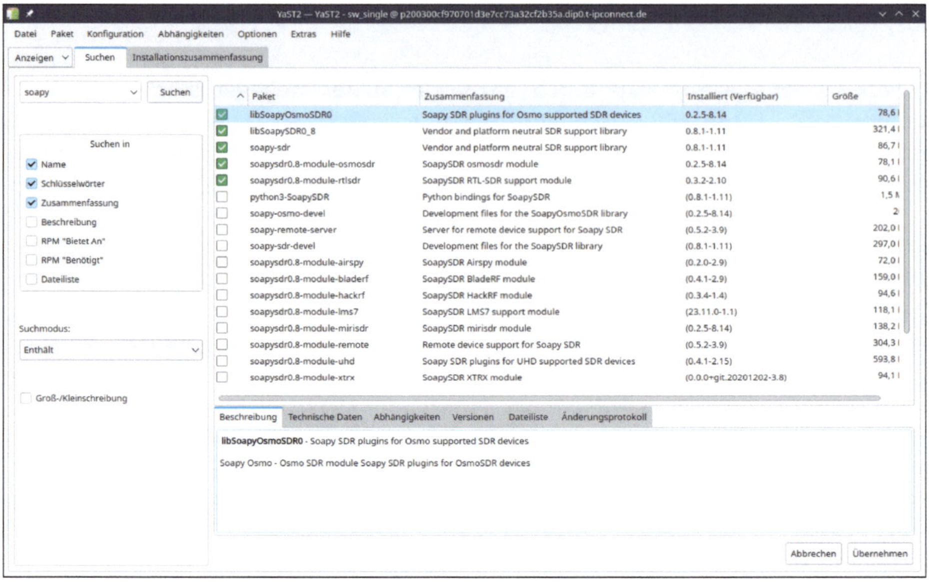

Abbildung 9-1: Installation von "soapy-sdr"

Vielleicht liegt noch ein DAB-Stick als "Drosophila" in der Schublade, mit dem man die Funktionsfähigkeit der fertigen SDR-Programme zuerst testen möchte. Dazu müssen noch "soapysdr08-module-osmosdr" und "soapysdr08-module-rtlsdr" mit ausgewählt werden. Wenn man außer dem DAB-Stick noch ein anderes SDR hat, findet man das entsprechende Plugin in der Paketliste (Fig. 11-2), z.B. "soapysdr08-module-hackrf" . Das Modul für die Soundkarte ("soapysdr08-module-audio") sucht man hier aber vergeblich – wir bauen es gleich aus dem Quellcode selbst.

SoapySDR greift für den DAB-Stick auf rtl-sdr zu, welches ebenfalls aus der Paketverwaltung heraus installiert werden kann (Abbildung 9-2). Dabei auch gleich rtl-sdr-udev mit auswählen.

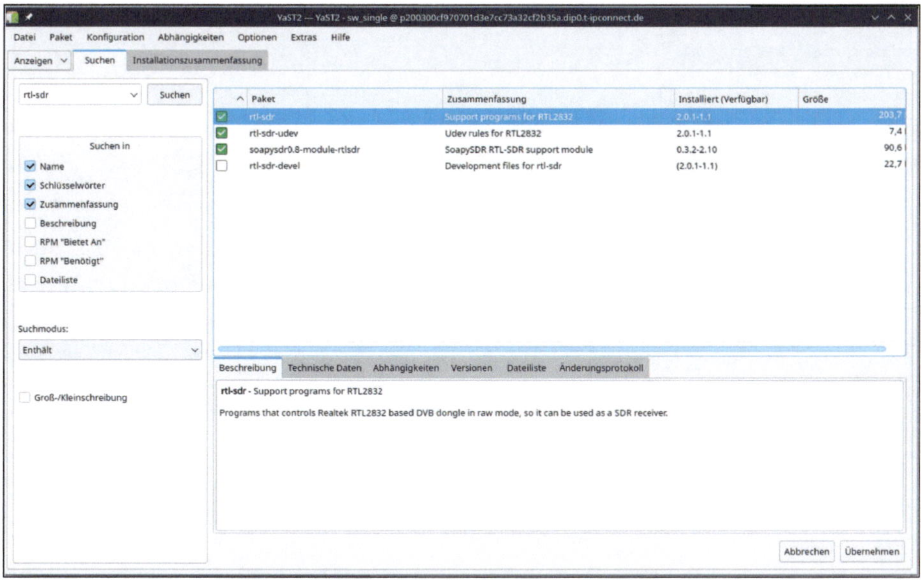

Abbildung 9-2: Installation von "rtl-sdr"

Zudem ist bei einem neu aufgesetzten openSuse Tumbleweed-System rtaudio nicht gleich dabei, daher sollte man auch librtaudio7 installieren. Dazu kommt noch hamlib sowie die dazu gehörigen Development Header.

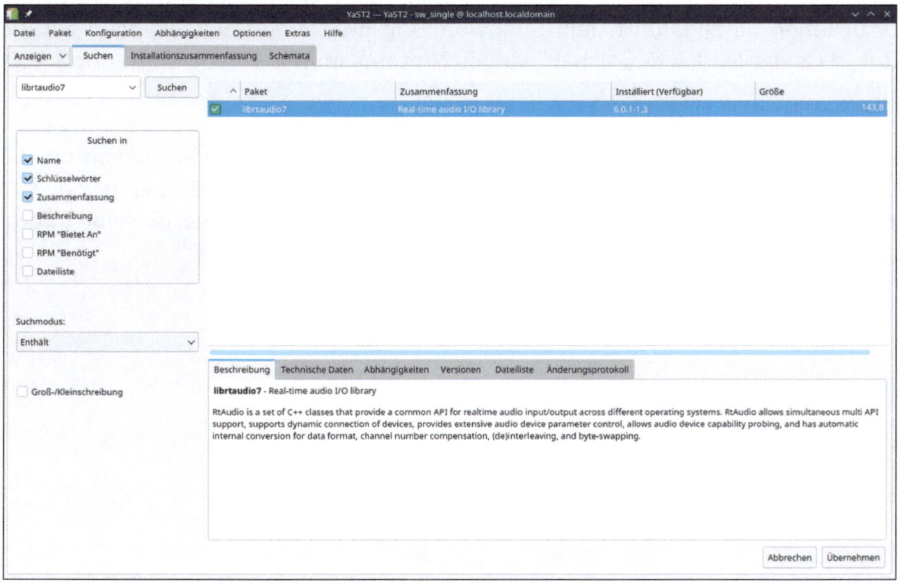

Abbildung 9-3: Installation von "librtaudio7"

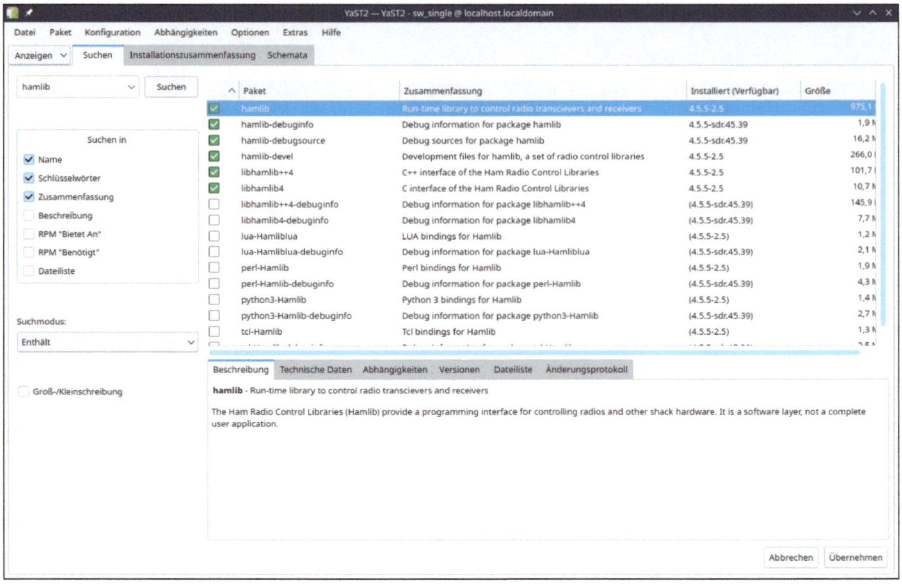

Abbildung 9-4: Installation von "hamlib" und Development Header

9.1.1 Das SoapyAudio-Modul tweaken

Die Initialisierung von SoapyAudio ist nicht in allen SDR-Programmen gleich gut gelungen. Zudem wird die Soundkarte von vielen Entwicklern etwas stiefmütterlich behandelt. Das führt zu einem kleinen Problem: Wird die Konfiguration der Soundkarte nicht exakt nach API-Spezifikation durchgeführt, fällt SoapyAudio in die Default-Einstellungen zurück. Das bedeutet, dass der Modus des sich öffnenden Streams immer das Default-Format MONO_L hat.

Wenn das aufrufende SDR-Programm aber nur eine Phase geliefert bekommt, können die Ausgangsfrequenzen des Quadraturmischers nicht in negative und positive Anteile aufgetrennt werden. Vielmehr ergibt sich für beide Frequenzvorzeichen dieselbe Information - das Spektrum erscheint symmetrisch um die Mittenfrequenz.

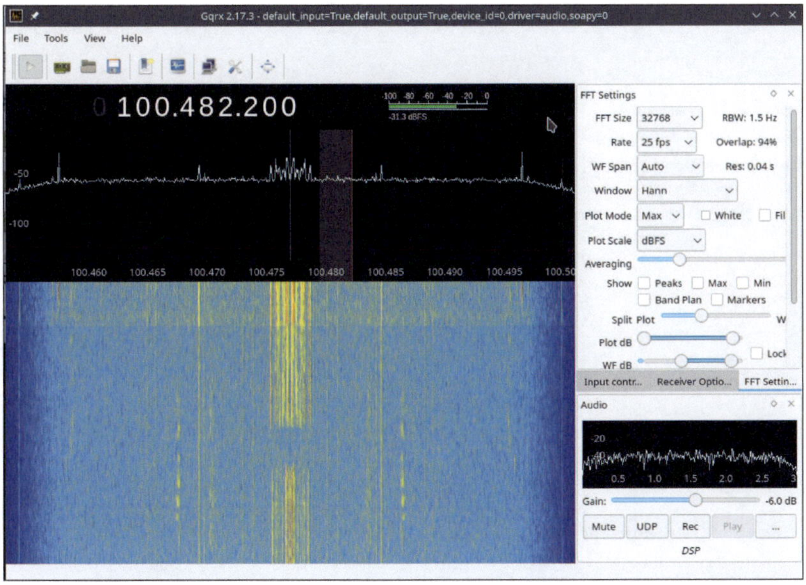

Abbildung 9-5: Preview - Symmetrische Spektren in GQRX

Es gibt zwei Ansätze, das Problem zu lösen. Der erste wäre, den Quellcode des aufrufenden SDR-Programms um eine korrekt intialisierte SoapySDR-Struktur vom Typ "Kwargs" zu ergänzen, darin die Anzahl der Eingangskanäle auf 2 zu setzen und diese SoapyAudio zurück zu kommunizieren.

Wenn man das nicht möchte, könnte man auch einen Tweak probieren, der die meisten SDR-Programme mit der Soundkarte zum Laufen bringt: Man ändert den Default-Modus des Streams, der von SoapyAudio geliefert wird, auf STEREO_IQ. Dann startet z.B. auch GQRX korrekt.

Für den Tweak müssen wir das "Soapy SDR plugin for Audio Devices" als Quellcode herunterladen. Um das Repository zu klonen, geht man auf die Webseite:

https://github.com/pothosware/SoapyAudio

Wenn man den grünen "Code"-Button (rechts oben in Abbildung 9-6) erweitert, kann man die Repo-Adresse kopieren.

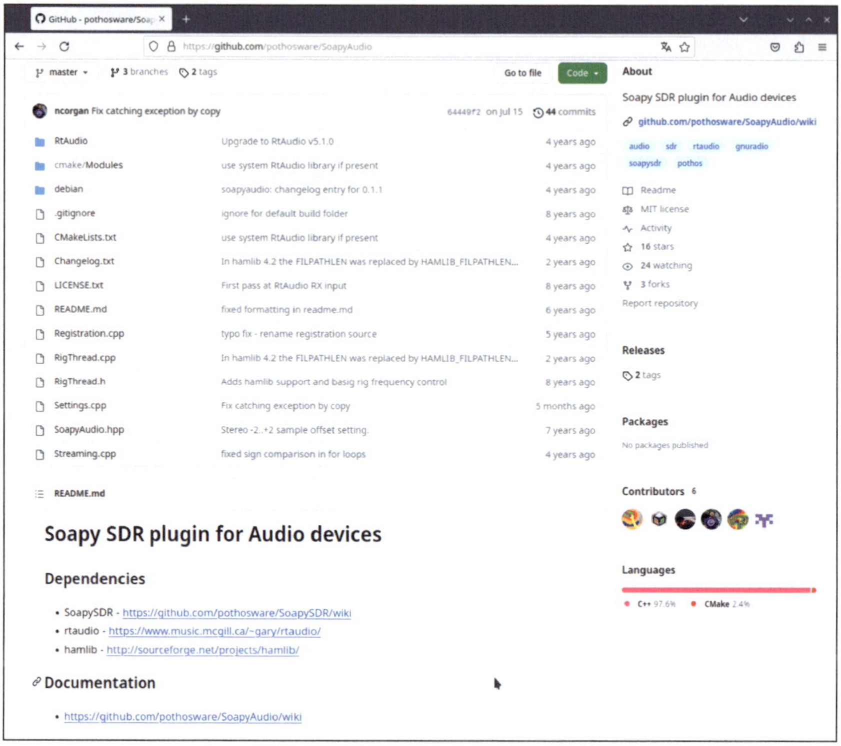

Abbildung 9-6: Repo SoapyAudio

Dann öffnet man ein Terminalfenster und startet git mit (Die URL mit <CTRL V> nach dem Befehl einfügen):

```
git clone https://github.com/pothosware/SoapyAudio
```

Dabei beachten, dass das geklonte Verzeichnis dort angelegt wird, wo man den Befehl in der Shell erteilte.

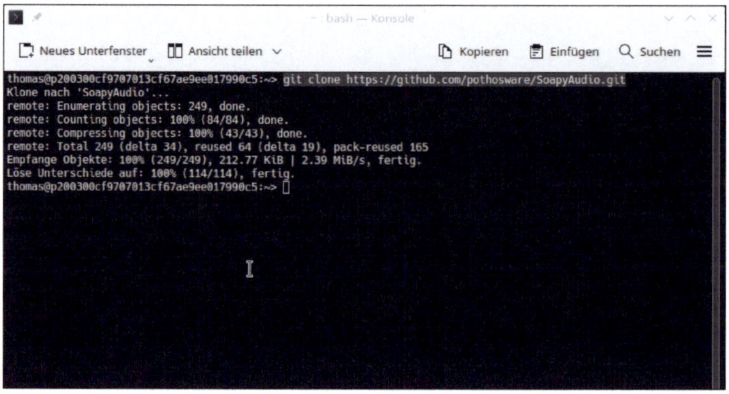

Abbildung 9-7: SoapyAudio klonen

Auf der Webseite von Pothosware ist noch erwähnt, das Abhängigkeiten zu rtaudio und hamlib bestehen. Wenn wir SoapyAudio übersetzen wollen, müssen die entsprechenden Libraries vorhanden sein, das haben wir aber bereits am Ende von Abschnitt 9.1 erledigt.

Ist der PC neu aufgesetzt, so fehlen wahrscheinlich noch die Compilerwerkzeuge. Mit der Paketverwaltung kann man Cmake, gcc und gcc-c++ installieren (Abbildungen 9-8 bis 9.10).

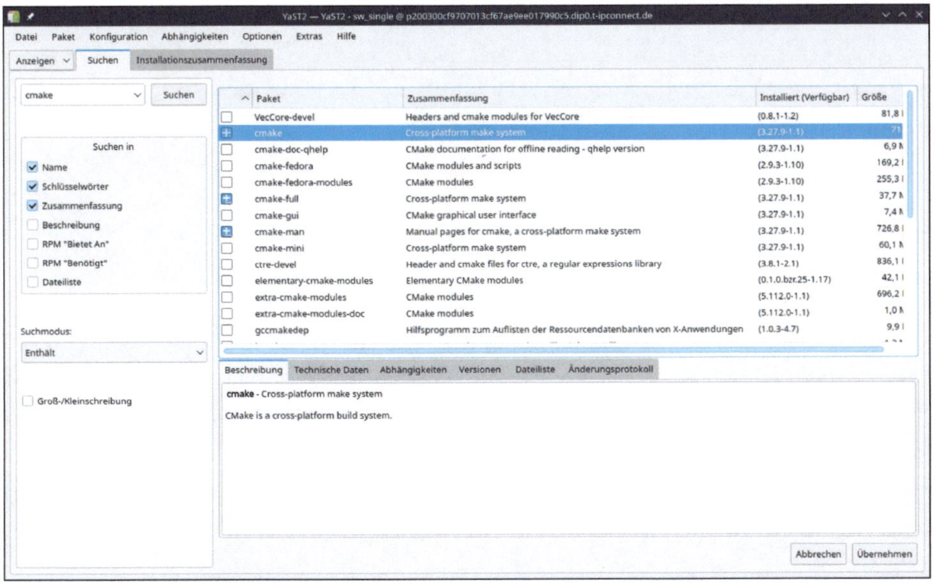

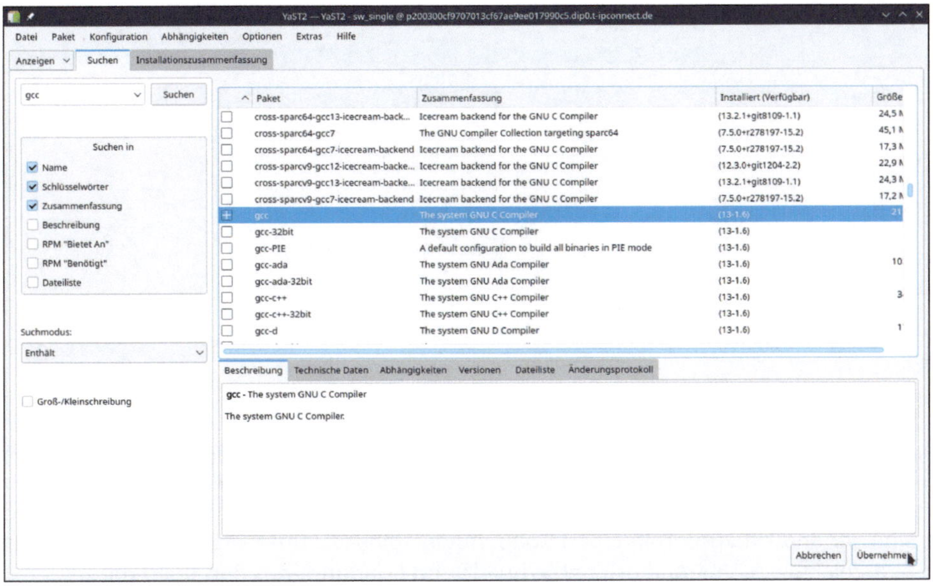

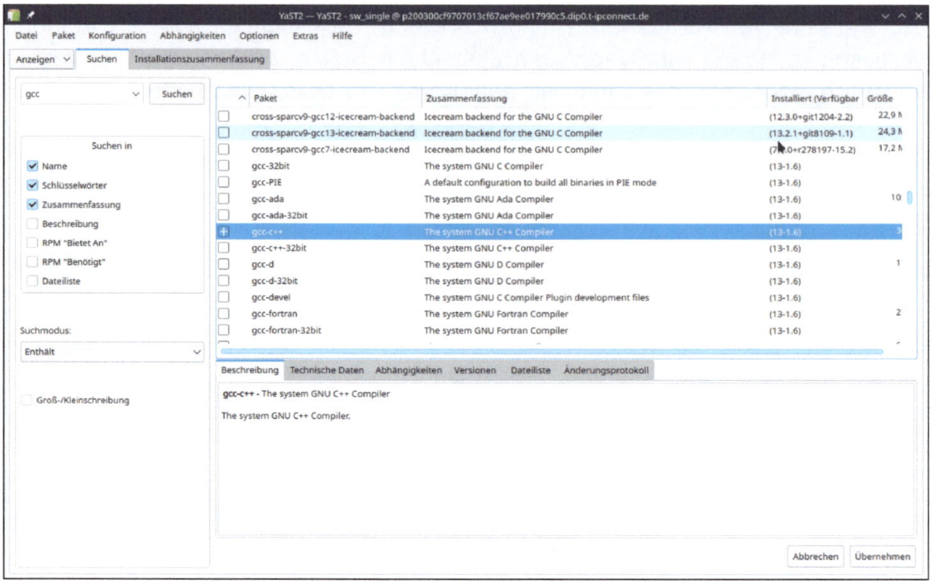

Abbildungen 9-8, 9-9, 9-10

Da die Paketverwaltung noch offen ist, kann man sich noch die Development Header für "soapy-sdr" dazu laden (Abbildung 9-11).

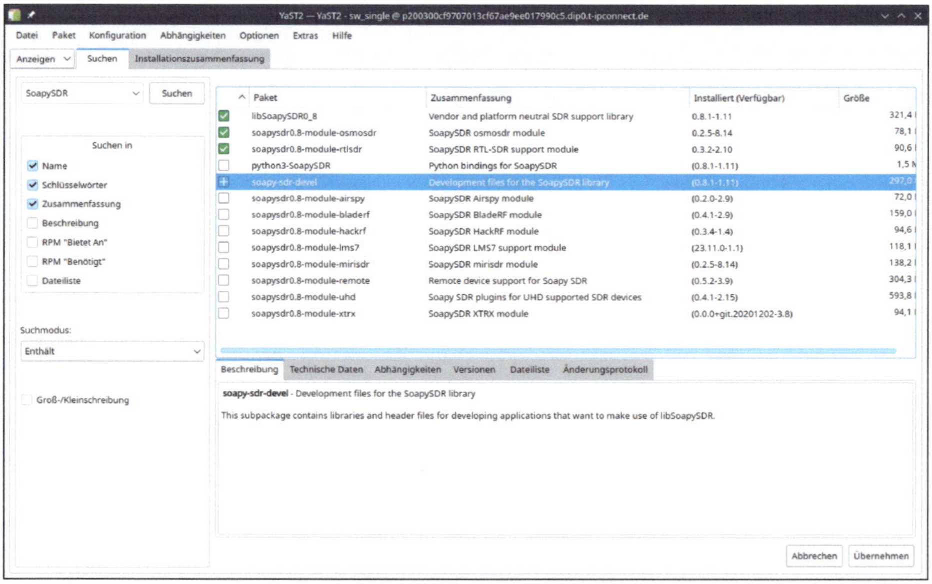

Abbildung 9-11: Installation der Development Header für SoapySDR

Jetzt sind wir endlich vorbereitet, um SoapyAudio selbst zu übersetzen. Dazu wechseln wir in das Verzeichnis "SoapyAudio-master/build" und konfigurieren den build mit:

```
cmake ../
```

Cmake liefert die Ausgabe aus Abbildung 9-12

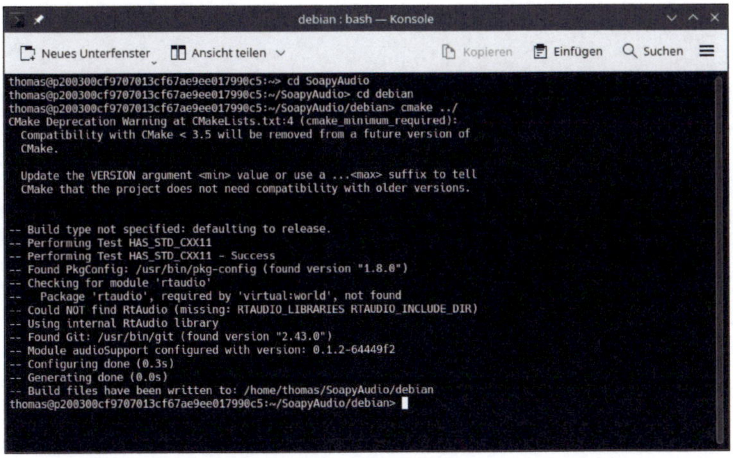

Abbildung 9-12: Fehlendes rtaudio

Eine Inspektion mit der Paketverwaltung zeigt, dass rtaudio zwar installiert ist aber die Development Header noch fehlen – fehlende Header sind ein häufiger Fehler, wenn man etwas neu übersetzen möchte. Also mit Yast das Paket "rtaudio-devel" installieren.

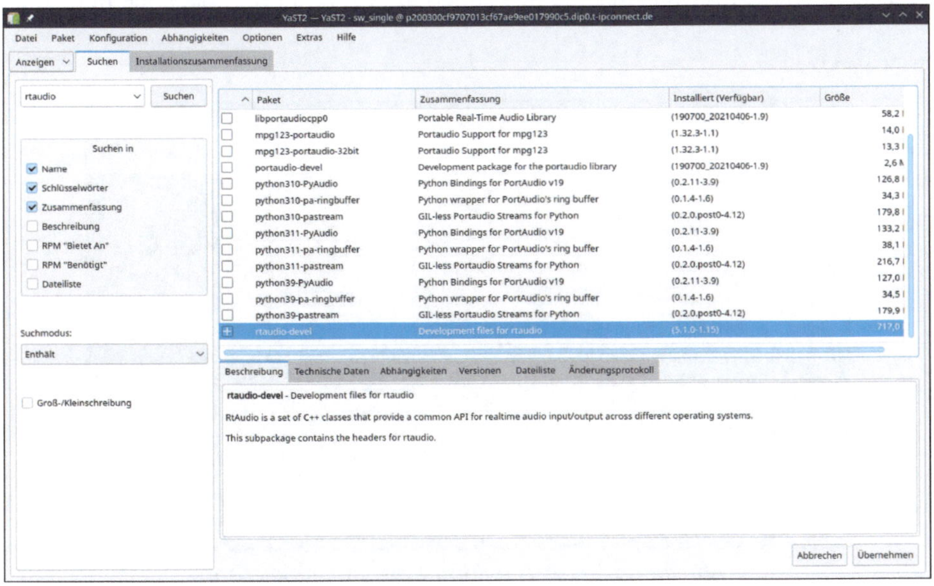

Abbildung 9-13: Installation von rtaudio-devel

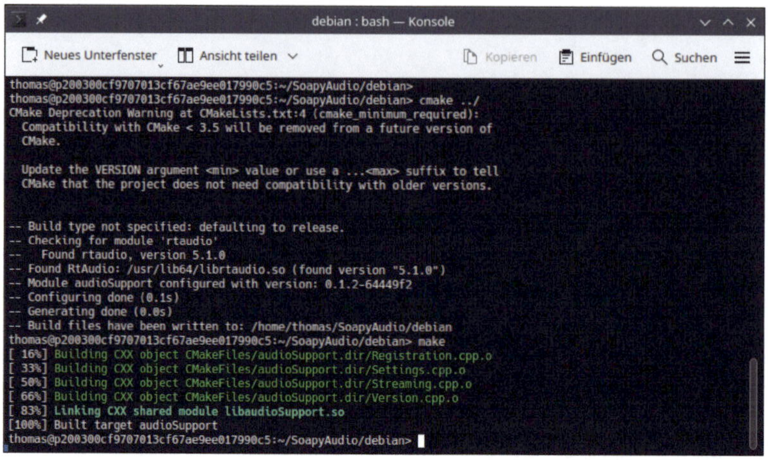

Abbildung 9-14: Erneuter Aufruf von Cmake, Übersetzen mit make

Nach dem erneuten Aufruf von cmake liefert das Kommando den output aus Abbildung 9-14 zurück. Die entscheidende Zeile ist: "Build files have been written to...". Damit ist alles bereit für die Kompilierung, die wir mit

```
make
```

starten (Abbildung 9-14). Diese schließt mit "Built target audioSupport" ab. Um die Library zu installieren, loggen wir uns mit "su" als superuser ein und rufen folgenden Befehl auf:

```
make install
```

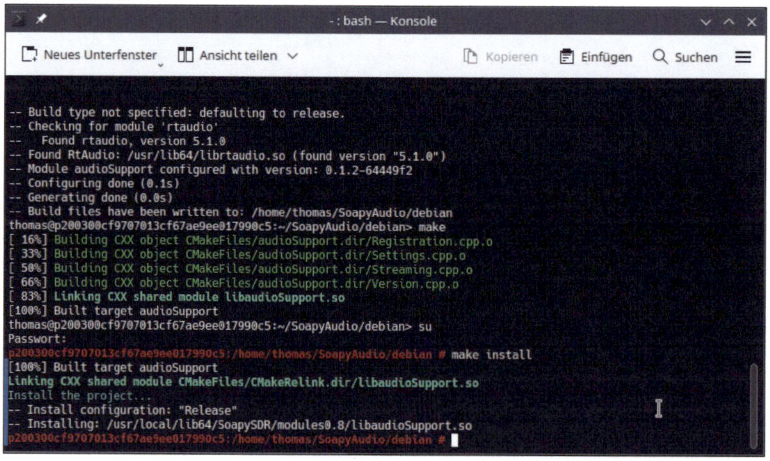

Abbildung 9-15: Die library als su installieren

In der Ausgabe (Abbildung 9-15) sehen wir, wohin die Library installiert wird – nach "//usr/local/lib64/SoapySDR/modules0.8/libaudioSupport.so". Damit kann sie SoapySDR aber noch nicht finden – die Library wird in "/usr/lib64SoapySDR/modules0.8/" erwartet. Mit dem Midnight Commander kann man dort einen symbolischen link auf die Library erzeugen (das ist besser als kopieren, Abbildung 9-16).

Abbildung 9-16 Symbolischen Link mit Midnight Commander anlegen

Jetzt erst sind alle Vorbereitungen abgeschlossen. Der eigentliche Tweak wird folgendermaßen erreicht:

Wechseln Sie in das Verzeichnis "SoapyAudio-master" . Öffnen Sie die Datei "Streaming. cpp". Dort finden Sie in der Funktion "SoapySDR::Stream *SoapyAudio::setupStream(...)" eine Abfrage des Parameters "chan" aus der Struktur "chanOpt".

Wird "chan" auf einen Wert gesetzt, der von null verschieden ist, ergibt die Variable "cSetup" die Anzahl der Kanäle. Das könnte einen zu dem Schluss verleiten, dass man in GQRX durch Angabe zusätzlicher Parameter im device string (in der ComboBox für die Quellenauswahl) den Parameter einfach angeben kann.

Das Ausprobieren der Idee mit z.B. GQRX führt zu einer Fehlermeldung (z.B. nicht angeschlossener Eingang in einem in GQRX erzeugten GnuRadio block). Der Parameter wird zwar korrekt weitergeleitet, geht aber auf dem Weg von rtl-sdr nach SoapyAudio verloren.

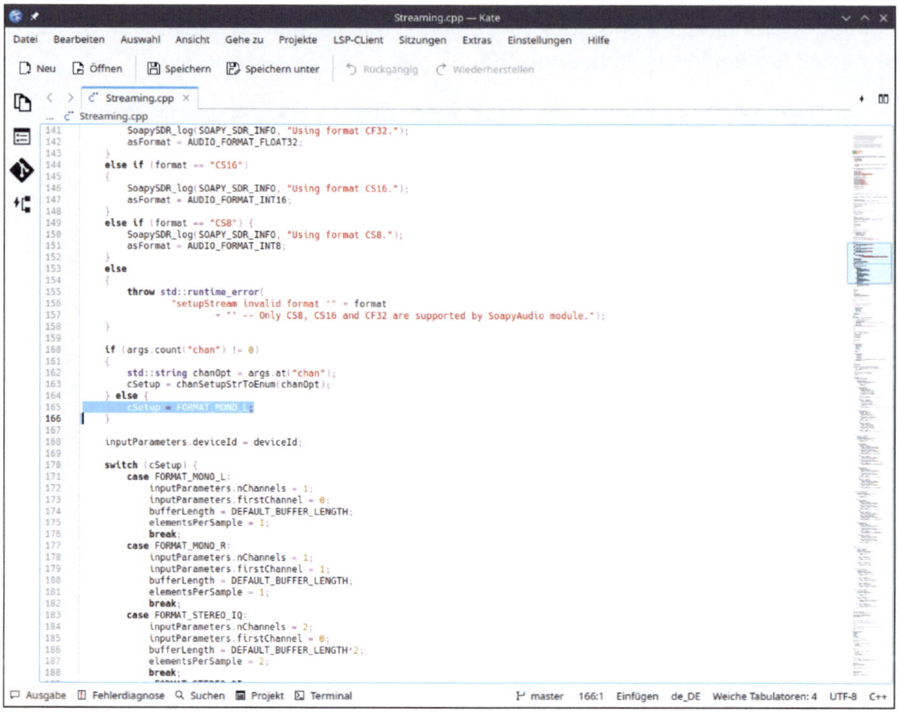

Abbildung 9-17: Code-Ausschnitt aus "Streaming.cpp" mit markierter default-Zeile

Eigentlich sollte man in rtl-sdr weiter forschen. Wir kurieren der Einfachheit halber das Symptom, was sich später auch bei einem weiteren SDR-Programm als hilfreich erweisen wird. In Abbildung 9-17 ist eine Codezeile bereits markiert. Diese zeigt, dass bei Problemen mit der Initialisierung das Default "FORMAT_MONO_L" gewählt wird. In diese Zeile tragen wir für das default-Format statt dessen "FORMAT_STEREO_IQ" ein Abbildung 9-18. Dazu ist ein Kommentar hilfreich, am besten mit Initialen und Datum sowie einer kurzen Begründung.

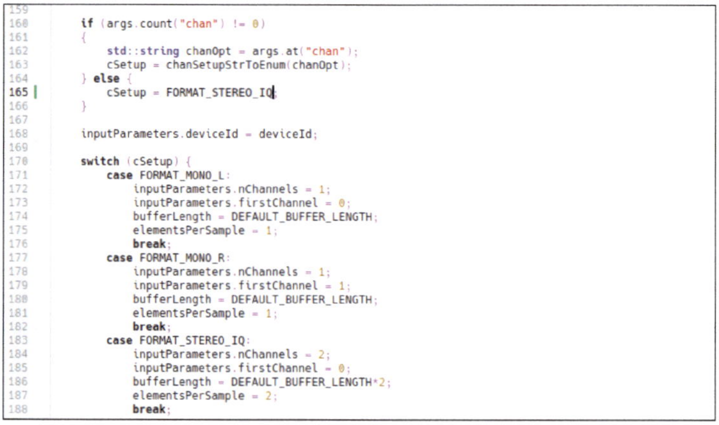

Abbildung 9-18: Geänderter Code in Streaming.cpp

Nach der Änderung wieder ins Verzeichnis "/SoapyAudio/build" wechseln und die Library mit "make" kompilieren. Danach als su mit "make install" installieren. Unser vorher angelegter symbolischer Link bleibt unverändert. Bis vor kurzem wären wir jetzt fertig gewesen. Aber es ergab sich während der Erstellung des Manuskripts noch eine weitere Veränderung:

9.1.2 SoapyAudio an das neue rtaudio7 anpassen

Rtaudio ist ein plattformunabhängiger Sound-Server, der die Audio-Ressourcen der verschiedensten Betriebssysteme zugänglich macht. Genau wie SoapySDR ist er plattformunabhängig angelegt. Das SoapyAudio-Modul greift auf den rtaudio-Server zurück. Solche gestapelten Architekturen sind nicht unüblich und es ist eine gewisse Kunst, Fehler durch diese aufeinander getürmten Softwareschichten zu verfolgen.

Manche Änderung tief im System mag normalerweise unbemerkt mit einem Update in einem System landen. Mit dem Update von rtaudio6 auf rtaudio7 war das definitiv nicht der Fall, es ging auffällig schief – das wie beschrieben vorbereitete SoapyAudio Modul fand keine Soundkarten mehr und ließ sich wegen der Abhängigkeit von rtaudio6 auch nicht mehr neu installieren.

Zwei Änderungen beim Übergang auf rtaudio7 waren gravierend: Zum einen fiel der RtaudioError weg. Dieser wird aber in try-catch-Blocks zum Interpretieren von exceptions benötigt. RtaudioError wurde ersetzt durch RtaudioErrorType als Rückgabewert für rtaudio7-Methodenaufrufe.

Die zweite Änderung betrifft die device_ids, die die Soundkarten von rtaudio zugewiesen werden. In der Vergangenheit konnten sich die Entwickler darauf verlassen, dass rtaudio anstelle der internen deviceID-Parameter auch mit den Indices der zurück gelieferten rtaudio-Info-Strukturliste zurechtkam. Das war sehr bequem – man konnte die Liste einfach mit einer Schleife durchlaufen lassen und den Listenindex zur Konfiguration der Hardware weiterverwenden.

Bei rtaudio7 muss dagegen immer die interne deviceID kommuniziert werden, sonst bekommt man noch nicht einmal mehr die einzelnen info-Strukturen von rtaudio zurück geliefert – woraufhin das aufrufende Programm keine Soundkarten mehr findet.

Um die entsprechenden Änderungen in SoapyAudio einzuarbeiten, besorgt man sich zunächst von

https://github.com/thestk/rtaudio

die aktuellen Quellen für rtaudio.cpp und rtaudio.h. Diese müssen im geklonten Quellverzeichnis von SoapyAudio in das Unterverzeichnis /external/rtaudio kopiert werden.

Wenn man jetzt die Kompilation von SoapyAudio noch einmal startet, bekommt man auch gleich die passenden Fehlermeldungen zu den disfunktionalen try-catch-blocks. Man kann das Problem durch Umschreiben der Funktionen "SoapyAutio::activateStream(...)" und "SoapyAudio::getStreamMTU(...)" beheben. Dort müssen die try{}-Blocks entfernt und die catch-Blocks durch eine Abfrage des Rückgabewertes einer neuen Variable rt_audio_error_code ersetzt werden.

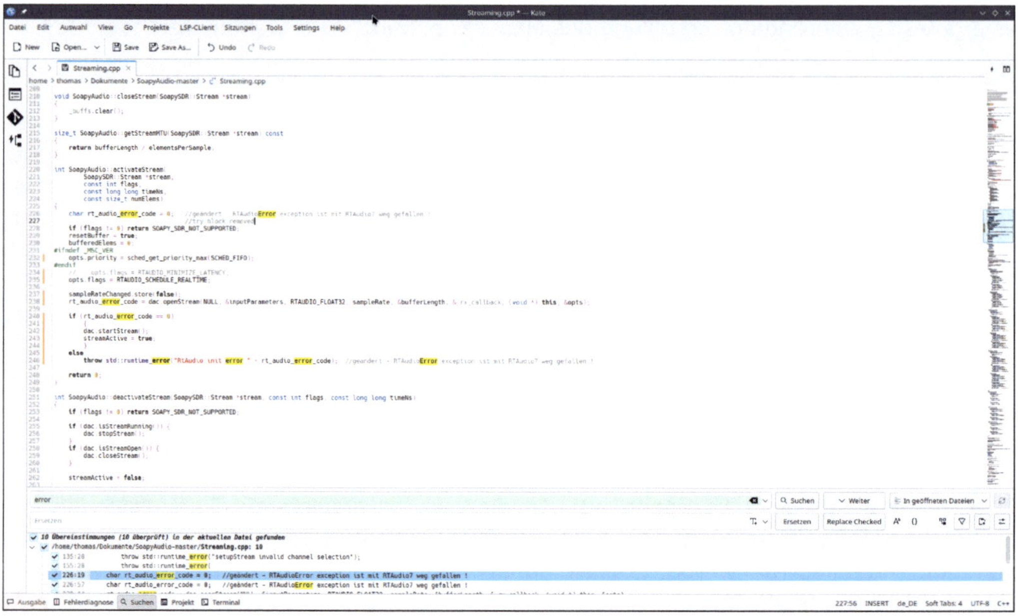

Abbildung 9-19: Geänderte Funktion "SoapyAutio::activateStream"

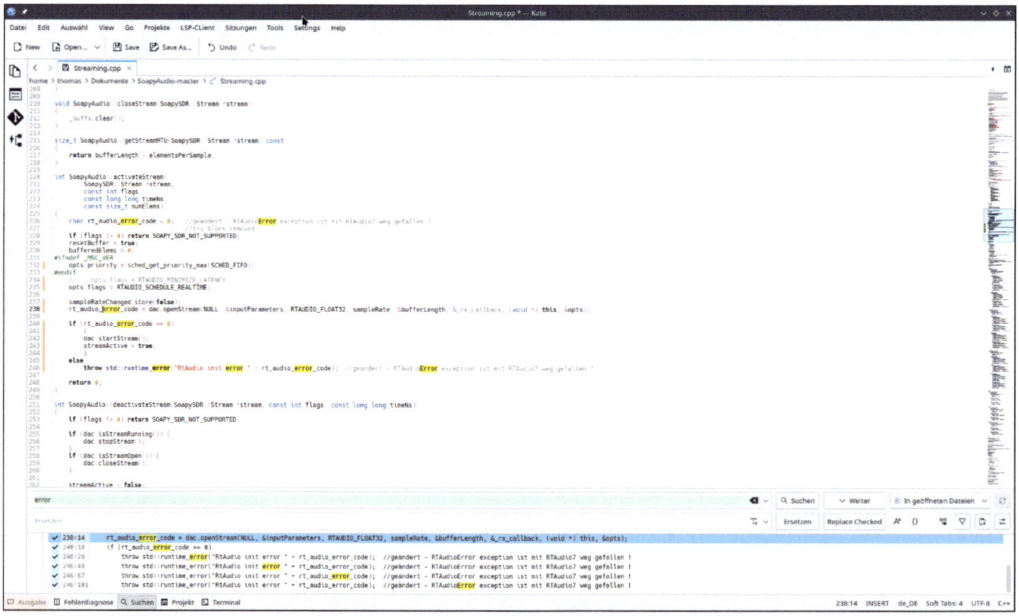

Abbildung 9-20: Geänderte Funktion "SoapyAudio::getStreamMTU"

Nachdem die Inkompatibilität mit RTAudioError behandelt wurde, müssen noch die deviceIDs korrekt angefordert werden. Dazu öffnen wir in "SoapyAudio-master" die Datei "Registration.cpp".

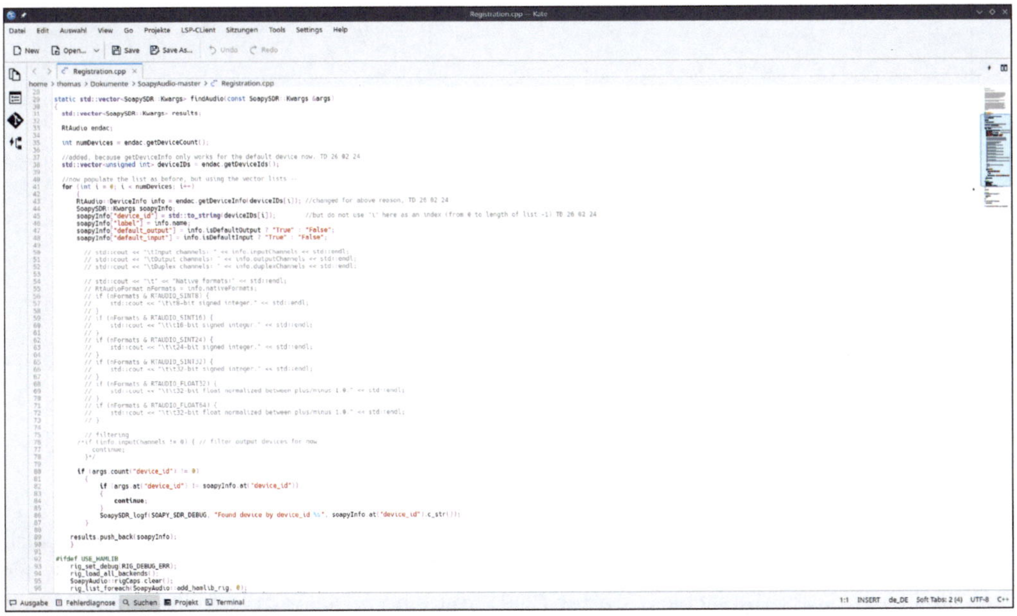

Abbildung 9-21: Geänderte Funktion "findAudio"

Gleich am Anfang findet man die Funktion findAudio. Dort muss man eine Zeile einfügen (Zeile 38), mit der man von der RTAudio-Instanz zunächst eine Liste mit den deviceIDs anfordert. In der folgenden for-Schleife (Zeile 43) fordert man sich die DeviceInfo-Struktur nicht mehr (wie zuvor) mit dem Schleifenindex, sondern mit dem entsprechenden Array-Eintrag aus deviceIDs an. Mit den korrekten deviceIDs liefert RTAudio wieder Informationen und - wunderbare Welt – SoapyAudio arbeitet wieder als wäre nichts geschehen.

Wem die Tipparbeit zu umständlich ist, der findet die Modifikationen komplett im online-Material, zusammen mit einer übersetzten Version von "libaudioSupport.so" (Verzeichnis "SoapyAudio Tweak rtaudio7"). Da Ihr System wahrscheinlich kleine Unterschiede aufweist, sollten Sie versuchen, das Modul selbst zu übersetzen.

9.2 GQRX

Mit einem instand gesetzten SoapyAudio-Modul kann man daran gehen, GQRX in Betrieb zu nehmen. GQRX kann einfach mit der openSuse-Tumbleweed-Paketverwaltung installiert werden (Fig. 9-22) . Es ist auf diese Weise zwar noch nicht die letzte Version beschafft aber der Vorgang ist sehr einfach und daher unser erster Versuch in der bunten SDR-App-Welt.

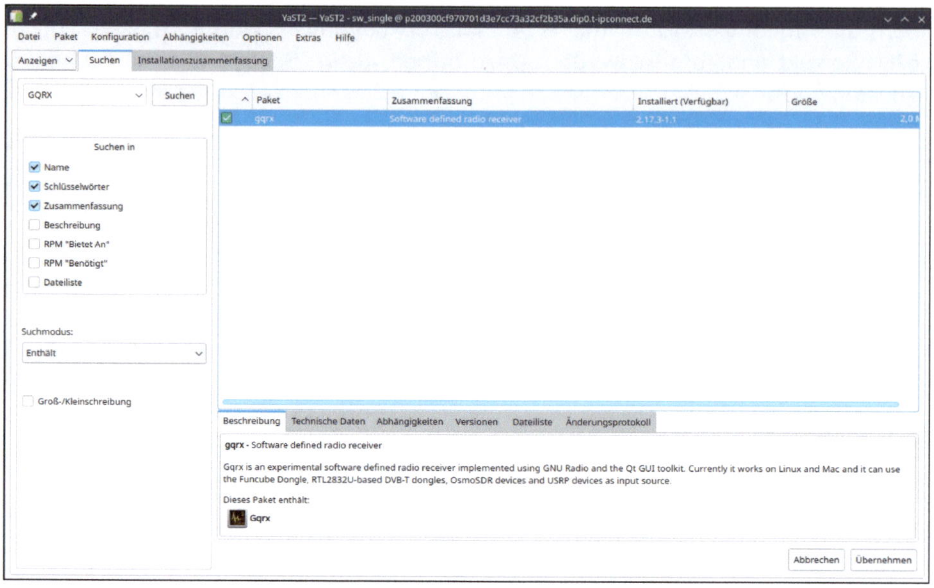

Abbildung 9-22: Installation von GQRX

Da die Installation nur wenige Klicks benötigte, kann man versucht sein, GQRX gleich zu starten. Dazu noch den guten alten DAB-Stick in einen freien USB-Port stecken, als Modellfall eines SDRs. Tatsächlich startet GQRX mit einem Dialog zur Quellenauswahl und in der Auswahl erscheint "RTL2832U" für den DAB Stick (Abbildung 9-23). Wenn man diese Auswahl trifft und "OK" klickt, möchte GQRX leider nicht weiterarbeiten – der Zugriff auf die Hardware scheitert.

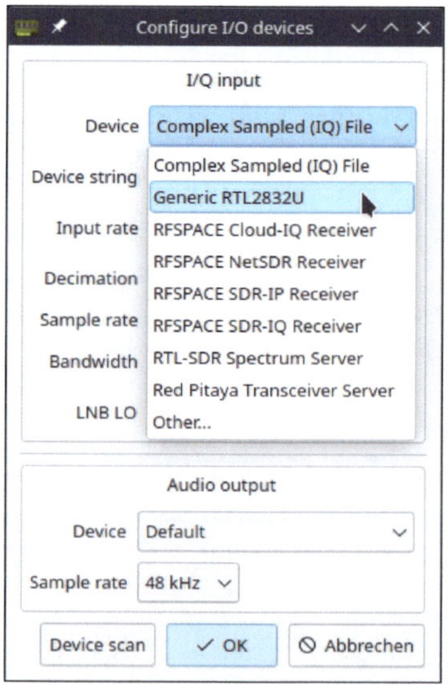

Abbildung 9-23: GQRX Dialog zur Quellenauswahl

Für den DAB-Stick liefert RTL-SDR einige sehr schöne Funktionen, die man aus der Befehlszeile aufrufen kann. Um den Stick zu testen, ruft man:

```
rtl-test //oder rtl_test, je nach Version
```

auf. Es erscheint im Terminal wahrscheinlich der in Abbildung 9-24 abgebildete Inhalt:

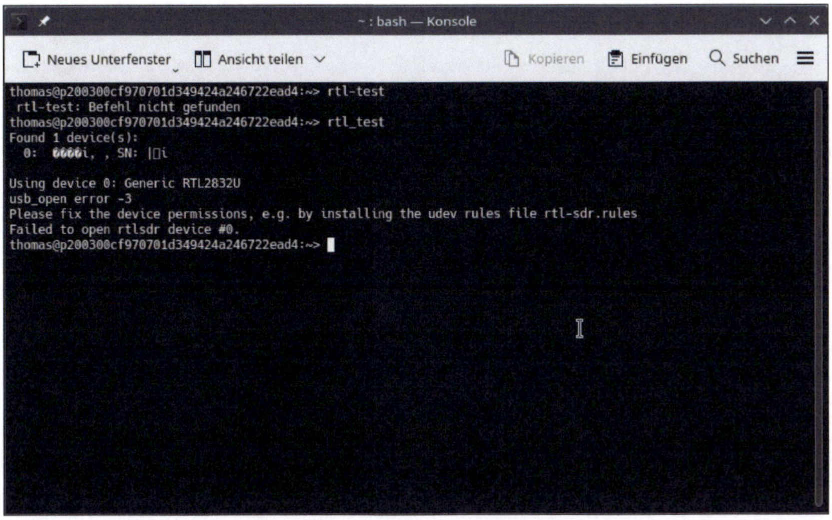

Abbildung 9-24: rtl-test Fehlermeldung

Der Hinweis auf die device permissions ist (wie so oft in Linux) entscheidend. Um dies schnell einzugrenzen, ruft man rtl-test gleich nochmal als su auf:

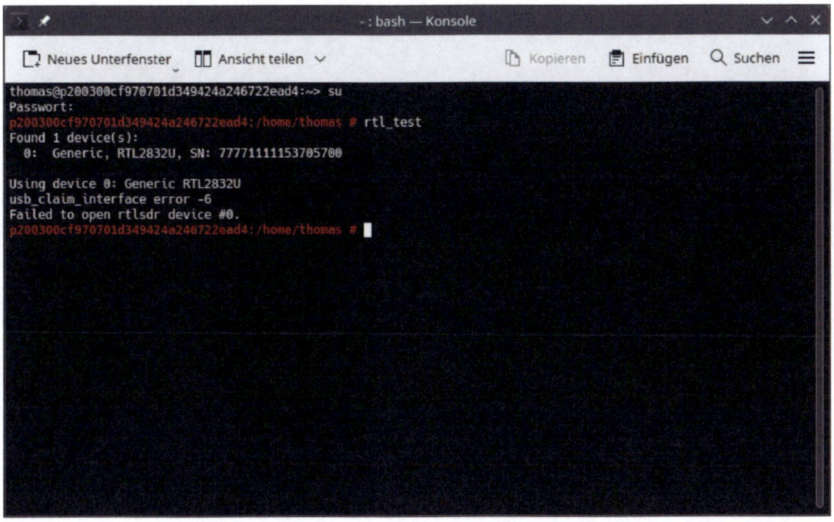

Abbildung 9-25: rtl-test OK als su

Es funktioniert - damit ist der Fall ganz klar – es sind wirklich die device permissions. Für die Älteren von uns liefert der Midnight Commander eine Erinnerung an die Studentenzeit. Navigiert man mit mc in das Verzeichnis "/usr/lib/udev/rules.de", so erkennt man (Abbildung 9-26), dass die rules-Datei zwar vorhanden aber nicht konsistent benannt ist.

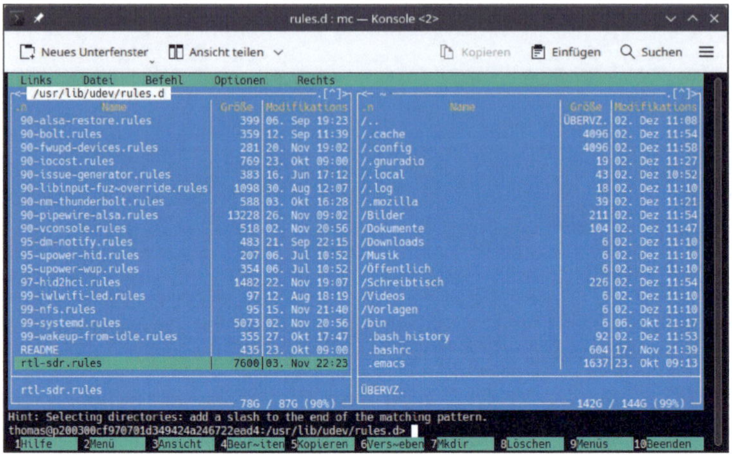

Abbildung 9-26: rtl-sdr.rules ohne Priorität im Verzeichnis

Wir benennen die Datei "rtl-sdr.rules" um in "10-rtl-sdr.rules".

Nach dem Neustart des Computers liefert rtl-test sinnvollen Output (Abbildung 9-27). Die Fehlermeldungen können wir einfach ignorieren.

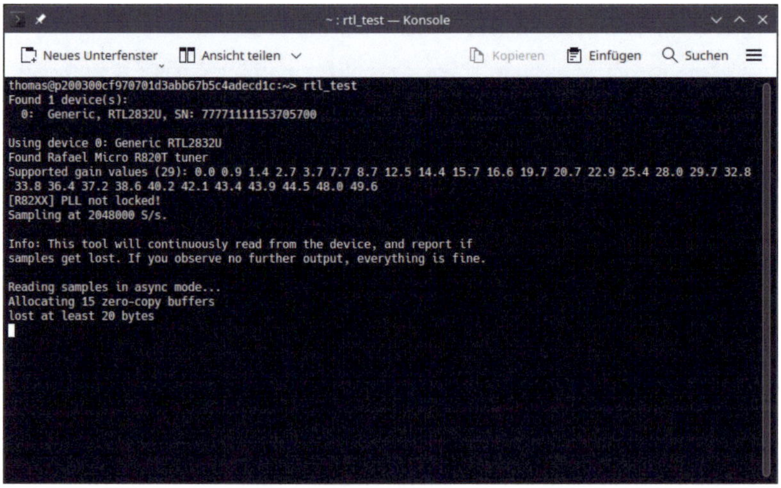

Abbildung 9-27: DAB Stick wird erkannt.

Den DAB-Stick mögen manche anstößig finden – mit seinen 8 Bit-Wandlern und dem im Wesentlichen unbekannten Innenleben sowie der mit Störungen belasteten 5V-Versorgung aus dem USB wirkt er nicht gerade attraktiv. Aber – es gibt in rtl-sdr einige interessante

Funktionen, die sofort aus der Befehlszeile zur Verfügung stehen. Man kann damit u.a. UKW-Radio hören oder die Funk-Wettersensoren in der Nachbarschaft auslesen (mit automatischer Decodierung!). Und - nicht zuletzt – er funktioniert jetzt auch als "Drosophila" mit GQRX (Abbildung 9-28).

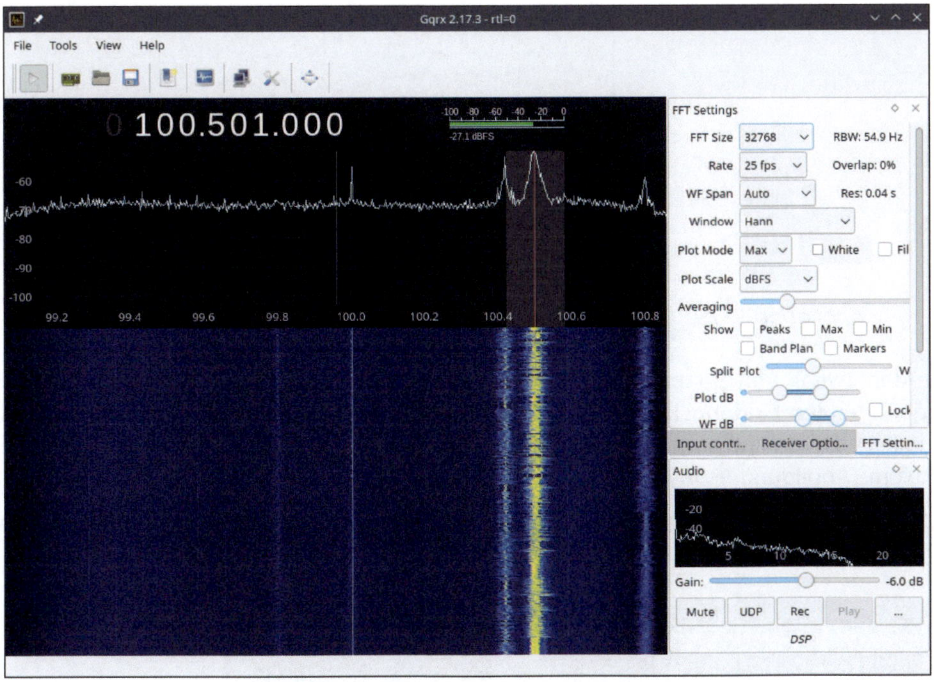

Abbildung 9-28: GQRX mit DAB-Stick

Unsere ersten Experimente mit dem RF-Bricks-SDR werden über die Soundkarte laufen. Diese Technik ist unter Experten etwas verrufen – dabei hat sich gerade bei den externen Soundkarten in den letzten Jahren viel getan, das Sie sich nicht entgehen lassen sollten.

Da die Vorarbeit am SoapyAudio-Modul bereits im vorigen Abschnitt geleistet wurde, gibt es nach dem Start von GQRX bei der Wahl des Eingangs auch die Option, die Soundkarte zu wählen – hier kann man einfach auf den PulseAudio Server zurückgreifen (Abbildung 9-29). Wenn man weitere USB-Soundkarten einsteckt, werden diese ebenfalls aufgelistet.

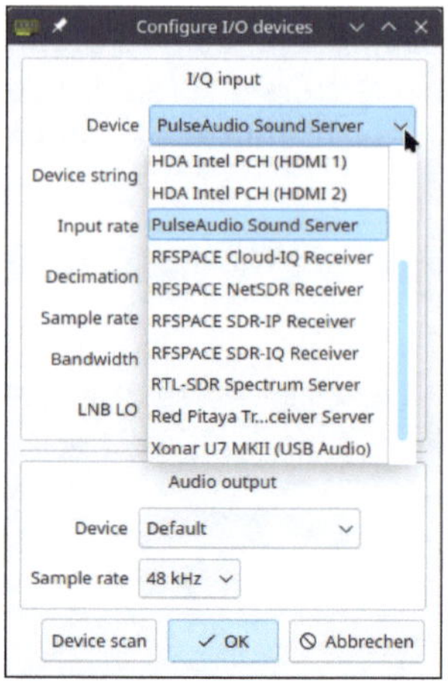

Abbildung 9-29: Die Soundkarten und Server werden in GQRX gelistet

Ohne den Tweak von SoapyAudio wäre dies nicht möglich gewesen. Nach Auswahl eines funktionierenden Eingangskanals (hier: PulseAudio) liefert GQRX auch mit der Soundkarte das nach positiven und negativen Frequenzen separierte, daher asymmetrisch erscheinende Spektrum (Abbildung 9-30).

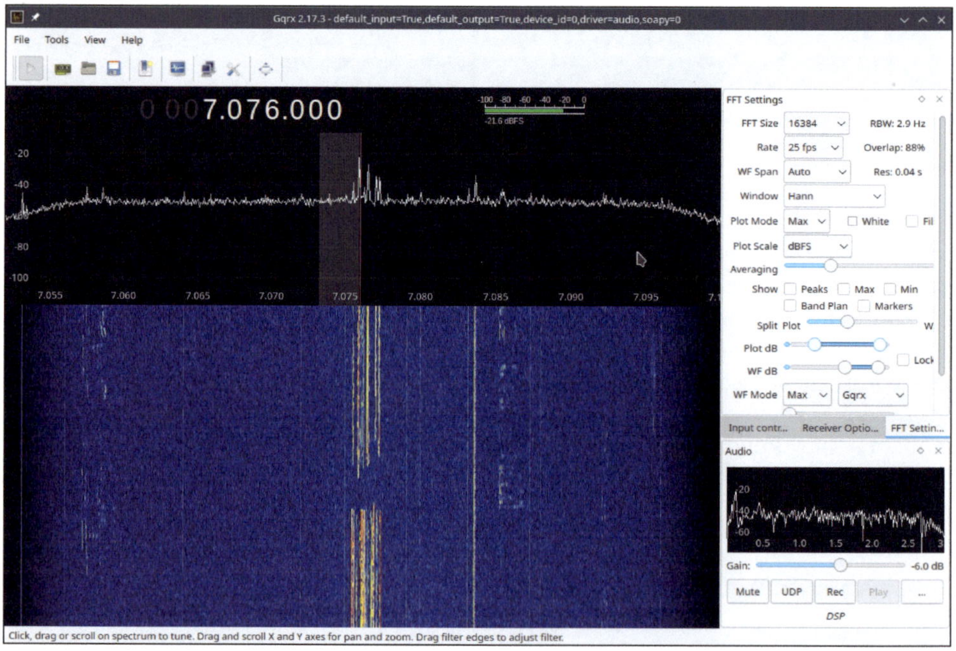

Abbildung 9-30: Korrekt von GQRX wiedergegebene Spektren mit der Soundkarte

Nun fängt die Sache an, Spaß zu bereiten. Bei unserer Soundkarten-Lösung gibt es aber noch einen kleinen Hemmschuh: Die Frequenz lässt sich nicht aus GQRX heraus einstellen. Da unser Arduino sich ein wenig anmaßend als TS850 an der CAT-Schnittstelle ausgibt, könnte man ihn über hamlib und den rigctl-Daemon ansprechen. Leider hat GQRX keinen integrierten rigctl-Client – aber dafür eine Schnittstelle zur Fernbedienung.

9.2.1 Integrierte Abstimmung mit gqrx-hamlib

Um auch die Abstimmung über die GQRX-GUI abzuwickeln, braucht man noch eine kleine Middleware, die sowohl den rigctl-Server als auch die Fernbedienung von GQRX nutzt. Dazu hat G0FCU ein kleines Python-Skript erstellt, dass wir nutzen und auch verändern können. Das Skript heisst "gqrx-hamlib", das Verzeichnis kann man mit git folgendermaßen klonen:

```
git clone https://github.com/g0fcu/gqrx-hamlib
```

Das Skript braucht zum Funktionieren Python 2.7, welches man mit der Yast-Paketverwaltung installieren kann. Bei der Gelegenheit kann man auch gleich noch telnet installieren, welches zum Testen von Socket-Verbindungen nützlich ist.

Mit rigctl versuchen wir auch gleich, den Arduino anzusteuern Den rigtcl starten wir durch Eingabe des folgenden Kommandos in ein Terminal-Fenster:

```
rigctl -r /dev/ttyACM0 -m 2009 -s 115200
```

Wie man aus der Kommandozeile erschließen kann, ist der Parameter r die serielle Schnittstelle des Arduino-Boards (die Bezeichnung wird in der Arduino-IDE angezeigt, wenn man das Board verbindet). Der Parameter m ist der Modell-Code von hamlib, für den TS850 findet man den Code 2009. Parameter S ist die Baudrate, der Arduino erwartet 115200 baud.

Da wir für dies Beispiel ein frisch aufgesetztes System verwenden, verweigert sich der serielle Port (Abbildung 9-31).

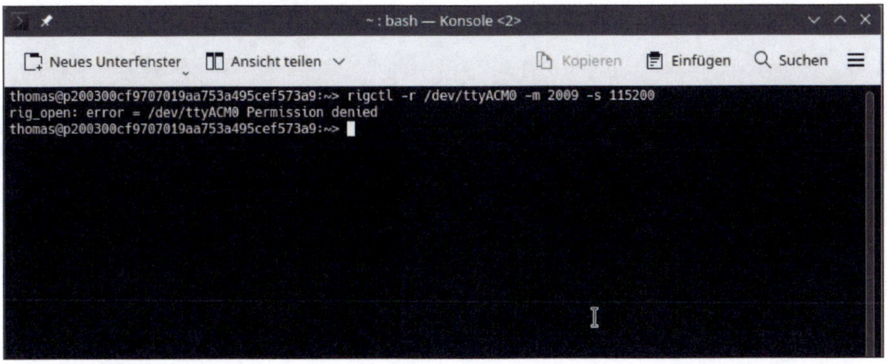

Abbildung 9-31: Kein Zugriff von rigctl auf den Port /dev/ttyACM0

Um den Port zu verwenden, sollte man nicht dessen Eigentümer-Eigenschaft auf "Jeder" setzen. Besser ist es, in der Benutzerverwaltung von Yast sich selbst der Gruppe "dialout" hinzuzufügen. Das hält die Zugriffsrechte im Rahmen (Abbildung. 9-32).

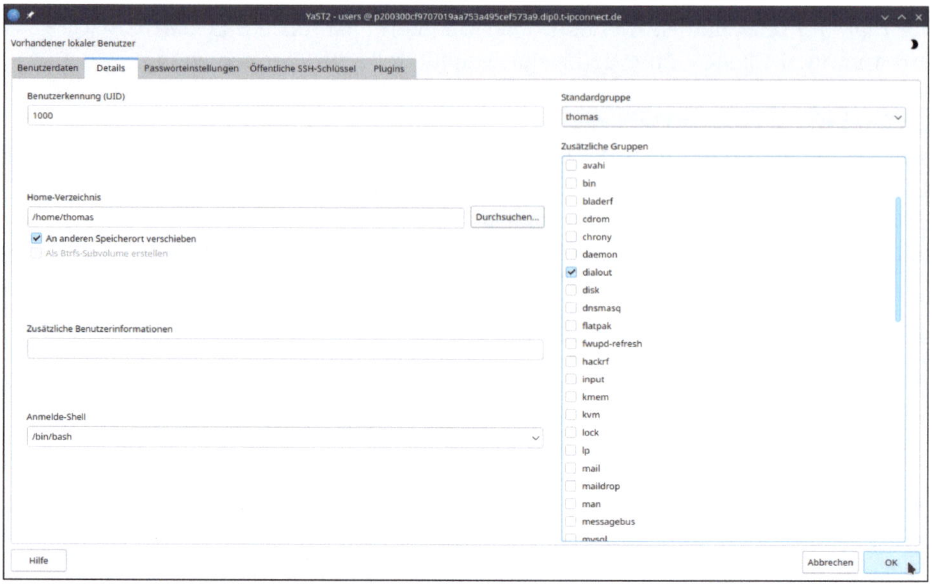

Abbildung 9-32: Dem eigenen Profil die Gruppe "dialout" hinzufügen

Ab- und Anmelden vom X-Server aktualisiert die neue Einstellung. Der erneute Aufruf von rigctl (s.o.) liefert diesmal einen Prompt "Rig command:". Die Eingabe von "F 7100000<ENTER>" setzt den Arduino auf diese Frequenz (in Hertz). Die Eingabe von "f <ENTER>" liest den Frequenzwert wie erwartet zurück (Abbildung 9-33).

Abbildung 9-33: Hamlib kommuniziert mit dem Arduino

Das Programm rigctl kann auch als Daemon (Server) gestartet werden. Dazu gibt man den Befehl

```
rigctld -r /dev/ttyACM0 -m 2009 -s 115200
```

in ein Terminalfenster ein. Das kleine d im Befehlsnamen beachten. Der Daemon liefert keine Rückgaben im Terminal, welches daher minimiert werden kann. Schließt man das Terminalfenster, stoppt der Server wieder. Die Ansteuerung läuft jetzt analog wie die manuelle Eingabe mit rigctl aber über den Port localhost:4532. Dies kann man mit telnet überprüfen, indem man in einem neuen Terminalfenster:

```
telnet localhost 4532
```

eingibt und die Kommandos wie oben ausprobiert. Jetzt fehlt noch die Ansteuerung von GQRX. Hat man GQRX gestartet, findet man im Menu unter "Tools | Remote Control Settings" die aktuelle Port- und Hosteinstellung (Abbildung 9-34). Um die Fernsteuerung zu starten, muss man im Menu aber noch "Tools | Remote Control" anklicken. Das Icon verfärbt sich im aktiven Zustand leider kaum.

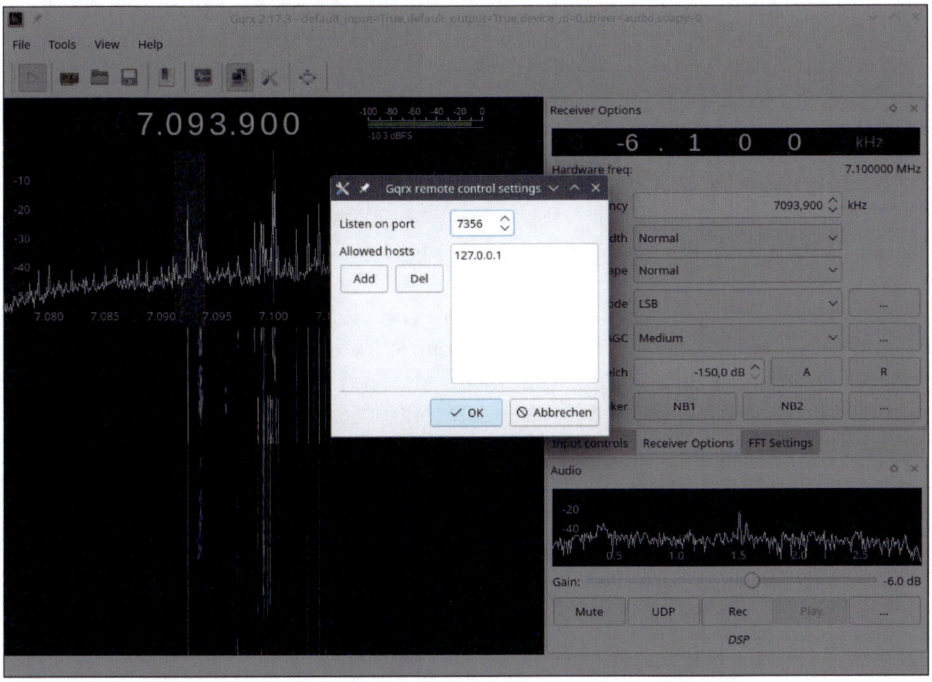

Abbildung 9-34: Die Fernbedienung von GQRX konfigurieren

Sollte der Verbindungsaufbau gleich mit telnet nicht klappen, einfach nochmal in GQRX auf "Tools | Remote Control" klicken. Mit dem Kommando:

```
telnet localhost 7356
```

kann man eine Verbindung zur Fernsteuerung von GQRX aufbauen. Auch hier kann man zur Probe "F 7100000<ENTER>" eintippen und die Reaktion von GQRX prüfen. Wenn die Verbindung steht, wechselt GQRX die Frequenz auf 7,1 MHz. Zudem wird "RPRT0" als Bestätigung zurückgesendet.

Nach all der Vorarbeit können wir ein neues Terminal öffnen und in das Verzeichnis "gqrx-hamlib" wechseln. Nach dem Trennen der zum Testen geöffneten Telnet-Verbindungen starten wir gqrx-hamlib durch Eingabe von

```
python gqrx-hamlib.py
```

Im Terminalfenster wird für jeden an GQRX gesendeten Befehl die Rückgabe ausgegeben ("RPRT0", wenn das Kommando abgearbeitet wurde). Damit folgt der Arduino Frequenzänderungen von GQRX. Ein schöner Luxus!

Einen kleinen Schönheitsfehler hat die Sache leider: Beim Verschieben des Demodulators in der Spektrumansicht verschiebt sich auch die Mittenfrequenz. Damit wird es schwer, innerhalb eines abgebildeten Spektralbereiches mit drag-and-drop zu navigieren – das Spektrum "kommt einem auf halbem Wege entgegen". Einfaches Herumtricksen mit dem Python-Skript führt leider nicht zu den erhofften Verbesserungen.

Sinnvoller wäre es, wenn die Mittenfrequenz des Spektrums beim Verschieben des Demodulators stabil bliebe und sich lediglich bei Änderungen der numerischen Frequenzkontrolle bewegen würde. Leider kann man dies nicht einfach erreichen – dazu muss man sowohl GQRX als auch gqrx-hamlib etwas verändern.

Aber – dieses Buch soll Ihnen ja gerade solche Aktionen nahelegen.

Im ersten Schritt müssen wir uns überlegen, wie man die Demodulatorfrequenz aus GQRX auslesen kann. Diese ist, bezogen auf die Mitte des abgebildeten Spektrums eine positive oder negative Zahl. GQRX gibt aber als Frequenz (mit "f<ENTER>") lediglich die aktuelle Empfangsfrequenz aus, also die Mittenfrequenz des Spektrums plus der Demodulatorfrequenz.

Wenn wir die Demodulatorfrequenz separat auslesen könnten, wäre es daher leicht, die Mittenfrequenz zu bestimmen (und diese nur dann an den Arduino weiterzuleiten, wenn sie sich ändern sollte):

Mittenfrequenz = aktuelle Empfangsfrequenz - Demodulatorfrequenz

Wir müssen dazu nur GQRX mit einem zusätzlichen Kommando für die Fernbedienung ausstatten. Dazu bietet sich "j" an, das Zurücklesen von RIT (= receiver incremental tuning).

Um auszuprobieren, ob sich die Änderung lohnt, testen wir das Ergebnis erst einmal mit einer lokalen Kopie des Quellcodes – genau wie bei SoapyAudio.

9.2.2 GQRX selbst übersetzen

Zuerst brauchen wir den Quellcode, den wir uns mit git beschaffen. Dazu zunächst in das Verzeichnis wechseln, in welchem der Klon untergebracht werden soll. Danach den Klonvorgang starten:

```
git clone https://github.com/gqrx-sdr/gqrx.git
```

GQRX ist ein ausgewachsenes Qt-GUI-Projekt mit allem Drum und Dran. Dennoch ist es möglich, den Quellcode auch ohne QtCreator zu übersetzen – selbst nach kleinen Änderungen! Man nimmt dabei in Kauf, dass sich die Konfiguration mit cmake über fehlende

Libraries beschwert. Diese lassen sich aber unschwer mit Yast nachinstallieren (das prinzipielle Vorgehen wurde bereits bei der Übersetzung von SoapyAudio beschrieben), bis die build-Dateien korrekt konfiguriert werden. So brauchen wir uns noch nicht um die Arbeit mit QtCreator kümmern, können aber schon etwas loslegen.

Nachdem der Quellcode geklont ist, mit einem Terminalfenster ins Verzeichnis "gqrx/src" wechseln. Dort das Kommando:

```
cmake ../
```

aufrufen (Abbildung 9-35). Es fehlen eine Menge Libraries von Qt5. Da wir später vielleicht auch ein einfaches QtCreator-Projekt aufsetzen wollen, ist es am einfachsten, wenn wir mit der Yast-Paketverwaltung die Paketschemata Qt5 und Qt6 installieren (Abbildung 9-36).

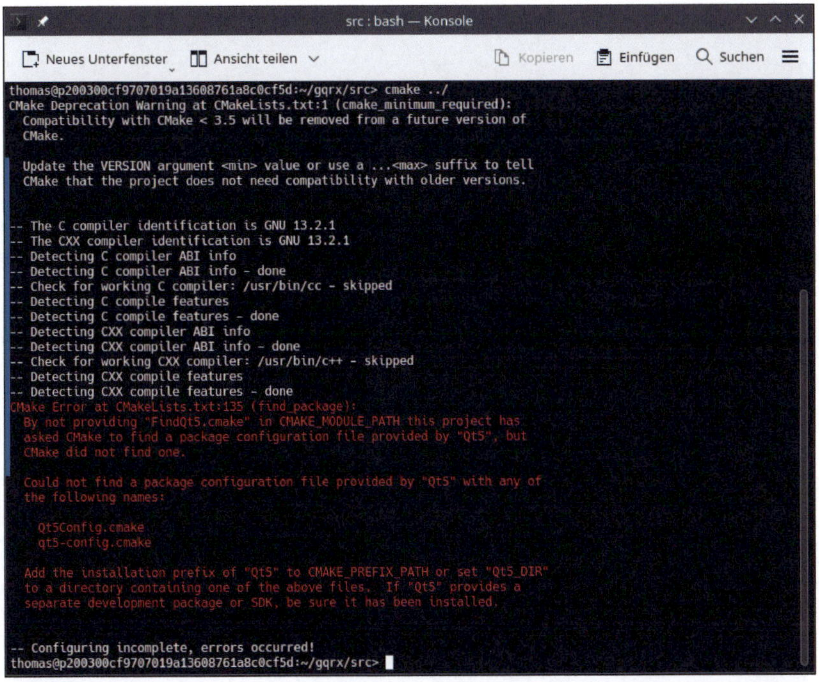

Abbildung 9-35: Fehlende Abhängigkeiten für die Übersetzung von GQRX

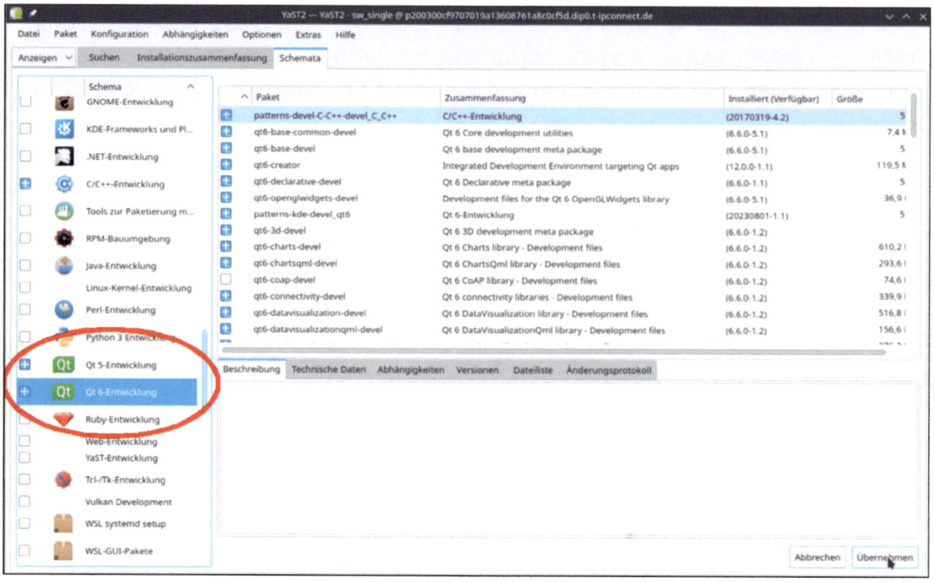

Abbildung 9-36: Installation der Schemata Qt5/6

Da GQRX auf Blöcke von GnuRadio zurück greift (eine Technik, die wir später selbst anwenden werden), installieren wir GnuRadio sowie OsmoSDR gleich mit (Abbildungen 9-37 und 9-38).

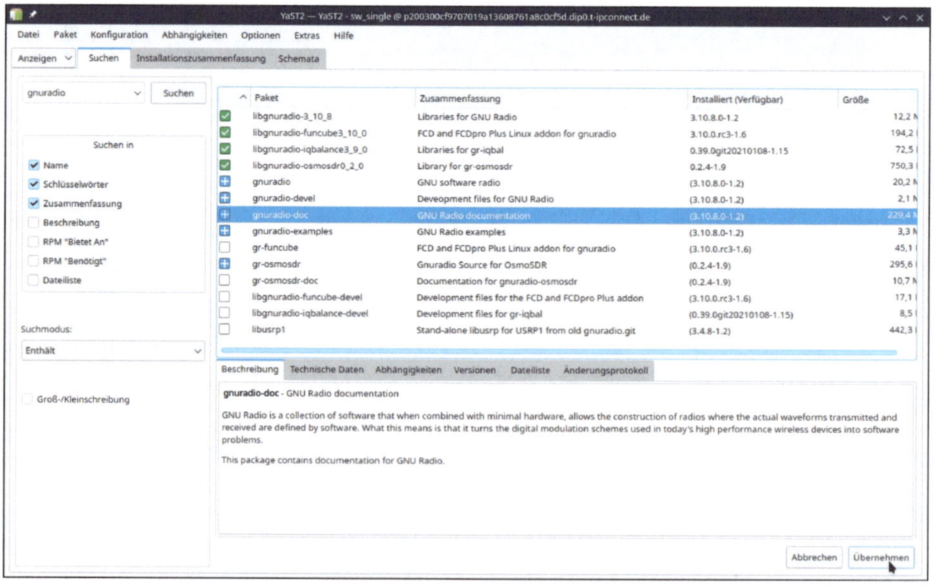

Abbildung 9-37: Installieren von GnuRadio mit Yast

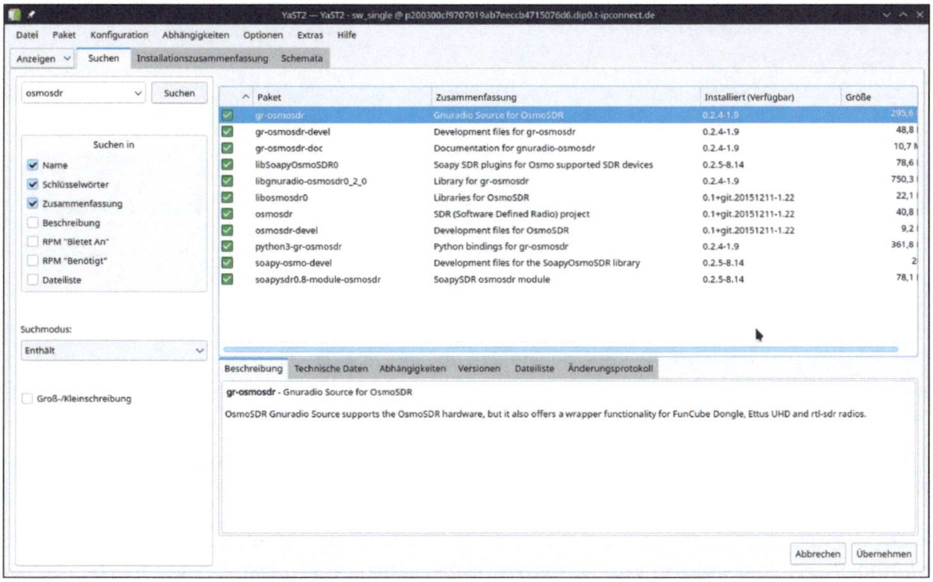

Abbildung 9-38: Installieren von OsmoSDR

Wiederholtes Aufrufen von

```
cmake ../
```

fördert noch einige andere Abhängigkeiten zu Tage, die mit der Yast-Paketverwaltung nachgeladen werden können:

Für libboost-date-time installieren wir die Pakete "libboost_date_time1_83_0" und das "..-devel"-Paket (Abbildung 9-39).

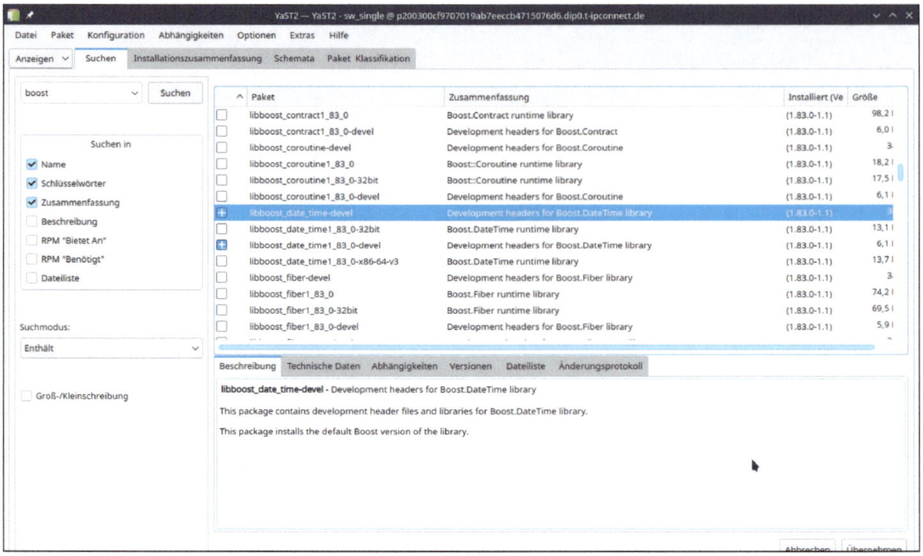

Abbildung 9-39: Installation von "libboost_date_time1_83_0 mit "..-devel" Header-Datei

Die weiteren Installationsschritte verlaufen analog, daher gibt es keine weiteren Abbildungen dazu.

- Für "boost_program_options" installieren wir das Paket "libboost_program_options1_83_0-devel"
- Für "boost_system" installieren wir die Pakete "libboost_system-devel", "libboost_system1_83_0" und "libboost_system1_83_0-devel"
- Für "boost_regex" installieren wir die Pakete "libboost_regex1_83_0" und "libboost_regex1_83_0-devel"
- Für "boost_thread" installieren wir die Pakete "libboost_thread1_83_0" und "libboost_thread1_83_0-devel"
- Für "boost_unit_test_framework" installieren wir die Pakete "libboost_test1_83_0" und "libboost_test_83_0-devel"

Solange cmake rote Fehlermeldungen zurückgibt, muss man fehlende Libraries nachladen, für die man aus dem Text der Fehlermeldung Hinweise gewinnt.

Manchmal fehlen auch nur die Development Header, dann sollte man das entsprechende boost-Paket mit der Endung"-devel" nachinstallieren. Die Rückmeldungen von cmake sind nicht immer ganz wörtlich zu nehmen. Manchmal bietet ein Paket anderen Namens die Funktion an – ein Beispiel ist "boost_unit_test_framework", welche im Paket libboost_test1_883_0-devel steckt.

Hat man sich durch die Abhängigkeiten durchgearbeitet, gibt cmake nur noch Warnungen zurück, die wir hier ignorieren.

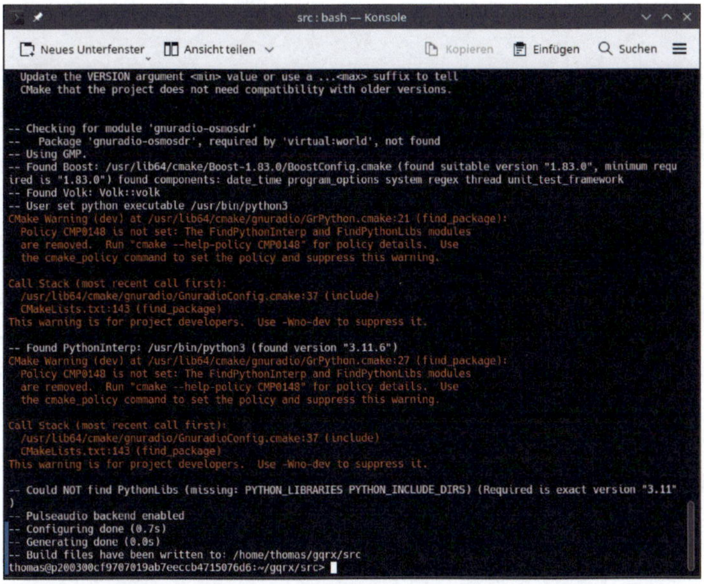

Abbildung 9-40: Build files have been written

Man sollte sich das nicht immer so einfach machen aber da cmake in der letzten Zeile signalisiert, dass die build-Files erstellt wurden (Abbildung 9-40), kann man die Kompilierung probieren, die wir mit:

```
make
```

starten. Wenn alles glatt läuft, wird GQRX Stück für Stück kompiliert (Abbildung 9-41)! Mit dem Quellcode kann man es auch dann immer wieder aufbauen, wenn die originale URL nicht mehr zugänglich sein sollte.

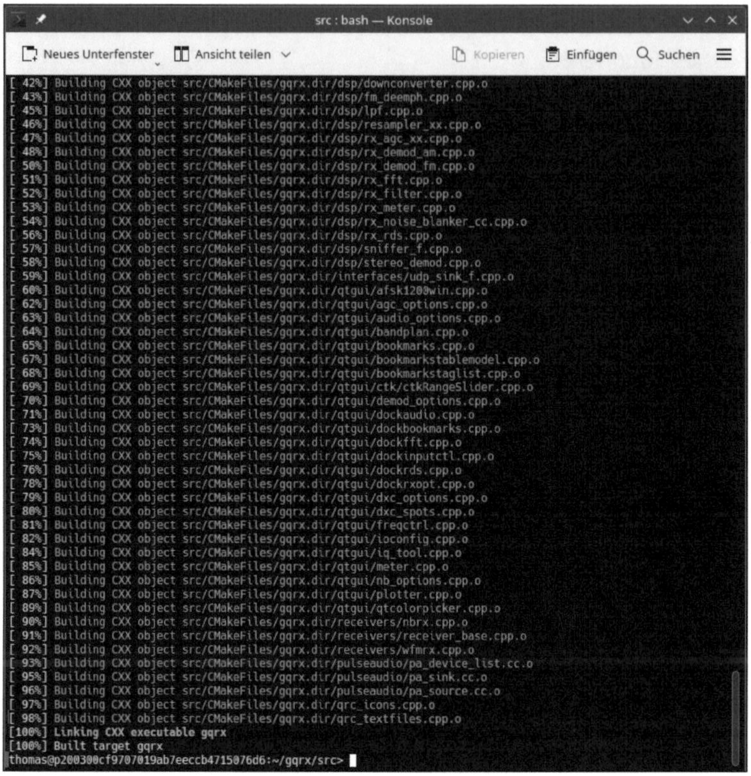

Abbildung 9-41: Übersetzung von GQRX

In den letzten beiden Zeilen stehen die erlösenden Inhalte:

- [100%] Linking CXX executable gqrx
- [100%] Built target gqrx

Im Vergleich zur unterliegenden Komplexität war das ein einfacher Vorgang, es handelt sich immerhin um ein umfangreiches Qt-GUI-Projekt mit ausgefeilten DSP-Routinen und schöner GUI. Jetzt steht nicht nur GQRX in der von Git heruntergeladenen, meistens sehr aktuellen Version zur Verfügung, sondern wir können es jetzt auch nach unseren Vorstellungen verändern, anpassen und zuverlässig für die Zukunft sichern.

Die gleiche Technik kann man auch verwenden, wenn man ältere Programme wiederbeleben will. Da sich in der Linux-Welt aber immer sehr viel ändert, muss man auf zusätzliche Arbeit bei der Anpassung an die Gegenwart gefasst sein. Immerhin – die Werkzeuge dazu stehen zur Verfügung!

Das neu kompilierte Binary finden wir im Verzeichnis "gqrx/build/src" wieder. Die Datei hat den Dateinamen "gqrx" und lässt sich durch Anklicken starten. Auf den Desktop könnten wir es als "gqrx_custom" verlinken.

9.2.3 Zusätzliche Funktionalität in GQRX einbauen

Um die Demodulator Frequenz auszulesen, wollten wir das hamlib-Kommando "j" einsetzen, mit dem normalerweise RIT (= receiver incremental tuning") zurück gelesen wird. In einem Transceiver kann man mit diesem Parameter die Empfangs- gegenüber der Sendefrequenz versetzen. Wenn wir an unser Ziel denken, die Mittenfrequenz möglichst konstant zu halten (und damit die PLL der SDR-Hardware) und Verschiebungen des Demodulators innerhalb des Spektrums nur mit dem DSP von gqrx zu erledigen, kommt das der Realität tatsächlich sehr nahe – denn einen Sender würde man ja mit dem LO, also der PLL als Referenzfrequenz versorgen.

Die Routinen zur Fernbedienung findet man in "gqrx/src/applications/gqrx" in der Datei "remote_control.cpp". Am Anfang der Funktion "RemoteControl::startRead" steht ein langer if - else if – Block, in welchem der Parameter "cmd" ausgewertet wird. Wir bleiben mit unserer Ergänzung in der alphabetischen Reihenfolge und ergänzen nach der Zeile mit "cmd_set_freq(..) (Abbildung 9-42):

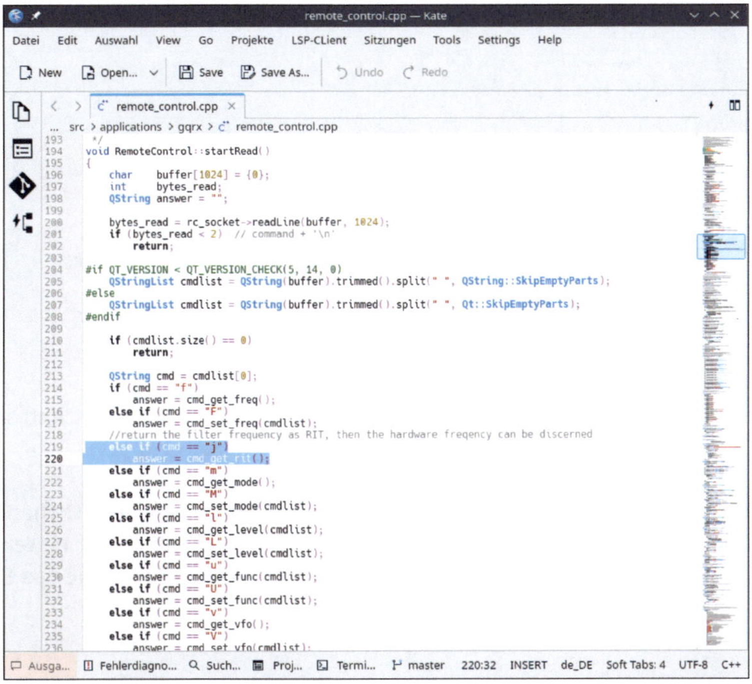

Abbildung 9-42: Zusätzliches Kommando cmd_get_rit() einfügen

Jetzt fehlt noch die Implementierung der neuen Methode. Den ergänzen wir weiter unten. Die Methode gibt einfach den Wert der Variablen "rc_filter_offset" zurück. Die Variable findet man, wenn man sich etwas durch den Code hindurchwurstelt. Zu solchen Aktionen möchte ich Sie ausdrücklich ermutigen!

Nach der Methode "RemoteControl::cmd_set_freq(..)" fügen wir unseren neuen Getter ein (Abbildung 9-43):

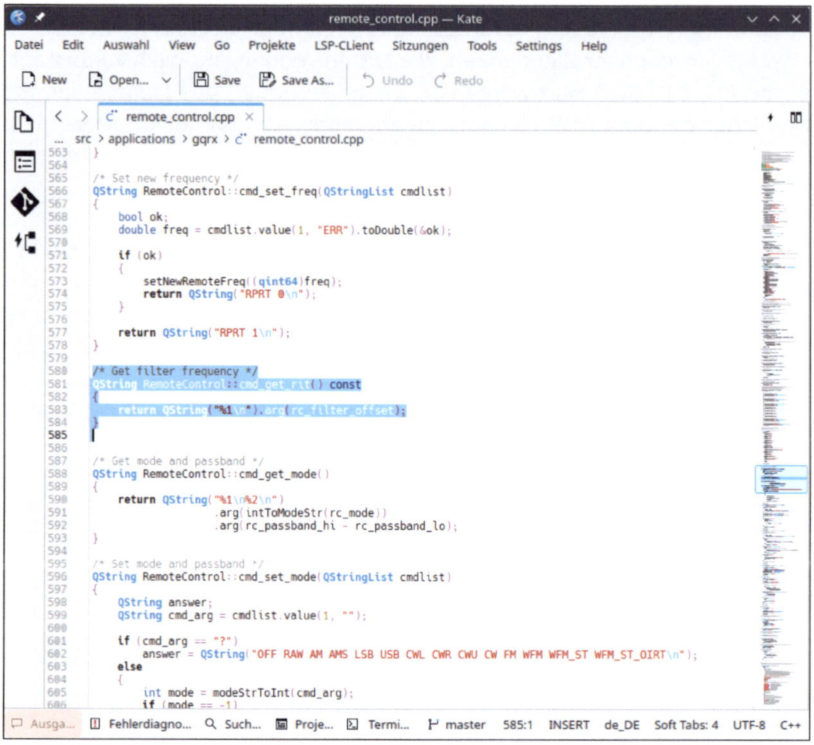

Abbildung 9-43: Methode "cmd_get_rit()" einfügen

Die komplexe Qt-Syntax können wir uns mit cut-and-paste von "RemoteControl::cmd_get_freq(..)" verschaffen.

Es fehlt noch die Bekanntgabe der neuen Methode in der Header-Datei. Öffnen sie dazu die Datei "RemodeControl.h" und fügen Sie im Block "RC commands" den neuen Prototypen "QString RemoteControl::cmd_get_rit() const" ein. Abbildung 9-44 zeigt das Resultat.

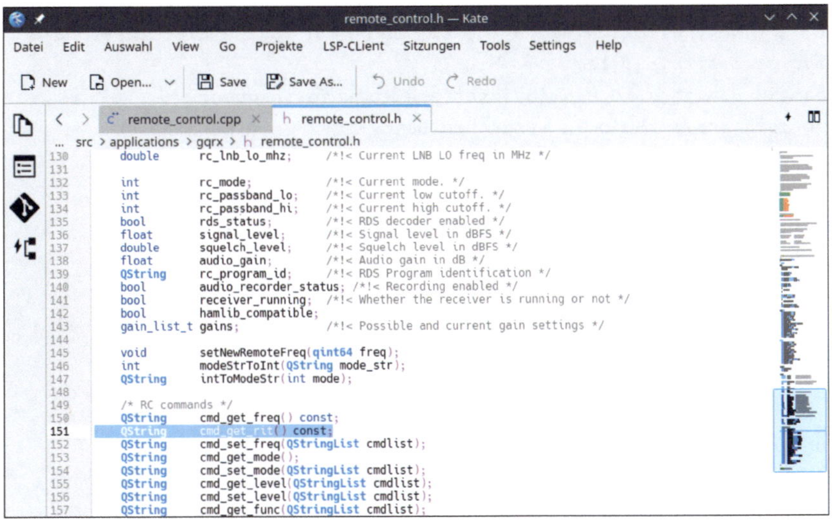

Abbildung 9-44: Den Prototypen in "remote_control.h" einfügen

Derart verändert können Sie, nach Wechsel ins Verzeichnis "gqrx/src" den Quellcode wieder mit

```
make
```

übersetzen. Damit haben wir die neue Funktion zum Leben erweckt! Jetzt können wir uns dem kleinen Python-Skript zuwenden und es anpassen. Beachten Sie aber die Ausgaben von make – es sollte nicht wegen eines Tippfehlers fehlschlagen. Ein Luxus bei diesen Abläufen ist die inkrementelle Übersetzung – nur die aktuell geänderten Dateien werden neu übersetzt, was eine Menge Zeit spart. Die veränderte Version finden Sie wieder im Online-Material, im Verzeichnis "gqrx Tweak implement hamlib j command".

9.2.4 gqrx-hamlib tweaken

Die Idee zum Python-Skript stammt von Simon Kennedy, G0FCU. Wir behalten nur die Kommunikationsroutinen und ändern fast alles andere:

```
# gqrx-hamlib-modified - a gqrx to Hamlib interface to keep frequency
# between gqrx and a radio in sync when using gqrx as a panadaptor
# using Hamlib to control the radio
#
# The Hamlib daemon (rigctld) must be running, gqrx started with
# the 'Remote Control via TCP' button clicked and
# comms to the radio working otherwise an error will occur when
# starting this program. Ports used are the defaults for gqrx and Hamlib.
#
# Return codes from gqrx and Hamlib are printed to stderr
#
# This program is written in Python 2.7
```

```
# To run it type the following on the command line in the directory where
# you have placed this file:
# gqrx-hamlib - a gqrx to Hamlib interface to keep frequency
# between gqrx and a radio in sync when using gqrx as a panadaptor
# using Hamlib to control the radio
#
# The Hamlib daemon (rigctld) must be running, gqrx started with
# the 'Remote Control via TCP' button clicked and
# comms to the radio working otherwise an error will occur when
# starting this program. Ports used are the defaults for gqrx and Hamlib.
#
# Return codes from gqrx and Hamlib are printed to stderr
#
# This program is written in Python 2.7
# To run it type the following on the command line in the directory where
# you have placed this file:
#   python ./gqrx-hamlib.py
#
# Copyright 2017 Simon Kennedy, G0FCU, g0fcu at g0fcu.com
# This program is free software: you can redistribute it and/or modify
# it under the terms of the GNU General Public License as published by
# the Free Software Foundation, either version 3 of the License, or
# (at your option) any later version.
#
#*******************************************************
# modified, run only with modified gqrx that implements hamlib
# command j to read back RIT for the filter frequency in order to allow the
# calculation of spectrum view center frequency - only the center frequency is
# transmitted to the RIG, in order to minimize CAT traffic
# Thomas Duden, DL1OAB, 07.12.2023
#*******************************************************
#
# This program is distributed in the hope that it will be useful,
# but WITHOUT ANY WARRANTY; without even the implied warranty of
# MERCHANTABILITY or FITNESS FOR A PARTICULAR PURPOSE.  See the
# GNU General Public License for more details.
#
# You should have received a copy of the GNU General Public License
# along with this program.  If not, see <http://www.gnu.org/licenses/>.

import socket
import sys
import time

TCP_IP = "localhost"
RIG_PORT = 4532       #stardard port for hamlib
```

```
GQRX_PORT = 7356     #standard port for gqrx remote - adapt if necessary

F_MESSAGE = "f\n"
RIT_MESSAGE = "j\n"

forever = 1
rig_freq = 0
rit_freq = 0
gqrx_freq = 0
old_gqrx_freq = 0
old_rig_freq = 0

#this reads gqrx frequency including filter frequency
def get_freq(PORT):
    sock = socket.socket(socket.AF_INET,
                     socket.SOCK_STREAM)
    # Bind the socket to the port
    server_address = (TCP_IP, PORT)
    sock.connect(server_address)
    sock.sendall(F_MESSAGE)
    # Look for the response
    amount_received = 0
    amount_expected = 8 #len(message)
    while amount_received < amount_expected:
        data = sock.recv(16)
        amount_received += len(data)
    sock.close()
    return data

#this reads gqrx filter frequency only
def get_rit(PORT):
    sock = socket.socket(socket.AF_INET,
                     socket.SOCK_STREAM)
    # Bind the socket to the port
    server_address = (TCP_IP, PORT)
    sock.connect(server_address)
    sock.sendall(RIT_MESSAGE)
    # Look for the response
    amount_received = 0
    amount_expected = 4 #len(message)
    while amount_received < amount_expected:
        data = sock.recv(16)
        amount_received += len(data)
    sock.close()
    return data
```

```
def set_freq(PORT, freq):
    sock = socket.socket(socket.AF_INET,
                         socket.SOCK_STREAM)
    # Bind the socket to the port
    server_address = (TCP_IP, PORT)
    sock.connect(server_address)
    sock.sendall("F " + freq + '\n')
    # Look for the response
    amount_received = 0
    amount_expected = 7 #len(message)
    while amount_received < amount_expected:
        data = sock.recv(16)
        amount_received += len(data)
    sock.close()
    return data

#init variables to actual settings
    gqrx_freq = int(get_freq(GQRX_PORT))
    rit_freq = int(get_rit(GQRX_PORT))
    rig_freq = gqrx_freq - rit_freq
    old_rig_freq = rig_freq
    rc = set_freq(RIG_PORT, str(rig_freq))


while forever:
    time.sleep(0.5)

    #calculate new frequency values
    gqrx_freq = int(get_freq(GQRX_PORT)) #absolute frequency
                                         #(including filter freq)
    rit_freq = int(get_rit(GQRX_PORT))   #filter offset
                                         #(with modified gqrx)
    rig_freq = gqrx_freq - rit_freq;     #set rig to spectrum center frequeny
only

    if gqrx_freq != old_gqrx_freq:
        rig_freq = gqrx_freq - rit_freq; #set rig to spectrum center frequeny
only
        if rig_freq != old_rig_freq:     #and only in the case it changed !
            rc = set_freq(RIG_PORT, str(rig_freq))
            old_rig_freq = rig_freq
        old_qgrx_freq = gqrx_freq
```

Um das neue Skript zum Laufen zu bringen, gehen wir folgendermaßen vor: Den Empfänger einschalten und den Arduino mit dem USB-Port verbinden. Die Eingabe von

```
rigctld -r /dev/ttyACM0 -m 2009 -s 115200
```

startet den rigctl-Daemon.

Danach starten wir unser neues gqrx-custom und aktivieren die Fernbedienung. Um sicher zu sein, dass das neue Kommando funktioniert, könnten wir in einem neuen Terminal-Fenster mit:

```
telnet localhost 7356
```

eine Socket-Verbindung zu gqrx aufbauen und "j<ENTER>" eingeben. Es sollte nun als Zahl der Filter-Offset erscheinen. Die Verbindung mit "q" beenden.

In einem neuen Terminal-Fenster wechseln wir ins Verzeichnis gqrx-hamlib und geben:

```
python gqrx-hamlib-modified.py
```

ein. Damit können wir gqrx aus der GUI heraus zur Abstimmung der SDR-Hardware benutzen. Dabei ist zu beachten, dass während des Abstimmens mit drag-and-drop kein update des RIT-Parameters erfolgt. Die Frequenz wird aber korrekt gesetzt, wenn man die Maustaste loslässt. Point-and-Click sowie das Mausrad funktionieren ohne Verzögerung.

Man sieht - die Dinge müssen nicht so bleiben wie sie sind. Man kann Veränderungen recht einfach einpflegen und dabei eine Menge dazu lernen. Das neue Python-Skript "gqrx-hamlib_modified.py" finden Sie im Online-Material, in "gqrx-hamlib Tweak use j command to calculate center frequency/gqrx-hamlib-master".

9.2.5 Die Bandbreite von Pulseaudio heraufsetzen

Einen weiteren Schönheitsfehler gibt es noch: GQRX zeigt partout nur 48 kHz des Spektrums an. Die Ursachen sind nicht gerade offensichtlich aber leicht zu beheben. Im Konfigurationsdialog für die I/O-Devices ist die Combo-Box für die Samplerate leer, daher kann in gewohnter Weise nichts ausgewählt werden – es sieht so aus, als ob diese Einstellung deaktiviert ist. Nach einem Klick in die Combo Box lässt sich aber durchaus eine Zahl eingeben, z.B. 192000 (Abbildung 9-45).

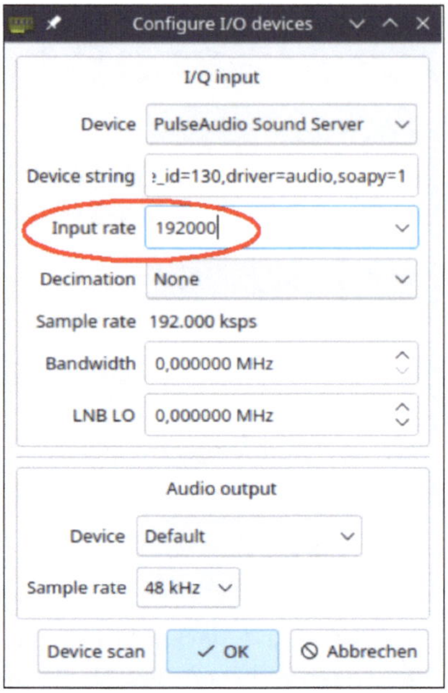

Abbildung 9-45: Eine Samplerate für die Soundkarte eingeben

Danach erscheinen auf der Abszisse die höheren Frequenzwerte, allerdings ist das Spektrum durch ein Tiefpassfilter abgeschnitten (Abbildung 9-46).

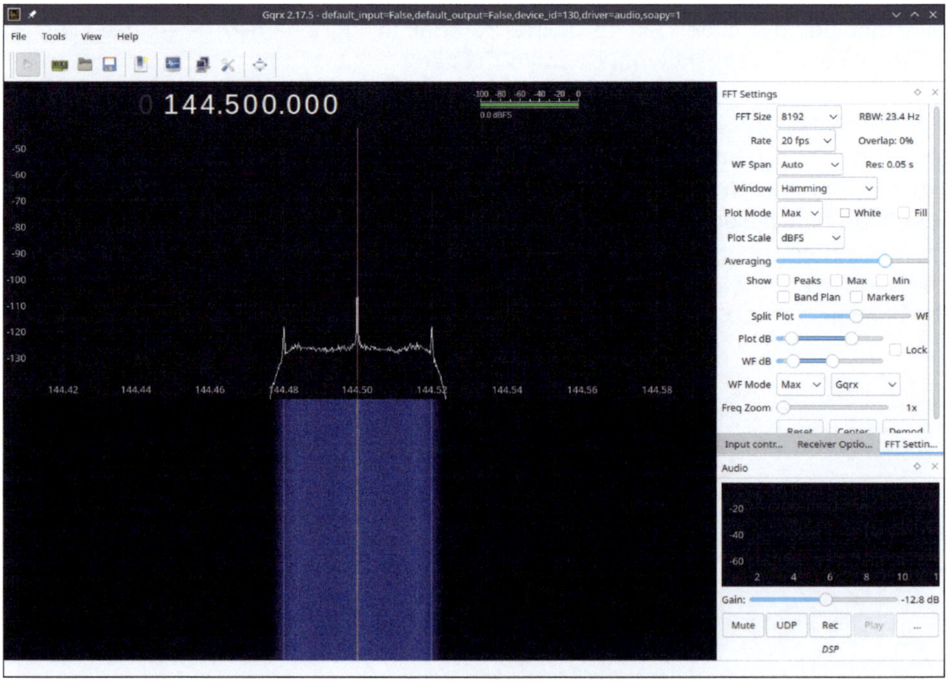

Abbildung 9-46: Tiefpassfilter bei 48 kHz

Dies hat einen Grund: PulseAudio begrenzt die Samplerate unabhängig von den in GQRX getroffenen Einstellungen auf maximal 48 kHz. Das lässt sich folgendermaßen ändern: Im Verzeichnis "/etc/pulse" findet sich die Datei "Daemon.conf". In dieser können die Zeilen "default-sample-rate=44100" und "alternate-sample-rate=48000" von den Semikolons befreit werden (als su, damit man die Änderungen speichern kann). Danach setzen wir für die default-sample-rate einen Wert von 96000 ein, für die alternate-sample-rate einen von 192000 (Abbildung 9-47).

Abbildung 9-47: Geänderte Datei "etc/pulse/daemon.conf"

Den PulseAudio-Daemon restarten wir mit

```
pulseaudio -k
```

damit die Änderungen wirksam werden. Startet man GQRX jetzt neu, kann man mit 192 kHz Samplerate fast das gesamte 40m-Band auf einmal sehen! Das ist schon erstaunliches Ergebnis für die Arbeit mit – lediglich - einer Soundkarte. Natürlich können wir keine gerade Basislinie für das Grundrauschen erwarten; nach dem Quadraturmischer folgt zunächst der RC-Tiefpass mit den Samplingkondensatoren, dann ein Vorverstärker mit OPAmps. Diese Teile haben zu höheren Frequenzen hin einen Rolloff, der das Grundrauschen der Soundkarte überlagert.

Das resultierende Spektrum hat daher zur Mitte hin eine kleine Rundung nach oben. Diese fällt etwas schwächer auf, wenn man mit einer Samplerate von nur 96000 kHz arbeitet.

GQRX hat mehrere besondere Vorteile: Ein wichtiges Detail ist die normierte Darstellung der FFT, die sich zwischen dBFS (=dB full scale), dBV und dBm (bei einem angenommenen Lastwiderstand von 50 Ohm) umschalten lässt. In der Einstellung dBV kann zudem eine Normierung auf die Auflösungsbandbreite gewählt werden. Mit der Normierung auf die Auflösungsbandbreite bleibt die Amplitude der Peaks erhalten, wenn man die FFT-Auflösung wechselt. Außerdem kann man auch die Normierung auf die spektrale Dichte (also auf sqrt(Hz)) wählen, um Rauschen zu charakterisieren. Beide Normierungen stehen auch für die dBm-Skalierung zur Verfügung, wobei die spektrale Dichte der Leistung natürlich auf Hz normiert ist ($P = U^2/R$)·

9.3 CubicSDR

Wenn man CubicSDR aus der openSuse Tumbleweed-Paketverwaltung installiert, ist es leider nicht kompatibel mit rtaudio7, die Soundkarten werden nicht gefunden. Um die letzte Version des Programms selbst zu übersetzen, muss man es sich aus der URL

https://github.com/cjcliffe/CubicSDR/releases

herunterladen. Die Anpassung auf rtaudio7 gleicht der Vorgehensweise beim Tweaken von SoapyAudio – es muss aber nicht immer so leicht klappen, wie in dem hier beschriebenen Fall:

Im Verzeichnis "CubicSDR-0.2.7/external" den Inhalt des Verzeichnisses "rtaudio" löschen.

Im Abschnitt 9.1 haben wir rtaudio vom GitHub bereits geklont. Aus dem rtaudio-Master-Verzeichnis die Dateien "RtAudio.cpp", "RtAudio.h" und "README.md" dorthin kopieren.

In das Verzeichnis "CubicSDR-0.2.7" wechseln und einen Ordner "build" anlegen. In diesen Ordner wechseln und den Build mit

```
cmake ../ -DUSE_HAMLIB=1
```

konfigurieren. Mit dem Flag "-DUSE_HAMLIB=1" wird auch gleich der hamlib-support mit vorgesehen, den wir zur Fernsteuerung der Hardware benötigen. Danach die Kompilierung mit:

```
make
```

starten. Beim Übersetzen von CubicSDR kommt es nun zu Fehlermeldungen, weil in der neuen Version von rtaudio die Definition von "RtAudioError" durch"RTAudioErrorType" ersetzt wurde. Daher funktionieren die try-catch blocks nicht mehr, was vom Entwickler auch so intendiert wurde.

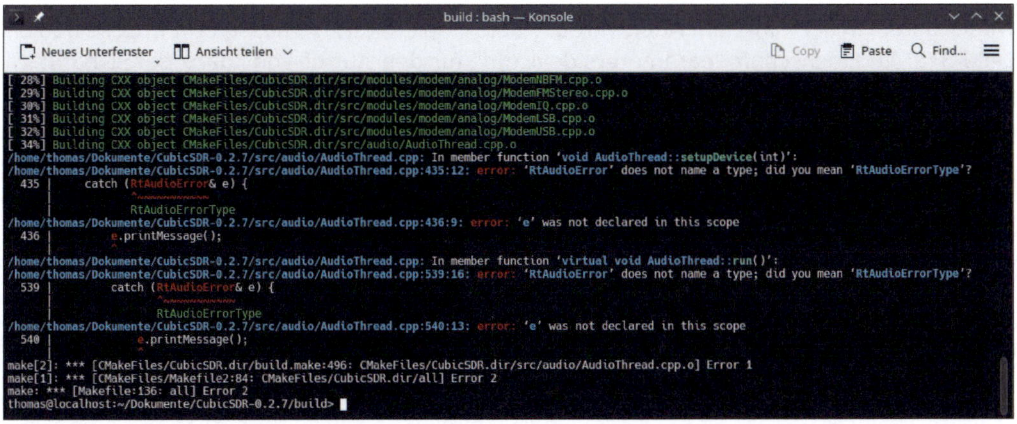

Abbildung 9-48: Fehlermeldungen beim ersten Übersetzen von CubicSDR mit rtaudio7

In der Datei "CubicSDR-0.2.7/src/audio/AudioThread.cpp" gibt es daher gleich mehrere Änderungen. In der Funktion "AudioThread::enumerateDevices(..)" müssen jetzt rtaudio-device_ids anstelle der früher üblichen Indices verwendet werden, um die device-Infos zurück zu lesen (Abbildung 9-49). Die früher üblichen doppeldeutigen, auch als Index genutzten deviceID-Parameter werden in CubicSDR mehrfach zur Erstellung und Adressierung von Listen genutzt, daher ist der Ersatz durch die von rtaudio benötigten rtaudio-device_ids nicht ganz so einfach. Für die Problemlösung lassen wir die ursprüngliche deviceID als Index intakt und ändern den Code nur dort, wo rtaudio-Methoden aufgerufen werden. Dazu sind zunächst die Änderungen von Zeile 246 bis Zeile 262 nötig.

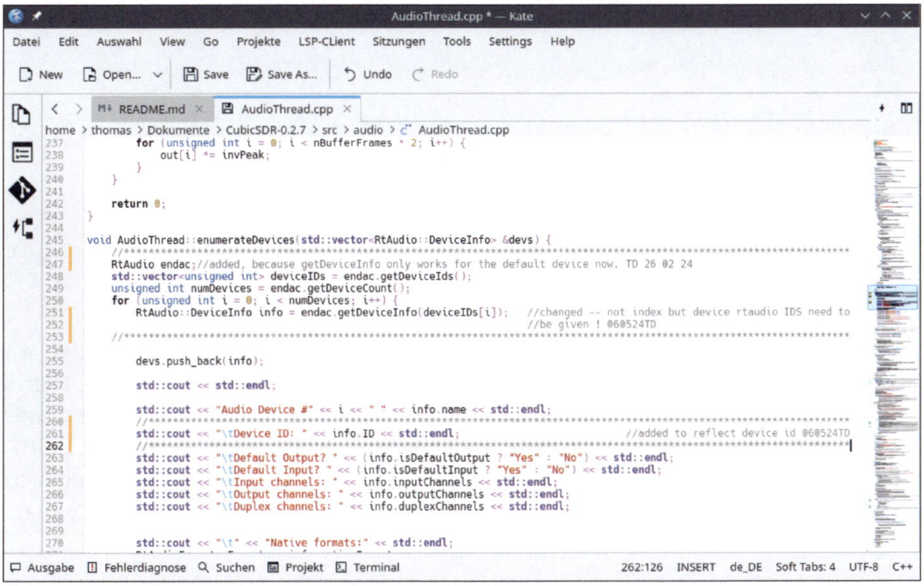

Abbildung 9-49: Änderungen für "AudioThread::enumerateDevices(..)"

Weiter unten, in der Funktion "AudioThread::setSampleRate(...)" müssen wir in Zeile 366 bis Zeile 373 die Eigenschaft "parameters.deviceId" für den Aufruf von "dac.openStream(...)" temporär durch die rtaudio-device_id ersetzen, die wir uns mit:

```
std::vector<unsigned int> deviceIDs = dac.getDeviceIds();
```

und

```
parameters.deviceId = deviceIDs[parameters.deviceId];
```

beschaffen können (Abbildung 9-50). Der von Cubic-SDR verwendete Index-Wert wird in id_buffer zwischengespeichert und nach dem Öffnen des Streams wieder nach parameters.deviceId zurück geschrieben. Das wirkt umständlich, erspart aber einige andere Änderungen im Code von CubicSDR, die nicht ganz so übersichtlich ausfallen würden.

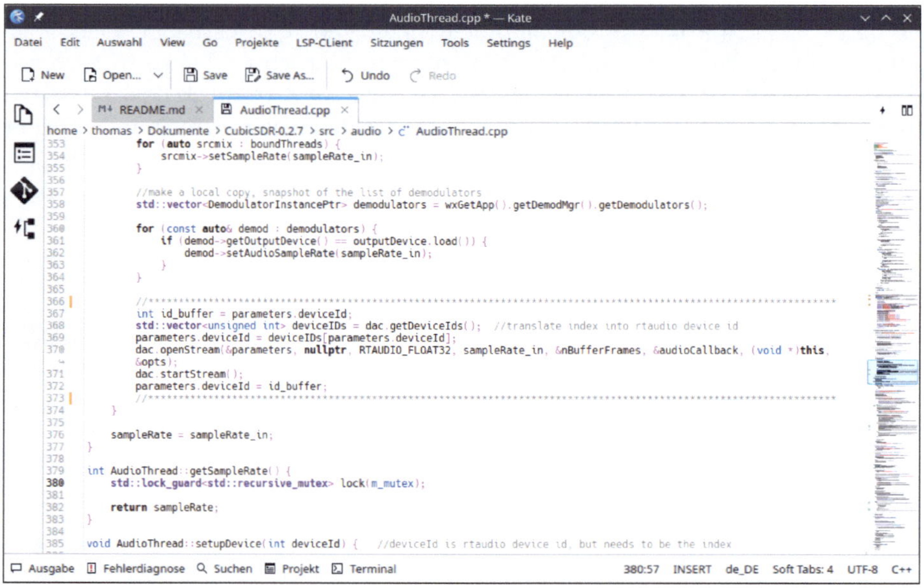

Abbildung 9-50: Änderungen an "AudioThread::setSampleRate(...)"

Noch weiter unten, in der Funktion "AudioThread::setupDevice(int deviceId)" werden rtaudio-device_ids im Argument angegeben, es werden aber Indices benötigt. Hier laden wir wieder die Liste mit den rtaudio-device_ids und suchen den passenden Index in einer for-Schleife heraus. Dies geschieht in Abbildung 9-51 im Block ab Zeile 387. Bei der Gelegenheit gleich noch den try-Block in Zeile 411 auskommentieren (aber nicht die geschweifte Klammer, die wir mit der <ENTER>-Taste in die nächste Zeile schicken).

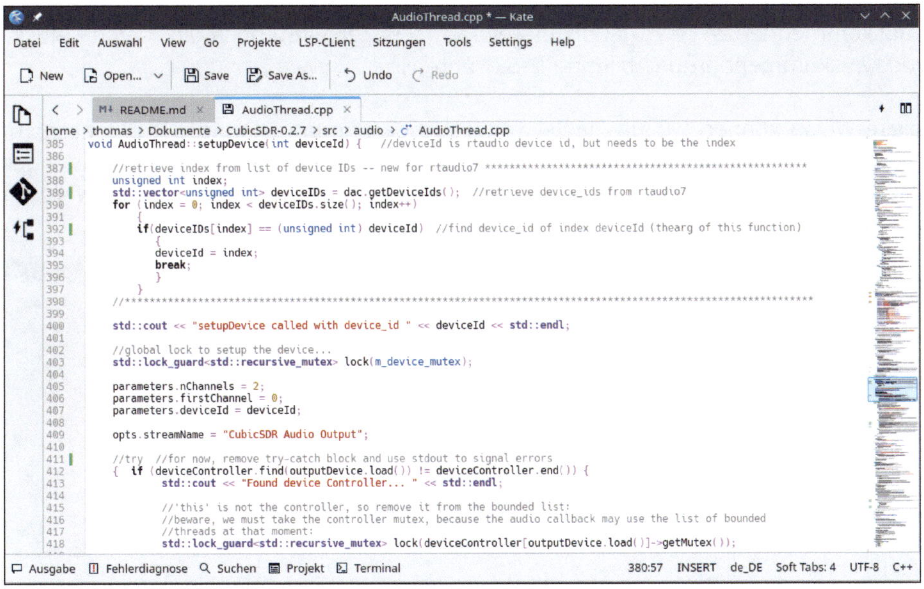

Abbildung 9-51: Änderungen an "AudioThread::setupDevice(int deviceId)"

Weiter unten in Zeile 454, für den Aufruf dac.openStream(...), wird das Vorgehen wieder wie bei "setSampleRate" bereits angewendet: Nur für diesen Methodenaufruf wird die Eigenschaft parameters.deviceID durch die rtaudio-device_id ersetzt. Nach dem Aufruf überschreiben wir parameters.deviceID wieder mit dem in ind_buffer zwischengespeichertern Index, der samt "parameters"-Struktur von anderen Cubic-SDR-Methoden in dieser Form benötigt wird. Der Block startet ab Zeile 455 und endet in Zeile 462 (Abbildung 9-52).

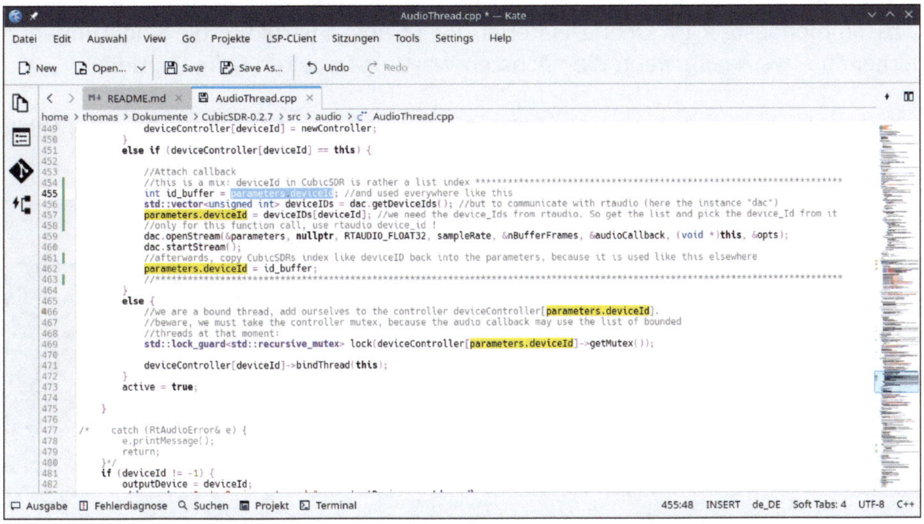

Abbildung 9-52: parameters.deviceId temporär ersetzen

Zum auskommentierten "try" gehört in Zeile 477 bis Zeile 480 noch ein "catch"-Block, den wir auch auskommentieren (Abildung 9-52, unten).

Auf diese Weise können wir uns viele weitere Änderungen in CubicSDR ersparen. In der Methode " AudioThread::run()" gibt es ab Zeile 576 noch einen try-catch-Block, den wir zunächst auskommentieren (Abbildung 9-53). Besser wäre natürlich die Auswertung der Funktions-Rückgabewerte und eine im Klartext interpretierbare Fehlermeldung.

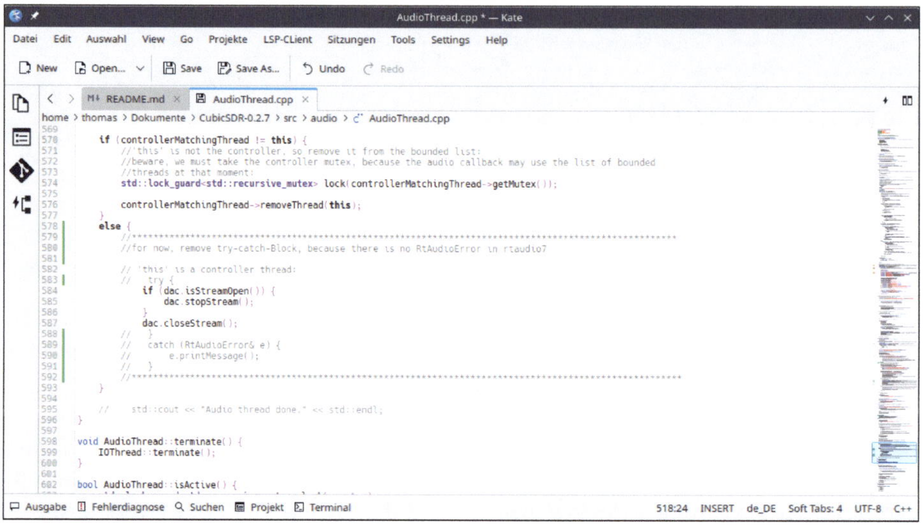

Abbildung 9-53: AudioThread::run() try-catch-Block auskommentieren

Wer diese Tipparbeit nicht erledigen möchte, findet das geänderte Cubic-SDR-Projekt fertig zusammengestellt im Online-Material. Es ist aber instruktiv, die Änderungen selbst einzuarbeiten – wer weiß, wann die nächsten Wartungsarbeiten fällig werden.

Nach den Änderungen läuft die Kompilierung mit einigen Warnungen durch (Abbildung 9-54). Das Binary findet man unter CubicSDR-0.2.7/build/x64.

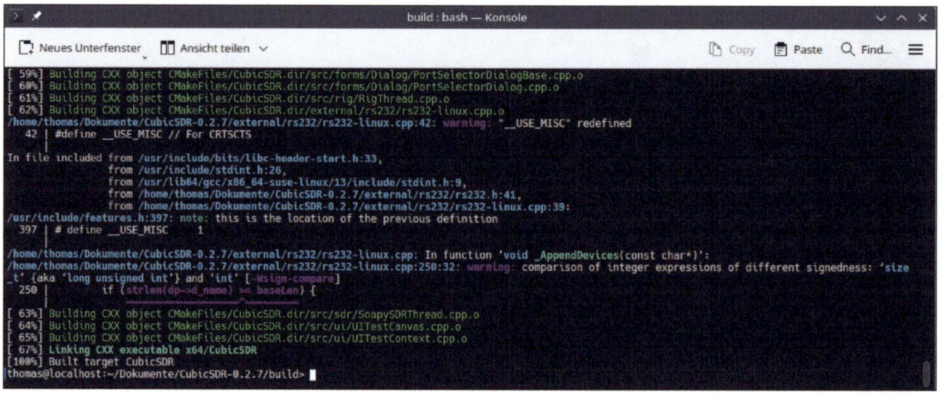

Abbildung 9-54: Übersetzung von CubicSDR mit geänderter Datei "AudioThread.cpp"

Wenn man CubicSDR startet, erschienen jetzt die Soundkarten im Auswahldialog. Zudem sind vom Entwicklerteam auch alle Konfigurationsmöglichkeiten von SoapyAudio korrekt mit berücksichtigt worden – wie in Abbildung 9-55 dargestellt lässt sich auch in der Combo-Box "Stream Settings" das Stream-Format wählen (benötigt wird "Complex L/R=I/Q").

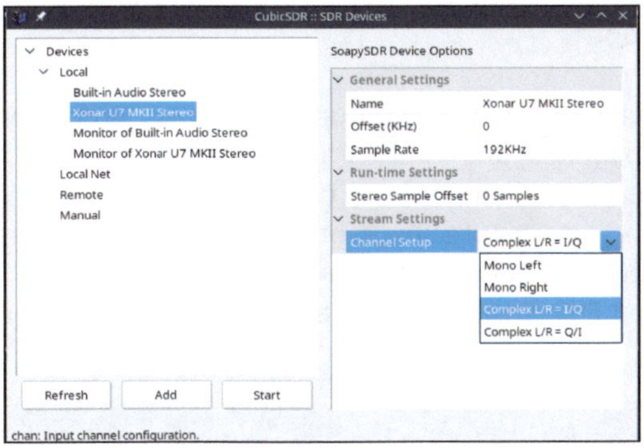

Abbildung 9-55: Auswahl von Quelle und Stream-Format

CubicSDR bringt einen Hamlib-Server gleich mit. Vom Hauptmenu wählen wir für unsere SDR-Hardware unter "Rig Control | Kenwood | Kenwood TS850" (Abbildung 9-56). Für die Baudrate wählen wir unter "Rig Control | Serial Rate" den Wert von 115200. Schließlich muss noch unter "Rig Control | Control Port" der serielle Port des Arduinos ausgewählt werden (beim Autor "/dev/ttyACM0"). Um die Fernbedienung zu aktivieren, müssen noch die Checkboxes "Rig Control | Control Rig" und "Rig Control | Enable Rig" angehakt werden.

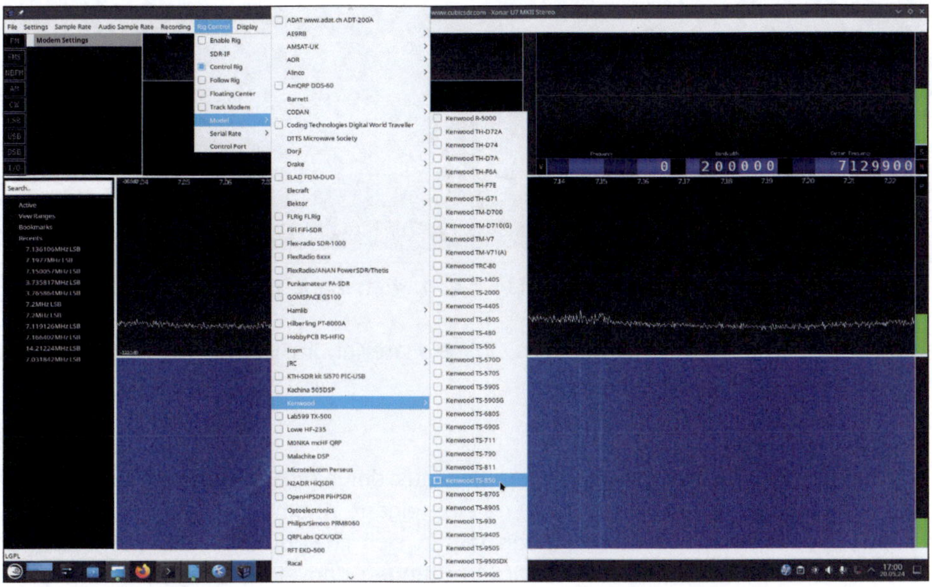

Abbildung 9-56: Auswahl des Rig-Models für das Hamlib-Interface

Nun folgt die SDR-Hardware der Mittenfrequenz von CubicSDR. Nur leider hört man gar nichts. Dies liegt am noch nicht gewählten Demodulator – und daran muss man sich beim Start von CubicSDR erst noch gewöhnen. Anstatt nun gleich nervös die Fehlersuche nach losen Steckern zu beginnen, klicken wir einfach auf z.B. "LSB" und einmal ins Wasserfall-Diagramm. Nach kurzer Zeit regelt die AGC die Verstärkung hoch und Rauschen (oder das angewählte Signal) ertönt.

Viel Vergnügen mit CubicSDR und der Soundkarte! Das Programm ist sehr vielseitig – die Bedienung recht ausgefeilt aber nicht immer ganz offensichtlich (wie z.B. beim nicht vorgewählten Demodulator). Das Studium des online-Manuals lohnt sich auf jeden Fall. Wegen des integrierten Hamlib-Interfaces braucht kein rigctl-Daemon gestartet werden, was die Bedienung vereinfacht. Per default sind auch die "hover tips" aktiviert, die Hinweise zu den Bedienelementen liefern, wenn der Mauszeiger auf ihnen verweilt.

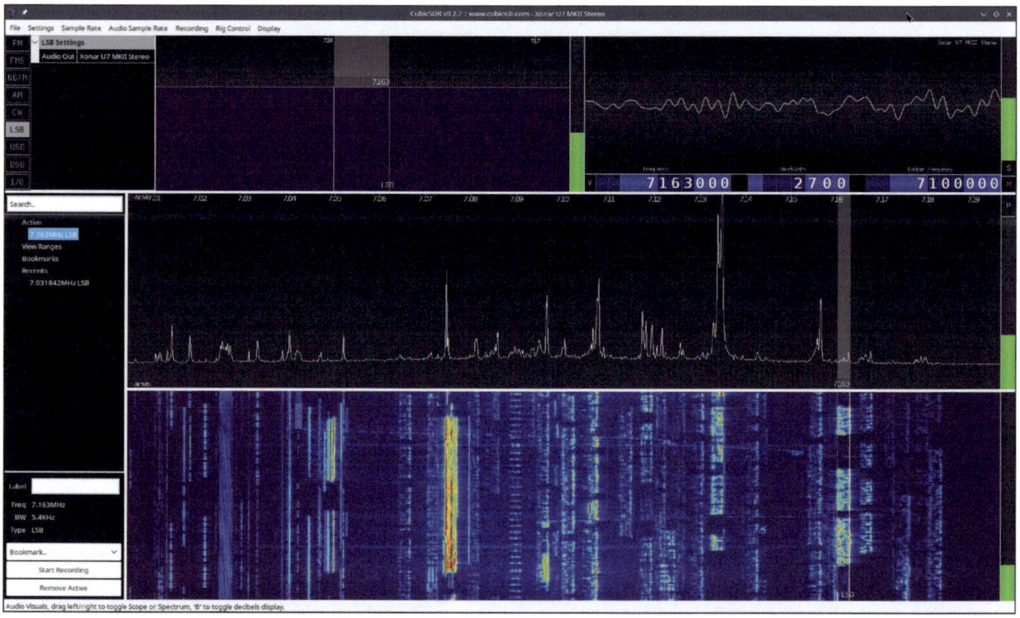

Abbildung 9-57: CubicSDR Screenshot vom 40m-Band (Samplerate 192 kHz)

Das veränderte Programm finden Sie im Online-Material, im Verzeichnis "CubicSDR-0.2.7 Tweak rtaudio7".

9.4 SDRPP

Die Installation von SDRPP gelingt auf Anhieb aus der openSuse Tumbleweed Paketverwaltung. Das Programm bringt mittlerweile eine eigene Anbindung sowohl an rtaudio, als auch an SoapySDR mit. Die Soundkarten lassen sich sowohl im Reiter (links im Hauptfenster) unter "Audio" als auch bei "Soapy" auffinden und alle verfügbaren Sampleraten (bis 192 kHz) sind durch die Combo-Box wählbar. Nicht immer funktionieren alle gelisteten Einträge auch als Eingang und man muss etwas mit dieser Einstellung herum probieren.

Nach dem erfolgreichen Start kann es zum Stottern der Audio-Ausgabe kommen. Nach dem Hin-und Herschalten der FFT-Auflösung (oder der samplerate für die Audio-Ausgabe) läuft das Programm dann rund. Dazu liefert, wenn man das Programm aus der Konsole startet, die Konsolen-Ausgabe des Programms viele Zeilen mit folgendem Inhalt:

```
...
[12/05/2024 16:12:30.000] [WARN] AudioSinkModule Warning:
RtApiAlsa::callbackEvent: audio write error, underrun. (1)
...
```

Von der URL

https://github.com/AlexandreRouma/SDRPlusPlus/discussions/112

stammt ein auch für openSuse Tumbleweed funktionierendes Rezept, vielen Dank (unbekannterweise) an Konradrundfunk! Um das Stottern der Ausgabe zu beseitigen, muss die rtaudio-Version von openSuse Tumbleweed durch eine selbst kompilierte, abweichend konfigurierte Version ersetzt werden.

Dazu zunächst rtaudio mit Yast entfernen. Danach ins früher bereits geklonte Verzeichnis "rtaudio-master" wechseln und ein Verzeichnis "build" erstellen. In dieses wechseln und mit:

```
cmake -DCMAKE_INSTALL_PREFIX:PATH="/usr" _DRTAUDIO_API_JACK=OFF  /
-DRTAUDIO_API_ALSA=OFF ../
```

den Build konfigurieren. Es sollte keine Probleme mit Abhängigkeiten geben. Hat man die build files erzeugt, diese mit:

```
make
```

übersetzen und mit

```
sudo make install
```

installieren. Danach läuft SDRPP rund. Zur Anbindung an Hardware hat SDRPP einen rigctl-Client. Dieser benötigt eine laufende Instanz des rigctl-Daemons, den wir mit:

```
rigctld -r /dev/ttyACM0 -m 2009 -s 115200
```

starten.

Auch SDRPP steckt voller Möglichkeiten. Mit der Fernbedienung der Hardware durch den rigctld-Client, der die Hardware auf die Mittenfrequenz des angezeigten Spektrums setzt, ist es ein Vergnügen, durch die Kurzwellenbänder zu schauen.

Wer beim Hochschalten der Samplerate auf 96 kHz oder 192 kHz einen Tiefpassfilter sieht, der das Signal bei +/- 48 kHz abschneidet, der sollte dies Problem mit den Maßnahmen aus Abbildung 9-46 und 9-47 beheben können.

9.5 Zusammenfassung

Die bereits vorhandenen, frei verfügbaren SDR-Programme bieten eine Menge Bedienkomfort. Die Abstimmung durch Anklicken des Spektrums, bzw. Verschieben der Skalen oder Demodulatorfenster ist dabei ein echter Spaßfaktor.

Jedoch benötigt man eine ganze Menge Geduld und die Fähigkeit, einem gewissen Leidensdruck bei der Behebung von Kompatibilitätsproblemen zu ertragen. Die Stichwortsuche im Internet liefert viele Blogs und Diskussionsforen, aus denen man sich die Informationen für die Lösungen zusammensuchen muss.

Hier am Ball zu bleiben lohnt sich aber in mehrfacher Hinsicht: Zum einen lernt man, besser mit den Linux-Ressourcen umzugehen – dadurch sollte es in der Zukunft etwas leichter werden, mit Veränderungen Schritt zu halten bzw. diese besser einzuschätzen.

Zum anderen ist es interessant, die verschiedenen Programmierstile und gewählten Lösungswege zu studieren; SDR-Software ist von den Systemressourcen her aufwändig – die geringen Latenzen ergeben sich nicht in natürlicher Weise. Für ein eigenes Programm muss sich die Auswahl der Bibliotheken daher an den vielleicht knappen Ressourcen orientieren, wie z.B. bei einem RaspberryPi.

Wer sich nicht mit den Einzelheiten herumschlagen will, kann eine Installation von z.B. SDRPP unter Microsoft Windows ® probieren, muss dann aber vielleicht auf die Flexibilität und Einsichten verzichten, die die Welt der quelloffenen Software zu bieten hat.

Es würde den Rahmen hier sprengen, ein eigenes Qt-Projekt aufzusetzen und unsere SDR-Hardware einzubinden. Zudem wären wir vielleicht versucht, die bereits bestehenden Programme einfach nachzuahmen – die Mitarbeit in einem bereits existierenden Entwicklerteam ist da vielleicht der sinnvollere Weg, um das Rad nicht noch einmal zu erfinden.

Es gibt aber noch einen praktikablen Mittelweg, der in ein neues Universum von Möglichkeiten führt und gut zu unserem modularen Hardwarekonzept passt. Diesen betreten wir mit GnuRadio im nächsten Abschnitt.

Kapitel 10 • GnuRadio

GnuRadio ist ein Software-Baukastensystem für die Nachrichtentechnik. Es verfügt über eine Vielzahl von Bausteinen, die man auf einer Arbeitsfläche zusammenfügen kann. Mit Hardware kommuniziert es z.B. über SoapySDR, OsmoSDR und IndustrialIO-Module. Ein DAB-Stick oder einen Adalm-Pluto einzuhängen ist leicht, ebenso die Soundkarte als Quelle oder Ausgabe zu verwenden.

Daneben gibt es die Möglichkeit, auch eigene Blocks zu definieren und mit Python-Code zu versehen. Damit sind alle Einzelteile beieinander, die zum Erstellen einer SDR-Software auf einer schön abstrakten Ebene benötigt werden.

Einzelne Blocks können durch die Baustein-Optik darüber hinweg täuschen, dass sie teilweise ein sehr komplexes Innenleben haben. Dieses können wir – Verständnis vorausgesetzt – mit ein paar Verbindungsleitungen in unser neues Projekt integrieren, ohne gleich in die Tiefen der Programmiertechnik abzugleiten.

Ist ein Projekt fehlerfrei zusammengestellt, so kann es durch Klicken des "Start"-Buttons einfach ausgeführt werden. Das Ausgabefenster ist nicht immer schön, da es vom Programm automatisch zusammengestellt wird. Dennoch – hätten Sie gedacht, dass Sie mit wenigen Mausklicks ein Wasserfalldiagramm oder ein konfigurierbares Spektrum mit Signalen aus unserer SDR-Hardware auf den Bildschirm bekommen?

Die Möglichkeiten von GnuRadio sind unzählig. Neben dem online-Handbuch gibt es auch eine eigene Welt von Konferenzen, Blogs, Tutorials und Vorlesungsskripten dazu. In diesem Buch sollen nur einige exemplarische Schritte gegangen werden. Wir beginnen mit der Definition eines Blocks zur Anbindung unserer SDR-Hardware. Danach starten wir die Entwicklung einer eigenen SDR-Anwendung, die wir schrittweise um einige Features erweitern.

Die GUI werden wir optimieren, allerdings ohne den Anspruch etwas derart Ausgefeiltes wie SDRPP oder GQRX zustande zu bringen. Ist der Aufbau der ersten Beispielprogramme erledigt, so ist die Erweiterung auf nahezu beliebige Problemlösungen nur noch eine Frage der zur Verfügung stehenden Zeit sowie der Einarbeitung in digitale Signalverarbeitung und Python.

Hat man eine Lösung gefunden, muss es nicht bei dem etwas holprigen default-GUI-Look von GnuRadio bleiben – das beliebte GQRX beispielsweise setzt intern GnuRadio-Blocks ein. Im Quellcode von GQRX (und online) lässt sich herausfinden, wie Sie Ihr Blockdiagramm am Ende in einer optisch ansprechenderen Form zum Funktionieren bringen könnten.

10.1 Die SDR-Hardware mit GnuRadio steuern

Gleich zu Anfang müssen wir uns einer kleinen Schwierigkeit stellen – für unsere SDR-Hardware gibt es natürlich noch keinen vorgefertigten Block in GnuRadio. Wir müssen also selbst einen definieren. Es stellt sich heraus, dass dies nicht sonderlich schwierig ist. Die Idee zu diesem Block stammt ursprünglich von I3VFJ und ist an der URL

https://sourceforge.net/projects/ardu-switch/

zu finden. Für den Arduino Mega funktioniert der Code aber nicht ohne Änderungen und für die Kommunikation mit unserer "TS-850"-CAT-Schnittstelle müssen noch einige weitere Anpassungen erfolgen. Wir bauen den Block daher Schritt für Schritt neu auf, auch weil das Beispiel nützliche Hinweise für das Vorgehen bei zukünftigen Projekten liefert.

10.1.1 Den Python Block erstellen

Für den neuen Block starten wir GnuRadio. Als Typ wählen wir "QtGUI" und speichern die neue Datei als "Arduino Steuerung Test".

Der neue Steuerungsblock soll nur aktiv werden, wenn sich die Frequenz ändert – dies vermeidet unnötigen Datenverkehr auf dem seriellen Port. In GnuRadio gibt es verschiedene Wege, wie Blocks Informationen austauschen. Streams transportieren die Signale in Form von (vielen) Samples. Variablen und Parameter werden über die "ID"-Angabe an Blocks weitergegeben. Für unsere Frequenzeinstellung sind beide Kanäle nicht optimal geeignet. Einen Stream für eine einzige Zahl zu öffnen ist unsinnig. Eine Variable müsste man mühsam auf Änderungen überwachen.

Glücklicherweise gibt es in GnuRadio noch die Steuerung mit Messages. Sie werden von verschiedenen Widgets nur dann emittiert, wenn sich etwas ändert – dies scheint genau auf unseren Anwendungsfall zu passen: Eine einlaufende Message erzeugt eine Aussendung über den seriellen Port. Wenn sich nichts ändert, herrscht Ruhe auf dem Bus.

Damit sind die ersten Schritte für unseren neuen Python-Block klar:

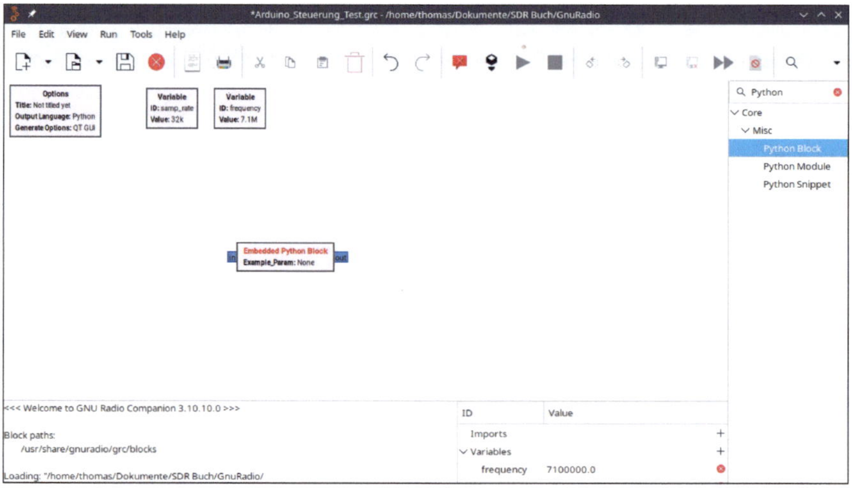

Abbildung 10-1: Einen neuen Python-Block erzeugen

1. Den Block aus der Auswahlliste unter "Core | Misc | Python Block" doppelklicken. Im Arbeitsbereich erscheint er ans "embedded Python Block" (Abbildung 10-1).

2. Doppelklicken auf den neuen Block im Arbeitsbereich. Im Dialog auf den Button "open in Editor" klicken (Abbildung 10-2);

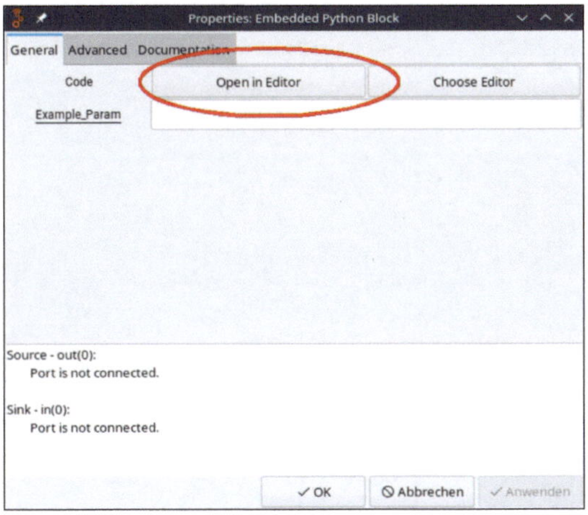

Abbildung 10-2: Den Template-Code des neuen Blocks ändern

3. Im Editor die import-Statements "import pmt" und "import serial" hinzufügen. Dies sind die Module für die polymorphen Typen sowie den seriellen Port.

4. Die Klasse in "message_to_serial" umbenennen

5. Im Konstruktor den Namen auf "Message to Serial" ändern.

6. Im Konstruktor "in_sig=NONE" und "out_sig=NONE" setzen. Der Block soll keine Signalports bekommen, sondern nur einen Message-Port.

7. Im Konstruktor folgende Parameter einfügen: "device=//dev/ttyACM0, baudrate=115200, debug=false"

8. Aus der Methode "work" alle Zeilen löschen und nur ein "return()" statement einfügen. In unserem neuen Python-Block erledigt später der Message Handler die ganze "Arbeit". In der Abbildung 10-3 sind alle bisherigen Änderungen dargestellt.

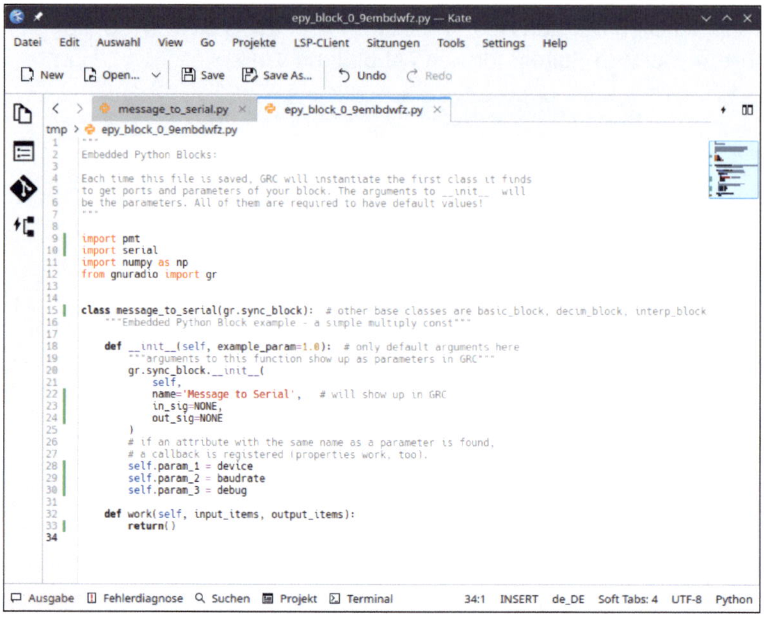

Abbildung 10-3: Die ersten Änderungen am Python-Template-Code

9. Für die Dokumentation Text einfügen: Hinweis auf ursprünglichen Code für GPL, Hinweistext zwischen dreifachen Hochkommata für die GnuRadio-Beschreibung (Abbildung 10-4).

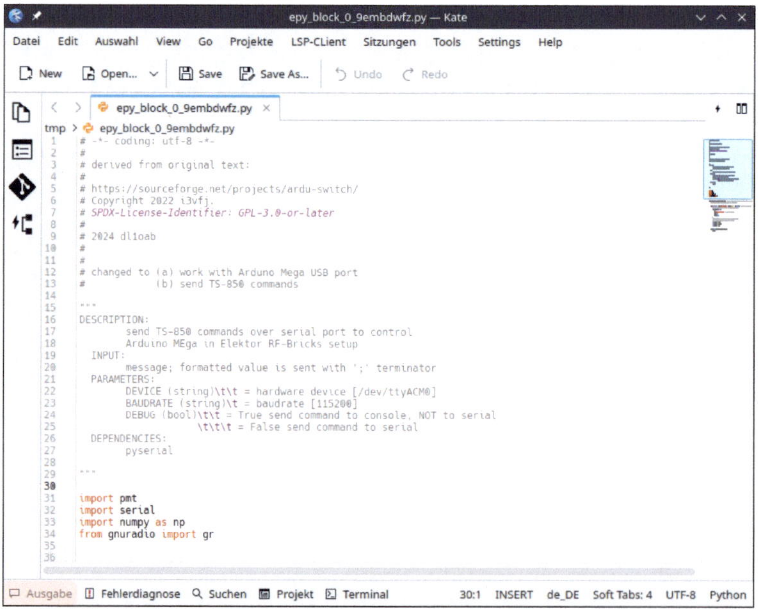

Abbildung 10-4: Dokumentation ergänzen

10. Den Message Port erzeugen und die Message-Handler Methode anlegen (Abbildung 10-5)

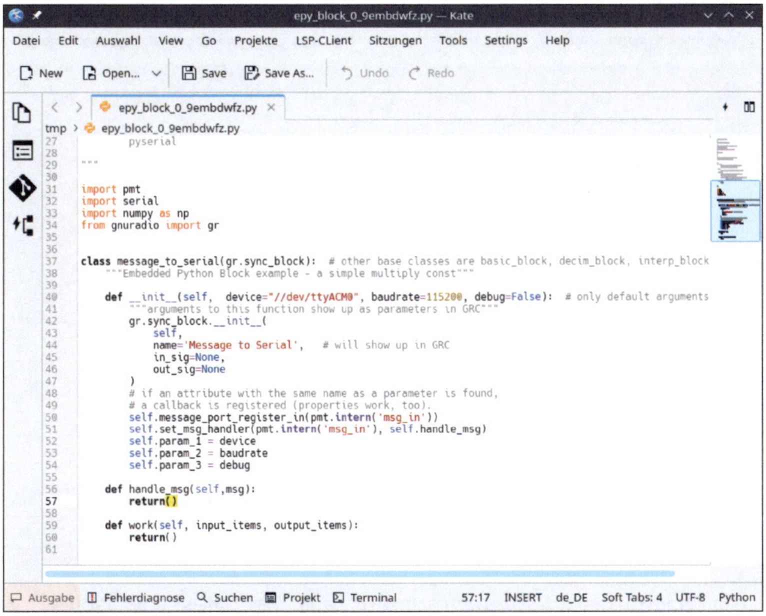

Abbildung 10-5: Message Port und Message Handler definieren

11. Am Anfang der Klasse die Zeile

```
ser = 0
```

einfügen. Dies definiert die Variable "ser" die später den Handle auf den seriellen port speichert (für die Lebensdauer der Klasse).

12. In der Methode __Init__(....) den seriellen Port erzeugen und bereit stellen, mit

```
self.ser = serial.Serial(port = self.param_1, baudrate = self.param_2,
                         rtscts = False, dsrdtr = False, timeout = 1)
```

Im Originaltext wurde der Port für jede einzelne Aussendung im Message-Handler geöffnet und wieder geschlossen. Dies funktioniert mit einem Arduino Mega nur, wenn nicht der USB-Port, sondern ein anderer UART benutzt wird (z.B. mit einer USB-Isolator-Bridge). Wenn man den USB-UART benutzt, werden beim Öffnen die Handshake-Leitungen getoggelt – und dies löst beim Arduino Mega einen Reset aus, da er einen Upload von der Arduoino-IDE erwartet.

Um diese Resets zu vermeiden, öffnen wir den Port nur einmal im Konstruktor. Beim Schließen des Programms muss der Handle ganz ordentlich wieder aufgegeben werden – sonst delegiert man dies an den trash collector, was kein guter Stil ist:

13. Einen Destruktor "__del__(self)..." ergänzen, in welchem der Port wieder frei gegeben wird. Die Änderungen aus 12 und 13 sind in Abbildung 10-6 wiedergegeben.

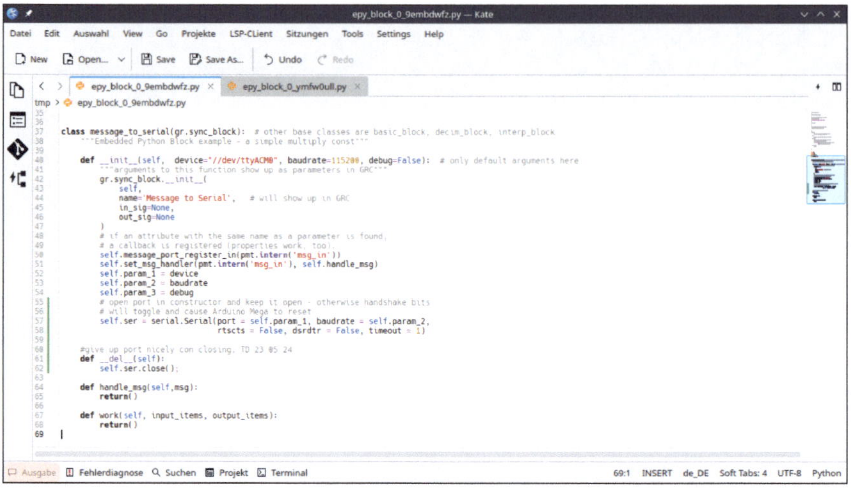

Abbildung 10-6: Den seriellen Port implementieren

Jetzt muss nur noch das Frequenzargument aus der Message isoliert werden. Die Message kommt als polymorpher Typ daher und enthält Schlüssel-Wertepaare. Solche gummiartigen Python-Konstrukte sind für ältere C++-Programmierer gewöhnungsbedürftig – es funktioniert aber nach kurzer Zeit recht gut! Man hätte jetzt die Möglichkeit, je nach eingehendem Key ein spezifisches Telegramm über den seriellen Port zu schicken. Später ergänzen wir die Funktion noch mit einer Fallunterscheidung um z.B. auch den Vorverstärker oder die Rauschbrücke aus der GUI heraus zu schalten.

In unserem ersten Testfall jedoch soll nur ein einziger Message-Typ vorkommen: Der mit dem Frequenzwert. Die Message bekommt der Handler im Argument "msg" geliefert. Es werden zwei (hier in einer Zeile verschachtelte) Konversionen benötigt, um eine Python-Variable daraus zu gewinnen: Die erste trennt den Wert vom Key-Value-Paar (pmt steht für polymorhic type):

```
pmt.cdr(msg)
```

Die zweite liefert das Python-Format:

```
pmt.to_python(pmt.cdr(msg))
```

Um das ganze noch zu toppen, schachteln wir noch die formatierte Ausgabe in einen String um das Konstrukt herum (manche Zeilen haben es in sich...) :

```
freq_str = "{0:11.0f}".format(pmt.to_python(pmt.cdr(msg)))
```

Die 11 Stellen mit führenden Nullen werden vom TS-850 strikt und starr so erwartet, genau wie von unserem Arduino-CAT-Interface.

Schließlich wird das gesamte serielle Kommando zusammengefügt:

```
cmd = ("FA" + freq_str + ";").encode()
```

Der Methodenaufruf ".encode()" ist nötig, weil sonst Unicode-Zeichen im String resultieren würden und keine ASCII-Bytes – eine schöne, kleine Python-Falle.

Im weiteren Verlauf folgt noch eine Fallunterscheidung – sehr nützlich – zum debuggen: Setzt man debug=True, kann man den cmd-String im Ausgabefenster von GnuRadio kontrollieren. Im anderen Falle wird gesendet:

```
#send command over serial port
        if(self.param_3 == False):
        self.ser.reset_output_buffer()
              self.ser.reset_input_buffer()
              self.ser.write(cmd)
```

Der Reset der Buffer ist eine reine Vorsichtsmaßnahme, da wir den Port ja offenlassen und uns (noch) nicht um die Antworten des Arduinos kümmern. Die zusätzlichen Zeilen sind in Abbildung 10-7 dargestellt. Wer nicht tippen will, findet die komplette Python-Datei zudem im Online-Material.

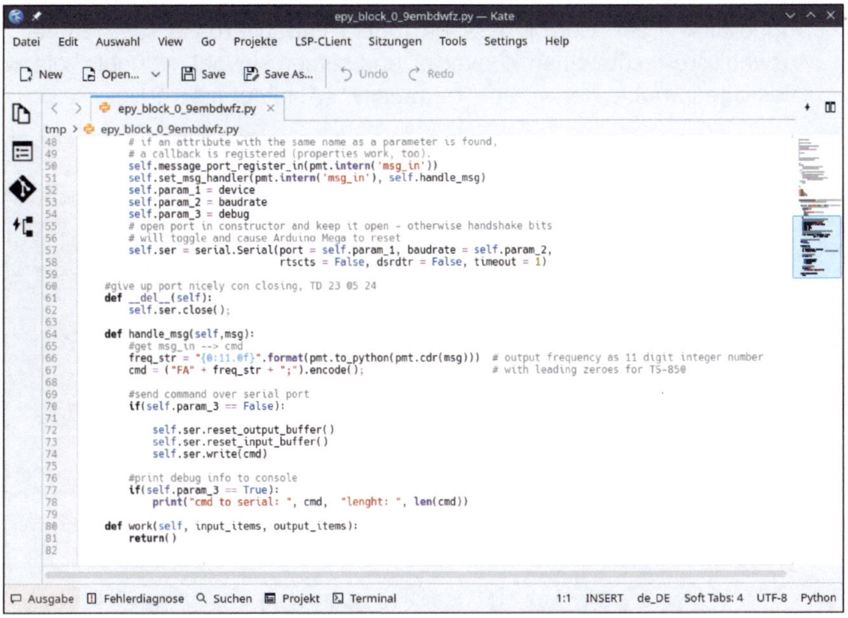

Abbildung 10-7: Fertigstellung des Message-Handlers

14. Den Block mit den beschriebenen Änderungen fertigstellen. Nun muss er noch mit Messages versorgt werden.

15. Zum Test verwenden wir einen Schieber, den wir in der Auswahlliste rechts durch Doppelkicken auf "Core | GUI Widgets | QT | QT GUI Range" erzeugen. Die ID des Schiebers setzen wir auf "frequency" Die Parameter setzen wir auf: Default =7100000, Start= 7000000, Stop=7200000, Step=100 (Abbildung 10-8).

Abbildung 10-8: Den Schieberegler ("Range") konfigurieren

16. Um die Frequenzwerte in Nachrichten zu übersetzen, erzeugen wir durch Doppelklicken auf "Core | Message Tools | Variable to Message" in der Auswahlliste rechts einen Konverter und setzen sowohl "Variable" als auch "Message Variable Name" auf "frequency" (Abbildung 10-9).

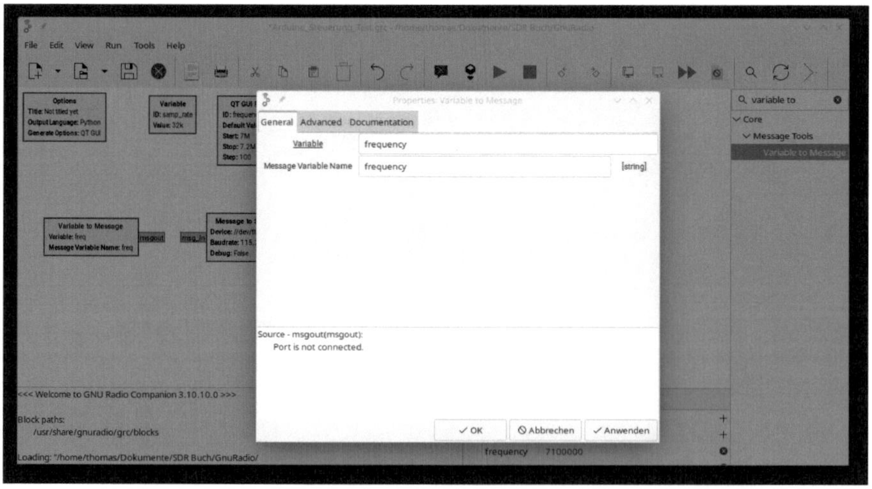

Abbildung 10-9: Variable to Message Konverter konfigurieren

17. Mit der Maus den Ausgangsport des Konverters mit dem Eingangsport des "Message to Serial"- Blocks verbinden (Abbildung 10-10).

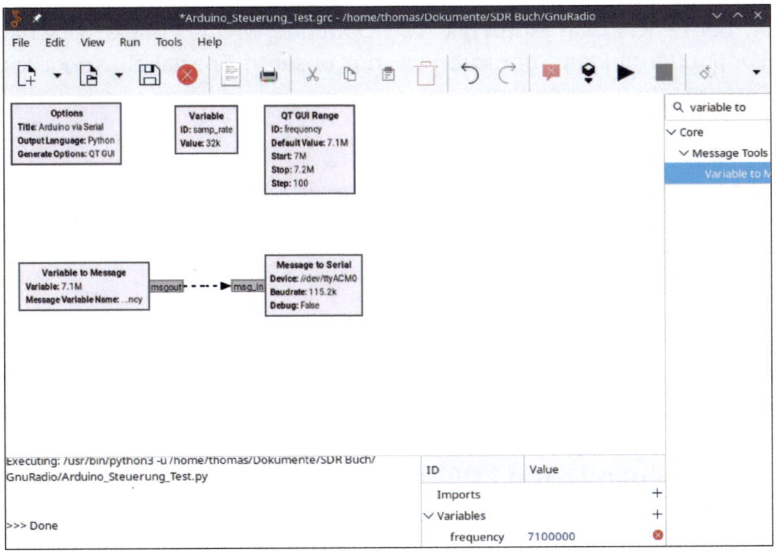

Abbildung 10-10: Test-Flowgraph für die serielle Schnittstelle

18. Den Flowgraph durch Klicken des "Start"-Buttons ausführen. Es erscheint ein Fenster mit einem Schieber (Abbildung 10-11). Ist die Hardware korrekt verbunden (und der serielle Port korrekt benannt), dann folgen Arduino und PLL jetzt der Einstellung in der GUI. Ein kleiner Schritt für die Menschheit aber ein großer für unser SDR-Projekt!

Erscheint der Titel des neuen Blocks in rot, so wird u.U. der Port nicht gefunden, in diesem Fall das USB-Kabel zum Arduino überprüfen oder ggf. den Portnamen anpassen.

Es ist nicht selbsterklärend, wo der Quellcode für unseren selbst geschriebenen Python-Block gespeichert wird. In der Titelzeile des Editors steht eine kryptische Dateibezeichnung im Verzeichnis "//tmp". Das wirkt nicht sehr beruhigend, ist aber schnell erklärt: Der aktuelle Quellcode für den Python-Block wird tatsächlich im .grc-File des Flowgraphs mit gespeichert. Die temporäre Datei kann man zwar noch in "//tmp" finden, sie ist aber bedeutungslos. Um die Rückspeicherung nach GnuRadio korrekt vorzunehmen, unbedingt nach Veränderungen die temporäre Datei im Editor speichern und im Konfigurationsdialog des Blocks (von wo aus dem Editor gestartet wurde) den "OK"-Button klicken.

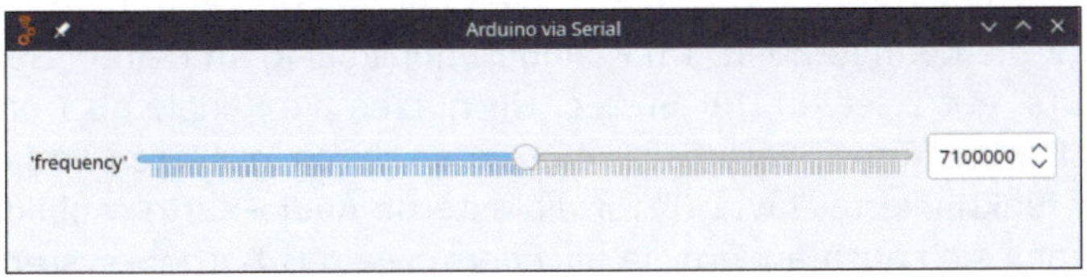

Abbildung 10-11: Nicht schön aber läuft: Der Schnittstellen-Test

10.2 Die ersten GUI-Elemente einbauen

Um aus einer ferngesteuerten Hardware ein SDR herzustellen, müssen jetzt die fehlenden Elemente ergänzt werden. Wir machen es uns einfach: Im Gegensatz zu den ausgewachsenen Programmen, bei denen man eine Fülle von Optionen wie z.B. viele verschiedene SDR-Geräte frei konfigurieren kann, brauchen wir nur unseren Spezialfall zu berücksichtigen – das ist für Experimente völlig angemessen.

10.2.1 FrequencySink und Waterfall Sink

Die dominanten Bedienorgane in den vorgefertigten SDR-Programmen sind die Spektrumansicht und das Wasserfalldiagramm. In GnuRadio sind diese Widgets nur einen Mausklick weit entfernt:

1. Wir speichern unsere Datei aus dem vorigen Abschnitt als "SDR Programm Version 1".

2. Das Spektrum fügen wir durch Doppelklick auf "Core | Instrumentation | QT | QT GUI Frequency Sink" hinzu, das Wasserfall-Diagramm durch Doppelklick auf "Core | Instrumentation | QT | QT GUI | Waterfall Sink" (Abbildung 10-12).

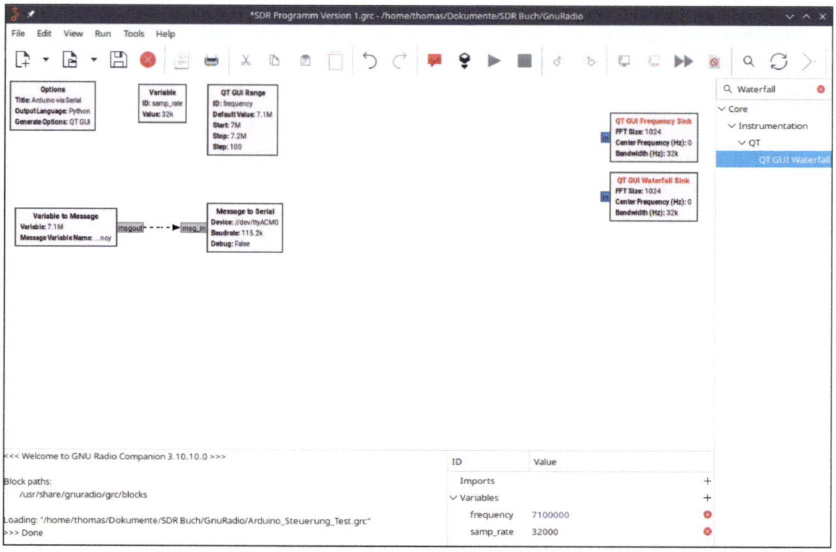

Abbildung 10-12: Das Wasserfall-Diagramm hinzufügen

3. Die Quelle aus der Audio-Karte bekommen wir durch Doppelklicken von "Core | Audio | Audio Source". Doppelklicken auf den neuen Audio-Source-Block erlaubt die Konfiguration. Im Konfigurationsdialog im Reiter "General" "Num Outputs" auf 2 setzen (für Stereo, wir nutzen die Kanäle als I und Q Signal). Den "Device Name"-Parameter muss man durch Probieren ermitteln. Beim Autor funktionierte "hw:1,0" für die externe Audio-Karte (Abbildung 10-13). Das kann sich auch ändern, je nachdem, wie das Betriebssystem die Karten beim Start nummeriert.

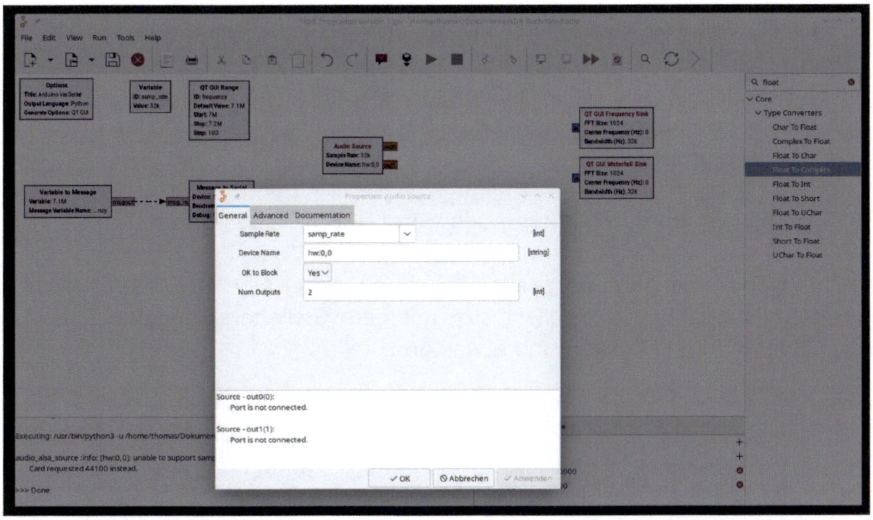

Abbildung 10-13: Die Audio-Quelle hinzufügen und konfigurieren

4. Die Widgets für Spektrum und Wasserfall erwarten komplexe Zahlen als Eingangssignal. Die beiden Float-Ausgänge der Soundkarte müssen also zu einem Stream komplexer Zahlen zusammengefügt werden. Durch Doppelklicken auf "Core | Type Converters | Float To Complex" den Konverter für komplexe Zahlen hinzufügen. Die beiden Eingänge des Konverters mit den Ausgängen der Audio-Quelle verbinden, den Ausgang mit den Eingängen der Widgets für Spektrum und Wasserfall (Abbildung 10-14).

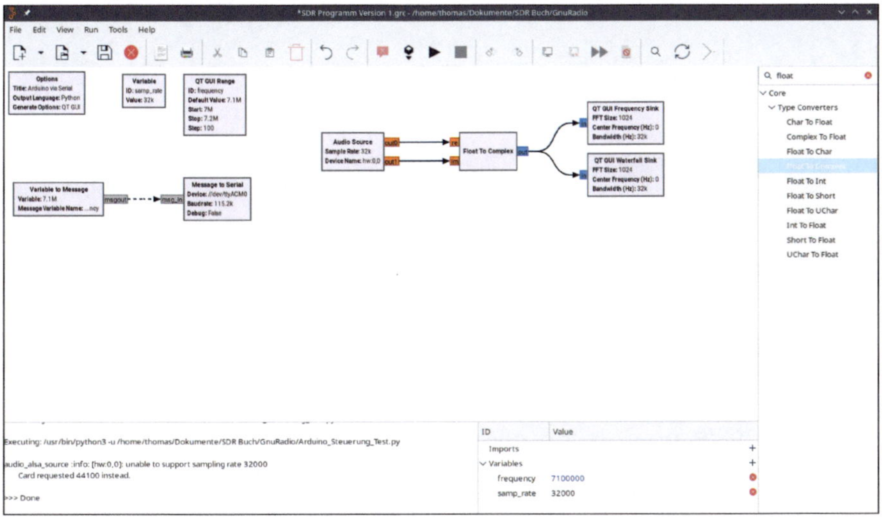

Abbildung 10-14: Das Stereo-Signal der Quelle zu einer komplexen Zahl wandeln

5. Auf die Variable "samp_rate" klicken und das Feld "value" auf 192000 setzen.

Wenn das Flussdiagramm keine durch GnuRadio erkannten Fehler mehr enthält, erscheint der "Start"-Button im Hauptmenu aktiviert. Gibt es z.B. noch einen offenen Eingang, ist der "Start"-Button ausgegraut.

6. Den Flowgraph durch Klicken des "Start"-Buttons ausführen.

Es erscheint (wenn eine Antenne passend verbunden ist) eine spektrale Ansicht des 40 m-Bandes (Abbildung 10-15). Es lässt sich mit dem Schieberegler zudem die Frequenz einstellen. Leider ist die FFT-Auflösung etwas grob.

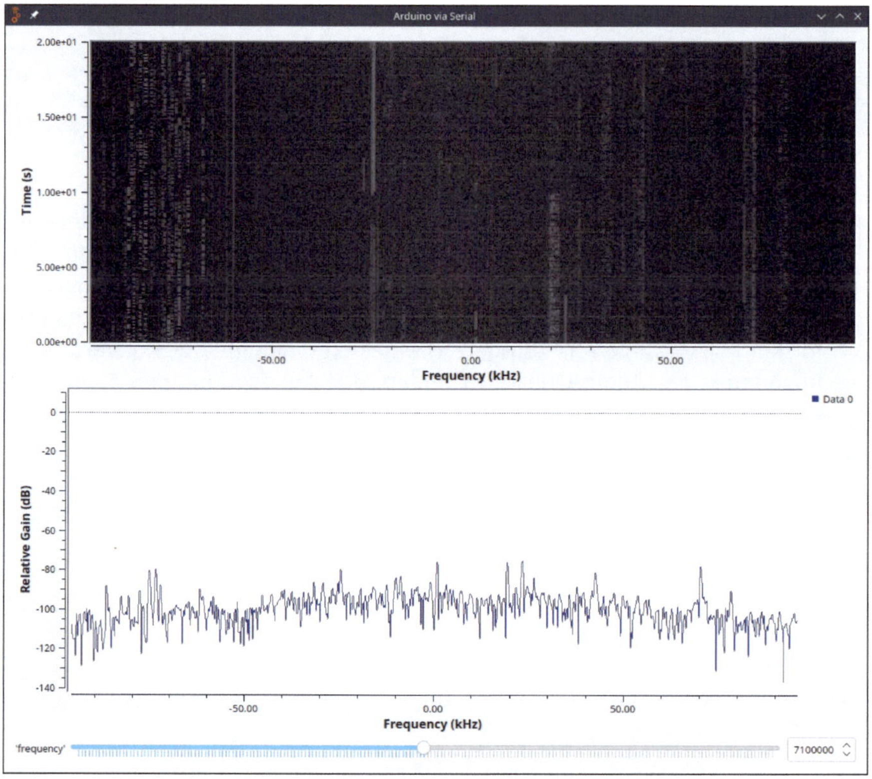

Abbildung 10-15: Unser erstes SDR-Programm mit GnuRadio, bei 100 kHz Bandbreite (40m-Band)

7. Sowohl beim Wasserfall-Diagramm als auch beim Spektrum "FFT Size" auf 4096 setzen. Beim Spektrum "Average" auf "Medium" setzen. Dazu die Widgets doppelklicken um die Konfigurationsdialoge zu öffnen. Dann die Parameter entsprechend eingeben (Abbildung 10-16).

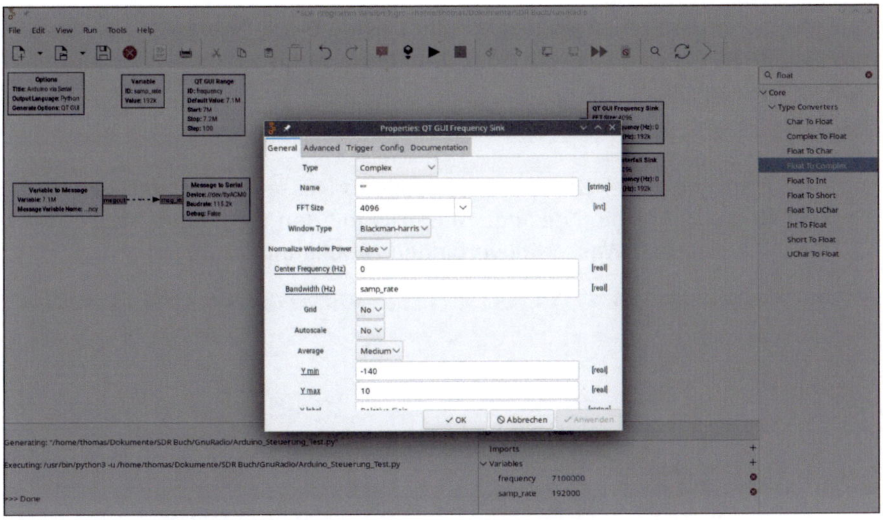

Abbildung 10-16: Die FFT-Auflösung hochschalten

10.2.2 Die Frequenzanzeige mit Messages steuern

Zudem geben sowohl beim Wasserfalldiagramm als auch beim Spektrum die Frequenzskalen nicht die Empfangsfrequenz wieder. Man müsste den Spektrum- und Wasserfall-Widgets die Mittenfrequenz mitteilen. Dazu gibt es bei beiden Blocks Message-Eingänge.

8. Die Message-Eingänge anzeigen: Dazu im Konfigurationsdialog bei beiden Widgets für das Feld "Show Msg Ports" den Eintrag "Yes" auswählen (Abbildung 10-17).

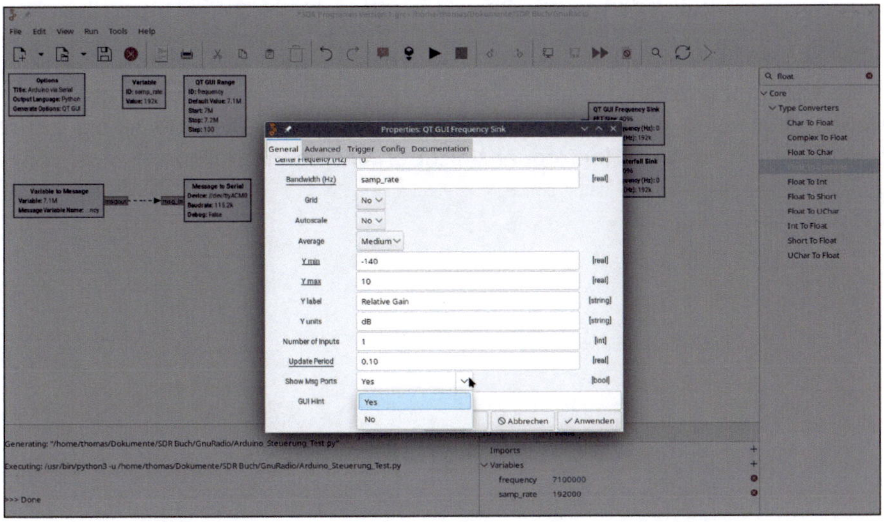

Abbildung 10-17: Die Message-Eingänge anzeigen

Wir hatten bereits für die Steuerung des Arduinos einen Block "Variable to Message" in den Flowgraph eingefügt. Messages werden nur emittiert, wenn sich die "frequency" Variable ändert. Diese Message kann dann die Mittenfrequenzen der Widgets für Spektrum und Wasserfall passend ändern.

9. Der Übersicht halber den Block "Variable to Message" kopieren und einfügen. Den Message-Ausgang des neuen Blocks mit den Eingängen "freq" der Widgets für Spektrum und Wasserfall verbinden (Abbildung 10-18).

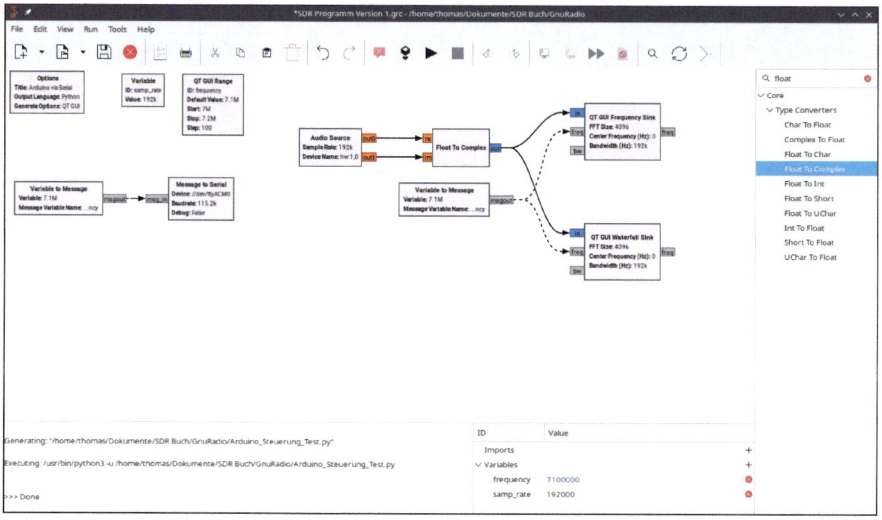

Abbildung 10-18: Kompletter Flowgraph mit Variable to Message-Block: Korrekte Mittenfrequenzwahl

Wenn Sie den Flowgraph jetzt ausführen, werden in den Diagrammen die korrekten Mittenfrequenzen angezeigt, wenn Sie den Schieber für die Frequenz etwas hin- und herbewegen (Abbildung 10-19). Die Bewegung der Skalen ist gegensinnig zu der des Schiebers. Zudem wird die Mittenfrequenz nicht ordentlich initialisiert.

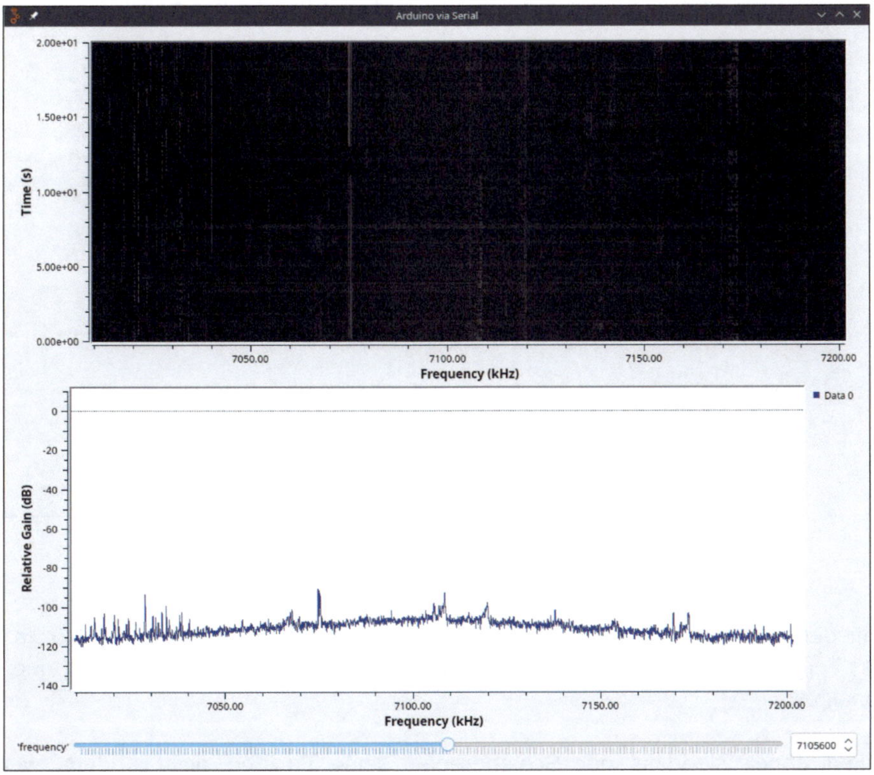

Abbildung 10-19: SDR-Programm mit korrekter Mittenfrequenzwahl durch den Schieber

Es drängt sich nun eine Frage auf: Welche Message wird eigentlich von den Widgets für Spektrum und Wasserfall an den Message-Ausgängen emittiert? Es zeigt sich, dass dort die Frequenz ausgegeben wird, auf die man in den Spektren doppelklickt. Das sollte man für eine sinnvollere Abstimmung des Programms doch nutzen können. Es wäre naheliegend, die Message-Ausgänge mit einem geeigneten Konverter-Block auf die Variable "frequency" zurück zu koppeln.

10. Den Block "core | Message Tools | Message Pair to Var" hinzufügen und die Message-Ausgänge der Widgets für Spektrum und Wasserfall mit dem Eingang des Blocks verbinden. Das Feld "Variable" auf "frequency" setzen. In den Widgets für Spektrum und Wasserfall die Felder "Center Frequency (Hz)" auf 7100000 setzen, damit die Ansichten korrekt initialisiert starten. Die Änderungen sind in Abbildung 10-20 wiedergegeben.

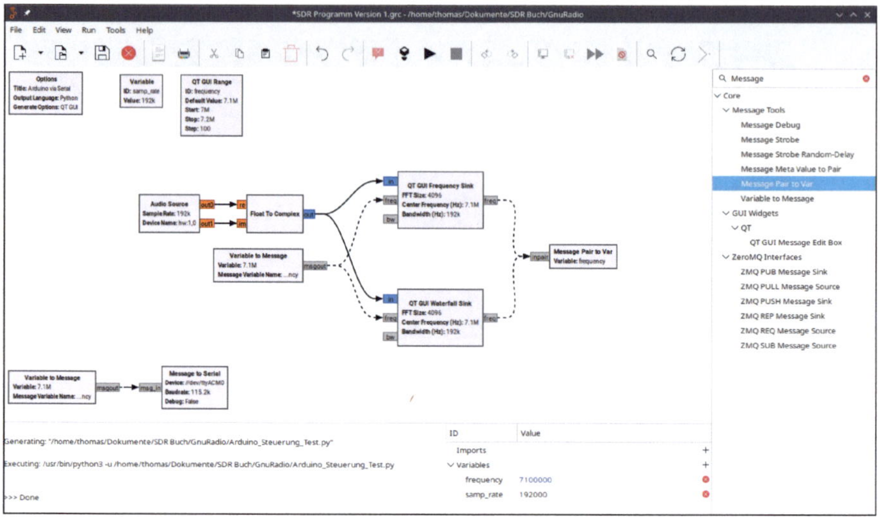

Abbildung 10-20: Korrekte Auswahl der Mittenfrequenzen durch die FFT-Widgets, mit drag-and-drop

Wenn Sie den Flowgraph jetzt ausführen, können Sie mit Doppelklicks auf spektrale Details diese ins Zentrum rücken. Das ist für einen derart einfachen Flowgraph schon eine Menge Funktionalität.

Ein Haken dabei ist, dass der Schieberegler seine Position nicht ändert, wenn die Mittenfrequenz neu gesetzt wird. Der Block "QT GUI Range", den wir dafür benutzen, verfügt auch über keinen geeigneten Message-Eingang, um diese Aktualisierung vorzunehmen.

10.2.3 Den Frequenzselektor einsetzen

Die Lösung besteht darin, ein anderes Bedienorgan einzusetzen. Sie finden es unter "core | GUI Widgets | QT GUI Digital Number Control". Der Message-Ausgang dieses Widgets emittiert nur dann eine Nachricht, wenn die Änderung vom Widget selbst stammt. Der Message-Eingang ändert dagegen nur die Anzeige und Position des Widgets, ohne eine ausgangssseitige Message auszulösen. Dies Verhalten löst unser Problem perfekt.

11. Den Widget "core | GUI Widgets | QT GUI Digital Number Control" in den Flowgraph einfügen (Abbildung 10.21 enthält diese und die folgenden Änderungen).

12. Den Widget zweimal gegen den Uhrzeigersinn drehen, so dass der Messageeingang "valuein" nach rechts zeigt. Den Block zwischen den Widgets für Spektrum und Wasserfall unterbringen.

13. Den in Schritt 9 generierten "Variable to Message"-Block wieder löschen.

14. Den Message-Eingang von "Qt GUI Digital Number Control" mit den beiden Message-Ausgängen der Widgets für Spektrum und Wasserfall verbinden.

15. Den Message-Ausgang von "Qt GUI Digital Number Control" mit den beiden Message-Eingängen der Widgets für Spektrum und Wasserfall verbinden.

16. Bei "Qt GUI Digital Number Control" das Feld "Min Freq (Hz)" auf 3e6 setzen, das Feld "Max Freq (Hz) auf 30e6 setzen. Das Feld "value" auf 7100000 (den Anfangswert) setzen.

17. Den Schieberegler "QT GUI Range" für "frequency" löschen und durch eine Variable mit der id "frequency" und einem Wert von 7100000 ersetzen.

Wenn Sie den Flowgraph jetzt starten, können Sie die Frequenz auf der Digitalanzeige ändern. Dies aktualisiert die Diagrammachsen. Sie können aber auch spektrale Details anklicken – diese erschienen dann in den Diagrammen zentriert. Zusätzlich wird die Digitalanzeige aktualisiert.

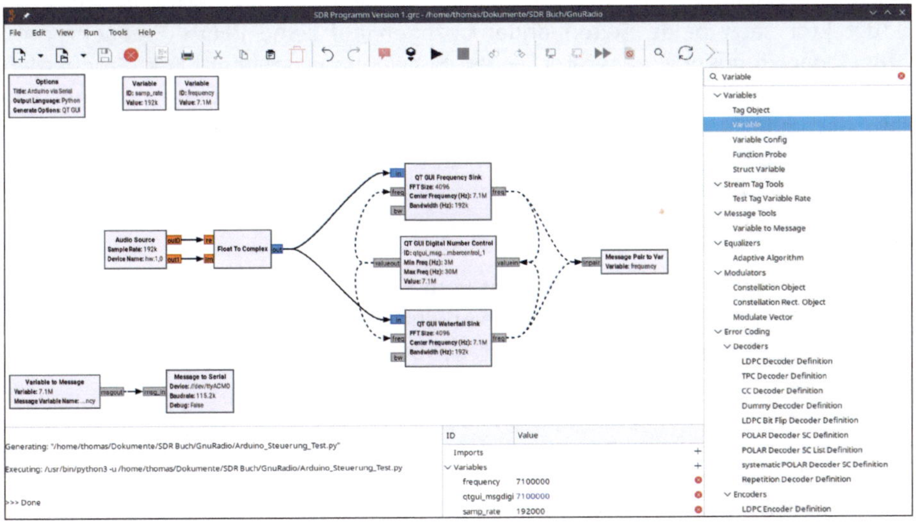

Abbildung 10-21: Flowgraph mit QT_GUI_Digital Number Control

Die Signale betrachten ist das eine. Man hört nur noch nichts. Dazu werden Demodulatoren benötigt. Weiterhin sind Verstärkungsregler hilfreich, mit denen man sowohl den Eingangspegel, als auch die Lautstärke anpassen kann. Direktmischempfänger mit Tayloe-Detektor liefern einen schönen Dynamikbereich. Das wirkt besonders beeindruckend, wenn man auf eine automatische Verstärkungsregelung verzichtet. Auch unser umprogrammierter ATU-100 funktioniert mit manuellen Verstärkungsreglern am besten. Beginnen wir mit dem SSB-Demodulator.

10.3 SSB-Demodulation

Wenn man sich einen Demodulator überlegen will, muss man zunächst die Struktur des Signals verstehen. Von einem amplitudenmodulierten Signal (Abbildung 10-22, links), wie man es für Rundfunkaussendungen verwendet, kommt man zu SSB (single sideband) - Betriebsart, indem man den Träger (Linie in der Mitte) und eines der beiden Seitenbänder weglässt. Beide Seitenbänder enthalten dieselbe Information – daher geht durch den letzten Schritt nichts Wesentliches verloren. Dann kann alle Energie des Senders in das verbliebene Seitenband gesteckt werden – das ist sehr effizient.

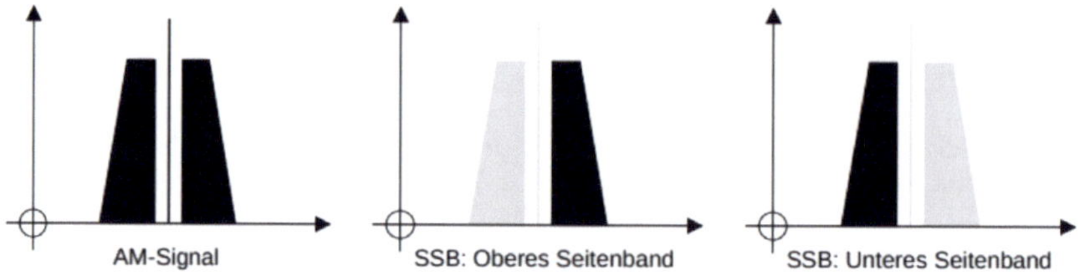

Abbildung 10-22: AM- und SSB-Signale

Außerdem wird keine Bandbreite für ein redundantes Seitenband verschenkt. Der letzte Schritt bedeutet für unseren Demodulator eine kleine Komplikation: Ein einfacher Produktdetektor setzt beide Seitenbänder bezogen auf seine BFO - Frequenz um. BFO steht für "beat frequency generator" oder Schwebungsoszillator. Der Produktdetektor kann nicht zwischen Frequenzen mit Phasenvor- uns Nacheilung unterscheiden. Sind die Einseitenbandsignale in einem Spektrum dicht gepackt, so ertönt neben dem erwünschten Nutzsignal noch etwas Kauderwelsch – im aus dem falschen Seitenband umgesetzten Nachbarsignal sind hohe und tiefe Frequenzen vertauscht – sie sind im Spektrum an der BFO-Frequenz gespiegelt.

Diese unerwünschte Symmetrie kommt uns vom Eingangsteil mit Tayloe-Detektor bekannt vor. Es gibt mehrere Lösungsansätze, das verkehrt herum übersetzte Seitenband (image) zu unterdrücken. Einen davon können wir als Beispiel mit GnuRadio gut in Flowgraphs umsetzen.

10.3.1 Das Weaver-Schema

Aus unserem Tayloe-Detektor bekommen wir die uns interessierenden Signale bereits ins Basisband übersetzt. Zudem gibt es davon zwei Versionen – I und Q, mit einem aufgeprägten Phasenunterschied von 90° (das hatten wir sehr präzise im Mischer-Brick mit dem 74ALS74 als Teilerkette so arrangiert). Daher können wir mit I und Q unterscheiden, ob ein Signal in der Phase vor- oder nacheilt. Der Unterschied lässt sich auch auf einem Oszilloskop sichtbar machen, indem I mit der X- und Q mit der Y-Ablenkung verbunden wird. Ein auf kleine Frequenzen (z.B. 1 Hz) herunter gemischtes Sinunssignal vom Eingang kreist mit der Differenzfrequenz um den Ursprung des Schirms. Bei einer Phasenvoreilung kreist der Punkt gegen den Uhrzeigersinn, bei Phasennacheilung andersherum.

Nun ist die visuelle Betrachtung eines Leuchtpunktes eine schöne Demonstration aber beim Auswerten aktueller Signalgemische nicht hilfreich. Wir könnten aber die Idee bekommen, dass es doch sehr einfach wäre, die Signale zu trennen, wenn der Phasenunterschied zwischen I und Q nicht 90°, sondern 180° betragen würde. Dann könnten Signale mit Phasenvor- und Nacheilung einfach durch Addition (oder Subtraktion) getrennt werden – das ist der Kern des Weaver-Schemas:

Nehmen wir an, dass wir ein Signal mit +90° Phasenverschiebung zwischen Q und I empfangen (Abbildung 10-23, links). Wenn wir dem Q-Signal eine weitere Phasenverschiebung von +90° gegenüber I aufprägen, ergäbe sich eine insgesamt die gerade erwähnte Phasenverschiebung von 180°. In Abbildung 10-23 haben wir dazu nur Q weitergedreht (mit dem Resultat $\tilde{Q}$), damit es übersichtlich bleibt. Wenn man die Ausgangssignale I und Q voneinander subtrahiert, ergibt sich also genau die doppelte Signalamplitude. So weit so gut.

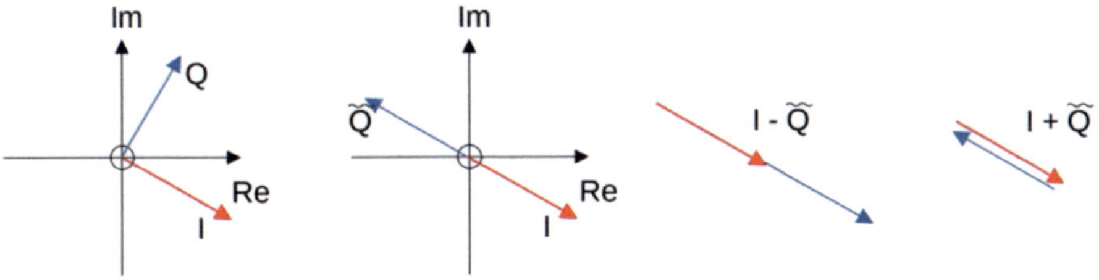

Abbildung 10-23: Eingangssignale mit Phasenvor- und Nacheilung in der komplexen Ebene bei Subtraktion und Addition

Wenn wir jetzt ein Signal mit -90° Phasenverschiebung zwischen I und Q, also einer Phasennacheilung von 90°, durch dieselbe Anordnung schicken, passiert das folgende: I bleibt unverändert und Q bekommt eine Phasenverschiebung von -90° + 90° = 0°! Subtrahiert man I und Q, so wird das Signal mit der Phasennacheilung also perfekt unterdrückt.

Es verbleibt die Frage, wie man allen Frequenzen im Nutzkanal eine konstante Phasenverschiebung von 90° zwischen I und Q aufprägen kann. In den Anfängen der SSB-Zeit wäre "Allpass" die Antwort auf diese Frage gewesen – wer Lust hat, kann im Internet das Stichwort "Polyphasenempfänger" recherchieren. In Analogtechnik kann man mit einem gut aufgebauten Allpass das unerwünschte Seitenband mit einem Faktor von mehr als 30 dB unterdrücken. Das ist einerseits beeindruckend, da das Ergebnis nur mit einfachen Widerständen und Kondensatoren erreicht wird. Bauteiltoleranzen und Temperaturstabilität setzen dem Verfahren aber Grenzen.

Abbildung 10-24: Realisierung eines Polyphasen-Empfängers mit Allpass – those were the days!

In GnuRadio wollen wir gerade solche aufwändig zu realisierenden Bauarbeiten in reibungslos und scheinbar perfekt funktionierende Digitaltechnik übersetzen, was die materialbedingten Nachteile vermeidet.

Der einfachste Weg, I und Q einen nochmaligen Phasenunterschied von 90° aufzuprägen besteht in einer nochmaligen Mischung mit zwei um 90° phasenverschobenen BFOs. Diese erhält man leicht in Form von Signal-Generator-Blocks, deren Ausgangssignal man auf Sinus (für Q) und Cosinus (für I) setzt. Die zusätzliche Mischung in den Produktdetektoren bewirkt einen weiteren Frequenzversatz. Damit sich die zu unterdrückenden Komponenten der gespiegelten Spektren auch wieder treffen können, müssen die BFO-Frequenzen exakt in der Mitte der Nutzfrequenz-Bandbreite liegen.

Abbildung 10-25 zeigt den Flowgraph für ein solches Weaver-Schema. In diesem Bild ist die Addition noch fest verdrahtet. Etwas später werden wir die Summationsstelle mit einem umschaltbaren Vorzeichen versehen, damit das Seitenband in der GUI während der Laufzeit gewechselt werden kann.

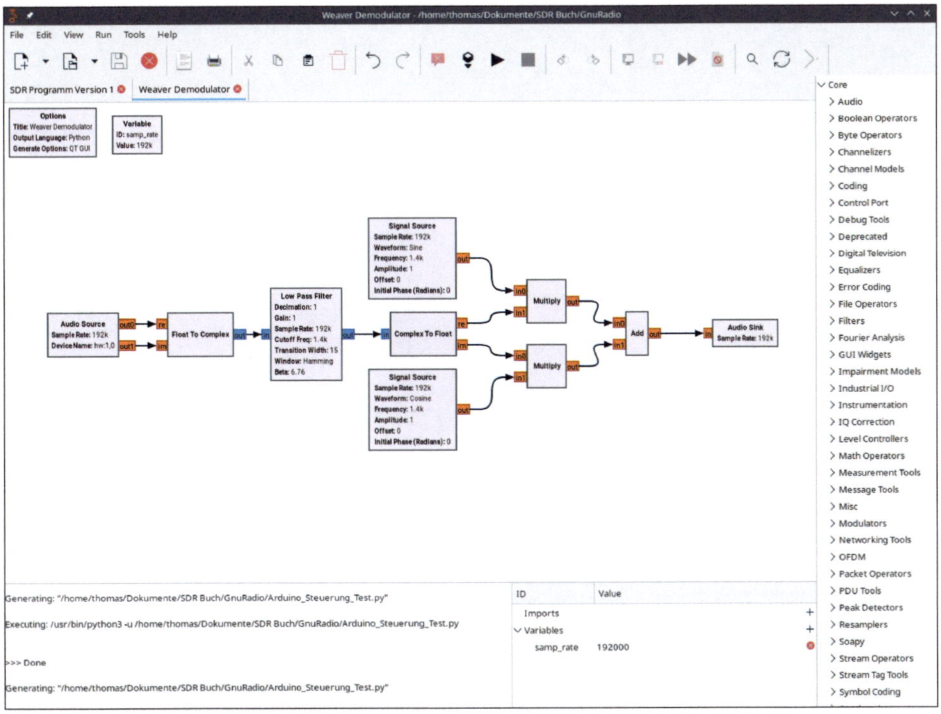

Abbildung 10-25: Weaver-Schema für SSB-Demodulation

Um dieses Weaver-Schema in unser erstes SDR-Programm einzubauen, verwenden wir einige zusätzliche Elemente.

1. Zunächst einmal speichern wir den Flowgraph aus dem vorigen Abschnitt unter "SDR-Programm Version 2 Weaver" ab.

2. Als kleinen Luxus fügen wir in den komplexen Signalweg zu den Widgets für Spektrum und Wasserfall noch einen Block "Remove DC Spike" ein, der die sehr niedrigen Frequenzanteile des Audiosignals ausfiltert (Abbildung 10-26).

3. Das komplexe Signal stecken wir in einen "Virtual Sink" Block, den wir die Stream_ID "to_Demodulators" geben (Abbildung 10-27); das erspart im Blockdiagramm Pfeile, die sich quer durch das Bild schlängeln, da wir - wo nötig - mit einer "Virtual Source" wieder auf den Stream zugreifen können.

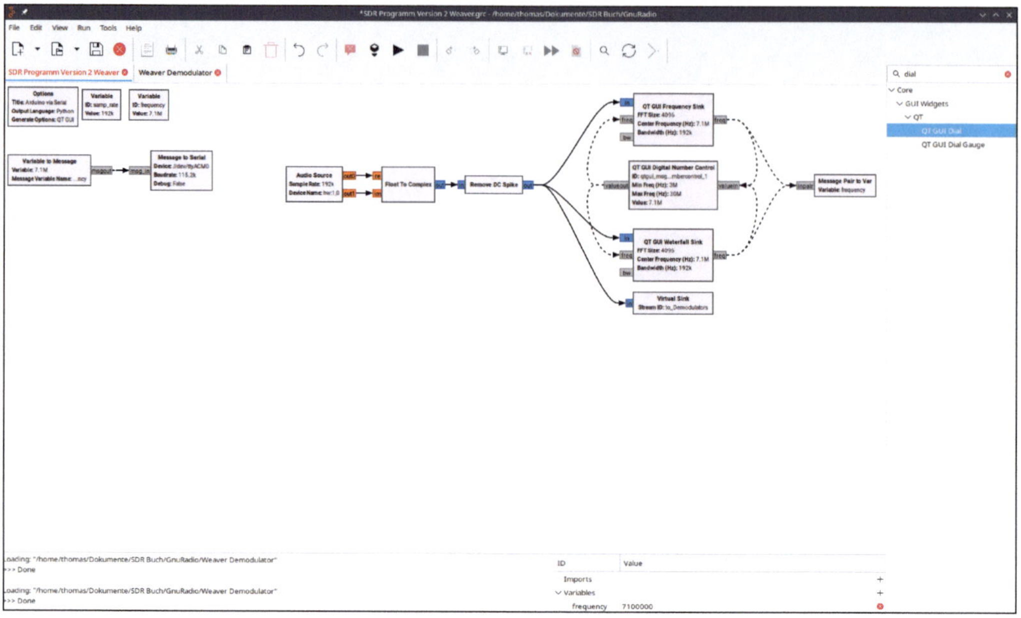

Abbildung 10-26: Verbesserter Eingangsteil

4. Das Weaver-Schema finden Sie im Online-Material in der Datei "Weaver Demodulator.grc". Alle Blocks bis auf "Options" und "Variable" kopieren und in den neuen Flowgraphen einfügen.

5. Von den neu eingefügten Elementen die Blocks "Audio source" und "Float to Complex" löschen und durch einen Block "Virtual Source" ersetzen. Dessen Stream_ID wieder auf "to_Demodulators" setzen.

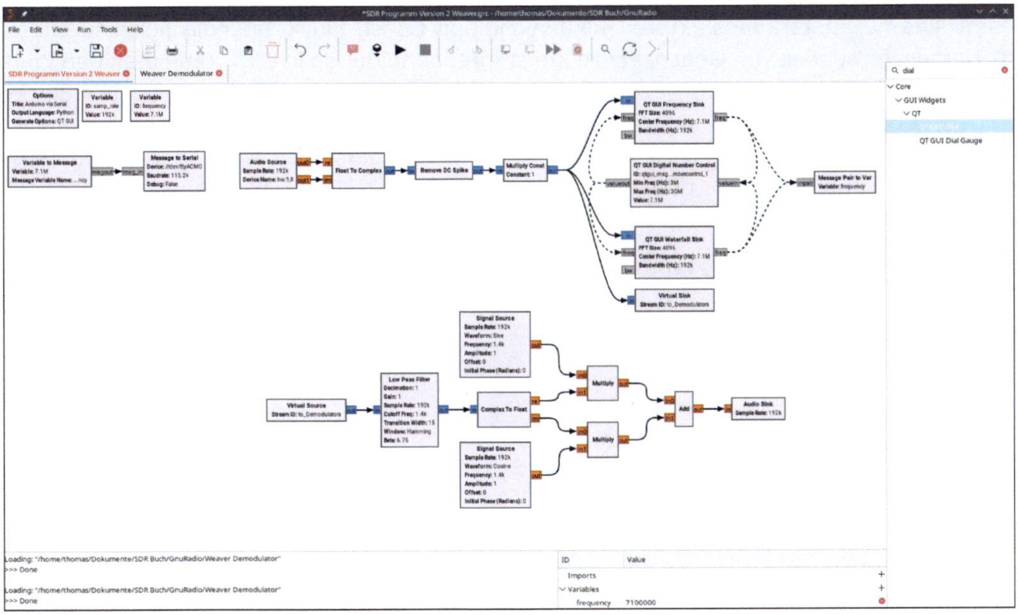

Abbildung 10-27: Verbindung des Demodulators mit "Virtual Source" und "Virtual Sink"

10.3.2 Einstellbare Verstärkungen vorsehen

Bevor wird den neuen Flowgraphen testen, sehen wir gleich noch zwei einstellbare Verstärkungsfaktoren, um die Signale auf einen hörbaren Level anzuheben. Dazu fügen wir zwei Blöcke "Multiply Const" ein und verbinden diese mit zwei Schiebereglern:

6. In den komplexen Signalweg hinter dem "Virtual Source"-Block einen Block "Multiply Const" einfügen. Im Feld "Constant" "input_gain" eintragen. Da wir noch keinen Regler definiert haben, erscheint die Schrift im neuen Block zunächst in roter Farbe – eine Fehlermeldung.

7. In den reellen Signalweg hinter der Summationsstelle "Add" einen weiteren Block "Multiply Const" einfügen. Damit er sich verbinden lässt, muss sein "IO Type"-Feld auf "float" gesetzt werden. In das Feld "Constant" tragen wir "af_ gain" ein.

8. Einen Block "QT GUI Dial" einfügen. Den Block in die Nähe des in den komplexen Signalweg eingefügten "Multiply Const" Blocks schieben – so bleibt erkennbar, auf welches Element die Variable wirkt. In das Feld "ID" als Bezeichner "input_gain" eintragen.

9. Einen weiteren "QT GUI Dial" einfügen. Den Block in die Nähe des "Multiply Const" Blocks am Ausgang des Demodulators schieben. In das Feld "ID" den Bezeichner "af_gain" eintragen und als "Label" (der steht später in der GUI neben dem Regler) "AF Gain" eintragen.

Damit sind die Verstärkungsfaktoren mit den "Multiply Const" Blocks über die gleichlautenden ID-Namen verbunden. Im Gegensatz zu Konstantendefinitionen in C++ kann man den Wert der Konstanten bei GnuRadio während der Laufzeit ändern. Der im "value"-Feld des Blocks eingegebene Wert ist dann lediglich der Startwert der Konstanten. "Konstante" meint in GnuRadio eben nur, alle Elemente eines Streams mit derselben Zahl zu multiplizieren, die sich aber durchaus, z.B. durch Anpassen eines Verstärkungsparameters, noch ändern kann. Die Änderungen der letzten Schritte sind in Abbildung 10-29 zusammengefasst.

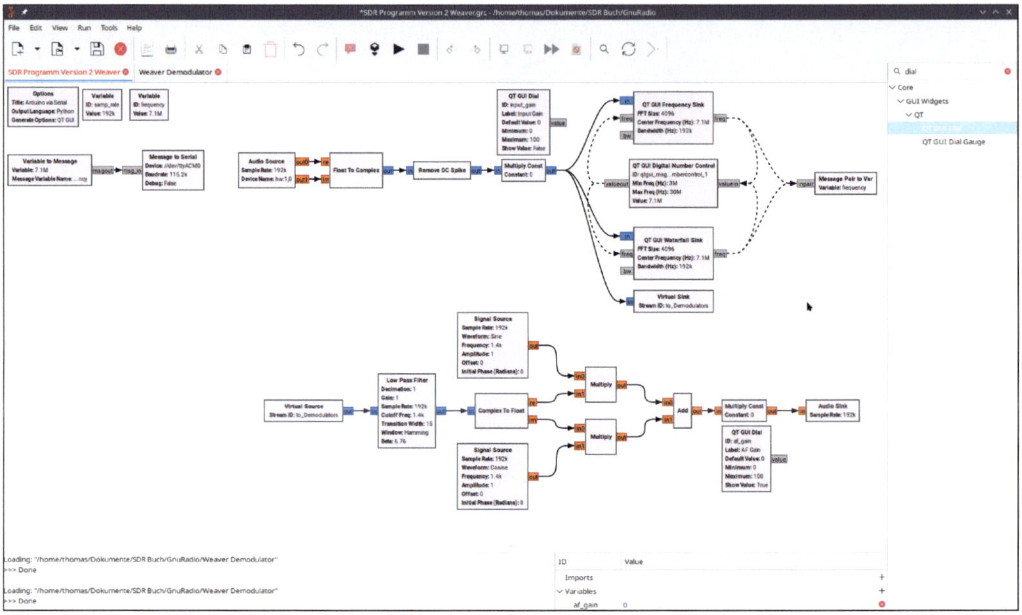

Abbildung 10-28: SDR-Programm Version 2 mit einstellbaren Verstärkungen und Weaver-Schema

Bevor Sie den Flowgraph starten, setzen Sie bitte die Samplerate in der Variable samp_rate auf 96000 – sonst kann die Ausgabe stottern. Wir haben bei unsrer einfacher Demonstration bisher durchgängig die gleiche, recht hohe Samplerate von 192 kHz verwendet. Für die Audio-Ausgabe ist das aber nicht nötig. Später werden wir den Audiostream im Demodulator dezimieren; dann kann die Eingangs-Samplerate auch bei 192 kHz verbleiben, damit man möglichst viel vom Spektrum in den grafischen Widgets sehen kann.

Sie werden beim Durchstimmen Ihres neuen Demodulators in 100Hz-Schritten leicht feststellen können, dass eine Seitenbandunterdrückung stattfindet. Außerdem gibt es jetzt einen Versatz zwischen der (unterdrückten) Trägerfrequenz des Empfangssignals und der Anzeige der Mittenfrequenz auf dem Frequenzselektor von 1.4 kHz finden. Dieser Versatz wird von den BFOs im Weaver-Schema verursacht.

Für unsere Experimente sind solche das Verständnis fördernden Unzulänglichkeiten zunächst tolerierbar – und können später leicht mit ein paar Mausklicks und etwas Python-Code behoben werden.

10.3.3 Verbessertes Weaver-Schema

Unser SDR-Programm hat noch deutliche Schönheitsfehler. Zum einen wird durch die Art der Frequenzwahl das interessierende Signal immer ins Zentrum des Spektrums befördert. Dort wird aber häufig Restbrummen aus nicht vollständig aufgelösten Brummschleifen hörbar und auch das 1/f-Rauschen der NF-Vorverstärker ist in diesem Teil des Spektrums maximal. Es wäre also besser, den Demodulator dort im Spektrum zu betreiben, wo das Signal sichtbar ist – nicht unbedingt immer genau in der Mitte.

Für die Frequenzumsetzung brauchen wir keinen neuen Phasenrotator zu definieren – wir können einen "Frequency Xlating FIR Filter"-Block einsetzen, der Frequenzumsetzung, Dezimierung und Tiefpass-Filterung bequem kombiniert.

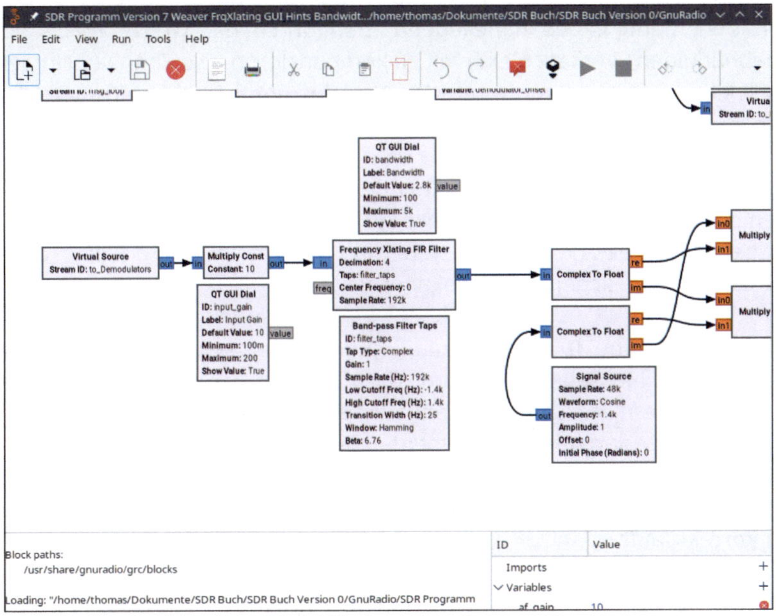

Abbildung 10-29: Den "Frequency Xlating FIR Filter"-Block einsetzen

Bei der Ermittlung des Demodulator-Offsets stoßen wir auf ein neues Problem: Es ist keine Schwierigkeit, aus Spektrum und Wasserfall durch die Ausgangs-Messageports die gewünschte Demodulatorfrequenz zu erhalten. Die wird aber absolut angezeigt, da sie sich von der aktuellen Frequenzskala der Widgets ableitet, d.h. wir erhalten z.B. bei einer Mittenfrequenz von 7100000 Hz eine Demodulatorfrequenz von 7150000 Hz aber leider nicht den benötigten, auf den Ursprung bezogenen Demodulator-Offset von 50000 Hz. In einem C++-Programm oder bei z.B. LabVIEW ® wäre diese Kleinigkeit nicht der Rede wert.

Jedoch kann in GnuRadio zwar die Differenz der beiden Variablen einfach gebildet werden (zwei "Virtual Source" Blocks mit den IDs der Variablen liefern die Werte als Eingangssignale). Aber – etwas überraschend - die Ergebnisse einer solchen Berechnung, z.B. aus einem "Add"-Block, lassen sich nicht so leicht in einer neuen Variablen zwischenspeichern.

Eine Antwort liefert wieder das eingebaute Messaging: Zu den Eingangsvariablen lassen sich mit "Variable to Message"-Blocks Messages generieren; damit kann die Berechnung in einem Python-Block mit Message-Ports durchgeführt werden. Ist eine Neuberechnung in Python erfolgt, kann dieser Python-Block wiederum eine Message emittieren. Der Effizienz-Vorteil liegt darin, dass die Messages nur Neuberechnungen triggern, wenn sich etwas ändert. Die emittierte Message wird dann dem Message Port des "Frequency Xlating FIR Filter"-Blocks zugeführt. Alternativ könnte auch eine neue Variable mit einem "Message Pair to Variable"-Block erzeugt werden, deren ID beim "Frequency Xlating FIR Filter"-Block in das Feld "Center Frequency" eingetragen wird.

10.3.4 Das Messaging optimieren

Wenn wir schon einen neuen Python-Block für die Berechnung des Demodulator-Offsets schreiben, dann ist es naheliegend, den durch die Weaver-BFOs verursachten (seitenbandabhängigen) Versatz gleich mit zu kompensieren – so kann der Nutzer später wie gewohnt im Spektrum auf die vermutete Position des unterdrückten Trägers doppelklicken um den Demodulator passend abzustimmen.

Wenn man sich an die etwas hakelige Syntax der polymorphen Typen gewöhnt, sind solche Aktionen weniger aufwändig als deren Punkt-für-Punkt Beschreibung hier suggeriert. Etwas Ähnliches haben wir bereits bei der Fernsteuerung für den Arduino erledigt, daher kommen Ihnen einige Zeilen jetzt sicher schon bekannt vor.

Eine naheliegende Lösung für den Demodulator-Offset bestünde in einem Embedded-Python-Block mit drei Message-Eingängen, für Mittenfrequenz, Demodulatorfrequenz und Seitenband sowie einem Message-Ausgang für den Demodulator-Offset. Jeder Message-Eingang würde im Bedarfsfall eine eigene Message-Handler-Routine aufrufen. Diese Lösung hat den Vorteil, dass passend benannte Message-Eingänge einem späteren Nutzer selbsterklärend präsentieren, welche Eingangsdaten zugänglich sein müssen, damit die Berechnung korrekt läuft.

Allerdings enthält jeder einzelne Message-Handler neben der Auswertung des Value-Teiles der Message nur noch den identischen Code zur Berechnung des Demodulator-Offsets.

Logischer wäre es daher, nur einen Messgage-Eingang und einen Handler zu benutzen. Zur Entscheidung, welche lokale Variable im Block geändert werden muss, kann dann die "Key" Eigenschaft der Messages ausgewertet werden.

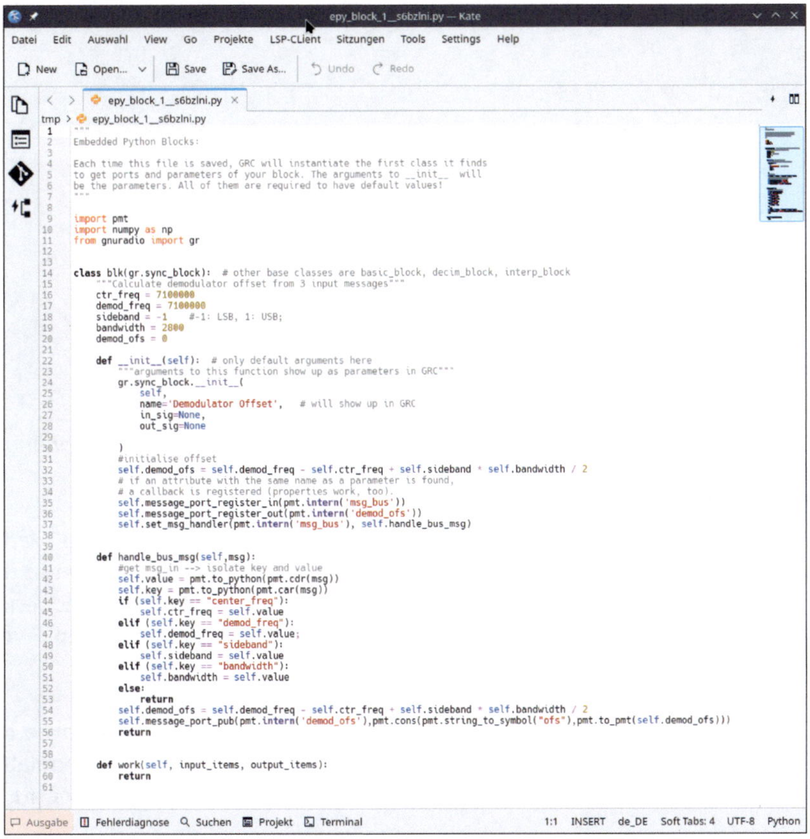

```python
"""
Embedded Python Blocks:

Each time this file is saved, GRC will instantiate the first class it finds
to get ports and parameters of your block. The arguments to __init__  will
be the parameters. All of them are required to have default values!
"""

import pmt
import numpy as np
from gnuradio import gr


class blk(gr.sync_block):  # other base classes are basic_block, decim_block, interp_block
    """Calculate demodulator offset from 3 input messages"""
    ctr_freq = 7100000
    demod_freq = 7100000
    sideband = -1    #-1: LSB, 1: USB;
    bandwidth = 2800
    demod_ofs = 0

    def __init__(self):  # only default arguments here
        """arguments to this function show up as parameters in GRC"""
        gr.sync_block.__init__(
            self,
            name='Demodulator Offset',   # will show up in GRC
            in_sig=None,
            out_sig=None

        )
        #initialise offset
        self.demod_ofs = self.demod_freq - self.ctr_freq + self.sideband * self.bandwidth / 2
        # if an attribute with the same name as a parameter is found,
        # a callback is registered (properties work, too).
        self.message_port_register_in(pmt.intern('msg_bus'))
        self.message_port_register_out(pmt.intern('demod_ofs'))
        self.set_msg_handler(pmt.intern('msg_bus'), self.handle_bus_msg)


    def handle_bus_msg(self,msg):
        #get msg_in --> isolate key and value
        self.value = pmt.to_python(pmt.cdr(msg))
        self.key = pmt.to_python(pmt.car(msg))
        if (self.key == "center_freq"):
            self.ctr_freq = self.value
        elif (self.key == "demod_freq"):
            self.demod_freq = self.value;
        elif (self.key == "sideband"):
            self.sideband = self.value
        elif (self.key == "bandwidth"):
            self.bandwidth = self.value
        else:
            return
        self.demod_ofs = self.demod_freq - self.ctr_freq + self.sideband * self.bandwidth / 2
        self.message_port_pub(pmt.intern('demod_ofs'),pmt.cons(pmt.string_to_symbol("ofs"),pmt.to_pmt(self.demod_ofs)))
        return


    def work(self, input_items, output_items):
        return
```

Abbildung 9-30: Einen neuen Embedded Python Block für den Demodulator-Offset anlegen

Der Block hat dann nur einen einzigen Message-Eingang, mit dem aber mehrere Message-Quellen verbunden werden können. Der spätere Nutzer muss nun die eingebaute Dokumentation lesen, um den Block genauer zu verstehen. Andererseits wird das Blockdiagramm so etwas schlanker. Abbildung 9-30 zeigt den Quellcode für den neuen Block.

Mit diesen Änderungen kann man nun bereits durch Anklicken interessanter Signale im Spektrum genau so arbeiten, wie mit den anderen SDR-Programmen.

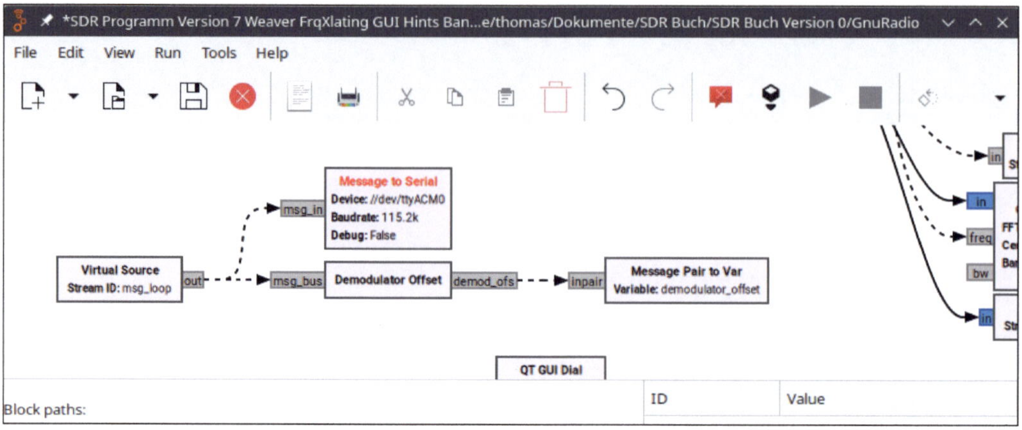

Abbildung 9-31: Den Demodulator-Offset-Block in das Messaging einhängen

10.3.5 Die Filterbandbreite einstellbar machen

Für die Einstellung der Filterbandbreite sehen wir zunächst eine neue Variable vor. Praktischerweise ist sie in einem Bedienorgan gespeichert, genau wie die Verstärkungsregler kann dies ein "QT_GUI_Dial"-Block sein. Seine Variable wird mit dem "Frequency Xlating FIR Filter" über den "Band-Pass Filter Taps"-Block, mit den Angaben in den Feldern "Low Cutoff Freq" und "High Cutoff Freq", verknüpft.

Die Bandbreiten-Variable muss aber auch noch die Weaver-BFOs steuern sowie den bisher fest eincodierten seitenbandabhängigen Frequenzversatz in unserem "Demodulator-Offset" Python Block. Das ist eine ganze Menge Arbeit, die wir nun Schritt für Schritt erledigen werden.

Wenn Sie den Flowgraphen starten und die Filterbandbreite ändern, geht das meistens gut. In einigen Fällen aber hört sich das Ergebnis nicht mehr präsentabel an. Dann sind die beiden unabhängigen BFO-Signalgeneratoren des Weaver-Schemas mit einem deutlichen Zeitversatz aktualisiert worden, was einen Phasenfehler verursacht.

Um diesen zu vermeiden, ersetzen wir die BFO-Signalgeneratoren durch eine komplexe Cosinus-Signalquelle (Abbildung 9-32), die im Imaginärteil den Sinus phasenstarr gekoppelt gleich mitliefert. Für das Weaver-Schema trennen wir noch das komplexe Ausgangssignal in Real- und Imaginärteil auf und führen diese den Multiplikatoren zu. Jetzt klirrt das Audiosignal auch bei schnelleren Änderungen des Bandbreitenreglers nicht mehr.

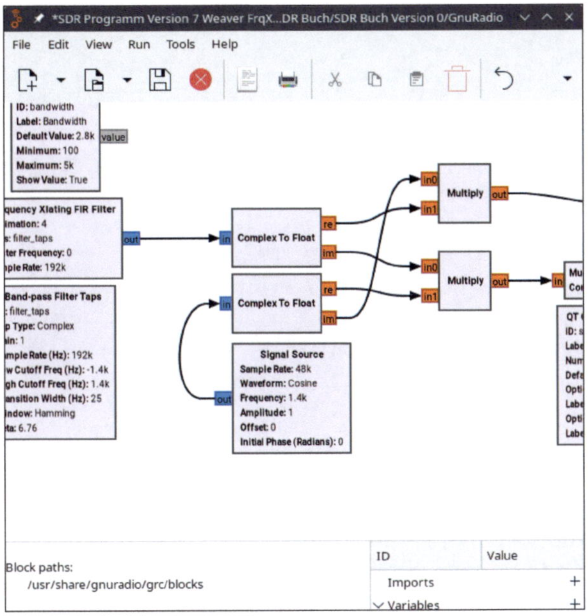

Abbildung 9-32: Eine komplexe Signalquelle anstatt einzelner Sinus- und Cosinus-Quellen

10.4 Weitere Hardware-Optionen über den Arduino ansteuern

Nachdem nun schon so viel aus der GUI heraus funktioniert, kann man sich überlegen, ob nicht auch die Vorverstärker oder die Rauschbrücke von dort aus bedienbar sein könnten. Dazu benötigt man zusätzliche Befehle, die im ursprünglichen Befehlssatz des TS850 nicht vorkommen. Die reine Erweiterung des bereits mit GQRX und den anderen Programmen funktionierenden CAT-Schnittstelle hat den Vorteil, dass diese rückwärtskompatibel bleibt. So bleiben alle Möglichkeiten erhalten – außer, dass die fertig gelieferten GUI-Programme die Bedienung unserer zusätzlichen Hardware via Hamlib nicht leisten können.

10.4.1 Das TS850-CAT-Interface im Arduino erweitern

Der Einbau zusätzlicher Befehle in die CAT-Schnittstelle ist einfach. Wir definieren für die Umschaltung der Vorverstärker den Befehl "PRn;" . Dabei kann n die Werte 0 (Preamp aus), 1 (Preamp +15 dB) und 2 (Preamp +30 dB) annehmen. In analoger Weise definieren wir den Befehl "NBx;", wobei x die Werte 0 (Rauschbrücke aus) und 1 (Rauschbrücke ein) annehmen kann.

Die zusätzlichen Funktionen sind einfach in den Arduino-Code eingesetzt. Zunächst muss im Block "analyseCATcmd()" der serielle Ausgabestring CATcmd auf die neuen Befehle hin untersucht werden. Wird das Kommando "PR" oder "NB" gefunden, erfolgen die Funktionsaufrufe.

```
...
void analyseCATcmd()
{
if((CATcmd[0] == ,F') && (CATcmd[1] == ,A') && (CATcmd[2] == ,;'))
```

```
Command_GETFreqA();

else if((CATcmd[0] == 'F') && (CATcmd[1] == 'A') && (CATcmd[13] == ';'))
        Command_SETFreqA();

//***********************************************************************
//Extension with new features, maintaining backwards compatibility with TS850
//switch preamp: 0 = off, 1 = +15dB, 2 = +30 dB;
else if((CATcmd[0] == 'P') && (CATcmd[1] == 'R') && (CATcmd[3] == ';'))
        Command_SETPreamp(CATcmd[2]);
//switch noise bridge: 0 = off, 1 = on;
else if((CATcmd[0] == 'N') && (CATcmd[1] == 'B') && (CATcmd[3] == ';'))
        Command_SETNoisebridge(CATcmd[2]);
//end extension functions ************************************************
...
```

Command_SETPreamp(CATcmd[2]) und commandSETNoisebridge(CATcmd[2]). Die Anzahl der Bytes ist in der Code-Vorlage aus dem Quellcode von USDX sehr rigide.

Die beiden Funktionen zum Schalten der Hardware sind sehr einfach, weil die Ansteuerung der Bits zur Bedienung der Schaltkontakte bereits im Quellcode vorgesehen ist. Änderungen von "preamp_mode" oder "noisebridge_power" werden in der Hauptschleife des Sketches verarbeitet.

```
...
//cat_mode is ASCII 0 or ASCII 1
void Command_SETPreamp(unsigned char cat_mode)
{
//subtract 0x30 to get number
preamp_mode = cat_mode - 0x30;
SetPreamp();
}
...

void Command_SETNoisebridge(unsigned char cat_noisebridge_power)
{
noisebridge_power = cat_noisebridge_power - 0x30;
SetNoiseBridge();
}
...
```

Die zusätzlichen Befehle interferieren nicht mit der Nutzung von Hamlib und der anderen SDR-Programme. Nach Hochladen des Sketches können Sie die neuen Funktionen durch Eingabe der Befehle in den "Seriellen Monitor" der Arduino-IDE direkt testen. Dabei das Semikolon am Ende der Befehle nicht vergessen! Wenn Sie weitere Features benötigen, können Sie diese ebenso einarbeiten.

10.4.2 Den seriellen Ansteuerblock erweitern

Der serielle Block für den Arduino sendet bisher nur einen einzigen Befehl, nämlich "FA000XXXXXXXX;" zum Setzen der VFO-Frequenz. Für die neuen Möglichkeiten des Arduino-Sketches werden zusätzliche Befehle benötigt. Genau wie im Abschnitt 10.3.4 bereits beschrieben können wir uns zunutze machen, dass die eingehende Message ein Key-Value-Paar ist. Am Beginn unseres Message-Handlers müssen wir also lediglich den Key-Wert extrahieren und in einer nachfolgenden Schleife passend auswerten. Das folgende Code-Fragment zeigt diese Änderungen:

```
def handle_msg(self,msg):
        #separate the key of the key-value pair
        key_str = pmt.to_python(pmt.car(msg))
        value = pmt.to_python(pmt.cdr(msg))
        #now we can sort out which telegram to send to the Arduino
        if (key_str == "center_freq"):
            cmd_str = "{0:011.0f}".format(value)  # output frequency as 11 digit
integer number
            cmd = ("FA" + cmd_str + ";").encode() # with leading zeroes for
TS-850
        elif (key_str == "preamp"):
            cmd_str = "{0:1d}".format(value)
            cmd = («PR» + cmd_str + «;»).encode()
        elif (key_str == "noisebridge"):
            cmd_str = "{0:1d}".format(value)
            cmd = ("NB" + cmd_str + ";").encode()
        else:
            return;
```

Beim Bereitstellen der Eingangs-Messages muss man nur sicherstellen, dass die Key-Werte passend gewählt wurden. Die Fallunterscheidung mit dem Key erlaubt es, die Befehle mit Value passend zu formatieren (11-stelliger Frequenzwert mit führenden Nullen sowie einstellige Integer-Werte für die Zustände der Vorverstärker und der Rauschbrücke).

Die restlichen Schritte in GnuRadio sind fast schon trivial: Für die Schalterstellungen fügen wir zwei "QT_GUI_Chooser"-Widgets ein und nennen die enthaltenen Variablen "preamp" und "noisebridge". Um daraus Messages zu erzeugen, kommen zwei "Variable to Message"-Blocks hinzu, deren Variablen-Ids durch die Ids "preamp" und "noisebridge" mit den neuen Widgets verbunden werden. Entscheidend für den korrekten Message-Key ist aber das Feld "Message Variable Name" bei den "Variable to Message"-Blocks – diese müssen exakt mit den Key-Strings aus dem oben angegebenen Message-Handler übereinstimmen.

Die neuen "Variable to Message"-Blocks lassen sich beide zusätzlich mit dem Message-Eingang des "Message to Serial"-Blocks verbinden – man kann sie also "parallel schalten". Wenn Sie den so ausgestatteten Flowgraphen starten, können sie nun die Relais mit den Radiobuttons in der GUI umschalten!

10.5 Nochmals: Das Messaging optimieren

Bei der Erweiterung des Befehlssatzes für unsere SDR-Hardware habe wir gesehen, dass man mehrere Message-Ausgänge mit einem einzigen Message-Port verbinden kann. Die zusammen gefügten Messages werden vom Empfänger anhand der Key-Werte interpretiert.

Dies legt eine noch radikalere Nutzung des Messaging-Systems von GnuRadio nahe: Man könnte einfach alle Messages in einen gemeinsamen "Message Loop" stopfen und alle Empfänger (oder Message Transformer, wie unseren "Demodulator Offset"-Block mit diesem Loop verbinden.

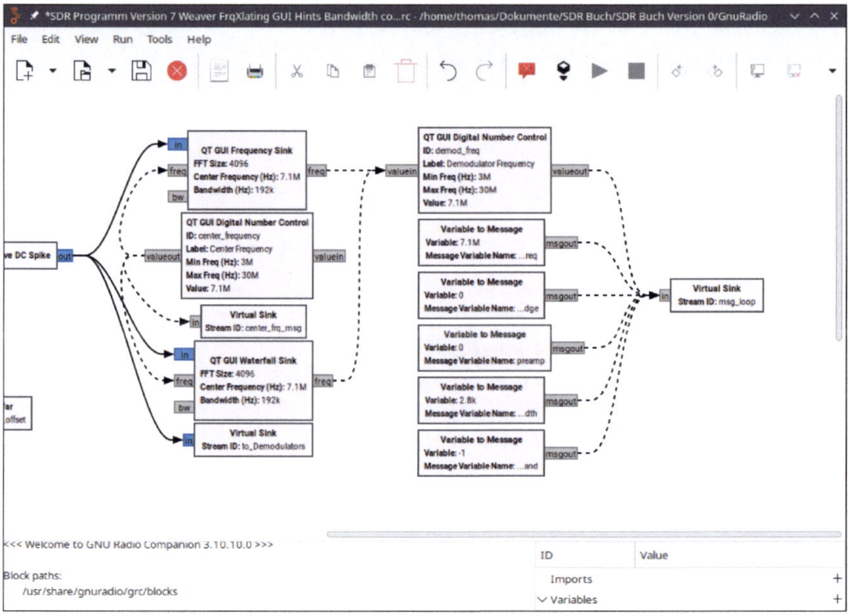

Abbildung 10-33 Zusammengefasstes Messaging

Das Ergebnis ist ein schön aufgeräumter Flowgraph, der mit einem "Virtual Sink"-Block realisiert werden kann. Aus einer gleichlautend benannten "Virtual Source" können dann alle Messages nach Bedarf wieder extrahiert werden. Wir hatten einen solchen Block bereits eingesetzt und zwar für einen Stream (to_Demodulators"), um unseren Flowgraph aufzuräumen. Die "Virtual Source" und "Virtual Sink"-Blocks besitzen ein Feld "Stream ID". Es ist nicht ganz offensichtlich, dass sie auch für Messages funktionieren – das es so geht, wird klar, wenn wir einen Message-Ausgang mit dem Eingang einer "Virtual Sink" verbinden – der Port färbt sich grau (korrekter Typ) und der Pfeil erscheint gestrichelt. Im Fehlerfall würde er sich rot färben.

Im Ergebnis ist der Flowgraph nur sehr aufgeräumt – rechts stehen alle Emitter von Messages, links die beiden selbst gebauten Python-Blocks als Empfänger.

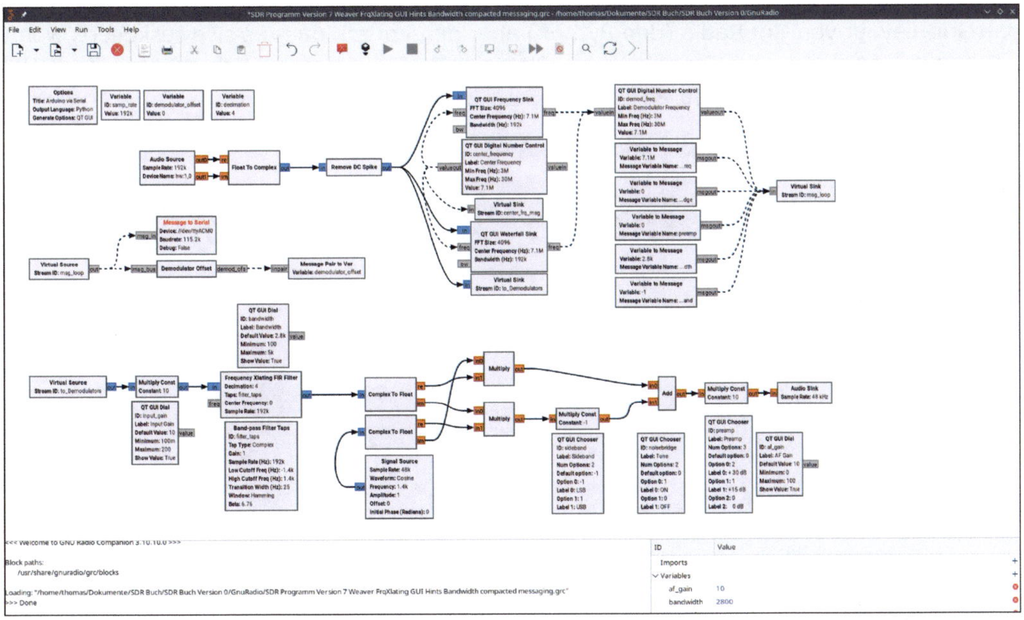

Abbildung 10-34 Gesamter Flowgraph mit zusammengefasstem Messaging

10.6 Die GUI aufräumen

Ohne weitere Hinweise wird die GUI von Python recht willkürlich zusammengepackt. Wer schon etwas Python hinter sich hat, der kennt wahrscheinlich bereits das "grid layout" des GUI-Packers. In GnuRadio ist man dem Packer aber nicht ganz hilflos ausgeliefert, sondern kann ihm über die "GUI Hint"-Felder der Widgets Hinweise über die gewünschte Anordnung der Widgets geben.

Dabei kann man sich das GUI-Fenster der Anwendung in Fächer aufgeteilt denken. Den Index der Fächer teilt man dem Packer in den ersten beiden Zahlen mit, die Ausdehnung in den Fächern mit den zweiten beiden Zahlen.

Die genaue Abmessung der Fächer wird aber vom Packer an die GUI-Elemente angepasst. Gibt man z.B. zu wenig Breite an (1 Fach) und das Widget ist recht breit (z.B. die Frequenzeingabe-Widgets), so werden die beiden zugehörigen Fächer genau so breit angelegt, dass die Widgets hinein passen. Dies hat einen Nachteil, wenn man z.B. in der Folgezeile mehrere Widgets unter einer Frequenzeingabe anordnen will, da der Packer pro Fach partout nur einen einzigen Widget akzeptieren will.

Die freihändige Gestaltung der GUI kann frustrierend sein. Kariertes Papier und ein Bleistift machen die Sache aber recht einfach. Entwerfen Sie die GUI also zuerst auf Papier – dann können Sie sowohl die Ursprungskoordinate als auch die Parameter "colspan" und "rowspan" einfach abzählen.

Wer absolute Layouts gewohnt ist, mag sich an dem dynamischen Grid-Layout zunächst stören. Bei nicht zu grob oder zu fein gewählter Auflösung der Karos auf dem Papier hat das Grid-Layout von GnuRadio (und Python) aber den Vorteil, dass es sich reskaliert, wenn z.B. durch Maximieren des Fensters mehr Platz zur Verfügung steht. Schiebt man das GUI-Fenster zu sehr zusammen, so erschienen Scrollbars.

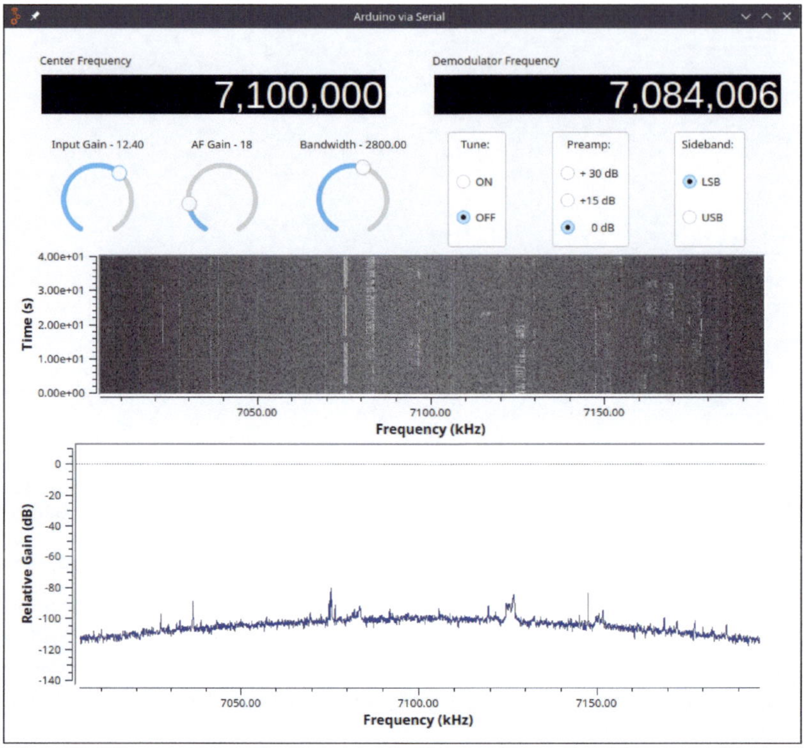

Abbildung 10-35: Aufgeräumtes Layout

Nach einigen Optimierungen sollten Sie recht leicht ein befriedigendes GUI-Layout erhalten. Schön, dass es GnuRadio gibt! Sonst hätten wir für die gezeigten Ergebnisse ein Qt-Projekt aufsetzen müssen. Allein Wasserfall und Spektrumanzeige darin zu implementieren wäre dann eine aufwändige und fehlerträchtige Programmierarbeit gewesen.

10.7 Zusammenfassung und Ausblick

Mit GnuRadio eröffnet sich eine neue Welt von Möglichkeiten, die sich ständig erweitern. Im Internet stehen dazu reichlich Ressourcen zur Verfügung – der Ausgangspunkt kann sehr gut die offizielle Website sein, auf der neben der Referenz zu den Blocks auch zahlreiche, verschieden anspruchsvolle Tutorials zur Verfügung stehen. In den letzten Abschnitten haben wir bereits eine ansehnliche Anzahl von Features mit einer erfreulich überschaubaren Anzahl von Mausklicks und Codezeilen zusammenbauen können.

Unsere SDR-Software kann zwar keinem ernsthaften Vergleich mit den großen Geschwistern SDRPP oder GQRX standhalten. Sie ist aber ganz und gar "Ihre" Version – und damit leicht veränder- und erweiterbar.

Ergänzen Sie weitere Demodulatoren oder erkunden Sie QSPK, Digitalrundfunk und andere Arten der digitalen Kommunikation. Ihrem Spieltrieb sollten jetzt keine unüberwindlichen Grenzen mehr begegnen.

Kapitel 11 • SDR mit FPGAs

In den vorigen Kapiteln haben wir unsere SDR-Hardware für die Verarbeitung von Hochfrequenz entwickelt und aufgebaut. Der Softwareteil wurde mit dem PC erledigt – genau so, wie es die Bezeichnung "software defined radio" nahelegt.

Mit den niedrigen Sampleraten der Audio-Streams sind wir nur gelegentlich an Grenzen des PCs gestoßen. Es wurde dabei aber deutlich, dass die Verarbeitungsgeschwindigkeit nicht sehr hoch sein kann, insbesondere, wenn die GUI nebenbei auch noch viel zu tun hat, wie zum Beispiel die Berechnung der FFT. Dies verschärft sich beim Einsatz von Computern mit begrenzten Ressourcen, wie z.B. kleineren Embedded-Systemen. Der Vorteil liegt natürlich in der flexiblen Konfigurierbarkeit des Systems.

Steigen die Bitbreiten sowie die mit wachsender Samplerate zu bewältigenden Datendurchsätze, so wird die Verarbeitung der Daten mit dem PC aufwändiger. Ein Ausweg besteht in der Verwendung von FPGAs. Deren frei programmierbare Logik arbeitet intern mit erheblicher Geschwindigkeit – das ist erfreulich aber auch gewöhnungsbedürftig. Bei der Arbeit mit Mikrocontrollern ist häufig deren Timing der begrenzende Faktor. Mit den FPGAs wird es dagegen wichtig, die Peripheriechips nicht mit zu hohen Taktgeschwindigkeiten zu überfordern.

Anspruchsvolle Aufgaben können in den FPGA verlagert werden – dazu gehören neben der Datenaquisition (mit oder ohne externem ADC) auch die Frequenzumsetzung sowie die Filterung mit z.B. FIR-Filtern. Die Ausgabe von Audio-Daten mit einem in den FPGA integrierten Delta-Sigma-DAC stellt ebenfalls kein großes Problem dar.

Puristen könnten sich die Frage stellen, ob es sich bei einer FPGA-Lösung überhaupt noch um ein "SDR" handelt. Das FPGA wird zwar mit dem PC programmiert, jedoch ist das "Programm" eine Hardware-Beschreibung, die der Synthesizer des FPGA-Herstellers in eine Anordnung von Gattern und Flip-Flops übersetzt. Dieser Unterschied zu einem PC-Programm ist wichtig und weist auf die erste Hürde zur Arbeit mit FPGAs hin:

11.1 VHDL

Für das Erlernen von VHDL gibt es neben vielen Internet-Ressourcen auch ein Buch aus dem Elektor-Verlag [Schulz 2016] sowie Referenzwerke wie z.B. [Perry 2002]. VHDL ist eine Hardware-Beschreibungssprache. Wegen der ähnlich strukturierten Schreibweise von VHDL-Code ist es verführerisch, in C++-Bahnen zu denken. Ein Einlesen in die Grundlagen beim Umgang mit VHDL ist daher unerlässlich. Bei der Lektüre von [Schulz 2016] wird zunächst nahegelegt, wie sich die formalisierte Beschreibung von VHDL in Latches und Gatter übersetzt.

Diese Denkweise, die für das Verständnis der Funktionsweise der synthetisierten Hardware benötigt wird, ist von der Stapel- und Prozessorlogik der bekannten Programmiersprachen durchaus weit entfernt. Ein Beispiel: Während bei C++ davon ausgegangen werden kann, dass eine Wertzuweisung direkt nach der Anweisung eine Änderung des Stapels zur Folge hat, gilt beim Durchdenken einer VHDL-Anweisung meistens das "Weihnachtsmann-Prinzip"

[Schulz 2016] – eine "<=" - Zuweisung wird erst nach einem vollständigen Hardware-Zyklus vollzogen und stellt deshalb eher einen "Wunschzettel" dar. Es gibt daneben aber auch instantan wirkende Zuweisungen, wie z.B. die ":=" - Zuweisung bei Variablen. Für einen eingefleischten C++ - Programmierer wirken solche Eigenschaften vielleicht zunächst exotisch oder wie ein Kontrollverlust.

Ein weiterer gewöhnungsbedürftiger Effekt liegt in der Parallelität, mit der verschiedene Operationen im FPGA gleichzeitig erfolgen. Es ist immer eine Überlegung wert, ob z.B. ein Eingabewert bereits zur Verfügung steht oder ob es durch parallel einlaufende Resultate zu unübersichtlichen "logic race" - Bedingungen kommt. Der Vorteil einer in quasi Echtzeit verlaufenden Signalverarbeitung erfordert also die genaue Planung des Timings. Ein guter Weg dabei können synchrone Designs sein, bei denen ein zentrales Taktsignal die Datenverarbeitung flankengesteuert auslöst.

Will man VHDl-Code zum Laufen bringen, ist das detaillierte Mitdenken in der Hardware-Welt also notwendig. Dazu kommt erschwerend, dass die Entscheidungen nicht vollständig beim Programmierer liegen, sondern hauptsächlich beim Synthesizer der Entwicklungsumgebung, der sich nur in gewissen Grenzen zu konkreten Realisierungen nötigen lässt. Ganz ohne Herumprobieren geht es also auch bei der Synthese nicht.

Für Einblicke in die konkreten Funktionen auf der Chipebene des FPGAs gibt es Simulationswerkzeuge. Teilweise sind diese bereits in die IDE integriert, was den Umgang damit erheblich vereinfacht.

11.2 FPGA und IDE auswählen

Von den verschiedenen Herstellern werden zu den FPGAs auch IDE-Werkzeuge zur Verfügung gestellt. Die Ausstattung dieser IDEs mit Hilfsmitteln wie z.B. Simulatoren oder Import-Möglichkeiten (VHDL oder Verilog) variiert. Wer von den stark verbreiteten (und entsprechend gut unterstützten) Atmel-AVR-Prozessoren oder der Arduino-IDE verwöhnt ist, muss sich erst noch daran gewöhnen, wie spezifisch die Software-Umgebungen für FPGAs ausgerichtet sind. Bereits die Kaufentscheidung für ein Entwicklungsboard (da wir die vielen Anschlüsse der BGA-Gehäuse nicht selbst löten wollen) ist eine Weichenstellung, die gut überlegt werden will.

Das FPGA sollte modern genug sein, damit es von der aktuellen (freien) Version der IDE unterstützt wird. Für ein preisgünstigeres, älteres Board muss man auf der Website des Herstellers unter Umständen länger suchen, um noch eine "Legacy"-Version der IDE zu ergattern, deren Funktionsumfang im Vergleich mit aktuellen Versionen vielleicht enttäuschend ist. Bekommt man auch diese Versionen nicht mehr, ist das Board damit praktisch unbrauchbar geworden – Obsoleszenz ist also bei FPGAs ein wichtiges Thema, die Archivierung von passenden IDE-Werkzeugen und, falls zum Betrieb nötig, veralteten Betriebssystemen auch.

Eine andere Frage ist, ob der auf den Entwicklungsboards häufig gleich mit integrierte USB-Programmer von der IDE unterstützt wird. Falls ja, kann eine übersetzte Konfigurationsdatei direkt aus der IDE in die Hardware geladen werden. Wird der Programmer hingegen nicht unterstützt, muss man zunächst die Konfigurationsdatei erzeugen, um sie dann mit einem separaten Programmierwerkzeug auf das Board zu laden – beim Debugging ist das auf die Dauer ein lästiger Zeitnachteil.

Weiterhin sollte das Entwicklungsboard auch den nicht flüchtigen Konfigurationsspeicher für den FPGA enthalten – nicht immer ist der mit im FPGA untergebracht. Damit kann eine funktionierende Konfiguration dauerhaft auf dem Board gespeichert werden. So kann das Entwicklungsboard permanent in eigene Designs integriert werden und startet eigenständig.

Ein weiteres Kriterium kann die Ausstattung der IDE mit IP-Bibliotheken sein. Einerseits sind vordefinierte IP-Blöcke verführerisch, da sie sich mit einem Mausklick in ein Design integrieren lassen. Andererseits deutet bereits die Bezeichnung "IP" also "intellektuelles Eigentum" auf ein Problem damit hin: Wie quelloffen kann ein FPGA-Projekt sein, dass auf der Verwendung komplexer, vorgefertigter Code-Blöcke beruht? Andererseits sind gewisse Basisfunktionen wie z.B. Zähler, komplexe Busse oder PLLs sehr praktisch und helfen, den Blick auf das Wesentliche zu fokussieren.

Die signalverarbeitenden Blöcke unseres Empfänger-Projektes werden wir in diesem Buch selbst definieren, auf einfachere Hilfsfunktionen beim Zusammenbau der Experimente aber nicht ganz verzichten. Daraus resultiert eine hohe Transparenz sowie der maximale Spaßfaktor, die DSP-Funktionen selbst verändern zu können.

Intel® Quartus Lite bietet in Verbindung mit MAX10 FPGAs einen gut ausgestatteten und zudem kostengünstigen Einstieg in die FPGA-Welt. Für den MAX10 kann für kleines Geld bei Trenz Elektronik [www.trenz-electronic.de] das MAX1000-Board im Arduino-Maker-Format erworben werden, das sich aus der Quartus-IDE heraus über einen USB-Anschluss programmieren lässt.

11.3 Datenwandler auswählen

Für den 24 Bit-ADC wählen wir den LTC2380-24. Dieser Chip ist zwar nicht ganz billig, kann aber bis zu 2 MSPS erfassen. Damit eignet er sich für eine ganze Reihe von Experimenten. Er könnte z.B. als ZF-Abtaster mit 250 kHz oder 500 kHz Samplerate betrieben werden. Sie merken schon – in der FPGA-Welt sind wir in der Wahl der Abtastfrequenz etwas freier als bei der Soundkarte im PC.

Es wäre auch möglich, Nyquist-Sampling auszuprobieren (auch "Unterabtastung" genannt). Dabei wird ausgenutzt, dass sich Signale oberhalb der Nyquist-Frequenz (= halbe Samplerate) als "Alias" in den erfassten ADC-Daten zu Wort melden. Normalerweise werden diese oberhalb der Nyquist-Frequenz liegenden Signale mit einem Anti-Aliasing-Filter kräftig unterdrückt, weil sie als Störung erscheinen. Bei der Unterabtastung kann gezielt ein Frequenzband mit f > f(Nyquist) durch einen steilen Bandfilter ausgewählt werden. Das Aliasing sorgt dann für eine Abwärtswandlung des hochfrequenten Nutzsignals in das Basisband, ohne dass ein zusätzlicher Mischer benötigt wird – ein sehr schlankes Konzept. Es wird dadurch die Verwandtschaft zwischen Abtasten und Mischen mit einem konventionellen Mischer erkennbar:

Wir könnten z.B. auch einen Mischer mit dem ADC nachbilden, indem wir (wie im weiter unten folgenden Beispiel des ZF-Abtasters) bei vierfachem Oversampling die ADC-Daten von I- und Q-Phase des Eingangssignals passend in Variablen einsortieren. Genau so passiert es in der analogen Welt bei dem Lima-Mischer, nur dass dort die Variablen zunächst durch die Spannungen auf den Sampling-Kondensatoren hinter den Schaltern repräsentiert werden.

Die hohe Wortbreite von 24 Bit erlaubt einen großen Dynamikbereich des Empfängers. Es werden dadurch gleichzeitig hohe Empfindlichkeit und Aussteuerbarkeit gewährleistet. In der Tat ist der Dynamikbereich so groß, dass eine (zunächst) manuelle Einstellung des Signalpegels vorgenommen werden muss, um den NF-Verstärker und das Gehör beim Auftreten von starken Signalen nicht zu überfordern.

Wer andere ADCs einsetzen möchte, kann mit Hilfe der im Online-Material enthaltenen Konstruktionsdaten leicht seinen eigenen Brick konstruieren und aufbauen. Wegen des Brick-Konzeptes ändert sich dadurch nur ein einziges Modul, dass auf diese Weise im sonst identischen Versuchsaufbau getestet und ggf. verglichen werden kann (z.B. durch eine NPR-Messung).

11.4 Den Umgang mit Scilab lernen

Wenn Sie Student sind, haben Sie vielleicht Zugriff auf akademische Versionen der beliebten MatLab® - Software von Wolfram ®. Problematischer wird das erst beim Eintritt in das professionelle Leben: Dann stellen sich die wahren Kosten einer vollwertigen MatLab®-Lizenz heraus, die regelmäßig gewartet werden will – und zu der, je nach Anwendung, optionale Erweiterungspakete hinzugekauft werden müssen. Die Verwendung von MatLab® hat aber auch viele Vorteile, nicht zuletzt die weite Verbreitung der Software sowie der enorme verfügbare Funktionsumfang.

Wenn Sie noch nicht genau wissen, welchen Weg Sie später gehen wollen, können Sie zunächst risikolos Scilab als eine Alternative zu MatLab® ausprobieren, ein ursprünglich von der EU initiiertes open-source-Projekt. Entscheiden Sie sich später für MatLab®, war wegen der ähnlichen Syntax die Einarbeitung in die Grundlagen mit Scilab auch nicht vergebens.

Es lohnt sich also auf jeden Fall, etwas in Scilab einzusteigen. Neben dem Spaß, den interaktives Ausprobieren von mathematischen Zusammenhängen liefern kann, gibt es umfangreiche Werkzeuge zum Plotten von Resultaten. Im Lieferumfang ist auch ein Simulator (xcos) enthalten, mit dem Sie z.B. regelungstechnische Experimente mit Blockschaltbildern simulieren können.

Sie finden Scilab bei der URL: www.scilab.org . Dort können Sie auch ein aktuelles Handbuch dazu bekommen. Wenn Sie gedruckte Bücher bevorzugen, die allerdings nie so aktuell sein können wie die Online-Dokumentation, könnten Sie für die ersten Grundlagen auch z.B. [Gomez 99] oder ein vergleichbares Buch verwenden.

Unter den vielfältigen Nutzungsmöglichkeiten der Software-Suite gibt es eine, die für uns unmittelbar interessant ist: Mit einem FIR-Filter-Konfigurationsdialog können wir in Scilab die FIR-Filterkoeffizienten ("taps") interaktiv optimieren. Danach lassen sie sich mit Hilfe eines Skriptes in eine Datei schreiben und von dort per cut-and-paste in den VHDL-Code unserer FPGA-Filterfunktion einfügen. Damit ist schon eine schwierigere Aufgabe beim Design eines FPGA-basierten SDRs recht einfach gelöst! Wir werden Scilab auch zum Bereitstellen einer Wertetabelle für die Sinusfunktion nutzen.

Die Skripte sind im Online-Material enthalten. Wir kommen auf den Gebrauch von Scilab zurück, wenn die Skripte eingesetzt werden. Sie werden schnell erkennen, dass eine gründliche Einführung in Scilab im Rahmen dieses Buches gar nicht möglich ist – der Funktionsumfang ist einfach viel zu groß. Dennoch: Bleiben Sie dran! Allein die vielfältigen Möglichkeiten für die grafische Darstellung von Funktionen und Vektorfeldern bekommen Sie sonst nur in teuren Softwarepaketen geliefert.

11.4.1 Scilab installieren

Abhängig von Ihrer Linux-Distribution finden Sie Scilab vielleicht schon in der Paketverwaltung. Bei openSuse ® Tumbleweed ® ist es dort leider nicht enthalten. Laden Sie sich die letzte Version von Scilab (derzeit 2024.1.0) als Tarball herunter. Entpacken Sie zunächst den Tarball in Ihr Home-Verzeichnis. Nach dem Entpacken finden Sie dort das Verzeichnis "scilab-2024-1.0" (oder vielleicht schon eine neuere Version). Im Unterverzeichnis "bin" können Sie das Programm durch Ausführen des Shell-Skriptes "scilab" starten.

Eine Desktopverknüpfung legen Sie sich folgendermaßen an: Durch einen Rechtsklick auf den Desktop öffnet sich das Kontextmenu. Dort wählen Sie "Neu erstellen | Verknüpfung zu Programm ...". Im Reiter "Allgemein" tragen Sie für den Namen "Scilab" ein. Wenn Sie das Icon links neben dem Eingabenfeld für den Namen anklicken, öffnet sich ein Auswahldialog. Links unten klicken Sie auf den Button "Durchsuchen...". Das Icon finden Sie im Verzeichnis "//home/scilab-2024.1.0/share/icons/hicolor". Meistens reicht die Datei 48x48 für eine sinnvolle Darstellung aus. Im Reiter "Programm" nochmals den Namen auf "Scilab" setzen. Neben dem Feld "Programm" auf den "Auswählen..." Button klicken und in das Verzeichnis "//Home/scilab-2024.1.0/bin" wechseln und die Datei "scilab" anklicken. Den Auswahldialog mit dem "Öffnen"-Button schließen. Danach den Dialog für die Erstellung der Verknüpfung mit dem "OK"-Button schließen. Jetzt sollte sich Scilab durch Anklicken des Symbols starten lassen.

11.5 Die FPGA-Toolchain installieren

11.5.1 Die aktuelle Intel® Quartus Version installieren

Die aktuelle Version von Intel Quartus® finden Sie derzeit bei der URL: www.intel.com/content/www/us/en/software-kit/825278/intel-quartus-prime-lite-edition-design-software-version-23-1-1-for-linux.html

Die Datei ist sehr groß – fast 7 GB, so dass der Download länger dauern kann. Sollten Sie manuell nach Quartus suchen, müssen Sie zunächst die kostenlose "Prime Lite" Edition auswählen.

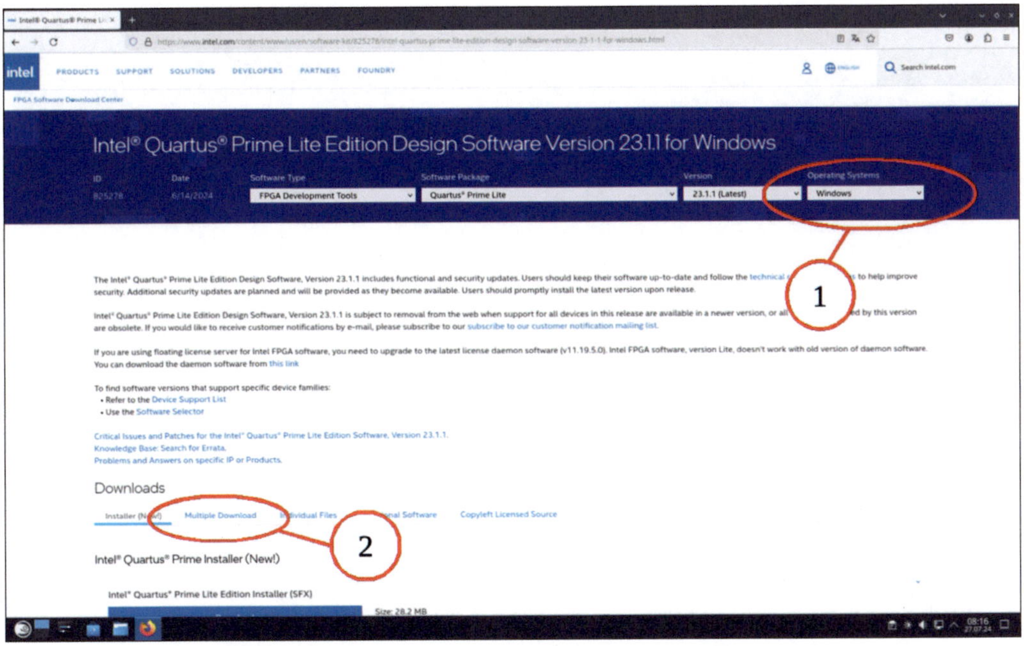

Abbildung 11-5-1: Quartus Prime Lite Auswahlfenster

Das Auswahlfenster erscheint zunächst für das Windows®-Betriebssystem (Abbildung 11-5-1). Nach der Auswahl von "Linux" (Abbildung 11-5-1, Ziffer 1) wählen Sie noch den Reiter "Multiple Download" (Abbildung 11-5-1, Ziffer 2) und klicken auf den aktuellen Tarball (derzeit "Quartus-lite-23.1.std.1.993-linux.tar").

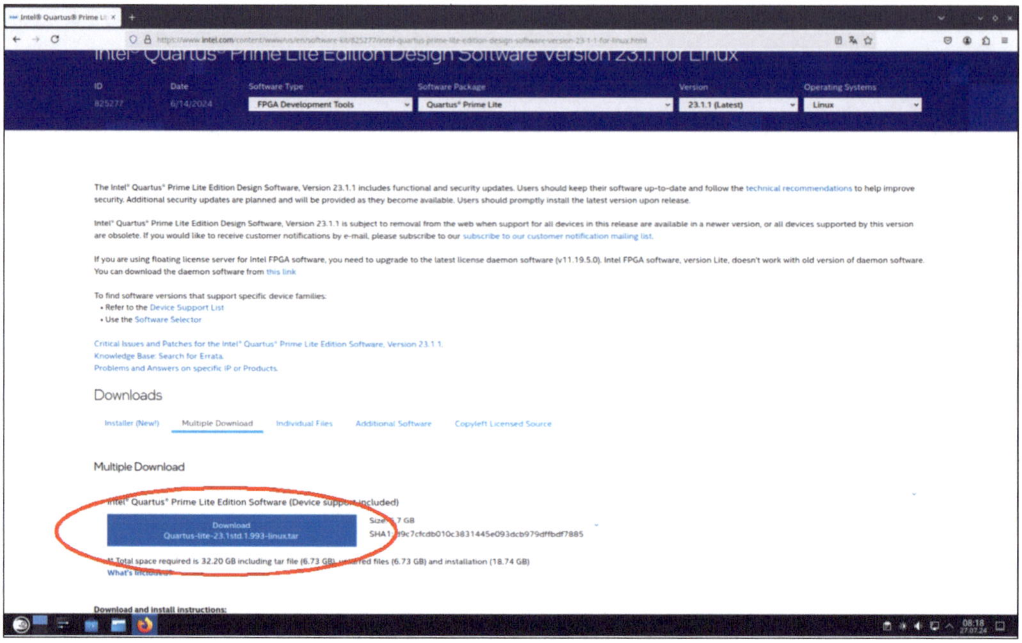

Abbildung 11-5-2: Den Tarball auswählen

Entpacken Sie den Tarball in Ihr "home"-Verzeichnis (Abbildung 11-5-2). Danach führen Sie im neu angelegten Quartus-Verzeichnis das Skript "setup.sh" aus. Nach der Auswahl des Installationsverzeichnisses (wird automatisch ausgefüllt) müssen noch die zu installierenden Komponenten ausgewählt werden (Abbildung 11-5-4). Wählen Sie Im Baum "Quartus Prime Lite Edition" das Hilfessystem "Quartus Prime Help" und das Device "MAX10 FPGA" aus.

Abbildung 11-5-3: Entpackter Tarball

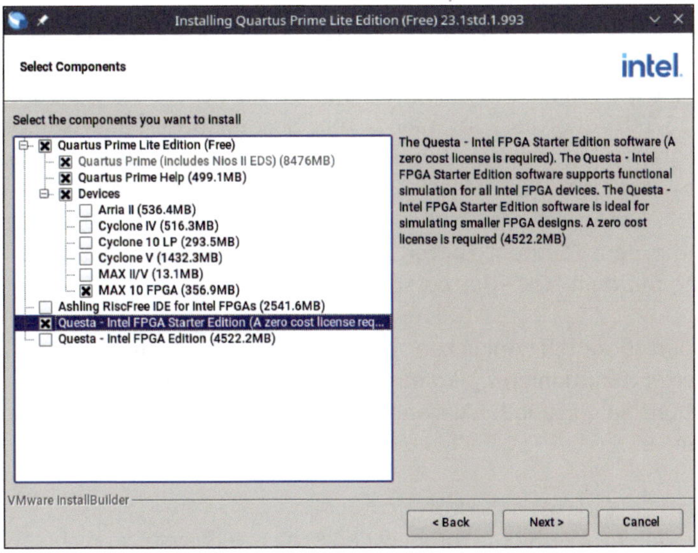

Abbildung 11-5-4: Auswahl der Komponenten

Nach dem Abschluss der Installation sollte Quartus Prime Lite starten (Abbildung 10-5-5). Wer vormalige Versionen aus der Windows-Welt gewohnt ist, sollte sich sofort wieder zu Hause fühlen.

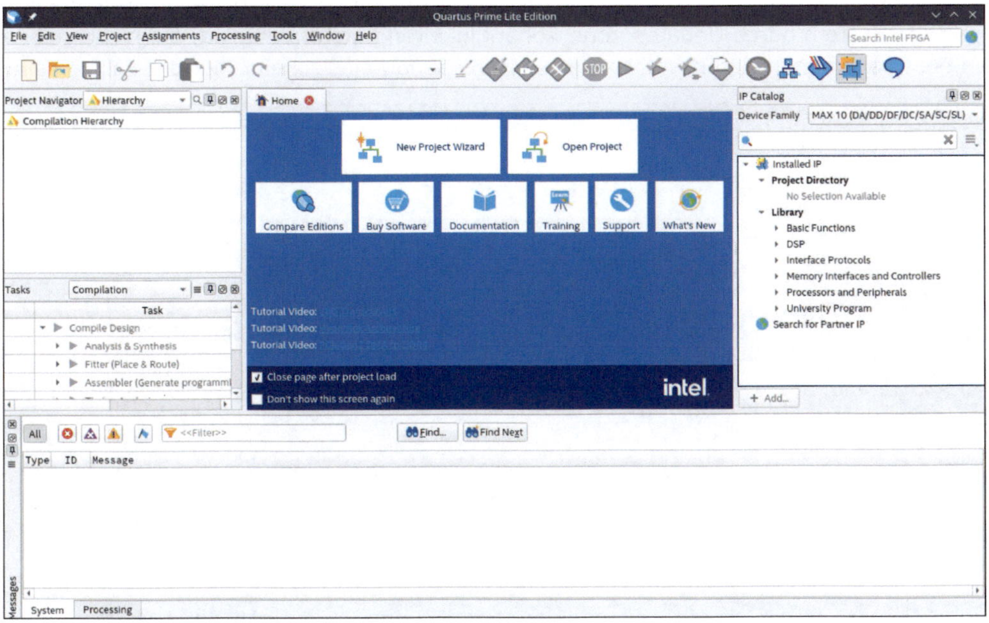

Abbildung 11-5-5: Startbildschirm von Intel Quartus Lite

Die Desktopverknüpfung zu Quartus legen Sie genau so an, wie die für Scilab: Dazu mit der rechten Maustaste auf den Desktop klicken und aus dem Kontextmenu "Neu erstellen | Verknüpfung zu Programm ..." auswählen. Im Reiter "Allgemein" für den Namen "Quartus Lite" einsetzen. Das Icon links neben dem Feld mit dem Namen anklicken. Im sich öffnenden Auswahldialog auf den Button "Durchsuchen" klicken und nach "Home/intelFPGA_lite/23.1std/quartus/adm" navigieren. Dort die Datei "quartusii.png" auswählen. Im Reiter "Programm" nochmals den Namen auf "Quartus Lite" setzen. Neben dem Feld "Programm" auf den "Auswählen..." Button klicken und in das Verzeichnis "/Home/intelFPGA_lite/23.1std/quartus/bin" wechseln und die Datei "_quartus"anklicken. Den Auswahldialog mit dem "Öffnen"-Button schließen. Danach den Dialog für die Erstellung der Verknüpfung mit dem "OK"-Button schließen.

Jetzt sollte Quartus durch Anklicken der neuen Verknüpfung starten. Sollte etwas nicht wie erwartet funktionieren, können Sie rechts auf die Verknüpfung klicken und den Konfigurationsdialog durch Auswahl von "Eigenschaften" aus dem Kontextmenu umkonfigurieren.

11.5.2 Das Hilfesystem starten

Derzeit startet unter openSuse Tumbleweed® das Hilfesystem nicht, wenn aus dem Hauptmenu ein "Help"-Item angeklickt wird. Wird Quartus aus der Konsole aufgerufen, gibt es dort Hinweise zum Fehlschlagen des Hilfesystems: Fehlende Abhängigkeiten bei den Libraries (Abbildung 11-5-6). Dies hat den folgenden Grund: Im Verzeichnis "Home/intelFPGA_lite/quartus/linux64" sind die zum Betrieb von Quartus notwendigen Libraries enthalten. Das ist einerseits hilfreich, sollten sie auf dem System nicht vorhanden sein, weil z.B. gcc nicht installiert ist. Das stand-alone-Paket führt aber zu Schwierigkeiten, wenn im restlichen System durch Updates neue Abhängigkeiten entstanden sind, die nicht mehr zu den bei Quartus mitgelieferten Libraries passen. Genau dies scheint hier der Fall zu sein:

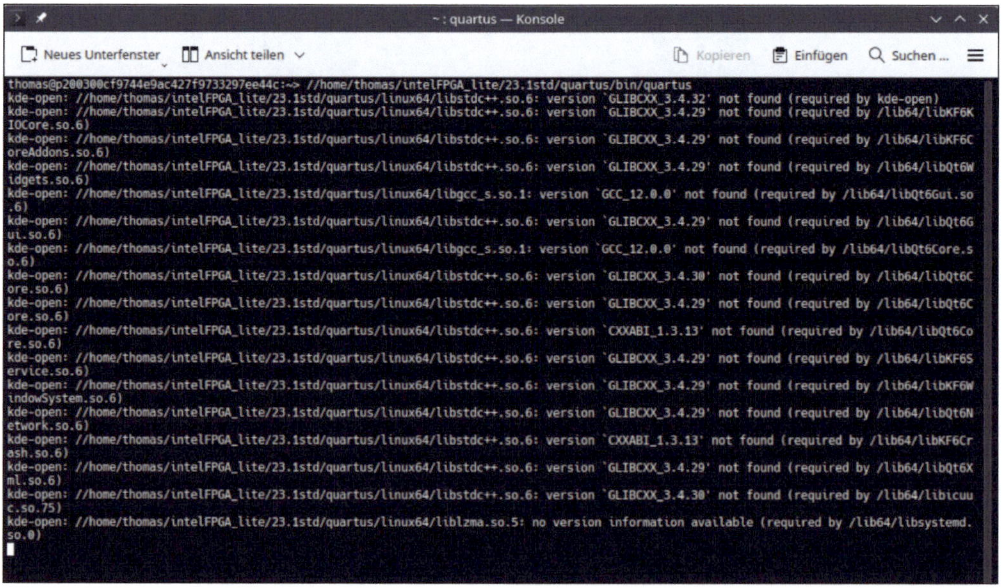

Abbildung 11-5-6: Fehlermeldungen in der Konsole beim Aufruf vom Quartus-Hilfesystem

Die nicht mehr kompatiblen Libraries sind derzeit offenbar: "libstdc++.so.6", "libgcc_s.so.1" und "liblzma.so.5". Wir können in diesem Fall den Dateinamen dieser drei Libraries im Verzeichnis "Home/intelFPGA_lite/quartus/linux64" das Suffix ".old" verpassen. Dies hat zur Folge, das sie hier nicht mehr beim Start von Quartus gefunden werden, sondern statt dessen die global im System installierten, aktuellen Versionen verwendet werden. Dank unserer Vorarbeit mit GCC dürften sie auf im Verzeichnis "//usr/lib64" bereits in aktueller Form vorhanden sein.

Nicht immer lassen sich diese Probleme so einfach lösen – aber in diesem Fall kann das Hilfesystem nach dem Umbenennen der drei Dateien über das Hauptmenu aufgerufen werden (Abbildung 11-5-7):

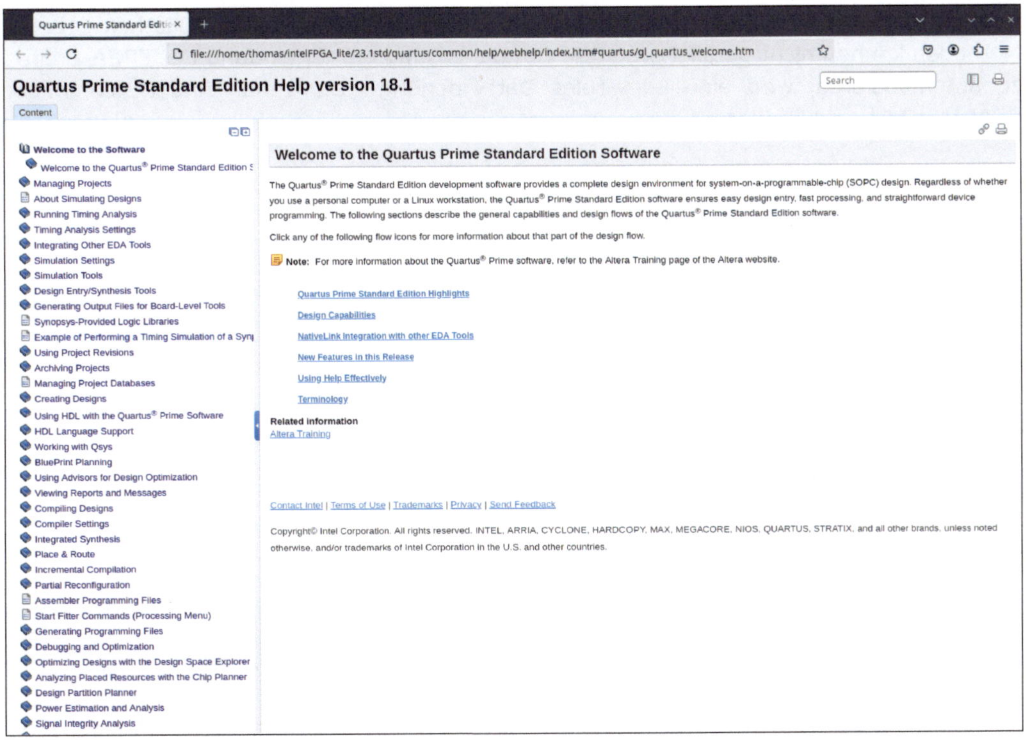

Abbildung 11-5-7: Korrekt gestartetes Hilfesystem von Quartus

Das Hilfesystem startet im Browser. Es ist sehr umfangreich, neben den üblichen Einträgen gibt es auch noch pdf-Tutorials, z.B. eins für VHDL, dass viele nützliche Informationen enthält. Da die Hilfedateien lokal installiert sind, läuft die Hilfe auch offline – sehr praktisch!

11.5.3 Den Arrow Programmierer installieren

Das FPGA soll auch programmiert werden. Das gelingt über die USB-Schnittstelle des MAX1000-Boards aus Quartus heraus, was sehr bequem ist. Dazu wird noch ein Treiber benötigt:

Laden Sie sich von Trenz Elektronik [www.trenz-electronic.de] die Datei "Arrow_USB_Programmer_2.5.1_linux64.zip" herunter. Eventuell bekommen Sie bereits eine neuere Version. Entpacken Sie die Datei in Ihr "Home"-Verzeichnis. Sie finden es dort als "Arrow_USB_Programmer_2.5.1_linux64". Im Verzeichnis befindet sich eine "README"-Datei mit den neuesten Informationen sowie genauen Instruktionen zur Installation des Programmers. Wir folgen den Instruktionen Schritt für Schritt:

Zunächst die Datei "libjtag_hw_arrow.so" aus dem neu entpackten Verzeichnis nach "Home/intelFPGA_lite/23.1std/quartus/linux64 kopieren.

Die Brücke zwischen PC und FPGA besteht aus einen USB-UART von FTDI. Ohne weitere Änderungen würde der FTDI-Schnittstellentreiber stets versuchen, den Chip als seriellen Port zu initialisieren. Der Arrow-Programmer benutzt aber die D2XX-Bibliothek – beide Methoden können nicht parallel arbeiten. Um die Lösung der Einbindung des FPGA-Boards zu automatisieren, wird eine udev-rules Datei benötigt. Der Inhalt findet sich in der README-Datei des Treibers:

```
# Arrow-USB-Programmer
 SUBSYSTEM=="usb",\
 ENV{DEVTYPE}=="usb_device",\
 ATTR{idVendor}=="0403",\
 ATTR{idProduct}=="6010",\
 MODE="0666",\
 NAME="bus/usb/$env{BUSNUM}/$env{DEVNUM}",\
 RUN+="/bin/chmod 0666 %c"

# Interface number zero is a JTAG.
 SUBSYSTEM=="usb",\
 ATTRS{idVendor}=="0403",\
 ATTRS{idProduct}=="6010",\
 ATTR{interface}=="Arrow USB Blaster*",\
 ATTR{bInterfaceNumber}=="00",\
 RUN="/bin/sh -c 'echo $kernel > /sys/bus/usb/drivers/ftdi_sio/unbind'"
```

Erzeugen Sie sich eine Textdatei, vielleicht gleich im aktuellen Verzeichnis "Arrow_USB_Programmer_2.5.1_linux64" und speichern Sie sie dort als "51-arrow_usb_blaster.rules". Dann kopieren Sie diese Datei als su mit

```
cp 51-arrow_usb_blaster.rules //etc/udev/rules.d
```

nach "etc/udev/rules.d.d". Die Taktfrequenz für den JTAG beträgt ohne weitere Konfigrationsschritte 20 MHz.

Nachdem nun alle Weichen gestellt sind und die Software-Pakete laufen, wird es Zeit, sich um die Hardware zu kümmern:

11.6 Das FPGA zum Leben erwecken

Für den Einbau des MAX1000-Boards in unser Chassis bietet sich ein Shield für den bereits vorhandenen Arduino an. Durch die Verbindung von Arduino-Ports mit den Dateneingängen des FPGAs könnten vom PC aus Parameter wie z.B. die Filterbandbreite gewählt werden. Zudem ist der mechanische Aufwand für die Integration minimal, lediglich ein zusätzlicher Ausschnitt in der Rückwand ist für den Micro-USB-Anschluss des MAX1000-Boards nötig.

11.6.1 Den FPGA-Shield aufbauen

Auf dem FPGA-Shield befindet sich ein Sockel für das MAX1000-Board. Die Schaltung des Shields ist in den Abbildungen 11-6-1 und 11-6-2 wiedergegeben. Die 3,3V-Digitalports D0 bis D14 sind mit Spannungsteilern an den Arduino Mega angebunden, dessen Ports mit Logikpegeln von 5V arbeiten. Die Widerstände verhindern auch, dass hohe Ströme fließen, sollten die entsprechenden Pins von Arduino und MAX1000 beide als Ausgang konfiguriert sein und gegensätzliche logische Zustände aufweisen. Bei hohen Geschwindigkeiten könnten die Widerstände in Verbindung mit Streukapazitäten hinderlich sein. Wir denken bei dieser Verdrahtung aber erst einmal an langsam veränderliche Steuer- und Schaltspannungen.

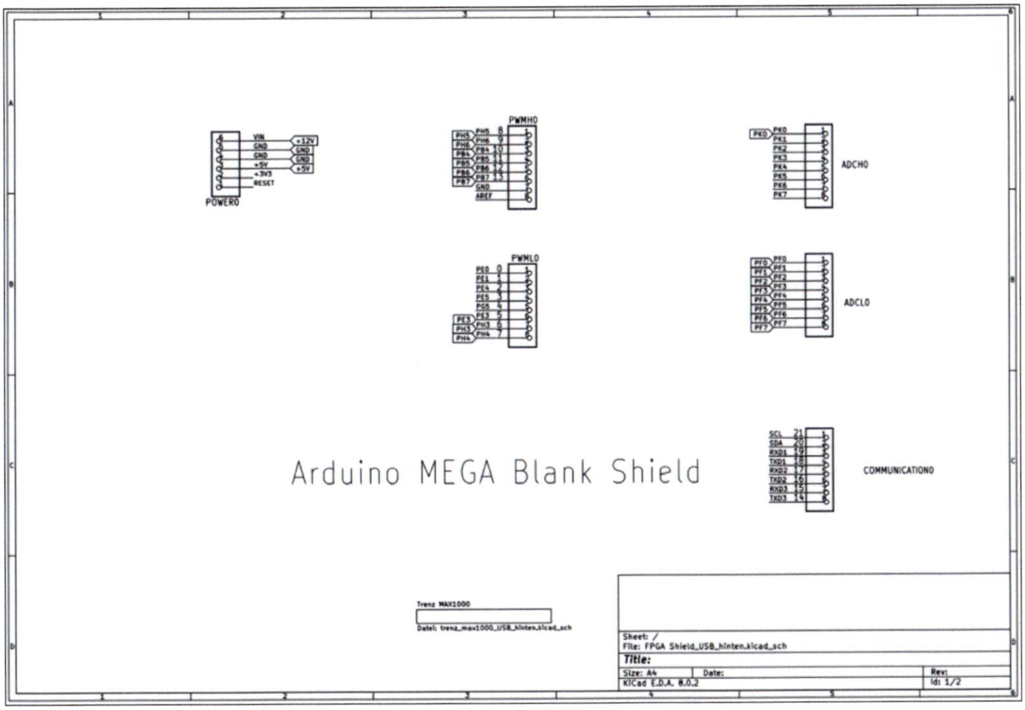

Abbildung 11-6-1: Shield-Verbindungen zum Arduino

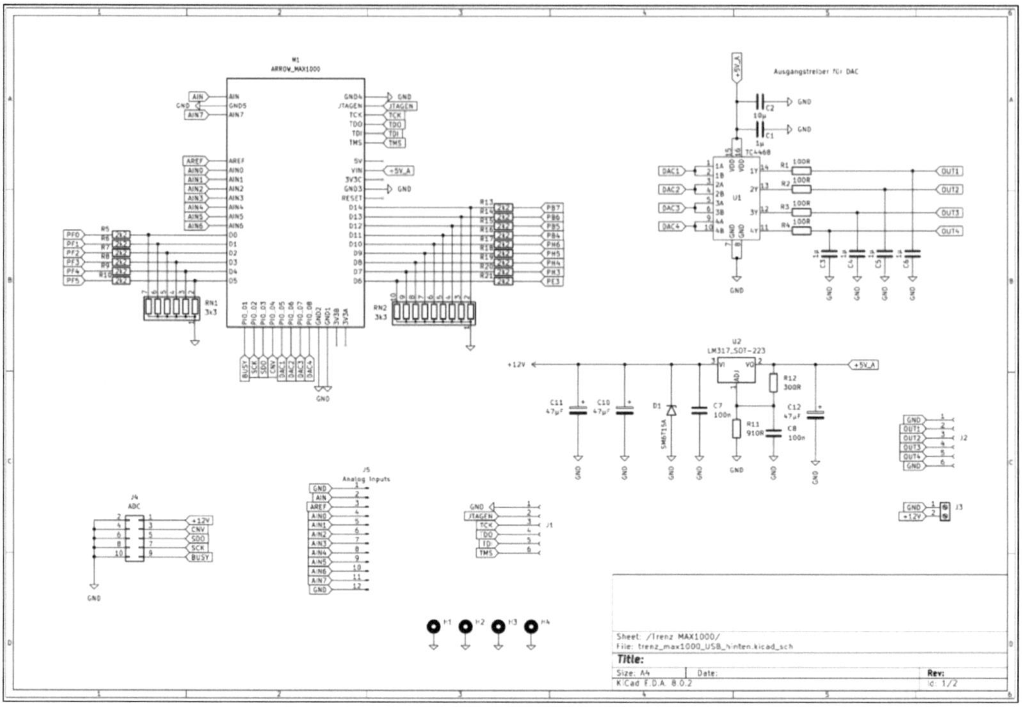

Abbildung 11-6-2: Schaltung des FPGA-Shields

An den PMOD-Pins P01 bis P04 sind die Anschlüsse des 24 Bit-ADC-Bricks vorgesehen, der weiter unten beschrieben wird. An P05 bis P07 sind simple RC-Glieder angeschlossen. Sie können als Integratoren für die Ausgänge eines Delta-Sigma-DACs verwendet werden um z.B. einen hochohmigen Kopfhörer zu treiben. Dazu muss allerdings noch ein größerer Koppelkondensator zwischengeschaltet werden, da die DAC-Ausgänge DC-gekoppelt sind. Sie können die Bauteilwerte von R1 bis R4 sowie C1 bis C4 abhängig von Ihrer konkreten Anwendung variieren. Später wird noch ein Differenzverstärker beschrieben, mit dem die Ausgangsleitungen besser vom FPGA entkoppelt werden können.

Die Analogeingänge des MAX1000-Boards sowie die JTAG-Schnittstelle sind für die spätere Verwendung an einfache Pfostenstecker herausgeführt.

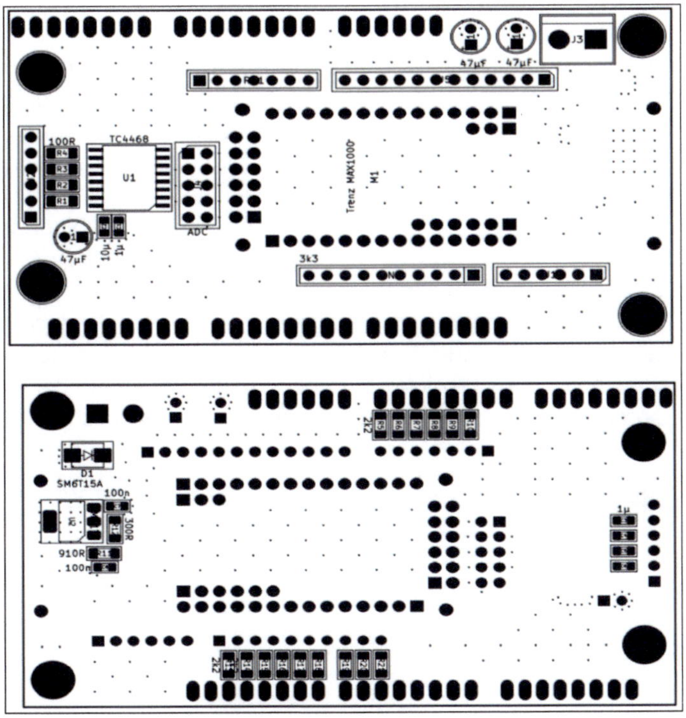

Abbildung 11-6-3: Bestückungsplan

Im Bestückungsplan erkennen Sie auch 4 Montagebohrungen. Sie haben dadurch mehrere Nutzungsmöglichkeiten: Wollen Sie den Shield zusammen mit einem Arduino verwenden, bestücken Sie einfach die üblichen, stapelbaren Pfostenbuchsen mit verlängerten Stiften. Sollten Sie den Shield als reinen Demodulator stand alone verwenden wollen, verwenden Sie Pfostenbuchsen mit kurzen Stiften und verschrauben Sie die Platine einfach mit Distanzstücken. Im Sinne der PC-gesteuerten Fernbedienung verwenden wir den Shield in diesem Buch huckepack auf dem Arduino. Über dessen Portausgänge können wir dann z.B. das Seitenband oder die Filterbandbreite umschalten, bzw. andere Parameter setzen oder auslesen.

Abbildung 11-6-4: Fotos des bestückten FPGA-Shields

11.6.2 Hello World – eine LED blinken lassen

Da aller Anfang bekanntlich schwer ist, sollte die erste Anwendung keinen zusätzlichen Aufwand verursachen. Das MAX1000-Board verfügt über acht fest verdrahtete LEDs, mit denen die Funktion der Quartus-Toolchain einfach überprüft werden kann. Zudem werden bei diesem Beispiel bereits alle Konfigurationsschritte für das MAX1000-Board durchlaufen. Sie finden ähnliche Beispiele auch gut beschrieben in der Datei "MAX 1000 User Guide.pdf", die Sie bei Trenz Elektronik [www.trenz-electronic.de] herunter laden können.

11.6.2.1 Das Projekt konfigurieren

Starten Sie Quartus. Wählen Sie aus dem Hauptmenu "File | New Project Wizard". Klicken Sie im Startfenster des Wizards auf "Next". Im nächsten Auswahldialog können Sie das Projekt-Stammverzeichnis, den Projektnamen und den Namen der Top-Level-Datei festlegen (Abbildung 11-6-5). Legen Sie dabei ein neues Verzeichnis "LED-Blinker" für das Projekt an.

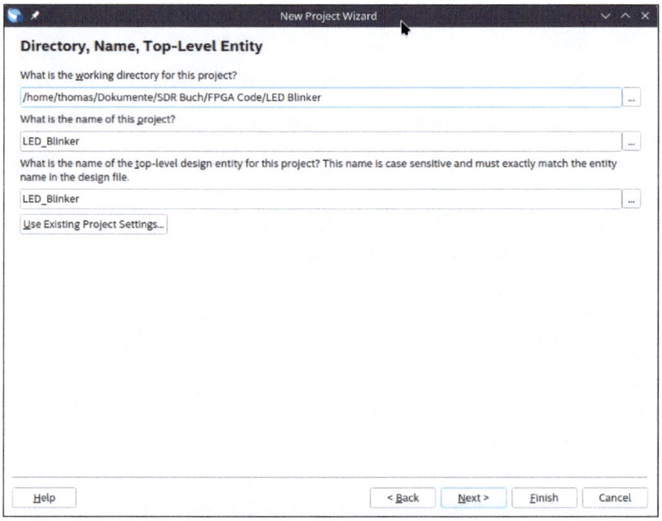

Abbildung 11-6-5: Namen und Dateipfad für das neue Projekt festlegen

Wenn Sie bereits Projekte für das Board angelegt haben, können Sie auch vorhandene Projekteinstellungen wiederverwenden – das ist nützlich, weil man bei z.B. der komplexeren Chipbezeichnung des FPGAs genau sein muss. Schließen Sie den Auswahldialog mit dem "Next"-Button.

Im nächsten Dialog wählen Sie für den Typ des Projekts "Empty Project" und klicken wiederum auf den "Next"-Button. Im nächsten Dialog können Sie bereits existierende Dateien zum Projekt hinzufügen. Davon machen wir hier keinen Gebrauch – klicken Sie wiederum den "Next"-Button.

Der nächste Dialog erfordert im Reiter "Device" genauere Eingaben. Von Trenz gibt es im User Guide für den FPGA die exakte Angabe: "10M08SAU169C8G" für die 8 kLE Version und "10M16SAU169C8G" für die 16 kLE-Version des FPGAs – tragen Sie diese in das "Name

Filter" Feld des Dialogs ein (Abbildung 11-6-6). Danach können Sie das passende FPGA aus der "Available devices"-Liste auswählen – es geschieht nicht völlig automatisch.

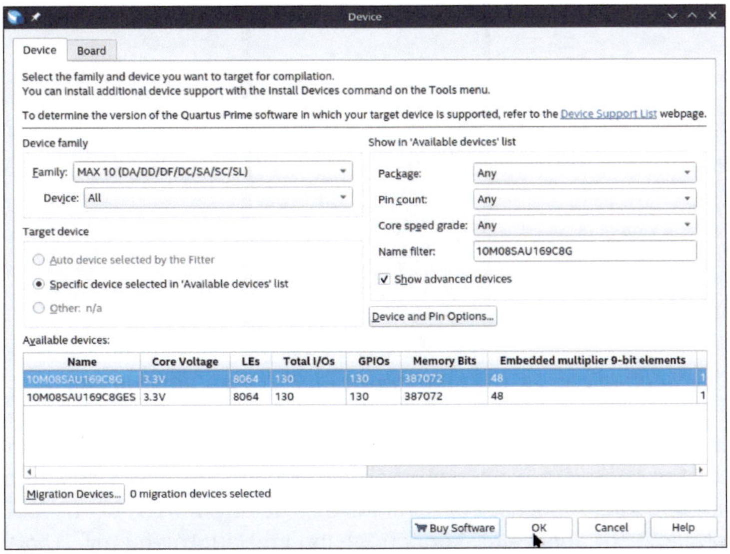

Abbildung 11-6-6: Auswahl des FPGAs

Das Trenz-Board ist nicht im Reiter "Board" gelistet, auch nicht unter "Arrow", so dass wir dort nichts eingeben können. Der "Next"-Button bringt uns zur Auswahl externer EDA-Tools. Hier sind für die Simulation bereits "Questa Intel FPGA" und "VHDL" vorgewählt, so dass nur noch der "Next"-Button geklickt werden muss, um zur Zusammenfassung zu kommen. Erscheint soweit alles richtig, schließt der "Finish"-Button den Vorgang ab. Nach einer Erinnerung, dass (natürlich) nur vertrauenswürdige Quellen für Code gewählt werden sollten, die wir dauerhaft abwählen können, ist unser Projekt fertig konfiguriert.

11.6.2.2 Ein Blockdiagramm aus Standardfunktionen zusammenstellen

Wählen Sie aus dem Hauptmenu "File | New..." und aus dem Auswahldialog "Block Diagram" (Abbildung 11-6-7).

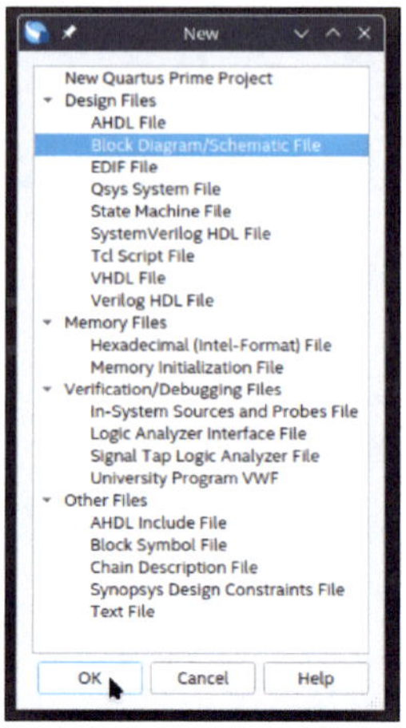

Abbildung 11-6-7: Ein neues Blockdiagramm anlegen

Für unseren LED-Blinker ist eine Taktquelle erforderlich. Jetzt kommen wir um die Auswahl eines vorgefertigten IP-Blocks nicht mehr herum: Wählen Sie rechts aus dem "IP-Catalog" "Library | Basic Functions | Clocks; PLLs and Resets" das Item "ALTPLL" (Abbildung 11-6-8). Wird der IP-Katalog nicht angezeigt, können Sie ihn im Hauptmenü mit "Tools | IP Catalog" aufrufen.

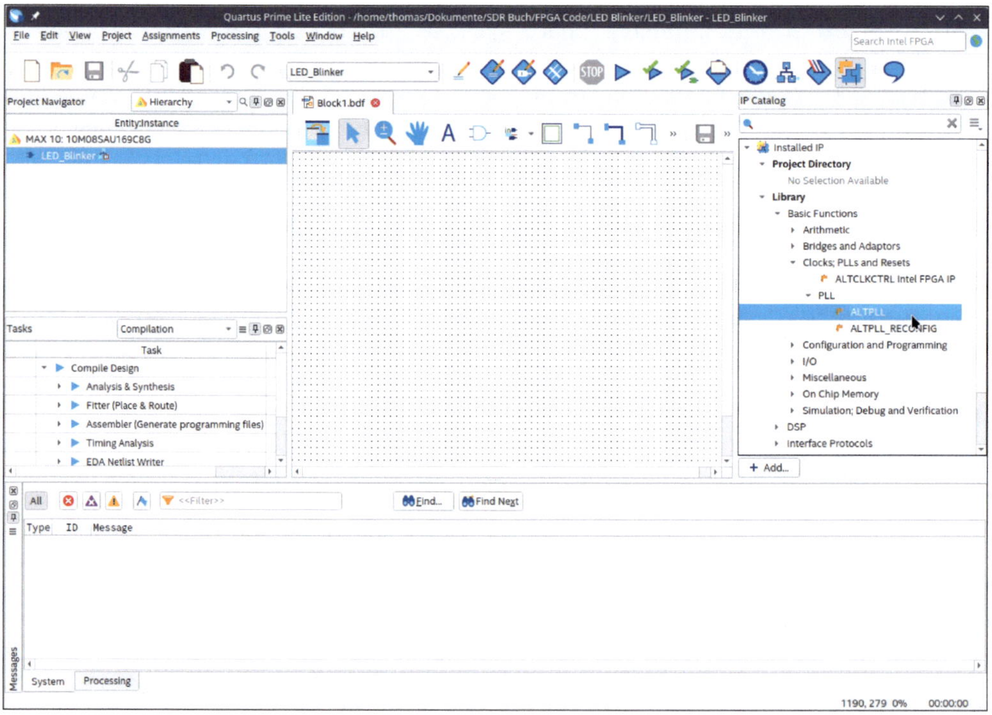

Abbildung 11-6-8: Die PLL einsetzen

Ein Doppelklick auf das Item öffnet einen Dialog "Save IP Variation" (Abbildung 11-6-8). Das Stammverzeichnis des Projektes ist bereits ausgefüllt aber Sie müssen noch einen Namen für die Datei hinzufügen - z.B. "Main_PLL". Der Dateityp ist mit "VHDL" bereits vorgewählt. Die VHDL-Datei wird also im Projektverzeichnis gespeichert - mit den noch erfolgenden Konfigurationsdetails. Dies geschieht auch für alle anderen Blöcke, die Sie später aus dem IP-Katalog auswählen. Damit erhalten Sie ein in sich abgeschlossenes Projektverzeichnis mit allen Quellcodes, das sich gut archivieren lässt.

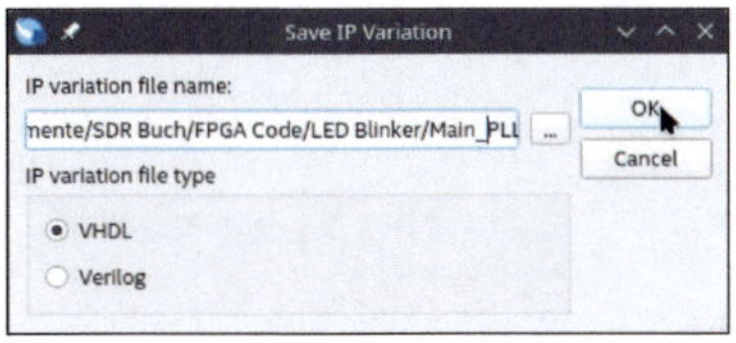

Abbildung 11-6-9: Die lokale Kopie des IP-Files speichern.

Klicken des "OK"-Buttons öffnet den Megawizard für die PLL. Mit diesem können wir die VHDL-Datei konfigurieren, bleiben aber auf einem hohen Abstraktionslevel. Der Megawizard überprüft die Eingaben immer sofort auf Machbarkeit - ein schöner Luxus! Auf der ersten Seite geben wir für die Eingangstaktfrequenz 12 MHz ein. Dieses Signal wird vom Onboard-Taktgenerator des MAX1000-Boards geliefert (Abbildung 11-6-10).

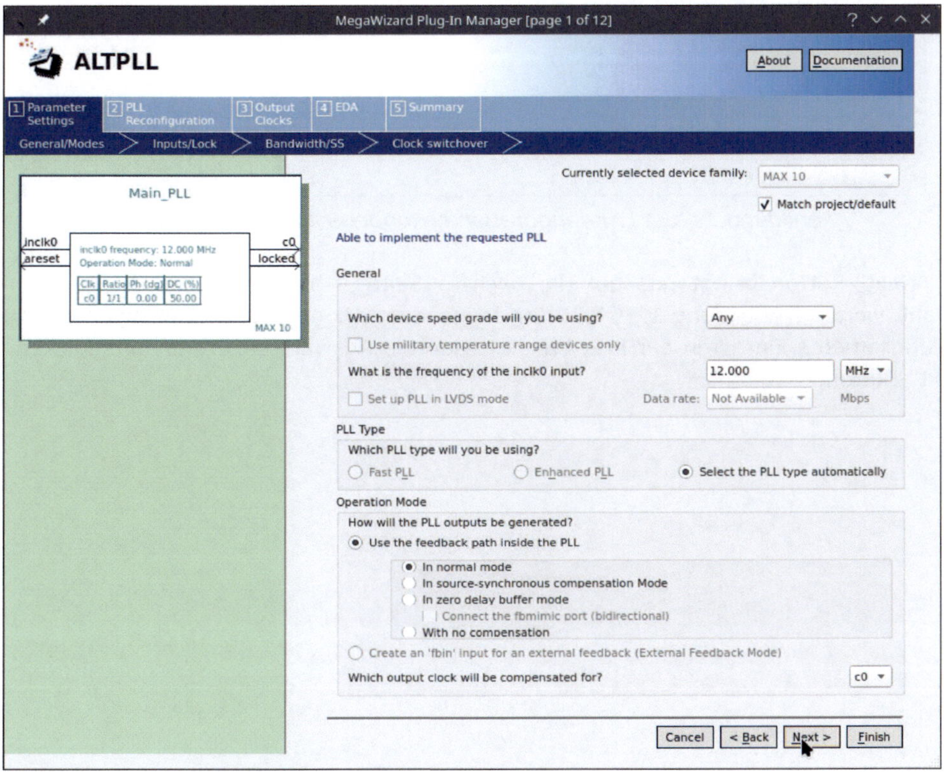

Abbildung 11-6-10: Eingangstakt für die neue PLL

Im nächsten Fenster können weitere Optionen gewählt werden, z.B. ein "Locked"-Ausgang für die PLL. Für unser einfaches Beispiel benötigen wir keine der Optionen und entfernen alle Checkbox-Markierungen (Abbildung 11-6-11).

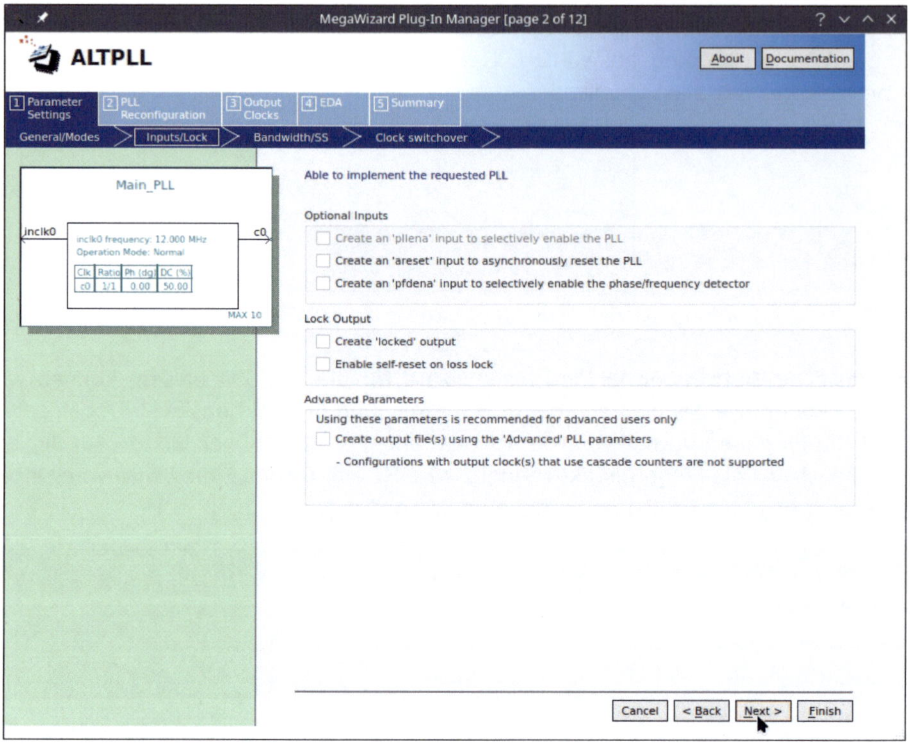

Abbildung 11-6-11: Konfiguration besonderer Ein-und Ausgänge

Der "Next"-Button bringt uns auf die nächste Seite – hier kann die Loop-Bandbreite gewählt werden (Abbildung 11-6-12). Ein langsamerer Loop bedeutet weniger Jitter aber ein langsameres Einrasten der PLL. Wir belassen die Auswahl auf "Auto" und klicken den "Next"-Button.

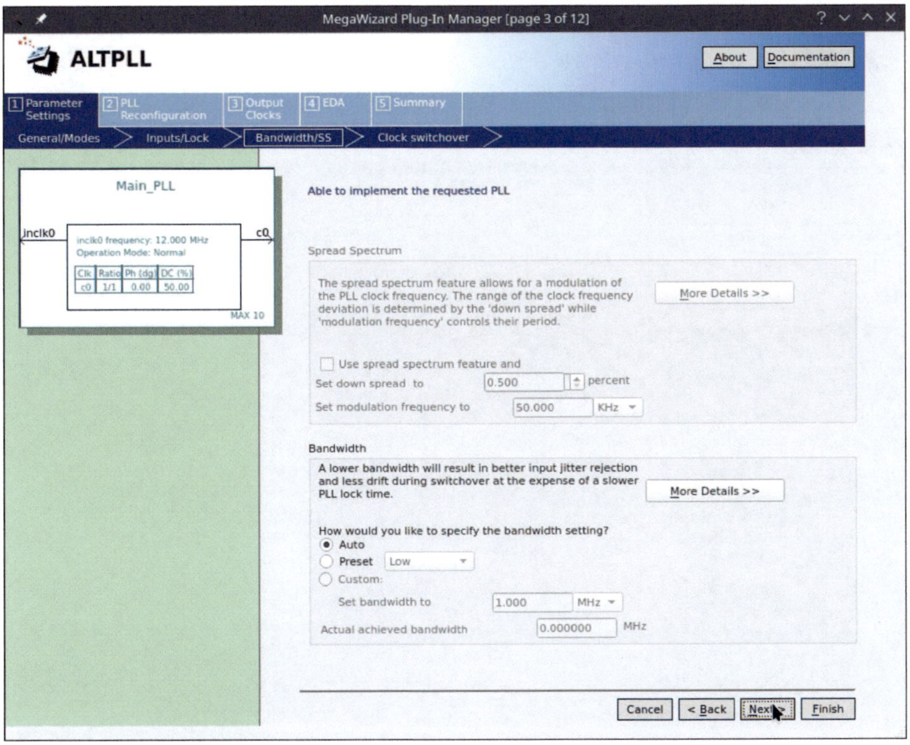

Abbildung 11-6-12: die Loop-Bandbreite festlegen

Auf der nächsten Seite kann ein zweiter Clock-Eingang definiert werden. Für unser Beispiel überspringen wir diese Auswahl mit dem "Next"-Button, ebenso das nächste Fenster für die dynamische Rekonfiguration der PLL.

Dies öffnet den Dialog für die Spezifikation der Clock-Ausgänge der PLL. Wir benötigen nur einen Ausgang (c0). Klicken Sie auf den Radiobutton "Enter output clock frequency" und setzen Sie 4 MHz ein. Der Megawizard berechnet wieder sofort, ob sich die PLL realisieren lässt. Rechts neben dem Eingabefeld bekommen Sie den ermittelten Endwert der Realisierung angezeigt. Er stimmt in diesem Fall mit dem gewünschten Wert überein – es können aber auch unerwartet Abweichungen auftreten. Wenn Sie eine krumme Frequenz in das Feld unter "Requested Settings" eintragen, werden Sie sehen, dass der Zielwert nicht immer so glatt herauskommt.

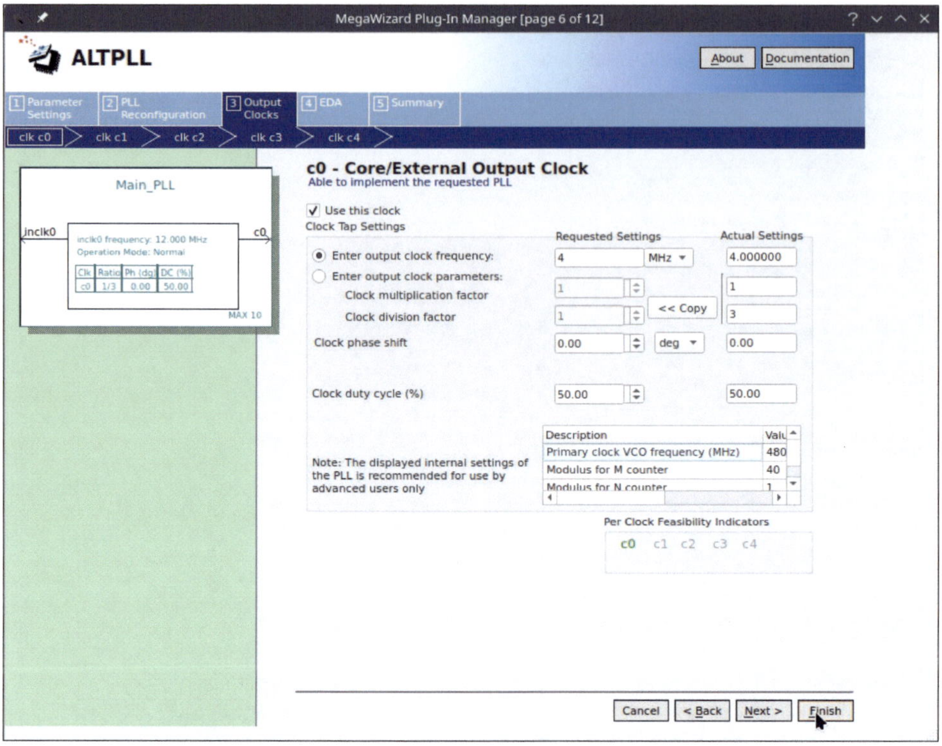

Abbildung 11-6-13: Den Ausgang c0 konfigurieren

Inspizieren Sie auch einmal die Werte in der Tabelle, die sich unten im Panel befindet: Die PLL hat eine VCO-Frequenz von 480 MHz, dann folgt ein Teiler. Eigentlich hätten Sie die Eingangsfrequenz von 12 MHz nur durch drei teilen müssen, um die 4 MHz zu bekommen, dann wäre gar keine PLL nötig geworden. Später werden wir für die Signalverarbeitung erheblich höhere Taktfrequenzen einsetzen als in diesem einfachen Beispiel und die Verwendung der PLL ist damit gerechtfertigt.

Da keine weiteren Ausgänge benötigt werden, können Sie jetzt auch den "Finish"-Button klicken. Jetzt erscheint noch eine Dialogseite, auf der die bereitgestellten Dateien ausgewählt werden können (Abbildung 11-6-14). Hier markieren Sie noch das Block-File "Main_PLL.bsf", damit wir es gleich auf dem Schaltplan verwenden können.

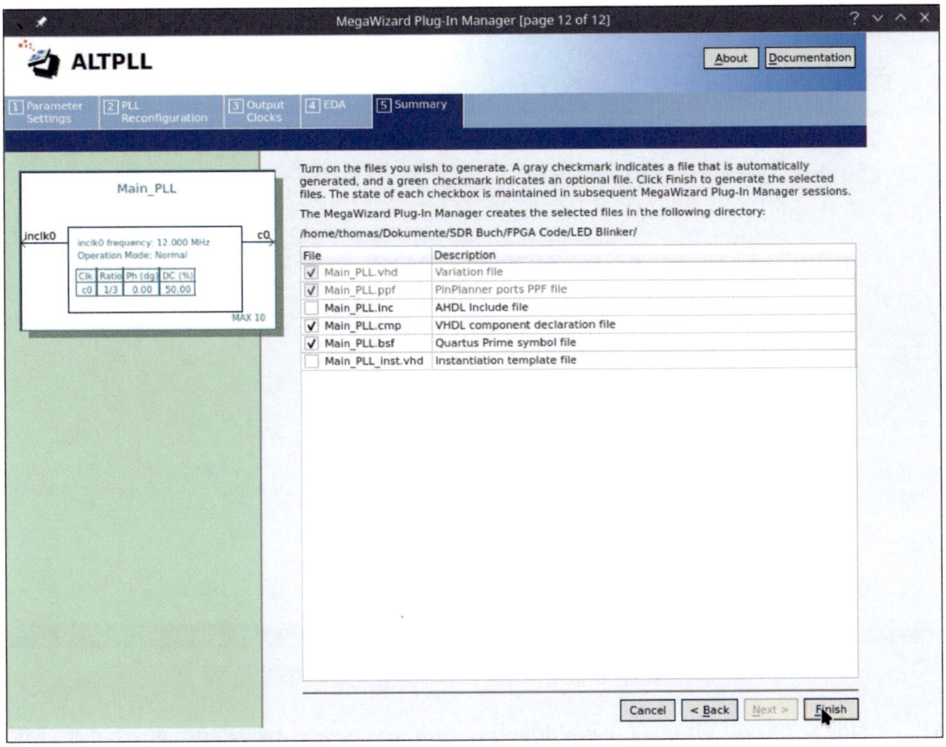

Abbildung 11-6-14: Das Block-File gleich mit erzeugen

Nach dem Klicken des "Finish"-Buttons wird noch ein Dialog angezeigt, in dem wir wählen, dass die im weiteren Verlauf erzeugten IP-Dateien automatisch dem Projekt hinzugefügt werden. Das ist zwar auch manuell möglich aber die Automatisierung ist bequem.

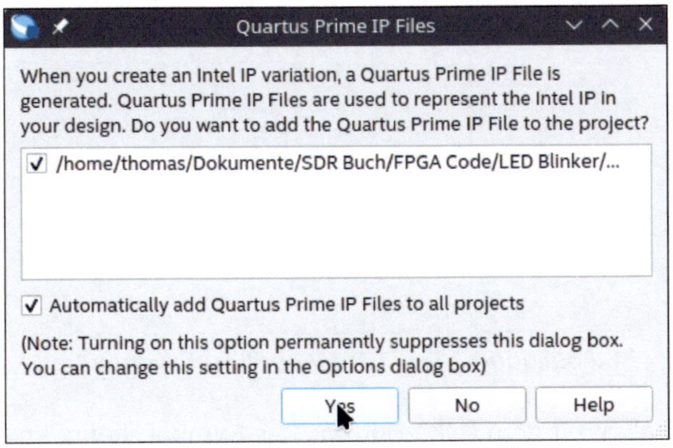

Abbildung 11-6-15: IP automatisch dem Projekt hinzufügen

Nach diesen Schritten können wir den neuen Block auf dem Schaltplan platzieren. Dazu klicken Sie rechts in den leeren Schaltplan und wählen aus dem Kontextmenu: "Insert | Symbol" (Abbildung 11-6-16).

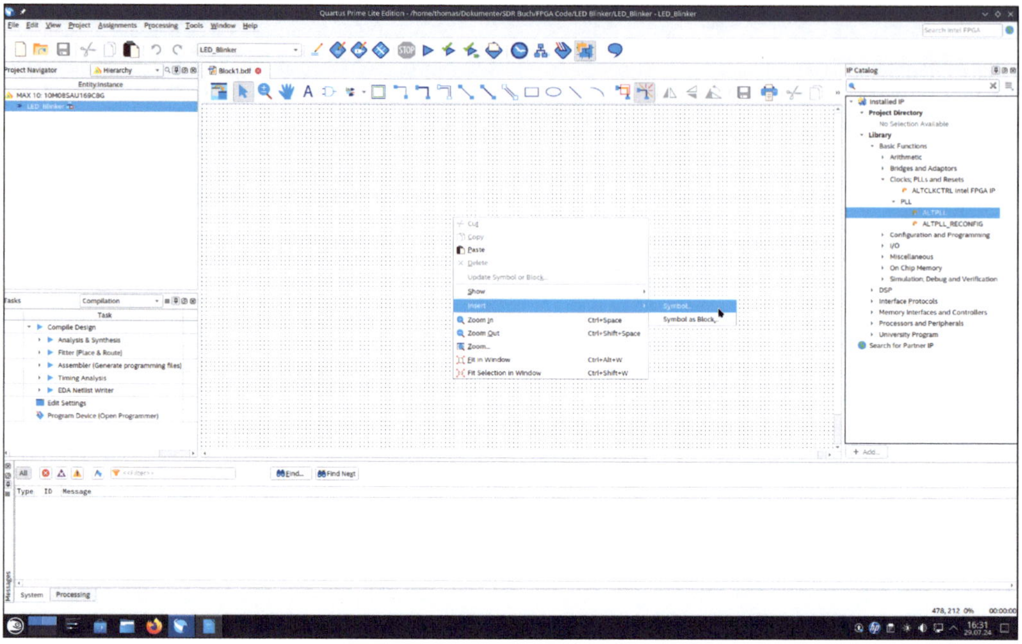

Abbildung 11-6-16: Ein Symbol einfügen

Der Rechtsklick öffnet einen Auswahldialog. Erweitern sie im Baum links den Knoten "Projekt". Dort ist der Block "Main_PLL" gelistet, den Sie markieren (Abbildung 11-6-17).

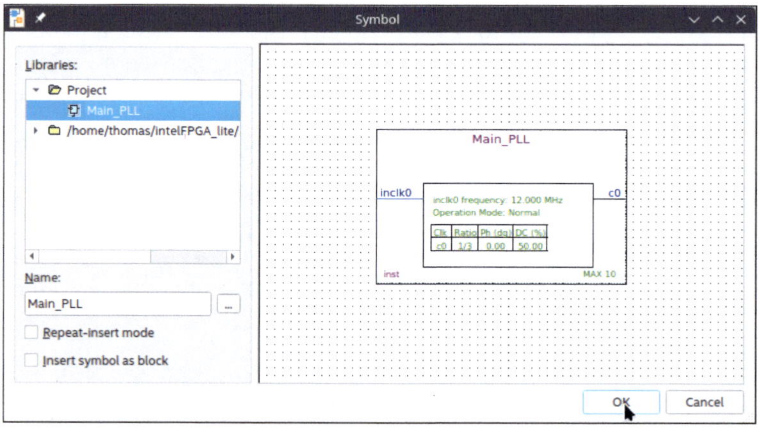

Abbildung 11-6-17: Main_PLL auswählen

Schließen Sie den Dialog mit dem "OK"-Button. Das Symbol "hängt" nun an Ihrem Cursor. Sie können es mit einem Klick im Schaltplan absetzen.

Sollten Sie an der PLL später noch etwas ändern wollen, doppelklicken Sie einfach den PLL-Block auf dem Schaltplan. Wenn Sie die Änderungen abschließen, macht Sie der Megawizard zunächst darauf aufmerksam, dass einige Dateien in Ihrem Projektverzeichnis überschrieben werden. Wenn Sie die Änderungen mit dem OK-Button bestätigt haben, erscheinen noch zwei Dialoge: Im ersten bestätigen Sie, dass Sie das Symbol updaten möchten mit dem "OK"-Button. Der folgende Dialog präzisiert diese Frage: Sie können sich entscheiden, ob Sie nur den ausgewählten Block oder alle Instanzen davon aktualisieren wollen.

In diesem Fall haben wir nur einen einzigen PLL-Block, so dass Sie den Dialog einfach in der Standardeinstellung "Selected Symbol(s) or block(s) mit dem "OK"-Button schließen können. Es gibt aber andere Fälle, in denen die Prozedur nicht so schön offensichtlich automatisiert verläuft. Nehmen wir an, Sie hätten z.B. den VHDL-Code der PLL (oder später die Ihres eigenen Blocks) direkt editiert und gespeichert. In diesem Falle müssten Sie das Update manuell durchführen: Klicken Sie rechts auf den entsprechenden Block und wählen Sie "Update Symbol or Block" aus dem Kontextmenu. Sonst wirken sich die Code-Änderungen nicht aus!

Um die LEDs beeindruckend blinken zu lassen, benötigen wir noch einen Zähler, der den 4 Mhz-Takt stark herunter teilt. Um auf ca. 100 Sekunden für einen Zählerdurchlauf zu kommen, benötigen wir 29 Bits.

Sie finden einen Zähler im IP-Katalog unter "Library | Arithmetic | LPM_COUNTER". Ein Doppelklick auf das Objekt im IP-Katalog öffnet wieder den "Save IP Variation"-Dialog. Als Dateinamen wählen Sie "LED_Counter". Das Schließen des Dialogs mit dem "OK"-Button startet wieder den Megawizard. Auf der ersten Seite können wir die Bitbreite des Zählers auf 32 setzen. Der Einfachheit setzen wir die Zählrichtung auf "Up only" (Abbildung 11-6-18).

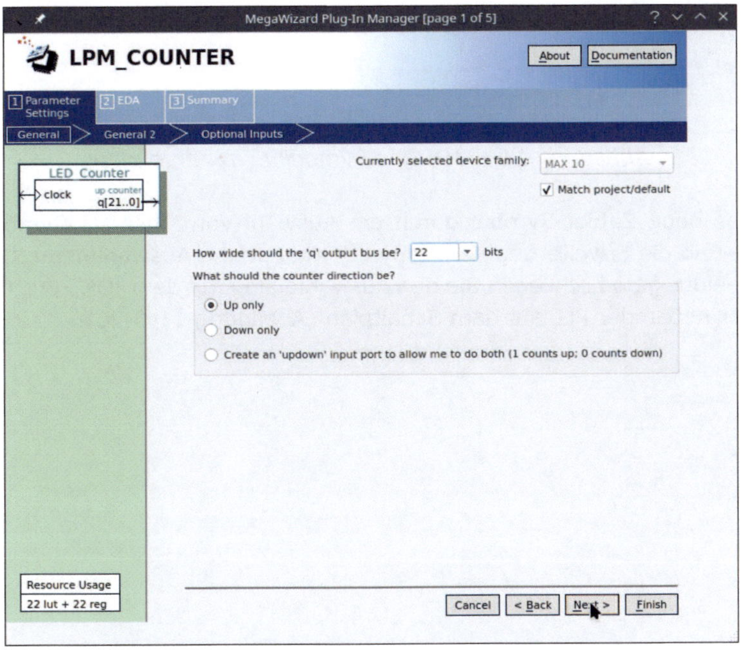

Abbildung 11-6-18: Den Zähler konfigurieren

Der "Next"-Button öffnet die nächste Seite. Dort lassen wir die Einstellung des Zählertyps auf "Plain binary" und wählen keine zusätzlichen Eingänge. Die nächsten drei Seiten können wir mit dem "Next"-Button ebenfalls überspringen. Zuletzt erscheint der "Summary"-Reiter. Hier haken wir wieder den "LED_Counter.bsf"-Eintrag an, um dem Projekt gleich ein Symbol hinzuzufügen. Mit dem "Finish"-Button ist der Binärzähler fertig konfiguriert.

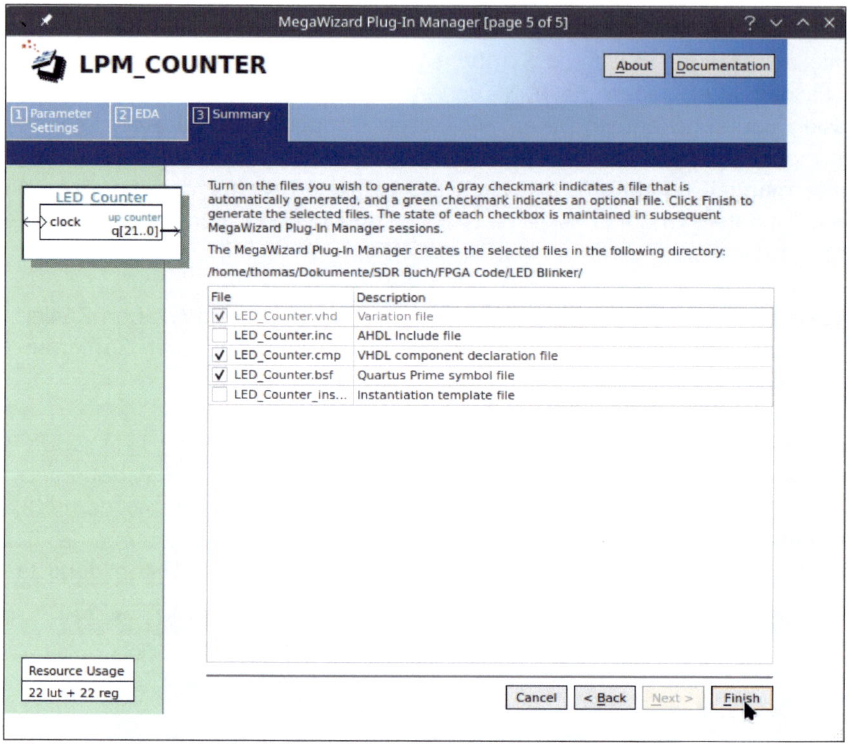

Abbildung 11-6-19: Das Symbolfile mit erzeugen

Sie finden das neue Zähler-Symbol durch die Auswahl von "Insert | Symbol" aus dem Kontextmenu und die Erweiterung des "Projekt"-Knotens im Auswahlmenu. Doppelklicken Sie den Listeneintrag und schließen Sie den Auswahldialog mit dem "OK"-Button. Platzieren Sie den Zähler neben der PLL auf dem Schaltplan (Abbildung 11-6-20).

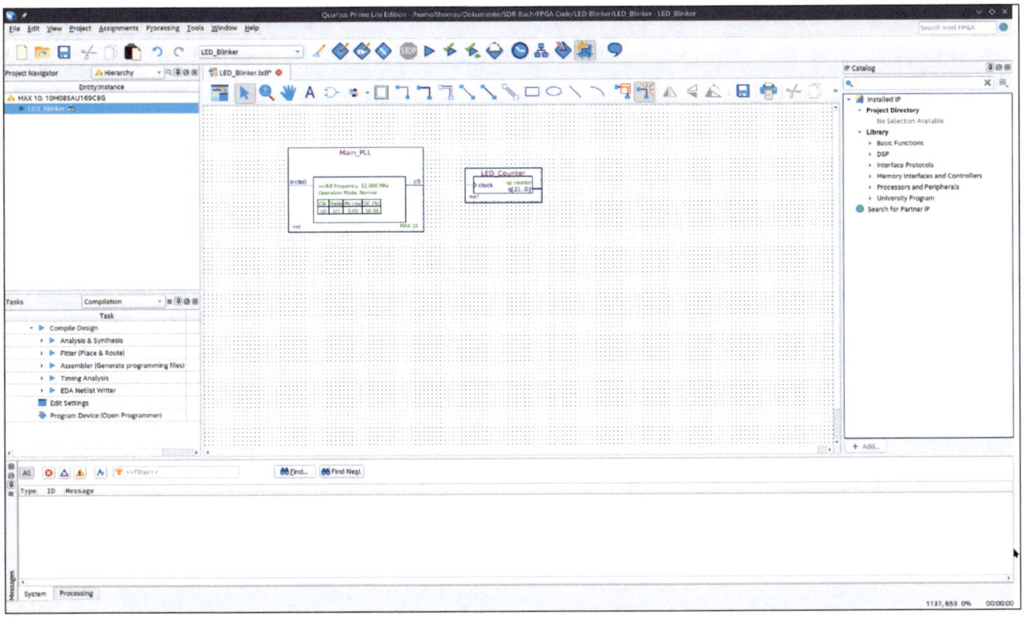

Abbildung 11-6-20: Die Blöcke des Blinkers auf dem Schaltplan

Nun müssen zunächst die Blöcke miteinander verbunden werden. Um den Ausgang "c0" der PLL mit dem Eingang "clock" des Zählers zu verbinden, klicken Sie auf das "Orthogonal Node"-Werkzeug (Abbildung 11-6-21). Danach klicken Sie mit der linken Maustaste auf den "c0"-Ausgang der PLL und halten die Maustaste unten. Ziehen Sie den Draht auf den "clock"-Eingang des Zählers und lassen Sie die Maustaste wieder los (Abbildung 11-6-22).

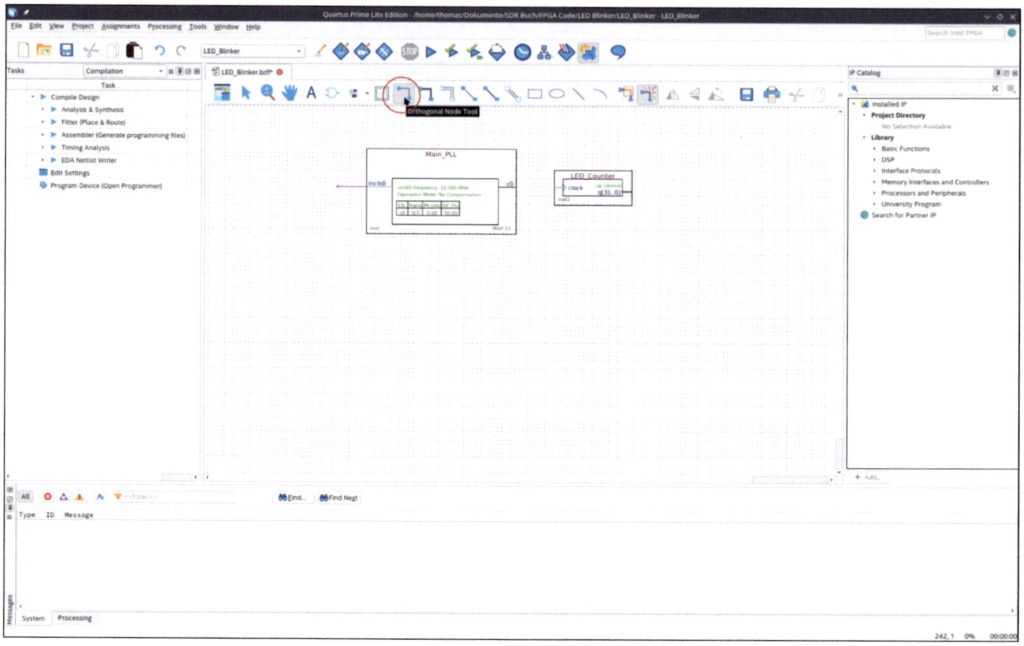

Abbildung 11-6-21: Orthogonal Node-Tool

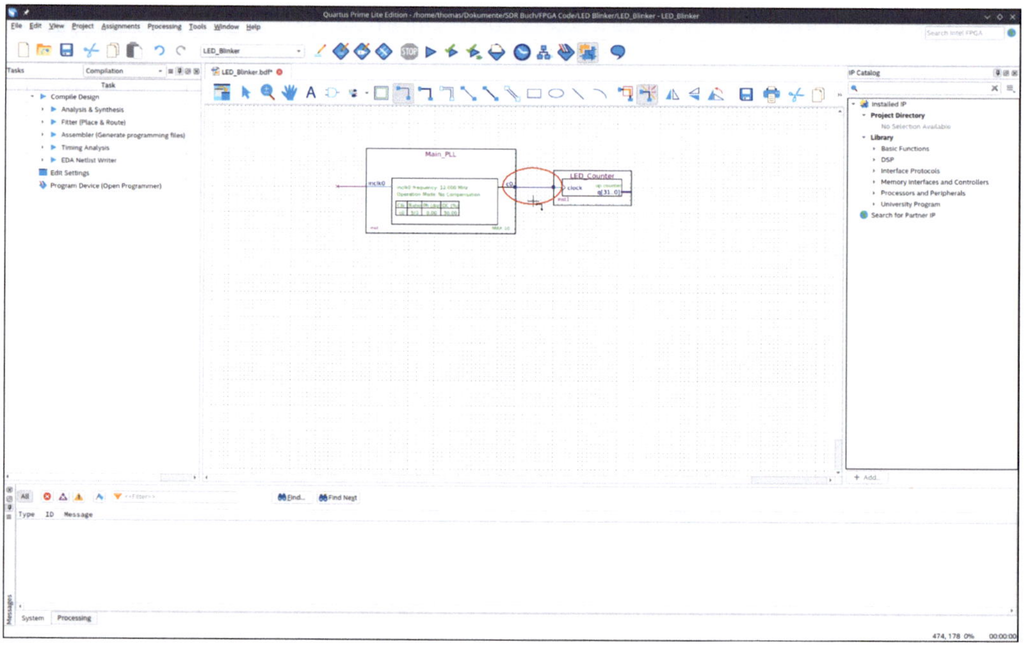

Abbildung 11-6-22: Platzierter Draht

Der Ausgang des Zählers hat eine Wortbreite von 32 Bit. Um diesen zu verbinden, klicken Sie auf das "Orthogonal Bus Tool" und zeichnen in der gleichen Weise ein Stück Bus (Abbildung 11-6-23):

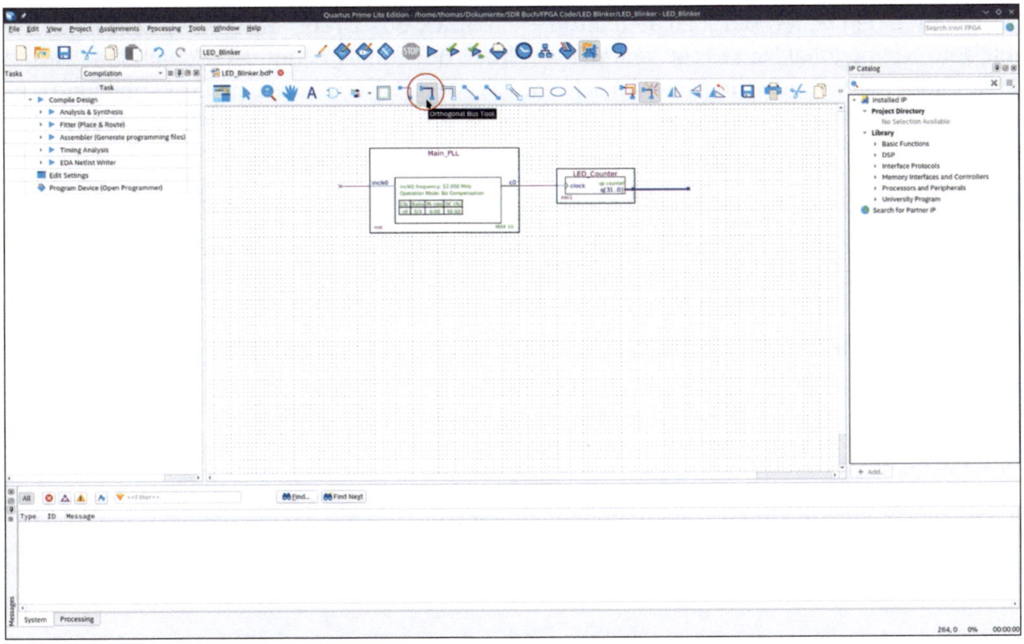

Abbildung 11-6-23: Ein Stückchen Bus zeichnen

Dem Bus geben wir eine Bezeichnung. Klicken Sie mit der rechten Maustaste auf den Bus und wählen Sie "Properties" aus dem Kontextmenu. Tragen Sie in das "Name"-Feld "D[31..0]" ein (Abbildung 11-6-24).

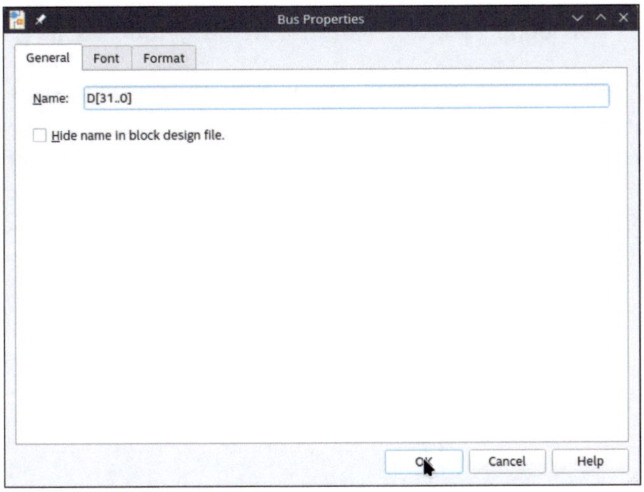

Abbildung 11-6-24: Den Bus benennen

Es handelt sich bei der Benennung der Busdrähte nicht nur um reine Kosmetik. Wir können auch von den hier benannten Busdrähte nur einige zur Weiterverbindung auswählen, wenn nicht alle benötigt werden. Das Board hat z.B. nur 8 LEDs, die für dies Beispiel mit den Bits 29..23 des Zählers verbunden werden sollen. Für diese Auswahl brauchen wir nicht unbedingt einen neuen Block zu definieren – ein Stück Bus-Draht reicht völlig. Zeichnen Sie mit dem "Orthogonal Node Tool" einfach ein Stück Busdraht frei auf den Schaltplan. Dieses freie Ende benennen Sie mit Rechtsklick und "Properties" um in D[29..23] (Abbildung 11-6-25). Bei der Angabe der Namen ist Genauigkeit angezeigt – ein Tippfehler erzeugt neue Signale, leider keine Fehlermeldung!

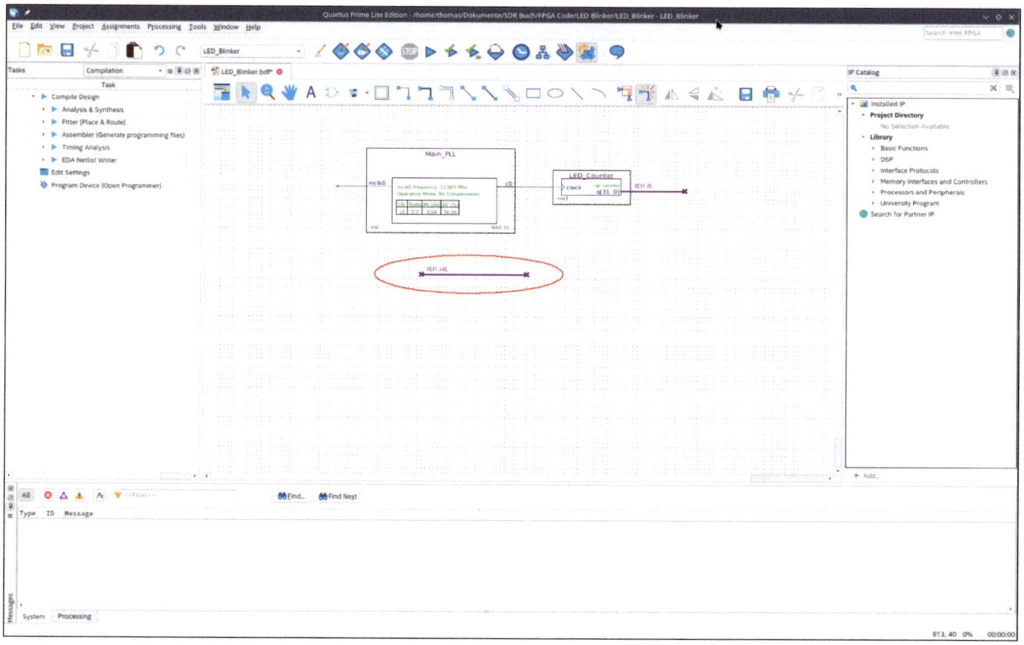

Abbildung 11-6-25: Teilweise weiter geführter Bus

Nun sollte unsere Schaltung auch mit der Außenwelt kommunizieren. Dazu müssen Verbindungen mit physischen Pins hergestellt werden. Zunächst also das Taktsignal: Klicken Sie im Werkzeugmenu auf "Pin Tool und wählen Sie "Input" (Abbildung 11-6-26). Platzieren Sie den Pin am "inclk0"-Eingang des PLL-Blocks. Der Pin hängt am Mauscursor und Sie müssen das Drahtende des Pins ins Ziel bringen, nicht den Mauscursor.

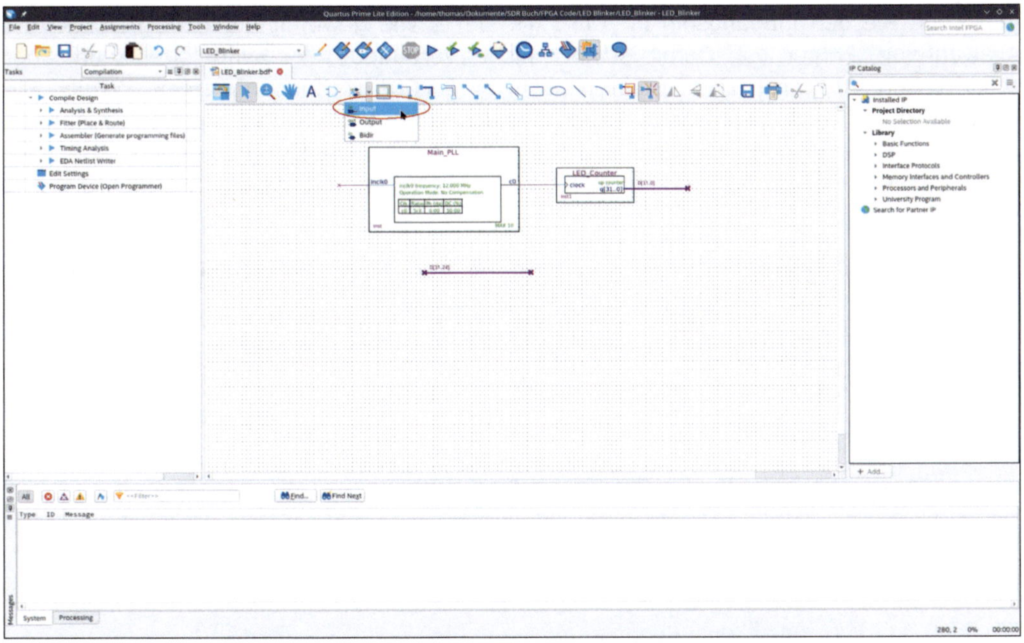

Abbildung 11-6-26: Das Pin-Tool für "Input" auswählen

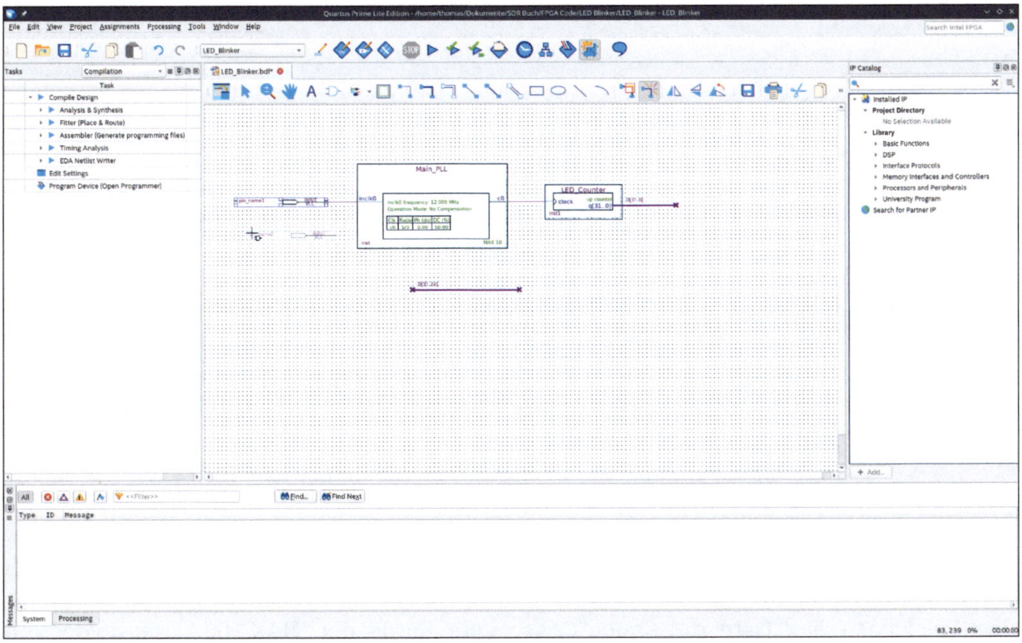

Abbildung 11-6-27: Den Takteingang verbinden

Benennen Sie den Eingangspin in "CLK12M" um – wie gewohnt durch Rechtsklick und Auswahl von "Properties". Damit ist noch nichts verbunden, der Synthesizer kennt aber schon unsere Absichten. Jetzt müssen noch die 8 LEDs verbunden werden. Wählen Sie wieder das "Pin Tool" und diesmal "Output". Platzieren Sie den Pin auf ein Ende des freien Bus-Drahtes. Benennen Sie den Pin um in "LED[7..0]" (Abbildung 11-6-27). Auf diese Weise haben Sie gleich 8 Ausgangspins auf einmal erzeugt und mit den richtigen Bus-Bits verbunden.

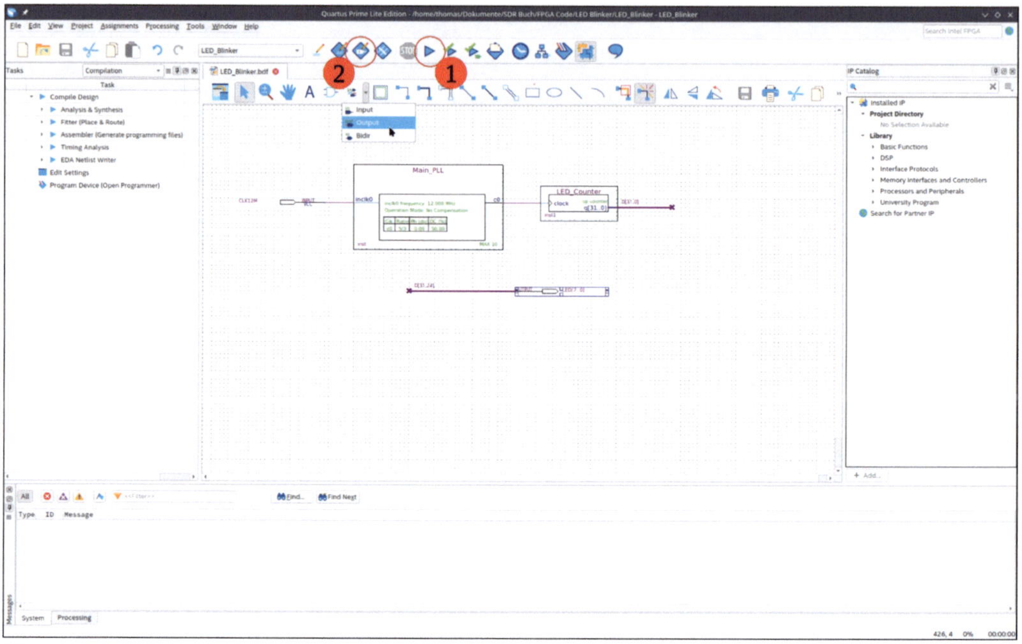

Abbildung 11-6-28: Die LEDs verbinden, Lage des "Start Compilation" (1) - und "Pin Planner" (2) - Buttons

Die Einfachheit, mit der sich solche komplexen Verbindungen anlegen lassen, birgt natürlich auch die Gefahr von Fehlern. Tippen Sie sorgsam – wenn Sie aus dem Gedächtnis arbeiten, ist es leicht, den einen oder anderen Unterstrich zu vergessen. Quartus kann beim besten Willen nicht unterscheiden, ob Sie ein neues Signal anlegen oder ein existierendes weiter verwenden möchten.

11.6.2.3 Die Timing Constraints definieren

Jetzt wäre der Moment gekommen, die symbolischen Pins mit der Außenwelt zu verbinden. Wenn Sie jetzt einfach das Werkzeug "Pin Planner" anklicken, ist die Liste der Signale noch leer. Um dies zu ändern, muss das Design zunächst übersetzt werden. Dazu fehlt aber noch eine Kleinigkeit – eine Datei mit Timing-Constraints, für die der "MAX 1000 User guide" von Trenz ein Gerüst liefert. Klicken Sie zunächst auf "File | New..." und wählen Sie aus der Liste im Auswahldialog "Other Files | Synopsis Design Constraints File".

In diese Datei schreiben Sie:

```
#create input clock which is 12MHz
create_clock -name CLK12M -period 83.333 [get_ports {CLK12M}]
#derive PLL clocks
derive_pll_clocks
#derive clock uncertainty
derive_clock_uncertainty
#set false path
set_false_path -from [get_ports {USER_BTN}]
set_false_path -from * -to [get_ports {LED*}]
```

Sie können den Inhalt auch aus dem "MAX 1000 User guide" per cut-and-paste einfügen. Lediglich die Zeile "set_false_path -from [get_ports {USER_BTN}]" löschen Sie dann bitte heraus, da wir den User Button hier nicht verwenden. Speichern Sie die Datei unter "Top. sdc".

11.6.2.4 Das Design übersetzen

Bevor wir die Übersetzung starten, können einige Einstellungen helfen, überflüssige Warnungen zu unterdrücken. Wählen Sie zunächst aus dem Hauptmenu "Assignments | Settings". Im Baum "Category" wählen Sie das Item "Compilation Process Settings". Im Panel "Parallel Compilation" klicken Sie auf den Radionutton "Maximum processors allowed" und setzen den Wert auf einen, der Ihrem PC gerecht wird (Abbildung 11-6-29). Klicken Sie auf den "Apply"-Button.

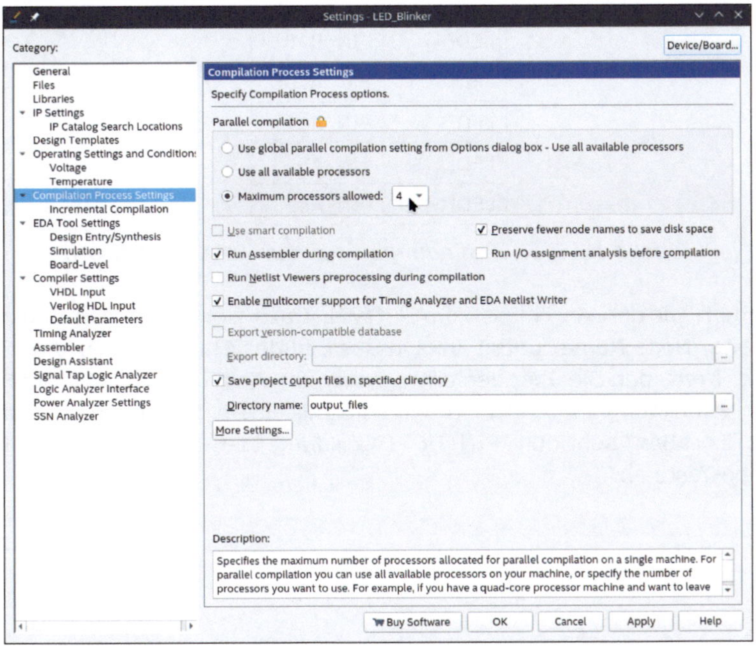

Abbildung 11-6-29: Anzahl der Prozessoren festlegen

Schließen Sie den "Settings"-Dialog mit dem "OK"-Button. Jetzt können Sie die Übersetzung durch Klicken des "Start Compilation"-Buttons starten (roter Kreis in Abbilding 11-6-28, Ziffer 1). Die Übersetzung dauert einige Zeit. Wenn Sie sich die Warnungen anschauen, finden Sie den folgenden Hinweis:

```
Warning (15714): Some pins have incomplete I/O assignments. Refer to the I/O
Assignment Warnings report for details
```

Es gibt also noch etwas zu tun. Zunächst können die Standard-Betriebsarten der Pins für das Projekt global gesetzt werden. Dazu wählen Sie aus dem Hauptmenu "Assignments | Device" und klicken dort auf den "Device and Pin-Options"-Button. In der "Category"-Liste klicken Sie auf das Item "Voltage". Wählen Sie rechts oben für "Default I/O Standard" aus der Combo-Box 3.3-V LVTTL. Schließen Sie die Dialoge mit den "OK"-Buttons.

11.6.2.5 Den Pin Planner verwenden

Jetzt kann das "Pin Planner"- Werkzeug aufgerufen werden (Abbilding 11-6-28, Ziffer 2). Der Fitter hat für die verschiedenen Signale bereits Pins ausgewählt – allerdings nicht die richtigen. Die folgende Tabelle gibt die Pin-Locations für die Signale wieder:

Signal	Pin
CLK12M	PIN_H6
LED[7]	PIN_D8
LED[6]	PIN_C10
LED[5]	PIN_C9
LED[4]	PIN_B10
LED[3]	PIN_A10
LED[2]	PIN_A11
LED[1]	PIN_A9
LED[0]	PIN_A8

Tabelle 11-6-1: Verbindungen auf dem MAX1000-Board

Zunächst ändern wir den Anschluss von CLK12M. Dazu ziehen Sie den Signalnamen aus der Listenspalte "Node Name" unten links in das Bild des Chips darüber. Am Cursor hängt nun ein blauer Kreis, den Sie über den entsprechenden Pin (für CLK12M ist es H6) schieben und loslassen (Abbildung 11-6-30). Der Pin wird mit einem blauen Quadrat unterlegt und in der Spalte "Location" seht nun "PIN_H6" (Abbildung 11-6-31). Schließen Sie den Befehl mit der Escape-Taste ab.

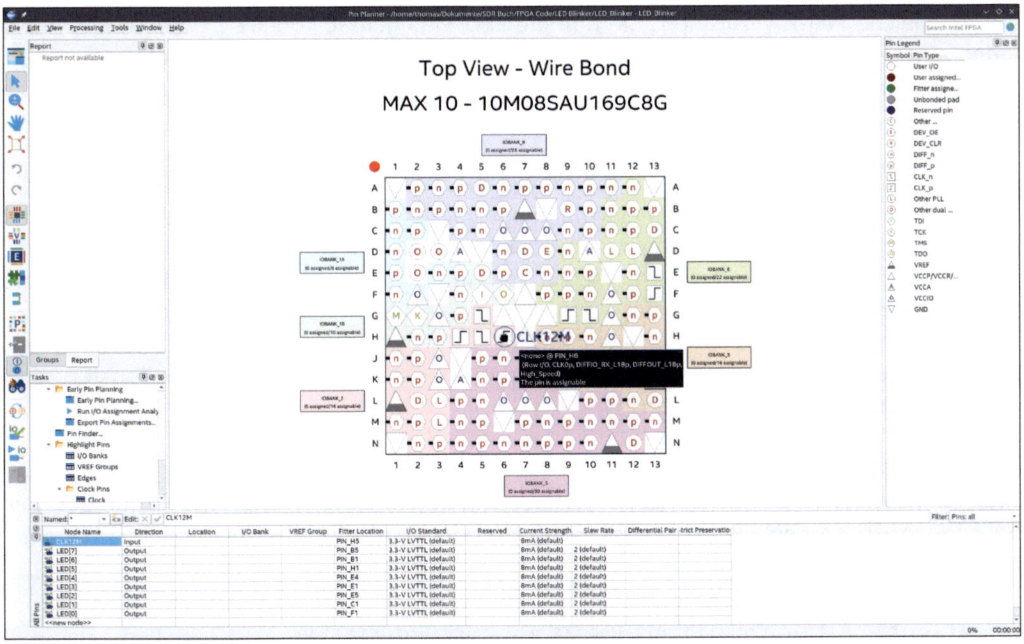

Abbildung 11-6-30: Den CLK12M-Pin mit dem Pin Planner verdrahten

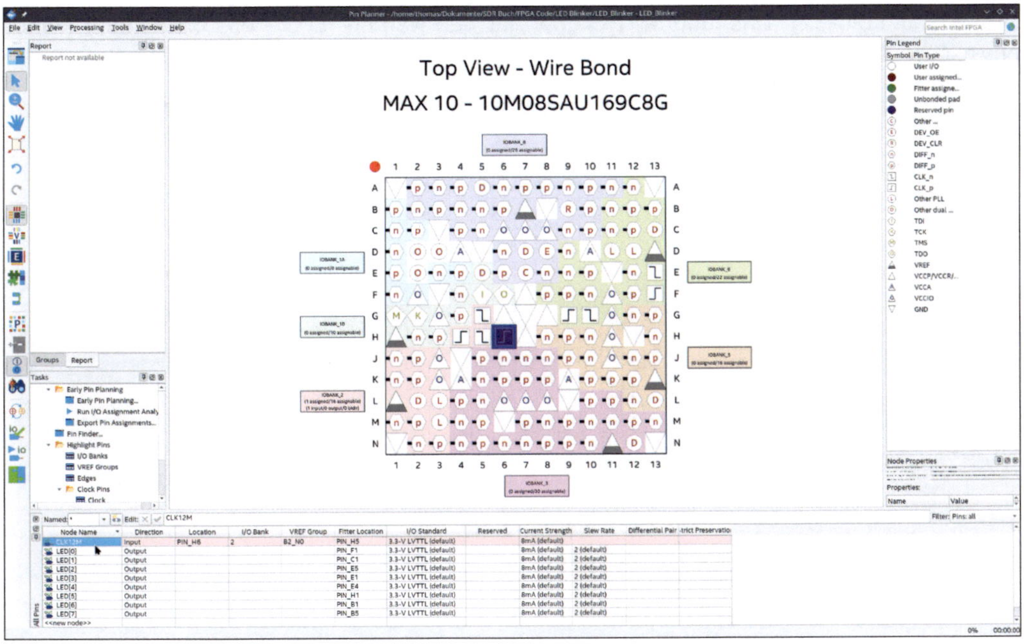

Abbildung 11-6-31: Fertig verbundener CLK12M-Pin

Auf die gleiche Weise verdrahten Sie nun die LED-Pins gemäß Tabelle 11-6-1. Dabei muss jeder einzelne Schritt mit der Escape-Taste beendet werden. Man mag dies Vorgehen verspielt finden. Die gemeinsame Anzeige von Signalnamen und Pin ist aber nicht unpraktisch.

Nun setzen Sie noch in der Spalte "Current Strength" bei allen Pins die Stromstärke auf "8ma". Dazu den entsprechenden Eintrag doppelklicken und "8ma" aus der kleinen Combo-Box auswählen. Per default wären zwar schon 8 mA Ausgangsstrom gewählt, es gibt aber dennoch Warnungen beim Übersetzen, wenn default nicht auf einen konkreten Wert geändert wird.

Der Pin Planner speichert seine Einstellungen automatisch, wir können das Fenster nach dem Verdrahten einfach schließen.

11.6.2.6 Die Übersetzung fertig stellen

Jetzt wiederholen Sie die Kompilation noch einmal. Es bleibt eine Warnung vom Fitter, der nachgegangen werden sollte:

```
Warning (171167): Found invalid Fitter assignments. See the Ignored Assignments
panel in the Fitter Compilation Report for more information.
```

Im Compilation Report findet sich der Eintrag unter "Fitter | Ignored Assignments" (Abbildung 11-6-32). Das ignorierte Signal hat den Namen "LED", enstpricht aber keiner physischen Verbindung.

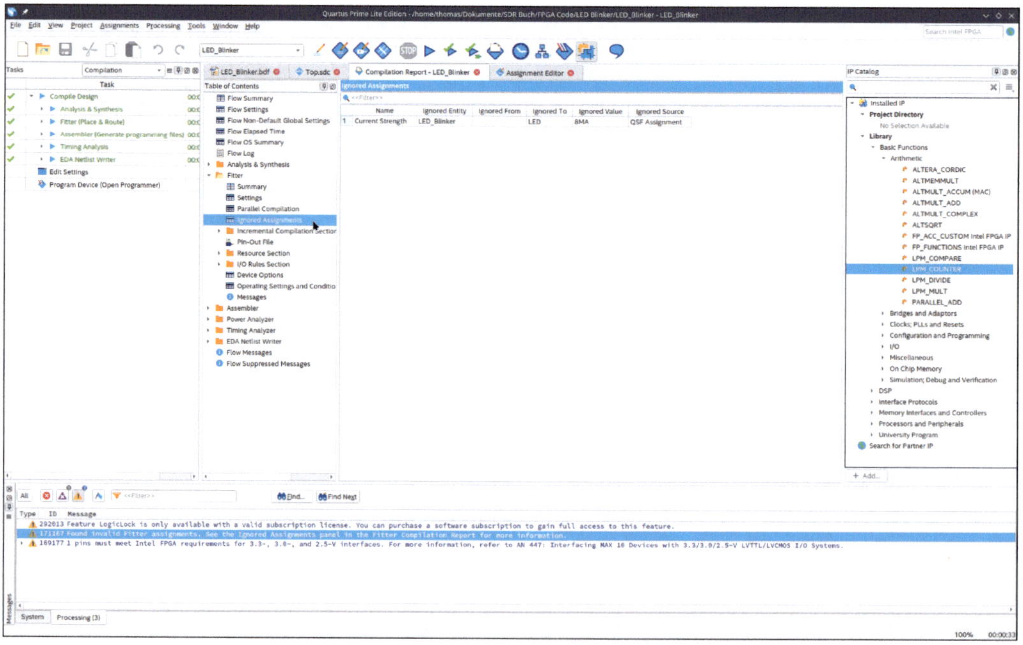

Abbildung 11-6-32: Fitter-Ignored Assignments

Dazu rufen Sie aus dem Hauptmenu "Assignments | Assignment Editor" auf (Abbildung 11-6-33). Die Zeile mit dem Signal LED kann durch einen Klick auf die Zeilennummer links komplett markiert werden und dann gelöscht werden. Danach speichern Sie das Projekt.

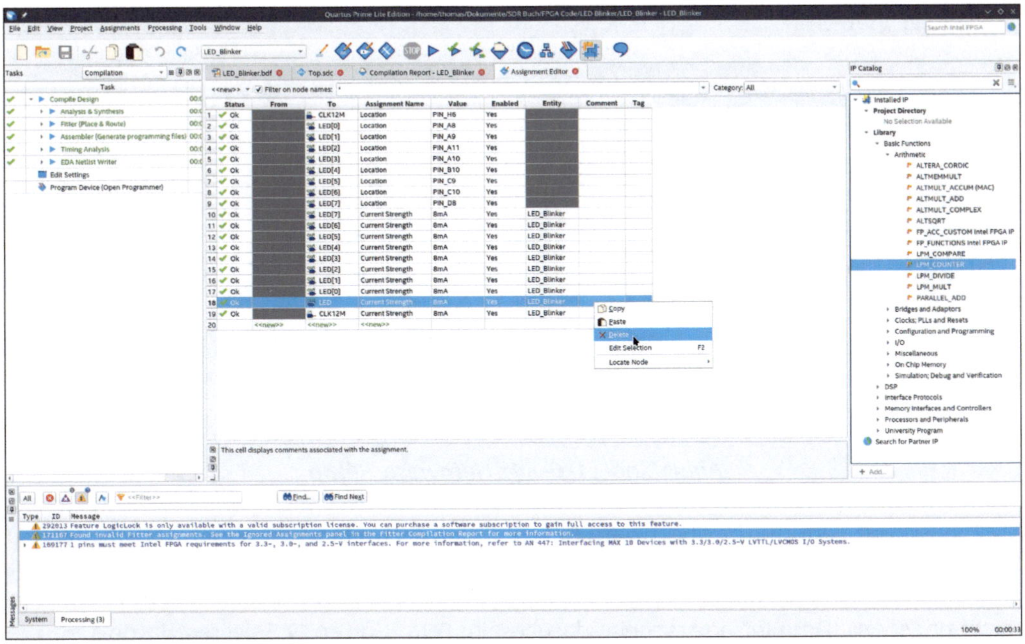

Abbildung 11-6-33: Das Signal LED aus den Assignments löschen

Nach erneuter Kompilation sind nur noch eine kritische Warnung und zwei einfache Warnungen übriggeblieben:

Die erste einfache Warnung betrifft das Feature LogicLock – dafür wird eine kostenpflichtige Lizenz benötigt. Das können wir zunächst ignorieren. Die kritische Warnung mahnt an, die Wärmeentwicklung zu überprüfen. Sie finden die Angabe im Compilation Report auf der Seite "Power Analyzer | Messages". Die zweite einfache Warnung ist ein ständiger Begleiter und nicht unterdrückt werden kann:

```
Warning (169177): 1 pins must meet Intel FPGA requirements for 3.3-, 3.0-, and
2.5-V interfaces. For more information, refer to AN 447: Interfacing MAX 10
Devices with 3.3/3.0/2.5-V LVTTL/LVCMOS I/O Systems.
        Info (169178): Pin CLK12M uses I/O standard 3.3-V LVTTL at H6
```

Es soll eine Erinnerung sein, nicht zu vergessen, die Application Note AN 447 anzuschauen.

Nachdem nun alles gut ausschaut, muss das Design nur noch in den FPGA geladen werden.

11.6.2.7 Das Design temporär in den FPGA laden

Um das Design im FPGA zu testen, muss es auf das Device heruntergeladen werden. Zunächst verbinden Sie also das MAX1000-Board über den USB mit dem PC. Dann klicken Sie in der "Tasks"-Liste links auf den Eintrag "Program Device (Open Programmer)" (Abbildung 11-6-34).

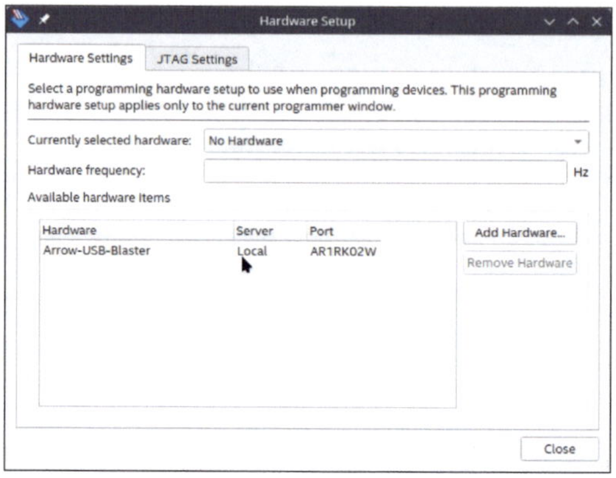

Abbildung 11-6-34: Hardware-Setup

Klicken Sie auf dem Button "Hardware Setup...". Ein Auswahldialog öffnet sich (Abbildung 11-6-35). In der Liste "Available hardware items" sollte der Arrow-USB-Blaster aufgeführt sein. Doppelklicken Sie auf den Listeneintrag "Arrow-USB-Blaster" in der Spalte "Hardware" (nicht daneben). Der Eintrag erscheint darüber, im Feld "Currently Selected Hardware". Die Taktfrequenz ist mit 20 MHz vorgewählt. Schließen Sie den Dialog mit dem "Close"-Button, um die Änderung zu übernehmen. Haben Sie das USB-Kabel gerade erst eingesteckt, erscheint der Listeneintrag wahrscheinlich erst nach zweimaligem Aufruf des Dialogs.

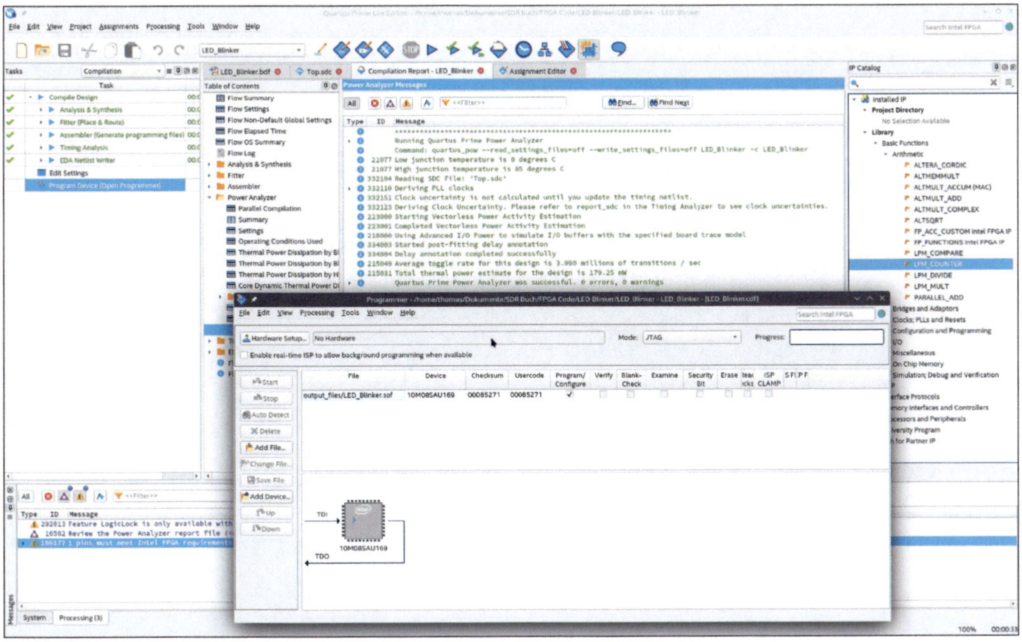

Abbildung 11-6-35: Datei in das .FPGA laden

Um die Datei zu transferieren, klicken Sie auf den "Start"-Button (Abbildung 11-6-35). Da das Konfigurationsfile nur sehr klein ist, startet der Zähler fast sofort und die LEDs blinken munter vor sich hin.

Es ist offensichtlich, dass dieser temporäre Modus beim Debugging von Designs von Vorteil ist. Er spart nicht nur er viel Zeit, sondern auch Schreibzyklen für den Flash-Konfigurationsspeicher des FPGAs.

11.6.2.8 Das Design permanent in den FPGA laden

Das Design ist allerdings nur temporär ins FPGA geladen worden. Wird die Versorgungsspannung unterbrochen, startet das FPGA beim nächsten Mal wieder mit der Konfiguration aus dem Flash-Speicher. Wenn Sie dies ändern wollen, müssen Sie eine andere Datei für den Download ins FPGA verwenden. Sie fügen dem Programmer diese Datei mit dem "Add File..."-Button hinzu. Sie finden die Datei im Projektverzeichnis unter "output files/LED_Blinker.pof".

Der Download klappt derzeit nur, wenn sich keine andere Datei in der Liste befindet, selbst wenn die "Program/Configure"-Checkbox dieser anderen Datei abgewählt ist. Daher müssen Sie die ".sof"-Datei durch Markieren und klicken des "Delete"-Buttons aus der Dateiliste entfernen.

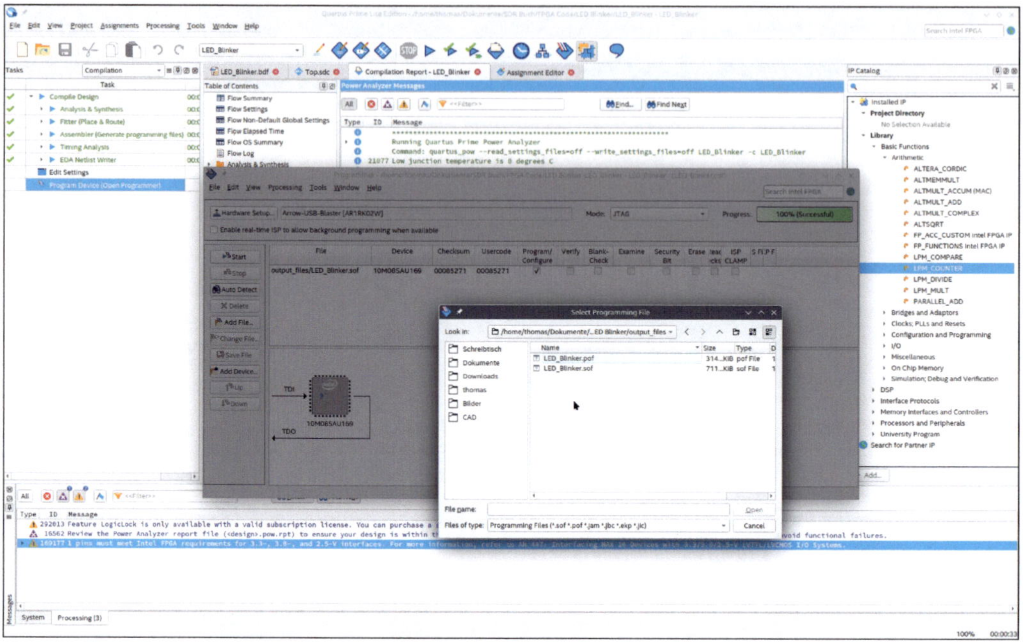

11-6-36: Die .pof-Datei permanent in das FPGA laden

Um die Datei in das FPGA zu schreiben, markieren Sie nun die Checkbox "Program/ Configure" neben der ".pof"-Datei. Klicken Sie dann nochmals auf "Start". Diesmal dauert das Herunterladen der Datei deutlich länger. Dafür startet das FPGA nun selbsttätig mit dem neuen Design, wenn Sie die Betriebsspannung anlegen.

Kapitel 12 • Blocks für PC-unabhängige FPGA-Empfänger mit SSB/CW Filtern entwickeln

12.1 Der Delta-Sigma-DAC

Wenn Sie aus der Mikrocontroller-Welt kommen, haben Sie beim Thema DAC wahrscheinlich reflexhaft daran gedacht, z.B. einen parallelen DAC an einige der vielen FPGA-Pins anzuschließen. Beim Senderbau kann das sinnvoll sein, da auf diese Weise sehr hohe Datenraten ermöglicht werden. Für die Ausgabe von NF-Signalen ist der Einsatz eines zusätzlichen Chips hingegen übertrieben, denn es gibt eine überraschend einfach aufgebaute Lösung.

12.1.1 Prinzip

Bei Mikrocontrollern gibt es die Möglichkeit, mit PWM analoge Signale zu erzeugen. Dabei werden meist spezielle Register, Timer und Trigger verwendet, damit es einen ordentlich definierten Output gibt. Das hängt mit der begrenzten Taktfrequenz der Controller zusammen – die PWM-Hardware arbeitet nach erfolgter Konfiguration weitgehend CPU-unabhängig.

Im FPGA ist die Definition von bis zu GHz-schnellen PLLs nicht mehr als einige müde Mausklicks weit entfernt. Dadurch ist es keine große Mühe, für ein zu wandelndes Signal ein massives Oversampling einzuplanen. Zudem passiert im FPGA alles parallel, so dass die verschiedenen Funktionsblöcke nicht um gemeinsame Ressourcen wie CPU-Zeit konkurrieren müssen.

Einen Delta-Sigma-Modulator können Sie daher leicht aufbauen: Das Eingangssignal wird einfach bei hoher Samplerate zu einem Akkumulator hinzugezählt (das ist der Sigma (Summen) -Teil). Der Akkumulator hat ein Bit mehr als das Eingangssignal. Dies zusätzliche (Überlauf-) Bit geben wir als PWM-Signal aus und setzen es vor der nächsten Addition wieder intern auf Null (Delta-Teil).

Wenn wir von vorzeichenlosen Eingabewerten ausgehen, können wir die Wirkungsweise an den Endpunkten der DAC-Skala leicht beschreiben:

Ist das Eingangssignal identisch Null, läuft der Akku niemals über. Damit bleibt auch das Ausgangssignal beim Low-Pegel stehen.

Sind dagegen alle Bits des Eingangssignals gesetzt, läuft der Akku jedes Mal über und das Ausgangssignal ist ständig gesetzt, am Pin findet sich also einfach der logische High-Pegel.

Für alle Zwischenwerte läuft der Akku umso häufiger über, je größer das Eingangssignal ist.

Die endgültige Wandlung in ein analoges Signal ist denkbar einfach – ein RC-Glied als Integrator reicht für unsere Zwecke völlig. Es ist dabei wichtig, dass der Integrator schnell genug ist, um Änderungen des Signals zu folgen aber immer noch langsam genug, um die schnellen Pulse des Modulators auszufiltern.

Die simple Theorie funktioniert sehr gut, wenn sich das Signal im Vergleich zum Sampling nur langsam verändert. Daher Takten wir in unserem Beispiel den Delta-Sigma-DAC mit 120 MHz.

Lassen Sie sich von der Einfachheit dieser schönen Idee nicht blenden – natürlich gibt es eine unübersichtliche Anzahl von Möglichkeiten, den einfachen Wandler zu verbessern – das Internet quillt von Rezepten über und vielleicht spezialisieren Sie sich ja eines Tages auf solche Designs. An dieser Stelle soll aber nicht mehr getan werden, als unbedingt nötig – es kommen ja noch andere Details.

12.1.2 Übersetzung in VHDL

Für die einfachste Variante des Sigma-Delta-DACs reichen einige Zeilen VHDL-Code:

```
library IEEE;
use IEEE.STD_LOGIC_1164.all;
use IEEE.STD_LOGIC_UNSIGNED.ALL;
use ieee.numeric_std.ALL;

entity PWM is
  port (
   SAMPLE_CLOCK : in std_logic;
   CLK_IN : in std_logic;
   PWM_in : in std_logic_vector (23 downto 0);
   PWM_out_p : out std_logic;
   PWM_out_n : out std_logic
  );
end PWM;

architecture PWM_arch of PWM is
  signal INPUT_LATCH : std_logic_vector(23 downto 0);
  signal SIGMA_ADDER : std_logic_vector(24 downto 0);
begin

  process(SAMPLE_CLOCK,CLK_IN, PWM_in)
  begin
    if rising_edge(SAMPLE_CLOCK) then
        INPUT_LATCH <= std_logic_vector(unsigned(PWM_IN) + 8388608);
    end if;
    if rising_edge(CLK_IN) then            --ab hier delta-teil
        SIGMA_ADDER  <= "0" & SIGMA_ADDER(23 downto 0) +
                                  ("0" & INPUT_LATCH(23 downto 0));
    end if;
  end process;

  PWM_out_p <= SIGMA_ADDER(24);
  PWM_out_n <= not SIGMA_ADDER(24);
end PWM_arch;
```

Bei einer steigenden Flanke von SAMPLE_CLOCK landet der Input von PWM_in (24 Bit) im INPUT_LATCH. Dabei wird 0x800000 = 8388608 hinzugezählt, um aus dem vorzeichenbehafteten Eingangswort eine vorzeichenlose 24 Bit-Zahl zu erzeugen.

Beim Rest erkennen Sie im wesentlichen die besprochenen Einzelheiten: INPUT_LATCH wird zum SIGMA_ADDER hinzugezählt, wobei Bit 24 (also das 25. Bit) des SIGMA_ADDER nicht beachtet wird.

Danach wird das Bit 24 von SIGMA_ADDER dem Ausgang PWM_out_p mitgeteilt (als Signal). Ihnen fällt sicherlich jetzt noch der Ausgang PWM_out_n auf, der genau gegenläufig funktioniert. Zu diesem nützlichen Ausgang kommen wir noch einmal, wenn der Delta-Sigma DAC getestet wird.

12.1.3 Den DAC-Block definieren

Wenn mehrere VHDL-Blöcke in einem übergeordneten VHDL-Modul zusammengestellt werden, kann es wegen der vielen Signale schnell unübersichtlich werden. Quartus Lite erlaubt, wie bereits beim Beispiel mit den LEDs erprobt, die Zusammenstellung von Designs als Blockdiagramme. Für das weitere Vorgehen ist es daher sehr nützlich, eigene Blöcke zu definieren. Dies erweist sich als nicht schwierig.

Wenn Sie den Reiter der VHDL-Datei angeklickt haben, klicken Sie im Hauptmenü auf "File | Create / Update | Create Symbol Files for Current File" (Abbildung 12-1-1). Diese Vorgehensweise ist übrigens immer nützlich, wenn Sie eine VHDL-Datei verändert haben, da der Compiler zunächst nur diese Datei übersetzt (eine vollständige Kompilation des gesamten Projekts dauert sehr lange). Sollten noch Fehler darin stecken, werden diese unten im Ausgabebereich angezeigt.

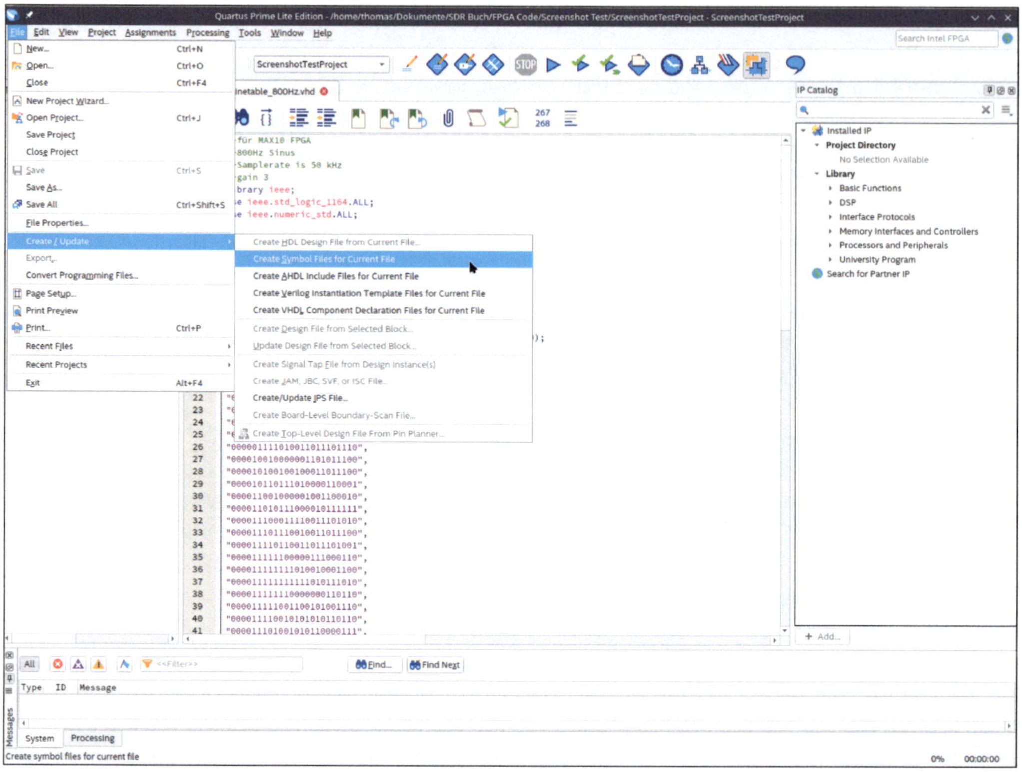

Abbildung 12-1-1: Einen neuen Block übersetzen und Symbol erzeugen

Hat die Übersetzung geklappt, so legt Quartus gleich ein Symbol dazu an. Andernfalls bekommen Sie nützliche Informationen zu Fehlern in der VHDL-Datei im Ausgabebereich unten. Ist die Übersetzung fehlerfrei abgelaufen, dann können Sie Ihr neues Modul direkt in einem Blockschaltbild verwenden. Hierin liegt nicht nur eine reine Bequemlichkeit: Das Blockschaltbild ist gerade bei komplexeren Anordnungen unschlagbar übersichtlich.

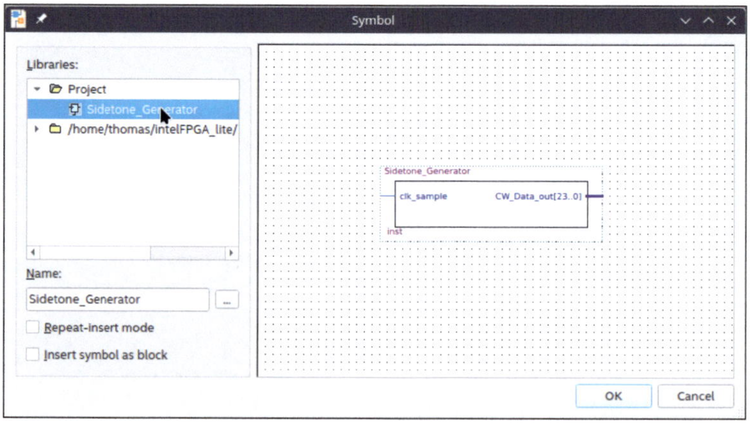

Abbildung 12-1-2: Das neue Symbol in ein Blockschaltbild einfügen

Um den neuen Block zu finden, klicken Sie rechts in Ihr Blockdiagramm und wählen "Insert | Symbol..." (Abbildung 12-1-2). Im darauf hin erscheinenden Auswahldialog finden Sie Ihr neues Symbol, wenn Sie im Baumdiagramm links den Knoten "Project" erweitern.

Beim automatisch generierten Symbol befinden sich alle Eingänge auf der linken Seite, alle Ausgänge auf der rechten. Zudem entspricht die Reihenfolge der Pins vielleicht nicht Ihren Vorstellungen. In diesem Fall klicken Sie rechts auf das entsprechende Symbol und rufen aus dem Kontextmenu mit "Edit Selected Symbol" den Symboleditor auf (Abbildung 12-1-3).

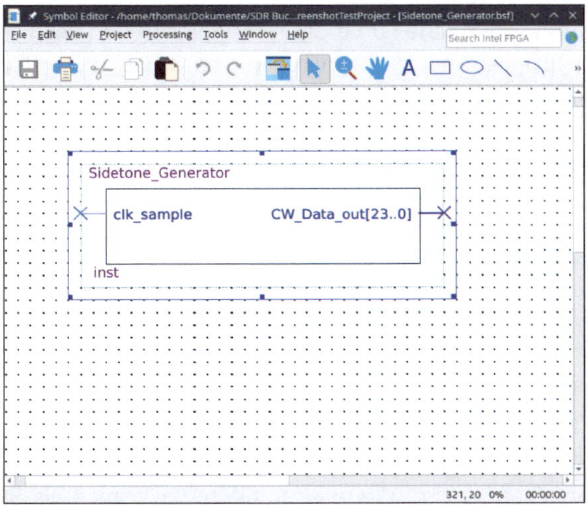

Abbildung 12-1-3: Das Symbol im Symboleditor bearbeiten

Vergrößern Sie zunächst das Symbol mit der Lupe, dann ist die Arbeit leichter. Wenn Sie Pins verschieben wollen, packen Sie sie außen mit der Maus und ziehen die Maus in die neue Position. Der Pin folgt nicht in Echtzeit, sondern erst, wenn Sie die Maustaste wieder loslassen. Sie können den Pin an jede Seite des Symbols bringen. Wenn Sie auf das Label des Pins klicken, bewegen Sie hingegen nur den Text – das kann schnell unübersichtlich werden.

Weiterhin können Sie die weiße Kachel anpassen, auf der das Symbol erscheint. Vorsicht - dabei springen die Pins. Sie liegen mit den Anschlusspunkten immer an den Rand der Kachel. Die mit der Maus gesteuerte Reskalierung der Kachel funktioniert leider nicht immer intuitiv. Außerdem können Sie auf das Rechteck des Blocks in der Kachel klicken, um dessen Größe anzupassen. Am Ende müssen Sie die Änderungen abspeichern (<CTRL-S> oder "File | Save" bzw. der Tool-Button mit dem Diskettensymbol).

Das veränderte Symbol wird nicht automatisch in das Blockschaltbild übernommen. Klicken Sie nach der Veränderung rechts auf den entsprechenden Block und wählen aus dem Kontextmenu "Update Symbol or Block..." sowie aus dem dann erscheinenden Auswahldialog, welche Instanzen aktualisiert werden sollen (Auswahl, alle auf dem Schaltplan oder alle in der (Projekt-)Datei).

Ein Wort zur Vorsicht noch – auch die Veränderung von VHDL-Code wird nicht automatisch in bereits verwendete Blöcke übernommen. Daran müssen Sie denken, sonst kann die nächste Debugging-Session sehr frustrierend werden, weil sich am bearbeiteten Fehler scheinbar nichts ändern will. Also – auch wenn Sie nur den VHDL-Code eines Blocks editiert haben, klicken Sie ebenfalls rechts auf den betreffenden Block und führen wie beschrieben "Update Symbol or Block..." aus.

12.2 Ein einfacher Sinusgenerator

12.2.1 Realisierung – Cordic oder Wertetabelle?

In C++ lassen sich trigonometrische Funktionen mühelos in den Programmcode integrieren, wenn am Anfang des Programms mit "#include <math.h>" die entsprechende Bibliothek geladen wird. In VHDL ist das nicht ganz so einfach, insbesondere wenn keine Fließkomma-Arithmetik verwendet wird. Eine ressourcensparende Methode soll hier nicht unerwähnt bleiben: Sie finden diese unter dem Stichwort "CORDIC" (Coordinate Rotation Digital Computer) [Angelov 2009],[Andraka 1998]. Das Prinzip ist einfach: Sinus- und Cosinus-Funktion lassen sich durch die Rotation eines Einheitsvektors generieren. In einer üblichen Rotationsmatrix stehen natürlich bereits Sinus- und Cosinusfunktion.

$$\vec{Y} = \begin{pmatrix} \cos(\alpha) & \sin(\alpha) \\ -\sin(\alpha) & \cos(\alpha) \end{pmatrix} \vec{X} = \cos(\alpha) \begin{pmatrix} 1 & \tan(\alpha) \\ -\tan(\alpha) & 1 \end{pmatrix} \vec{X}$$

Der Trick ist, die gewünschte Rotation in eine Abfolge kleiner Winkelschritte zu zerlegen. Bei sehr kleinen Winkeln gilt $\tan(\alpha) = \alpha$. Wenn dann noch der Winkel als Summe verschiedener Teilbeiträge von der Größe 1/2^n definiert wird, kann die notwendige Division durch Potenzen von einfach und unschlagbar schnell als n-facher Rechts-Shift realisiert werden.

Einen Haken hat die Sache aber – der Betrag des Einheitsvektors bleibt dabei nicht erhalten. Allerdings ist der Skalenfaktor für jeden Winkelschritt genau bekannt und kann später wieder heraus gerechnet werden. Ohne Renormierung gibt es also einen krummen Verstärkungsfaktor, den man im Auge behalten muss.

Wenn genügend Ressourcen zur Verfügung stehen, kann eine vorher berechnete Wertetabelle auch einfach in Form einer Lookup-Table gespeichert werden. Dazu benötigt man nur ein passend definiertes, konstantes Array. Diese Vereinfachung hat aber nur einen begrenzten Vorrat an Werten (z.B. für je ein Winkelgrad). Das ist kein Problem, wenn z.B. der Phasenwinkel mit der Samplerate starr verkoppelt inkrementiert wird.

Wir gehen für unser Beispiel den Weg mit der Lookup-Table. Dies hat auch den Vorteil, dass wir Scilab einsetzen können. Das kleine Skript dazu ist nahezu selbsterklärend und Sie können sich mit dem (vielleicht) neuen Werkzeug in Ruhe etwas anfreunden. Sie finden die Datei im Online-Material für Kapitel 12, unter "Scilab Skripte/Scilab Sine Table/sine_table.sce".

Wenn Sie die Datei öffnen wollen, legen Sie in Scilab zunächst im Hauptmenu mit "Datei | Aktuelles Arbeitsverzeichnis | Browse for new" das Arbeitsverzeichnis fest – es stellt sich sonst nicht automatisch auf den Standort der Skriptdatei ein und der Output des Skriptes landet woanders.

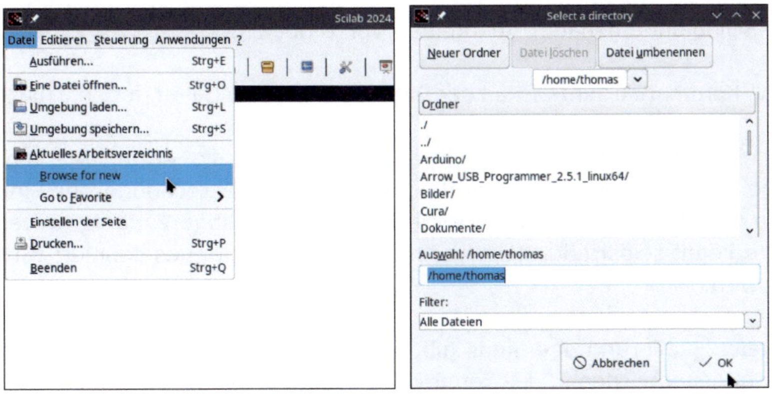

Abbildung 12-2-1: Das Arbeitsverzeichnis in Scilab festlegen

Der Quelltext von "sine_table.sce" ist nur wenige Zeilen lang:

```
//bits of data word at input
bits = 24; //Wortbreite ADC
gain = 20; //Schiebebits für Koeffizienten, um Dynamik einzustellen
steps = 63;//nr of steps of the sine table

//formatted write to file
fd = mopen('sinetable.txt','w+');

//Matix has unity offset index
for(i = 0 : steps - 1)
   coefficient = round(2^gain * sin(2 * i / steps * %pi));
   if (coefficient >= 0)
      str = dec2bin(coefficient,bits);
   else
      str = dec2bin(coefficient + 2^(bits),bits);
   end
   mfprintf(fd, '\""%s\"",\n',str);
end
mclose(fd);
```

Listing 12-1: Scilab-Skript zur Erzeugung der Sinus-Lookuptable

Die Scilab-Skripsprache erscheint, genau wie Python, als ein für C++ Programmierer gewöhnungsbedürftiger Hybrid. Dabei kann verwirren, dass einige Befehle genau wie in C++ funktionieren, die polymorphen Variablen dagegen alles sein können, bis hin zu komplex aufgebauten Objekten. Aber - mit der Arduino IDE, C++, Python und VHDL sind wir ja schon an einiges gewöhnt.

Zum Glück ist die Aufgabe selbst nicht schwierig: Die Sinusfunktion ist als 24 Bit-Binärzahl in eine Datei zu schreiben. Dazu werden zunächst drei Konstanten (bits, gain und steps) definiert, in Scilab ohne genaue Typangabe - versteht sich.

Das "mopen"-Kommando zum Öffnen der Datei ist ähnlich zu C++ ("fopen") hinzuschreiben.

Die "for"-Schleife ist wieder gewöhnungsbedürftig – für die Argumente gibt es einige verschiedene Schreibweisen. Während im "for"-Loop die Berechnung der Sinus-Funktion genau wie in C++ formuliert wird, schreiben Sie die linksseitige Variable wieder einfach so hin – Scilab erkennt selbsttätig, dass hier mittendrin etwas Neues definiert wird und auch, was es sein wird.

Für die bitweise Skalierung des Sinus gibt es den "gain"-Faktor, der in der Potenz von 2 steht – sehr angenehm, denn C++ kennt keinen Potenz-Operator.

Für die Formatierung ins Binärformat gibt es die Funktion "dec2bin". Leider nimmt sie im ersten Argument nur positive Integer-Zahlen an. Wir helfen uns mit einem üblichen Trick: Das Hinzuzählen von 2^n zur negativen Integer-Zahl erzeugt das Zweierkomplement, "coefficient" bleibt aber formal positiv.

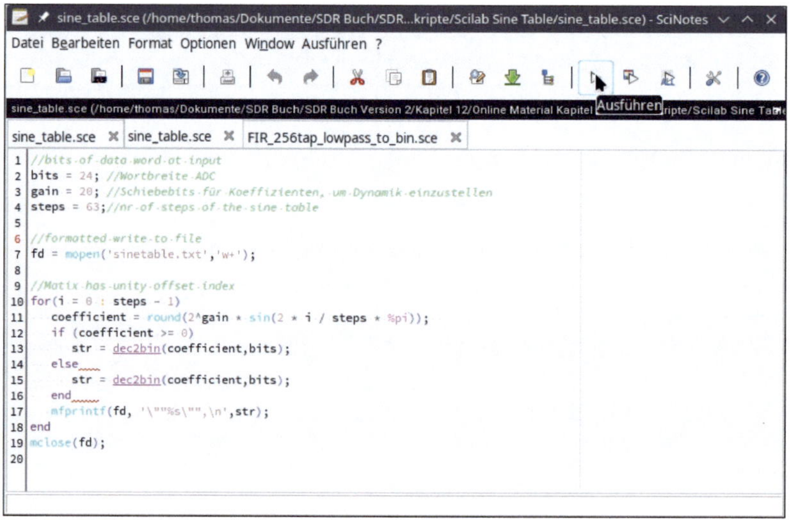

Abbildung 12-2-2: Das Skript starten

Dies ist sehr wichtig: Scilab erkennt auf diese Weise automatisch, dass "coefficient" vom Typ unsigned ist. Wenn Sie die Fallunterscheidung versuchsweise auskommentieren, wird das Skript mit einer Fehlermeldung abgebrochen:

```
dec2base: Wrong value(s) for input argument #1: A matrix of positive integer
values expected.
```

An die selbsttätige Typerkennung muss man sich wirklich erst gewöhnen. Wie hier nur kurz beschrieben, entsteht dadurch eine neue Klasse von möglichen Fehlern, während andere vermieden werden.

12.2.2 Übersetzung in VHDL-Code

Der VHDL-Code für den Sinusgenerator ist denkbar einfach: Bei jeder steigenden Flanke des "clk_sample"-Eingangs inkrementiert das Phasenregister um eins und der entsprechende Wert aus der Lookup-Table wird ausgegeben:

```
--für MAX10 FPGA
--800Hz Sinus
--Samplerate is 50 kHz
--gain 3
library ieee;
use ieee.std_logic_1164.ALL;
use ieee.numeric_std.ALL;

entity Sidetone_Generator is
        port (CW_Data_out : out signed (23 downto 0);
                        clk_sample : in std_logic        -- 50 kHz
                        );
end Sidetone_Generator;

architecture sidetone_arch of Sidetone_Generator is

type value_table is array (0 to 62) of signed (23 downto 0);

constant sine_table : value_table :=

 ("000000000000000000000000",
"000000011001011111010100",
"000000110010101110011011",...

--hier zwischen den Klammern
--stehen alle Einträge aus der vorher erzeugten Scilab-Lookuptable
--bitte beachten Sie, dass das letzte Komma aus der Datei manuell
--gelöscht werden muss…

"111110110100100010101111",
"111111001101010001100101",
"111111100110100000101100"
);
```

```
begin

  p0 : process (clk_sample)
  variable phase_counter : integer range 0 to 62 := 0;  --phase of the sine
    begin
    if rising_edge(clk_sample) then
      if phase_counter < 62 then
        phase_counter := phase_counter + 1;
      else
        phase_counter := 0;
      end if;
      CW_Data_out <= sine_table(phase_counter);
    end if;
  end process;

end sidetone_arch;
```

Listing 12-2: VHDL-Code für den Sinusgenerator (als CW-Mithörton auch "Sidetone" genannt)

12.2.3 Den Sinusgenerator-Block erzeugen

Den Block erzeugen Sie genau wie in Abschnitt 12.1.3 beschrieben. An der Lage der Pins braucht sich diesmal nichts ändern.

12.2.4 Den Sinusgenerator-Block mit dem DAC testen

Erzeugen Sie ein neues Blockschaltbild und platzieren Sie den neuen Sinusgenerator-Block sowie einen Delta-Sigma-DAC. Für die Taktfrequenz erstellen Sie eine PLL mit einem 50 kHz-Ausgang sowie einem 120 Mhz-Ausgang für den Delta-Sigma-DAC. Wenn Sie das Projekt nicht selbst anlegen wollen, finden Sie im Online-Material unter "Sinusgenerator_ Test" ein Projektverzeichnis.

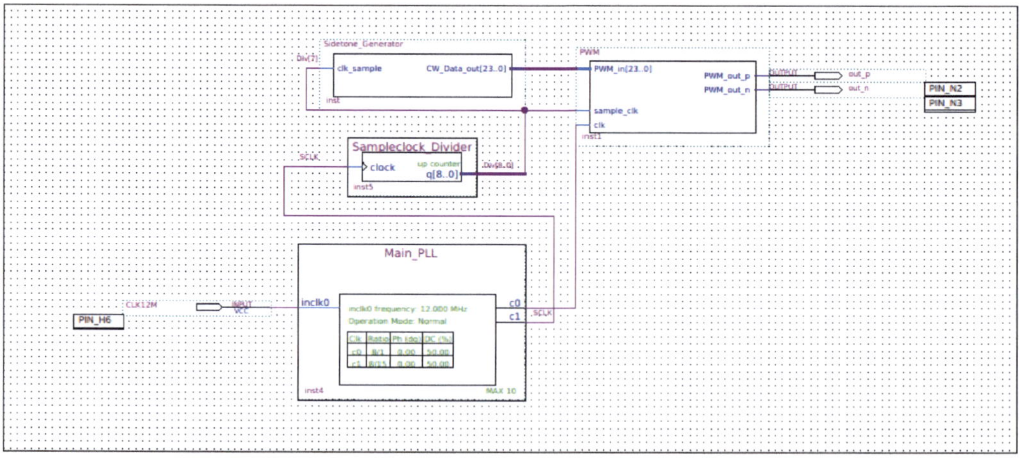

Abbildung 12-2-3: Blockschaltbild des fertigen Sinus-Generators

Übersetzen Sie das Projekt und laden Sie es in Ihr FPGA. Sollten Sie noch über einen sehr hochohmigen Kopfhörer verfügen, wie z.B. einen antiken HD 414 von Sennheiser, dann könnten Sie diesen direkt mit den Shield-Ausgängen DAC1 und DAC2 verbinden, auf denen das Signal differentiell ausgegeben wird – dort ist auch der RC-Tiefpass für die Integration vorgesehen. Alternativ kann natürlich jeder aktive PC-Lautsprecher herhalten. Da der Ausgangspegel recht hoch ist, sollten Sie den Lautstärkeregler vor dem Start herunter drehen bzw. den Kopfhörer abnehmen. Denken Sie dabei bitte daran, dass das NF-Signal eine DC-Komponente vom Betrag eines halben 3,3V-Logikpegels aufweist.

Hat alles so weit geklappt, hören Sie nach dem Transferieren der Konfigurationsdatei auf das FPGA jetzt einen -fast- sauberen 800 Hz-Sinuston. Wahrscheinlich bemerken Sie auch noch einen geringfügigen, hochfrequenten Störton. Dieser hat seine Ursache im 3,3V-Spannungsregler auf dem MAX1000-Board, der kleine Nadeln auf der 3,3V-Schiene hinterlässt. Da wir keine besonderen Vorkehrungen getroffen haben, wird die Referenzspannung für unseren DAC einfach durch den 3,3V-Logikpegel dargestellt. Das geringfügige Piepsen überträgt sich also direkt von der Versorgungsspannung auf das Ausgangssignal.

Solche Störungen können mit der Zeit auf die Nerven gehen, insbesondere beim konzentrierten Lauschen auf kleine Signale. Da sich der SMD-Spannungsregler nur mit großen Schwierigkeiten vom MAX1000-Board entfernen ließe, arbeiten wir einfach um das Problem herum. Am deutlichsten tritt die Störung bei kleinen Signalen hervor. Wenn das Signal differentiell ausgegeben wird, kann sie also als Gleichtaktstörung mit einem kleinen Differenzverstärker stark reduziert werden. Daher ist im DAC bereits ein negativer Ausgang mit vorgesehen ("PWM_out_n").

Eine kleine Bridge-Platine mit zwei rauscharmen Differenzverstärkern unterdrückt nicht nur die Störung wirksam, sondern entkoppelt auch die empfindlichen FPGA-Ausgänge von der Außenwelt.

12.3 Der Differenzverstärker-Brick

Diesen Brick könnten Sie auch ohne Abschirmgehäuse verwenden. Er wird mit einem Flachbandkabel direkt an den DAC-Port des Shields eingesteckt. Über dies Kabel wird auch die 12V-Betriebsspannung zugeführt. Für die Schaltung wird der klassische OP-Differenzverstärker verwendet, nur dass die virtuelle Masse mit U3 auf 6V vorgespannt wird. Die genaue Wahl des OPAMPs ist unkritisch, er sollte aber selbst nicht stark rauschen. Wenn Sie die Stufe z.B. mit einem LM386 aufbauen würden und diesen für die lautere Wiedergabe mit einem Computerlautsprecher verbinden, könnten Sie feststellen, dass der LM386 ein nicht unerhebliches, breitbandiges Rauschen zum Signal hinzufügt

Ein OP27 ist für den Differenzverstärker sicherlich keine schlechte Wahl. Sollten Sie mehr Bandbreite benötigen, setzen Sie einfach einen schnelleren OPAMP ein und passen C6, C7, C10 und C11 an. Die Koppelkondensatoren sind als Elkos ausgeführt, um Mikrofonie zu vermeiden.

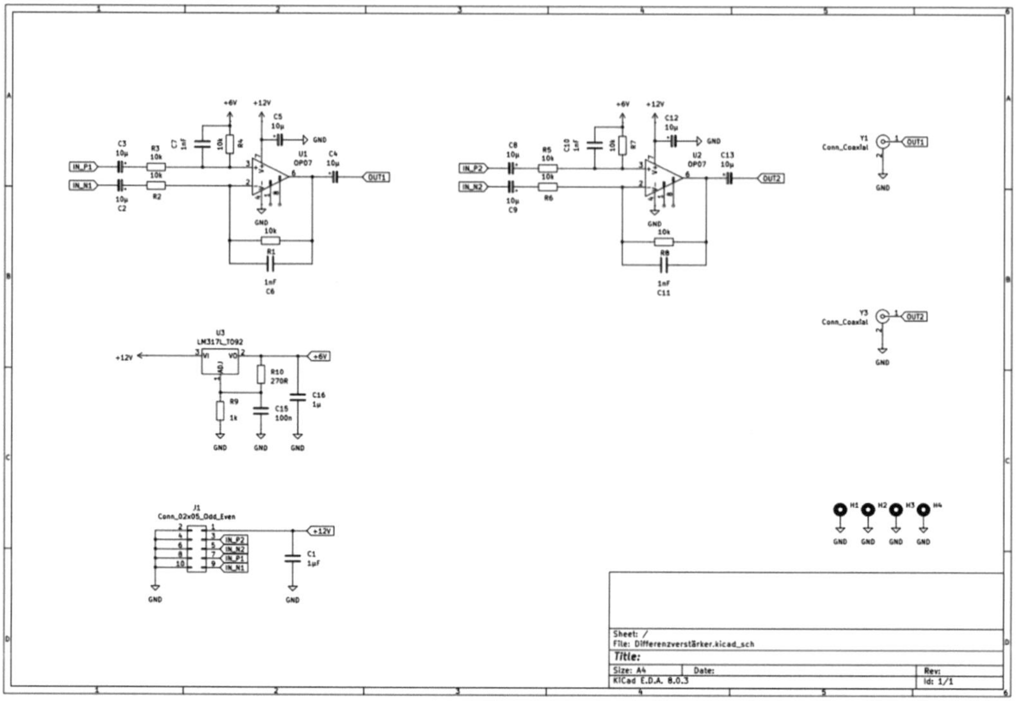

Abbildung 12-3-1: Schaltung des Differenzverstärker-Bricks

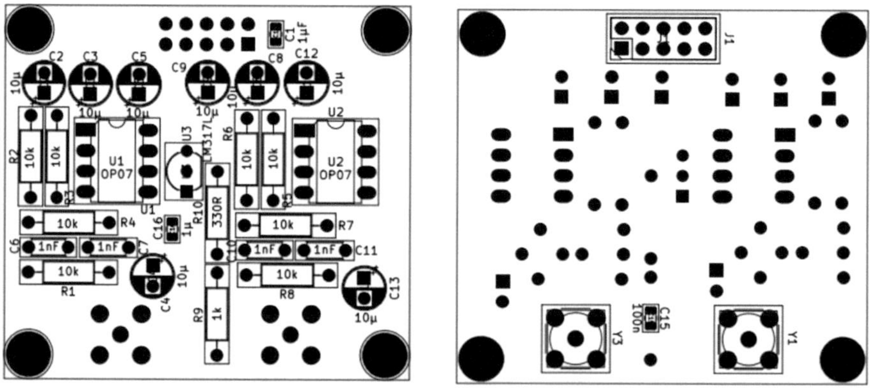

Abbildung 12-3-2: Bestückungsplan des Differenzverstärkers

Manche mögen sich daran stören, dass die NF über SMA-Buchsen herausgeführt wird. Der einzige Grund dafür ist die Kompatibilität mit anderen Modulen, wie z.B. unserem Lima-Detektor. Sie können so eine bereits in Ihrem Chassis vorgesehene Verkabelung ohne Änderungen weiterverwenden.

Wenn Sie den Sinus-Generator mit dem Differenzverstärker betreiben, ist das störende Piepen des Spannungsreglers nicht mehr sehr auffällig. Der Differenzverstärker-Brick kann für die weiteren Experimente im Chassis verbleiben.

Abbildung 12-3-3: Foto des Differenzverstärker Bricks

12.4 Der 24 Bit-ADC

Vielleicht stellen Sie sich die Frage, warum hier ein 24 Bit-Wandler eingesetzt wird. Eine Antwort ist, dass auf diese einfache Weise ein erheblicher Dynamikbereich zur Verfügung steht. Später werden wir sehen, dass die digitale Signalkette selbst dann nicht in die Übersteuerung geht, wenn der Analogteil stark in die Kompression gefahren wird, da noch ein bis zwei Bit Reserve vorhanden sind. Dennoch reicht die Empfindlichkeit des Wandlers, um sehr schwache Eingangssignale (< -120 dBm) noch sinnvoll zu verstärken – und das alles ohne Regelung der Eingangsstufen!

12.4.1 Den 24 Bit-ADC-Brick aufbauen

Die Schaltung des ADC-Bricks ist recht einfach gehalten (Abbildung 12-4-1). Als Referenzspannungsquelle wird ein TPS76925 eingesetzt. Sie können auch andere Spannungswerte ausprobieren (z.B. 5 V), sollte die Empfindlichkeit des Wandlers für Ihre neue Signalkette zu groß sein.

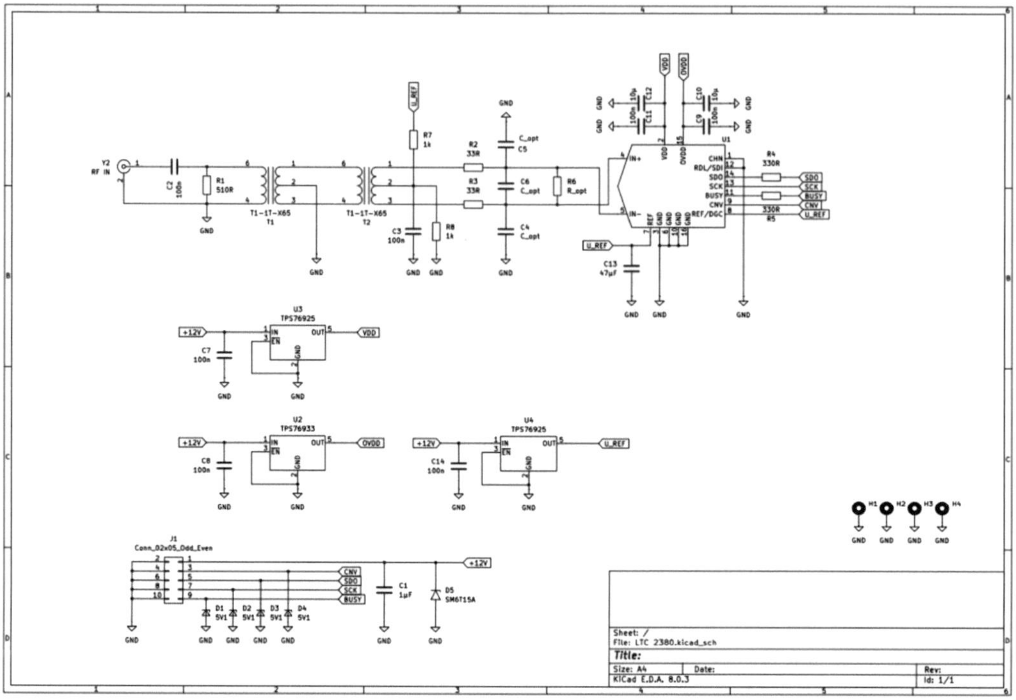

Abbildung 12-4-1: Schaltung des ADC-Bricks

Der Analogeingang kann je nach Anwendung auf verschiedene Weisen beschaltet werden. Die Wandlung des asymmetrischen Eingangssignals von der SMA-Buchse Y2 in ein symmetrisches Eingangssignal erfolgt mit den Baluns T1 und T2. Wenn Sie mit einer ZF von 50 kHz arbeiten wollen, können Sie anstelle von T1 und T2 einen selbst gewickelten Balun auf einem BN73-202 einbauen – er passt mechanisch an diese Stelle und hat weniger Einfügedämpfung als kommerzielle kleine DIP-Trafos, die erst ab 100 kHz geeignet sind. Beim Autor bewährte sich eine Version mit primär 7 und sekundär 22 Windungen, sekundär mit Mittelanzapfung (1 Wdg. = 1 mal durch ein Loch stecken). Für C4 und C5 bestücken Sie je 6,8 nF. R1, R6 und C6 lassen Sie unbestückt. Für Experimente mit Nyquist-Sampling könnten auch zwei Baluns im DIP-Gehäuse eingesetzt werden, um Effekte der Wicklungskapazitäten bei höheren Frequenzen klein zu halten [Reeder 2005].

Der Anschluss der Datenleitungen erfolgt über J1. Für die Vermeidung von Abstrahlungen ist es sinnvoll, alle GND-Leitungen im Flachbandkabel mit der Massefläche zu verbinden, da diese dann als Leiterpaar zusammen mit den Signalleitungen verlaufen. Daher kann hier nicht der Pin 6 als Verpolungsschutz entfernt und im Pfostenstecker entsprechend blockiert werden. Wird der Pfostenstecker verkehrt herum eingesteckt, kommt es durch die Pins 2, 4, 6 und 8 von J2 zu einem Kurzschluss über die Masse – wenn der Brick mit dem masseführenden Chassis verschraubt ist; der kostbare ADC wird dann zwar nicht zerstört aber vielleicht eine vorgelagerte 12V-Schaltstufe. Sollten Sie den Brick lose auf dem Schreibtisch betreiben, ist eine Verpolung des Pfostensteckers für den ADC durchaus gefährlich. Prüfen Sie unbedingt vor dem Einschalten den korrekten Anschluss des Steckers!

Die Ausgänge SDO und BUSY sind über 330 Ohm Widerstände mit J1 verbunden. Dadurch ist dem Fall vorgebeugt, dass ein als Ausgang konfigurierter FPGA-Pin zu viel Strom an einen ADC-Ausgang abgibt, wodurch eventuell FPGA und ADC-Schaden nehmen könnten. Bei höheren Sampleraten müssen die Widerstände durch kleinere ersetzt werden, sonst verschleifen die Zuleitungskapazitäten die schnellen Signalflanken. Wenn Sie sich ganz sicher sind, können Sie auch einfach Kurzschlussbrücken einbauen.

Die Zenerdioden D1 bis D4 sollen Schäden beim Hantieren mit dem Brick begrenzen, insbesondere beim Stecken von Verbindungskabeln. Sie können hier auch 3V6-Zenerdioden verwenden.

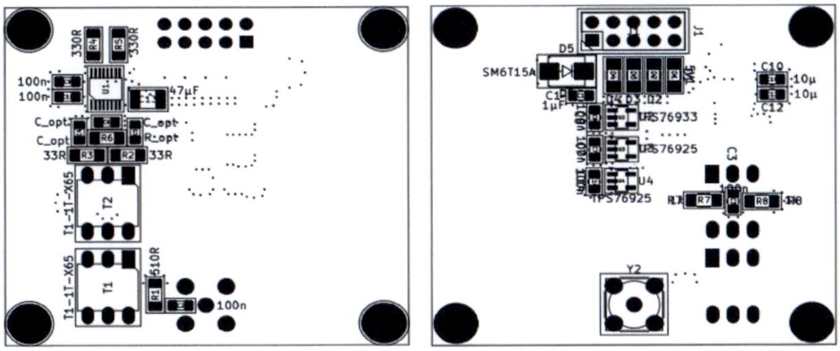

Abbildung 12-4-2: Bestückungsplan für den ADC-Brick

Abbildung 12-4-3: Foto des ADC-Bricks: Links: Selbst gewickelter Balun 7:22, Mitte: Ein kommerzieller 1:1 Balun im DIP-Gehäuse, rechts: zwei 1:1-Baluns für Experimente mit höheren Frequenzen

12.4.2 Auslesen des ADCs mit VHDL

Das folgende Listing 12-3 enthält den VHDL-Code zum Auslesen eines LTC2380:

```
--Interface für den seriellen 24bit-DAC LTC2380-24
--der ADC liefert bereits signed integer 24 bit
library ieee;
use ieee.std_logic_1164.ALL;
use ieee.numeric_std.ALL;
```

```
entity LTC2380_24 is
        port (ADC_DAT : out std_logic_vector(23 downto 0); --sampled adc data
                  CNV : out std_logic;    --cnv input ADC, starts conversion at
                                          --rising edge
                  BUSY: in std_logic;     --high during conversion, low otherwise
                  SCK : out std_logic;    --clock pulses for spi
                  SDO : in std_logic;     --data output of ADC
                  RDY : out std_logic;    --ready output of ADC block
                  CLK_IN : in std_logic; --synchronous clock input
                  SAMPLE_CLK : in std_logic);
end LTC2380_24;

architecture adc_arch of LTC2380_24 is
signal adc_data : std_logic_vector (23 downto 0);
signal state : integer range 0 to 4 := 0;
signal sample : boolean := false;

begin
    sample_ff : process(SAMPLE_CLK, state)
    begin
        if SAMPLE_CLK'event and SAMPLE_CLK = '1' then
            if state = 0 then
               sample <= true;
             end if;
        end if;
        if state > 0 and state <= 2  then
            sample <= false;
       end if;
    end process;

   acquire : process(CLK_IN, state)
   variable n : integer range 0 to 23 := 0;
      begin
        --toggle ADC SCK bit when clocking data
        if state >= 2 and state <= 3 then
             SCK <= CLK_IN;
        else
             SCK <= '0';
        end if;

        if CLK_IN'event and CLK_IN = '0' then --data valid on falling edge

            if state = 0 then  --state 0: idle
                if sample = true then
                   RDY <= '0';
                   CNV <= '1'; --setting of ADC CNV bit sets busy bit for
```

```
                                        --duration of conversion
            state <= 1;
          end if;

        elsif state = 1 then            --state 1: Convert -> 1
            CNV <= '0';                 --reset CNV bit, as the ADC is already busy
            if (BUSY = '0') then                --poll the ADC BUSY bit and stay
                                                --here as long as it is HIGH
                state <= 2;
            end if;

        elsif state = 2 then                    --state 2: prepare clocking out data
            adc_data(23) <= SDO;                --retrieving the MSBit
            n := 22;                            --by loading bit counter
            state <= 3;                         --prepare to get the other bits

        elsif state = 3 and  n <= 22 and n >= 0 then  --state 3: retrieve
                                                      --ADC bits
            adc_data(n) <= SDO;
            if (n = 0) then                     --only when all the bits have been
                                                --read out,
                state <= 4;                     --signal we are ready
            else
                n := n - 1;                     --otherwise, stay in loop and
                                                --continue polling data
            end if;

        elsif state = 4 then                    -- all bits received, data available
            ADC_DAT <= adc_data;
            RDY <= '1';
            state <= 0;
        end if;
    end if;
  end process;
end adc_arch;
```

Listing 12-3: VHDL-Code für das Auslesen des LTC2380-24

Anfangs erfolgt wieder die Definition der "entity" mit den Ein- und Ausgängen. Innerhalb der "architecture" gibt es zwei Signale, die also unmittelbar zwischen Prozessen zur Vefügung stehen, nämlich den Zustand der state machine "state" und die ADC-Daten "adc_data". Die Definition der entity wird auch bei der automatischen Erzeugung von Blocksymbolen benutzt.

Die Zustände der State Machine sind: 0 = "idle"; 1: "start conversion"; 2: "prepare reading out data, retrieve bit 23; 3: "Retrieve ADC bits"; 4: "all bits received, data available";

Ein Sampling-Vorgang wird durch eine ansteigende Flanke auf dem "SAMPLE_CLK"-Eingang gestartet – dazu ist der Prozess "sample_ff" definiert (ein RS-Flipflop). Bei einer steigenden Flanke und state = 0 (also "idle") wird das CNV-Bit gesetzt, so dass die Konversion des LTC2380-24 startet.

Im Prozess "acquire" wird zunächst während der Abfrage der ADC-Bits das SCK-Bit durch den synchronen Clock-Eingang CLK_IN getoggelt, wenn es zur Abfrage der ADC-Bits nötig ist.

Die folgenden Anweisungen werden beifallender CLK_IN-Flanke ausgewertet: Ist der BUSY-Ausgang des ADCs noch high, bleibt state = 0. Der Messvorgang wird durch das Signal "sample" ausgelöst, welches im Prozess "sample_ff" durch eine steigende Flanke auf dem "SAMPLE_CLK"-Eingang auf "true" gesetzt wird. Die "CNV"-Leitung des LTC2380 wird auf "HIGH" gesetzt, der Wandler wird daraufhin aktiv und setzt seinerseits die "BUSY"-Leitung. Die State Machine wechselt in den Zustand 1.

Jede fallende Flanke von "CLK_IN" pollt nun das "BUSY"-Bit des ADCs. Ist er fertig, signalisiert der ADC durch "BUSY" = "LOW", dass ein Ergebnis vorliegt. In diesem Fall wird "state" auf 2 gesetzt und das erste ADC-Bit von SDO bereits abgeholt. Der Bitzähler "n" wird auf 22 gesetzt, state wird auf 3 weiter geschaltet.

Der Prozess startet wieder bei der nächsten fallenden Flanke von CLK_IN. Dann liegt das nächste ADC-Bit an SDO an (SCK wurde bereits am Anfang des Prozesses getoggelt). Der Zähler n wird um 1 erniedrigt (mit der instantan wirkenden Anweisung n := n - 1) und das ADC-Bit in adc_data(n) gesichert. Sind alle ADC-Bits gelesen worden (n = 0), wird state = 4 gesetzt.

Nach der nächsten fallenden Flanke von CLK_IN werden die neuen Daten an den Ausgang ADC_DAT weitergeleitet und außerdem der Ausgang RDY auf High gesetzt (Zeilen 64 und 65). Als letztes wird noch state = 0 gesetzt um die nächste Messung vorzubereiten.

Sie sehen – in einem FPGA ist nicht per se klar, wann welche Werte wo anliegen, da alles mehr oder weniger gleichzeitig passiert. Insbesondere eine Anweisung wie z.B. ADC_DAT <= adc_data führt im allgemeinen nicht zu sofortiger Ladung eines Registers (Stichwort "Weihnachtsmann-Prinzip" aus [Schulz 2016]) . Es handelt sich eben nicht um einen sequentiellen Code, sondern um eine Hardware-Beschreibung.

Wir müssen uns daher mit einem synchronen Design helfen, dass mit seinen Taktflanken definierte Zeitpunkte schafft, zu denen die erwarteten Signale auch wirklich zur Verfügung stehen. Erst dann kann eine Beschreibung sinnvoll durchdacht werden. Die Synchronisation wird hier, wie beschrieben, mit CLK_IN dargestellt.

12.5 Eine Signalkette für die SSB-Demodulation

Für die in den nächsten Abschnitten aufgebaute Signalkette sind in der folgenden Tabelle die Steuerbits und ihre Verbindung mit dem Shield und dem Arduino wiedergegeben:

Signal	Arduino Bit	Shield Connector	Trenz Board Pin	FPGA Pin
2380 BUSY		J4 Pin 9	PIO_01	M3
2380 SCK		J4 Pin 7	PIO_02	L3
2380 SDO		J4 Pin 5	PIO_03	M2
2380 CNV		J4 Pin 3	PIO_04	M1
DAC 1		J5 Pin 9	PIO_05	N3
DAC 2		J5 Pin 7	PIO_06	N2
DAC 3		J5 Pin 5	PIO_07	K2
DAC 4		J5 Pin 3	PIO_08	K1
	PF0 / A0	ADCL0 Pin 1	D0	H8
	PF1 / A1	ADCL0 Pin 2	D1	K10
	PF2 / A2	ADCL0 Pin 3	D2	H5
	PF3 / A3	ADCL0 Pin 4	D3	H4
	PF4 / A4	ADCL0 Pin 5	D4	J1
	PF5 / A5	ADCL0 Pin 6	D5	J2
	PE3 / 5	PWML0 Pin 5	D6	L12
CW	PH3 / 6	PWML0 Pin 6	D7	J12
USB/LSB	PH4 / 7	PWML0 Pin 7	D8	J13
Gain Bit 0	PH5 / 8	PWMH0 Pin 1	D9	K11
Gain Bit 1	PH6 / 9	PWMH0 Pin 2	D10	K12
Gain Bit 2	PB4 / 10	PWMH0 Pin 3	D11	J10
Gain Bit 3	PB5 / 11	PWMH0 Pin 4	D12	H10
	PB6 / 12	PWMH0 Pin 5	D13	H13
	PB7 / 13	PWMH0 Pin 6	D14	G12
CLK12M				H6
LED[7]				D8
LED[6]				C10
LED[5]				C9
LED[4]				B10
LED[3]				A10
LED[2]				A11
LED[1]				A9
LED[0]				A8

Tabelle 12-1: Verbindungen zwischen Arduino, Shield und MAX1000-Board

12.5.1 Die Quadratur-Abtastung

Für die SSB-Demodulation mit dem Weaver-Schema benötigen wir die I- und die Q-Komponente. Im Falle des Lima-Detektors haben wir dazu das Signal bei vierfacher Frequenz erfasst und die Signale mit einem Analogschalter auf die Ausgangskanäle I, Q, /I und /Q verteilt. Ausgegeben wurden mit Hilfe eines Differenzverstärkers und

Mit unserem ADC werden die Analogschalter überflüssig: Wenn die Samplingrate des Wandlers viermal so hoch ist, wie die der auszugebenden "ZF", können wir die nacheinander erfassten Daten einfach auf vier Variablen verteilen. Damit die 24 Bit-Arithmetik bei deren Ausgabe nicht überläuft, werden die Differenzen durch zwei geteilt, also und ausgegeben.

Eine unauffällige Einschränkung ist bei diesem Gedanken aber enthalten: Die Samplingrate ist die Abtastfrequenz des Wandlers. Sie liegt damit, anders als beim Lima-Detektor, also fest. Da wir ohnehin einen ZF-Abtaster mit fester ZF aufbauen wollen, ist das zunächst nicht weiter tragisch. Die Realisierung in VHDL ist nahezu selbsterklärend:

```
--für MAX10 / 12bit ADC @ 12 MHz
--jeweils 4 Eingangsworte werden auf die 4 Phasen verteilt
--und synchron nach den 4 Messzyklen ausgegeben
--bei 200 kHz Eingangs-Abtastrate ergibt sich eine Rate
--von 50 kHz bei der Polyphasenausgabe
library ieee;
use ieee.std_logic_1164.ALL;
use ieee.numeric_std.ALL;

entity downmixer is
        port (RX_Data_in : in std_logic_vector(23 downto 0);
                  Data_out_I : out std_logic_vector(23 downto 0);
                  Data_out_Q : out std_logic_vector(23 downto 0);
                  SAMPLE_CLK : in std_logic; -- 200 kHz
                  SAMPLE_CLK_OUT : out std_logic -- 50 kHz
                  );
end downmixer;

architecture mixer of downmixer is

type shortbuffer is array (1 downto 0) of signed (23 downto 0);

signal data_in_buffer_I : shortbuffer;
signal data_in_buffer_Q : shortbuffer;

begin
        downconversion : process (SAMPLE_CLK)
        variable ns : integer range 0 to 3 := 0;
   variable outdata_I, outdata_Q : signed (26 downto 0);
        begin
```

```
        if SAMPLE_CLK'event and SAMPLE_CLK = '1' then
                if ns = 0 then
                      data_in_buffer_I(0) <= signed(RX_Data_in);
                      SAMPLE_CLK_OUT <= '0'; --reset out clock
                      ns := 1;
                elsif ns = 1 then
                      data_in_buffer_Q(0) <= signed(RX_Data_in);
                      ns := 2;
                elsif ns = 2 then
                      data_in_buffer_I(1) <= not signed(RX_Data_in) + 1; -- * -1
                      ns := 3;
                elsif ns = 3 then
                      data_in_buffer_Q(1) <= not signed(RX_Data_in) + 1; -- * -1
                      outdata_I := to_signed(0,27) + (data_in_buffer_I(0) +
                                                     data_in_buffer_I(1)) / 2;
                      outdata_Q := to_signed(0,27) + (data_in_buffer_Q(0) +
                                                     data_in_buffer_Q(1)) / 2;
                      Data_out_I <= std_logic_vector(outdata_I)(23 downto 0);-
                      Data_out_Q <= std_logic_vector(outdata_Q)(23 downto 0);-
                    SAMPLE_CLK_OUT <= '1';  --set out clock to indicate signal is
                                            --ready
                    ns := 0;
                end if;
        end if;
        end process;

end mixer;
```

Listing 12-4: VHDL-Code für den ersten Quadratur-Mischer

Bei jeder steigenden Flanke von SAMPLE_CLOCK wird der Phasenzähler NS inkrementiert sowie RX_Data_in auf die Puffer für I und Q verteilt. Dabei geben wir das Vorzeichen für die Subtraktion bereits mit dazu, indem das Zweierkomplement geformt wird (alle Bits invertieren, eins hinzuzählen).

Hat der Phasenzähler den Wert 3 erreicht, liegen alle Eingangsdaten für die Berechnung der Ausgangswerte von I und Q vor. Da das Vorzeichen bereits berücksichtigt ist, braucht hier nur noch der Mittelwert gebildet zu werden. Die Phasen I und Q stehen damit bei einer Samplingrate von 50 kHz zur Verfügung.

12.5.2 Das erste FIR-Tiefpassfilter

Nach dem ersten Mischer stehen I- und Q-Phase bereit. Im Weaver-Schema folgen für beide Phasen Tiefpassfilter, deren Grenzfrequenz eine halbe Kanalbandbreite (bei SSB: 1.5 kHz) beträgt. Dass dennoch am Ende wieder die gesamte Information bereitsteht, hängt mit der Verwendung beider Phasen zusammen: Sie erlauben, positive Frequenzen (Signale mit Phasenvoreilung) und negative Frequenzen (Signale mit Phasennacheilung) voneinander zu trennen. Die gesamte Bandbreite, die beide Filter zusammen durchlassen, ist also wieder eine komplette SSB-Kanalbandbreite (3 kHz, von -1,5 kHz bis +1,5 kHz).

Wir können den Tiefpassfilter leicht mit einem Scilab-Skript entwickeln. Die Datei finden Sie im Online-Material unter "/Scilab Skripte/Scilab FIR LP Filter/FIR_256tap_lowpass_to_bin.sce". Das folgende Listing wird der Vollständigkeit halber wiedergegeben:

```
sample_rate_kHz = 50;
f_corner_high_kHz = 1.55;
bits = 24; //bits at input
gain = 6;  //shift factor to maximize coefficient dynamic range
taps = 256;//nr of taps of the FIR filter

//generate the filter
[v,a,f] = wfir('lp', taps, [f_corner_high_kHz/sample_rate_kHz], 'hm', [0 0]);
//get the integer coefficients into a matrix, use full dynamics
//max is in center element = 0.5, so two additional bits
//besides the sign bit are still available !
CoeffMatrix = round(v * 2 ^ (bits + gain - 1));

//formatted write to file
fd = mopen('coefficients.txt','w+');

//Matix has unity offset index
for(i = 1 : taps / 2)
   if (CoeffMatrix(i) >= 0)
      str = dec2bin(CoeffMatrix(i),bits);
   else
      str = dec2bin(CoeffMatrix(i) + 2^(bits),bits);
   end
   mfprintf(fd, '\""%s\"",\n',str);
end
mclose(fd);
```

Listing 12-5: Scilab Skript zur Erzeugung der FIR-Filterkoeffizienten

Zunächst wird das Filter mit der "wfir"-Funktion definiert. Um die Parameter herauszufinden, die bei der Definition eingesetzt werden müssen, können Sie im Scilab-Terminal mit wfir_gui() einen interaktiven Filterdialog aufrufen (Abbildung 12-3-1 links). Dort legen Sie nun Randbedingungen fest: Samplerate, Filtertyp und Anzahl der Taps. Wenn Sie in diesem Dialog die Checkbox "Ansicht" anhaken, wird eine Vorschau der Durchlasskurve angezeigt (Abbildung 12-3-1 rechts)

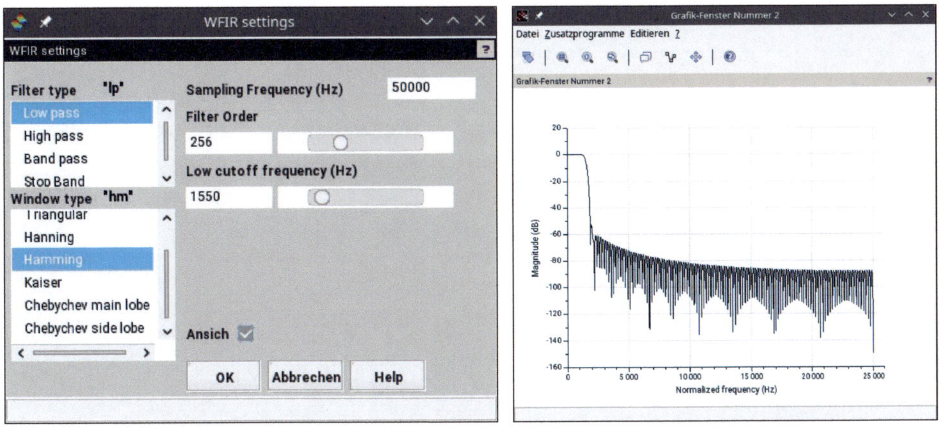

Abbildung 12-5-1: Filterdialog mit Beispiel-Durchlasskurve

Die Filterparameter können Sie in das Skript eintragen, um das Filterobjekt zu definieren. Damit ist per se noch nichts gewonnen – aber das Filterobjekt gibt Ihnen die Filterkoeffizienten in der Variablen v bekannt. Mit Berücksichtigung von "bits" und "gain" errechnen wir daraus die Integer-Koeffizientenmatrix "CoeffMatrix". Die Koeffizientenmatrix schreiben wir in eine Datei. Das Vorgehen ähnelt dem, das wir bereits bei der Sinus-Wertetabelle verwendet haben.

Die Filterkoeffizienten sind für unser VHDL-FIR-Filter direkt verwendbar. Wir verwenden hier eine modifizierte Implementierung des FIR-Codes von [Uppström 2017]. Das folgende VHDL-Listing gibt das Filterobjekt verkürzt wieder. Sie müssen für Anpassungen nur noch die Koeffizienten in die (hier verkürzt wiedergegebenen) Wertetabellen hineinkopieren. Achten Sie dabei darauf, das Komma hinter dem letzten Eintrag manuell zu löschen. Die Datei finden Sie auch im Online-Material unter /Quartus/Quartus Projekte/WEAVER_SCHEMA/fir_filt_channel.vhd.

```
--abgeleitet von Daniel Uppström (Online-Material zu Elektor 7/2017 S.70),
--Anpassung des Elektor files an MAX10 / Bandbreitenumschaltung

library ieee;
use ieee.std_logic_1164.ALL;
use ieee.numeric_std.ALL;

entity fir_filt_channel is
        port (RX_Data_in_I : in std_logic_vector(23 downto 0);
                        RX_Data_in_Q : in std_logic_vector(23 downto 0);
                        Data_out_I : out std_logic_vector(23 downto 0);
                        Data_out_Q : out std_logic_vector(23 downto 0);
                        CLK_IN : in std_logic;        -- 120 MHz
                        SAMPLE_CLOCK : in std_logic; -- 50 kHz
                        wide_narrow : in std_logic;  --0: wide, 1: narrow
                        Gain : in std_logic_vector(3 downto 0);
```

```
                    SAMPLE_CLOCK_OUT : out std_logic
                    );
end fir_filt_channel;

architecture filter_arch of fir_filt_channel is

type longbuffer is array (0 to 260) of signed (23 downto 0);
type filt_type is array (0 to 126) of signed (23 downto 0);
signal data_in_buffer_I, data_in_buffer_Q : longbuffer;

--Scilab:
--> [v,a,f] = wfir ('lp', 256, [1.55/48 0], 'hn', [0 0]); --gain 2
--> round(v*2^27)
constant weaver_wide_rx : filt_type :=

 ("111111111111111111100011",
"111111111111111101101100",
"111111111111111001110110",

--zwischen den Klammern die 256 Werte aus der Scilab-Outputdatei einfügen
--beim letzten Wert das Komma manuell entfernen

"011110111011011010001000",
"011111100010011111000100",
"011111101111100111011011"
);

constant weaver_narrow : filt_type :=
--Scilab:
--> [v,a,f] = wfir ('lp', 256, [0.4/50 0], 'hn', 0); --gain 3
--> round(v*2^28)

 ("000000000000000000001000",
"000000000000000000001010",
"111111111111111111101000",

--experimentell: Zwischen den Klammern die 256 Koeffizienten für ein 400 Hz-
Filter einfügen
--können mit dem Eingang wide_narrow ausgewählt werden

"010000010100110100111010",
"010000010111001110011010",
"010000011000011011010000"
);

signal sample : boolean := false;
```

```
signal to_sample : boolean := false;
signal sampled : boolean := false;
signal state : integer range 0 to 7 := 0;
signal write_pointer : integer range 0 to 260 := 255;
signal read_pointer : integer range 0 to 260 := 255;
signal asynch_data_read_I, asynch_data_read_Q, synch_data_read_I, synch_data_
read_Q : signed (23 downto 0);
signal mac_I, mac_Q : signed (58 downto 0);
signal prod_I, prod_Q : signed (47 downto 0);
shared variable out_gain : integer range 0 to 15 := 0;
signal out_I, out_Q : signed (58 downto 0); --buffers needed for gain adjustment

begin
        p0 : process (CLK_IN)
        variable indata_I, indata_Q : signed (23 downto 0);
        begin
                if CLK_IN'event and CLK_IN = '1' then
                        if sample = true then
                                to_sample <= true; -- sample at next clock cycle
                        elsif to_sample = true then -- sample and write to RAM
                                indata_I := signed(RX_Data_in_I);
                                indata_Q := signed(RX_Data_in_Q);
                                data_in_buffer_I(write_pointer) <= indata_I;
                                data_in_buffer_Q(write_pointer) <= indata_Q;
                                to_sample <= false;
                                sampled <= true;
                        else
                                sampled <= false;
                        end if;
                        asynch_data_read_I <= data_in_buffer_I(read_pointer);
                        asynch_data_read_Q <= data_in_buffer_Q(read_pointer);
                        synch_data_read_I <= asynch_data_read_I;
                        synch_data_read_Q <= asynch_data_read_Q;
                end if;
        end process;

        sample_ff : process(SAMPLE_CLOCK,to_sample)
        begin
                if to_sample = true then
                        sample <= false;
                elsif SAMPLE_CLOCK'event and SAMPLE_CLOCK = '1' then
                        sample <= true;
                end if;
        end process;

        p1 : process (CLK_IN)
```

```
variable filtkoeff : signed(23 downto 0);
variable n : integer range 0 to 270 := 0;
variable p : integer range 0 to 540;
variable k : integer range 0 to 126;

begin
     if CLK_IN'event and CLK_IN = '0' then

             if sampled = true then
                     state <= 0;
                     SAMPLE_CLOCK_OUT <= '0';

             elsif state = 0 then
                     n := 0;
                     if write_pointer = 0 then
                             write_pointer <= 260;
                             read_pointer <= 2;
                     elsif write_pointer = 260 then
                             write_pointer <= write_pointer - 1;
                             read_pointer <= 1;
                     elsif write_pointer = 259 then
                             write_pointer <= write_pointer - 1;
                             read_pointer <= 0;
                     else
                             write_pointer <= write_pointer - 1;
                             read_pointer <= write_pointer + 2;
                     end if;
                     mac_I <= to_signed(0,59);
                     mac_Q <= to_signed(0,59);
                     prod_I <= to_signed(0,48);
                     prod_Q <= to_signed(0,48);
                     state <= 1;

             elsif state = 1 then
                     p := read_pointer + 1;
                     if p > 260 then
                             read_pointer <= p - 261;
                     else
                             read_pointer <= p;
                     end if;
                     state <= 3;

             elsif state = 3 then

                     if n > 126 then
                             k := 253 - n;
```

```
                    else
                            k := n;
                    end if;

                    if wide_narrow = '0' then
                            filtkoeff := weaver_wide_rx(k);
                    else
                            filtkoeff := weaver_narrow(k);
                    end if;

                    prod_I <= synch_data_read_I * filtkoeff;
                    prod_Q <= synch_data_read_Q * filtkoeff;
                    mac_I <= mac_I + prod_I;
                    mac_Q <= mac_Q + prod_Q;
                    n := n + 1;
                    if n > 253 then
                            state <= 4;
                    else
                            p := read_pointer + 1;
                            if p > 260 then
                                    read_pointer <= p - 261;
                            else
                                    read_pointer <= p;
                            end if;
                    end if;

                elsif state = 4 then
                    mac_I <= mac_I + prod_I;
                    mac_Q <= mac_Q + prod_Q;
                    out_I <= shift_left(mac_I,out_gain + 4);
                    out_Q <= shift_left(mac_Q,out_gain + 4);
                    state <= 5;

                elsif state = 5 then
                    Data_out_I <= std_logic_vector(out_I(58 downto 35));
                    Data_out_Q <= std_logic_vector(out_Q(58 downto 35));
                    SAMPLE_CLOCK_OUT <= '1';
                    state <= 6;

            elsif state = 6 then
                out_gain := 0;
                    if (Gain(3) = '1') then
                            out_gain := out_gain + 8;
                    end if;
                    if (Gain(2) = '1') then
                            out_gain := out_gain + 4;
```

```
                                        end if;
                                        if (Gain(1) = '1') then
                                                out_gain := out_gain + 2;
                                        end if;
                                        if (Gain(0) = '1') then
                                                out_gain := out_gain + 1;
                                        state <= 7;
                                        end if;
                                --state machine ends
                                end if;
                        end if;
                end process;

end filter_arch;
```

Listing 12-7: VHDL-Code für das erste FIR-Filter (abgeleitet von [Uppström 2017])

Da im FIR-Filter die Impulsantwort vieler Eingangssignale addiert werden (so viele, wie es Koeffizienten besitzt), besitzt es eine Verstärkung – sein Akku ist dementsprechend breiter und man muss sich Gedanken machen, welche 24 Bit-Auswahl des Akkus zur Weiterleitung verwendet werden sollten. Hier hilft ein kleiner Trick: Mit 4 Hardware-Pins des FPGAs können wir die Verstärkung in 3 dB-Schritten später manuell anpassen. Das ist in der Bedienung etwas umständlicher als eine Automatik, liefert aber eine gute Darstellung der überraschenden Dynamik des Empfängers.

Dazu wird in Listing 12-7, im Block mit state = 6 der Parameter out_gain bestimmt. Die Ausgangsbits werden beim nächsten Durchlauf im Block mit state = 4 passend nach links verschoben und schließlich im Block mit state = 5 ausgegeben.

12.5.3 Der Weaver-Mixer

Den Weaver-Mischer hatten wir bereits in der GnuRadio-Implementierung des Weaver-Schemas kennengelernt. Sowohl die I- als auch die Q-Phase werden, nachdem sie die ersten Tiefpassfilter durchlaufen haben, nochmals mit einem Quadratur-BFO gemischt, dessen Frequenz in der Kanalmitte, also bei 1,5 kHz (SSB) liegt (wegen der direkten Ableitung vom 50 kHz-Takt beträgt die Frequenz in unserem Fall genau 1,5625 kHz). Danach erfolgt eine Addition oder Subtraktion der beiden Signale, um das obere oder das untere Seitenband zu selektieren. Es ist nicht unbedingt nötig, den Quadratur-BFO mit einem Sinus- und Cosinussignal zu realisieren. Einfacher ist es, die Abtastung genauso einzurichten, wie wir sie anfangs zur Trennung von I- und Q-Phase vorgesehen haben. Dazu werden die einlaufenden Daten in die durch eine Mischerphase angewählte Variable einsortiert. Die Mischerphase wird durch ein 4f-Ansteuersignal geliefert, welches wir aus der Samplerate gewinnen können.

```
--------------------------------------------------------------------------------
--Mischer für eine 1.5625 kHz Frequenzverschiebung des komplexen,
--von 50 kHz ins Basisband umgesetzten Signals. Die Summationsstelle zur
Unterdrückung
--des unerwünschten Seitenbandes ist bereits enthalten. Thomas Duden, 04.08.2024
--------------------------------------------------------------------------------
library ieee;
use ieee.std_logic_1164.ALL;
use ieee.numeric_std.ALL;

entity weavermixer is
        port (RX_Data_in_I : in std_logic_vector(23 downto 0);
                        RX_Data_in_Q : in std_logic_vector(23 downto 0);
                        Data_out : out std_logic_vector(23 downto 0);
                        USB_LSB : in std_logic := '0';    --
                        CLK_IN : in std_logic;            -- 25.6 MHz
                        SAMPLE_CLOCK : in std_logic; -- 50 kHz
                        MIXER_CLOCK : in std_logic    -- (50 / 32) * 4, also
1,5625 kHz * 4 = 6.25 kHz wegen 4-f-Strg.
                        );                            -- (4 Phasen am Ausgang)
end weavermixer;

architecture mixer of weavermixer is

type shortbuffer is array (1 downto 0) of signed (23 downto 0);

signal data_in_buffer_I : shortbuffer;
signal data_in_buffer_Q : shortbuffer;
signal sample : boolean := false;
signal to_sample : boolean := false;
signal phase : integer range 0 to 3 := 0;

begin
        sample_ff : process(SAMPLE_CLOCK,to_sample)
        begin
                if to_sample = true then
                        sample <= false;
                elsif SAMPLE_CLOCK'event and SAMPLE_CLOCK = '1' then
                        sample <= true;
                end if;
        end process;

        phase_switch : process(MIXER_CLOCK)
        begin
           if MIXER_CLOCK'event and MIXER_CLOCK = '1' then
                phase <= phase + 1;
```

```
                end if;
            end process;

            weaver_conversion : process (CLK_IN)
        variable outdata_I, outdata_Q : signed (23 downto 0);
            begin
                if CLK_IN'event and CLK_IN = '1' then
                        if sample = true then
                                to_sample <= true;  -- sample at next clock cycle
                        elsif to_sample = true then -- sample and write to RAM
                                if phase = 0 then
                                   outdata_I := signed(RX_Data_in_I);
                                   outdata_Q := signed(RX_Data_in_Q);
                                   to_sample <= false;
                                elsif phase = 1 then
                                   outdata_I := signed(RX_Data_in_I);
                                   outdata_Q := not signed(RX_Data_in_Q) + 1;
                                   to_sample <= false;
                                elsif phase = 2 then
                                   outdata_I := not signed(RX_Data_in_I) + 1;
                                   outdata_Q := not signed(RX_Data_in_Q) + 1;
                                   to_sample <= false;
                                elsif phase = 3 then
                                   outdata_I := not signed(RX_Data_in_I) + 1;
                                   outdata_Q := signed(RX_Data_in_Q);
                                   to_sample <= false;
                                end if;
                                if (USB_LSB = '1') then
            Data_out <= std_logic_vector((outdata_I + outdata_Q)/2)(23 downto 0);
                              else
            Data_out <= std_logic_vector((outdata_I - outdata_Q)/2)(23 downto 0);
                           end if;
                        end if;
                end if;
            end process;

end mixer;
```

Listing 12-8: VHDL-Code für den Weaver-Mixer

Die ausgangsseitige Samplerate wird dadurch aber nicht verringert – für jedes einlaufende Einganssample wird ein ausgangsseitiges Datenwort geliefert. Wir werden später noch sehen, warum das wichtig ist.

12.5.4 Das zweite FIR-Tiefpassfilter

Die Mischung im Weaver-Mischer erfolgt quasi mit rechteckförmiger Ansteuerung: Die aus dem 4f-Steuersignal gewonnene Mischerphase schaltet in 90°-Schritten um. Ein solcher Vorgang erzeugt im Ausgangsspektrum unerwünschte Oberwellen. Diese müssen durch ein weiteres Filter ausgefiltert werden. Dieses nachgeschaltete Filter ist wiederum ein FIR-Tiefpassfilter. Da nach dem Weaver-Mischer ein komplett zusammengesetztes Seitenband ausgewählt ist, muss dieses Filter die vollständige Kanalbandbreite durchlassen, also für SSB eine Bandbreite von 3 kHz aufweisen. Bis auf die veränderten Filterkoeffizienten entspricht der VHDL-Code des zweiten FIR-Filters dem des ersten.

Im Blockschaltbild ist dies auch die richtige Stelle, um in der Signalkette ein CW-Filter vorzusehen. Daher ist es praktisch, in diesem Filterblock als zweiten Koeffizienten Satz ein 800 Hz-Bandfilter mit einer Bandbreite von 300 Hz vorzusehen, welches später von außen durch einen FPGA-Pin angewählt werden kann.

12.5.5 Die Signalkette zusammenbauen

Das Blockschaltbild in Abbildung 12-5-2 zeigt die zusammengebaute Signalkette. Die Taktfrequenzen werden von einer PLL mit mehreren Ausgängen geliefert. Die folgende Tabelle gibt die Frequenzwerte und Signalnamen wieder.

Signal	Frequenz [MHz]	Zweck
CLK96M	96	Delta-Sigma-ADC
CLK25_6M	25,6	Synch. Clock FIR-Filter 2
CLK6_4M	6,4	Serieller Datentakt ADC
CLK51_2M	51,2	Synch. Clock FIR-Filter 1

Tabelle 12-2: Verwendung der verschiedenen Clock-Signale

Die Reihenfolge der Blöcke entspricht der Erwähnung im Text. Die Datenbusse sind mit 24 Bit Breite bis zum ausgangsseitigen DAC durchgezogen.

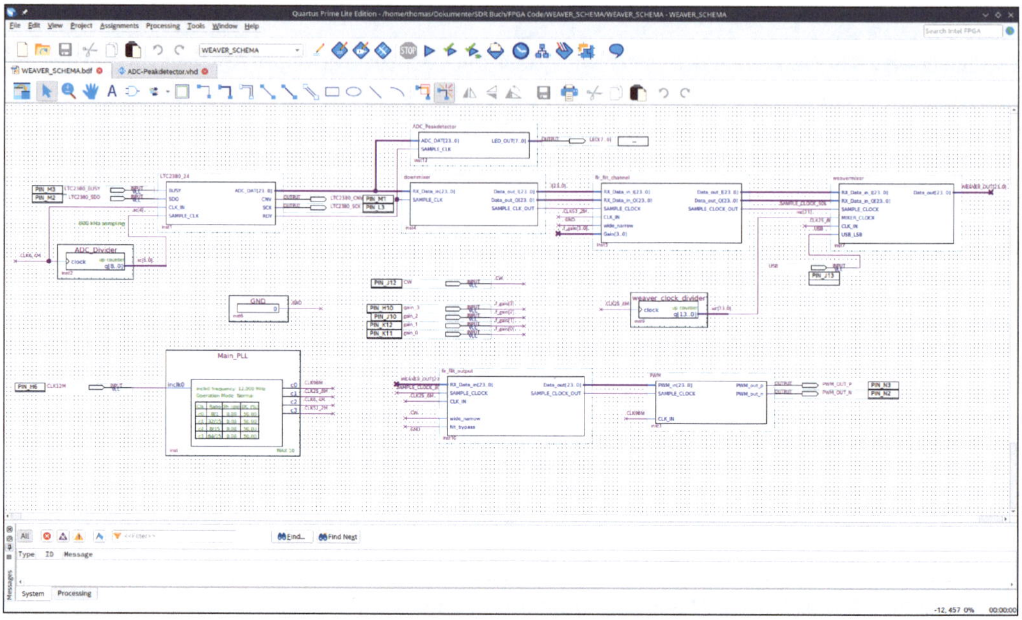

Abbildung 12-5-2: Blockschaltbild für die zusammengebaute Signalkette mit Weaver-Schema

Ganz oben befindet sich noch ein zusätzlicher Peak-Detektor, den wir später beschreiben werden. Wenn Sie das Projektverzeichnis ("Online Material Kapitel 12 / Quartus / Quartus Projekte / WEAVER_SCHEMA") für die Signalkette inspiziert haben, ist Ihnen vielleicht aufgefallen, dass die Timing-Constraints-Datei fehlt. Der einfache Grund ist, dass die Übersetzung mit den Timing Constraints derzeit nicht funktioniert. Sie erhalten aber auch ohne die Timing-Optimierungen ein zufriedenstellend funktionsfähiges Resultat.

12.6 Der GnuRadio-Flowgraph

Da jetzt alle DSP-Funktionen in das FPGA migriert sind, beschränkt sich der GnuRadio-Code auf die einfache Fernsteuerung des Arduinos über die serielle Schnittstelle. Das ist vielleicht enttäuschend – es gibt erst einmal keine FFT-Ansicht des gesamten Bandes mehr; das ist aufgrund des schmalbandigen 30 kHz-Quarzfilters Filter in der vorgeschalteten Signalkette auch gar nicht mehr möglich.

Sie sollten sich dennoch nicht entgehen lassen, mit dem Empfänger im 40 m-Band zu stöbern. Die Empfindlichkeit ist recht hoch – mit einem Signalgenerator können Sie ein CW-Signal bis herunter zu -130 dBm gerade noch wahrnehmen.

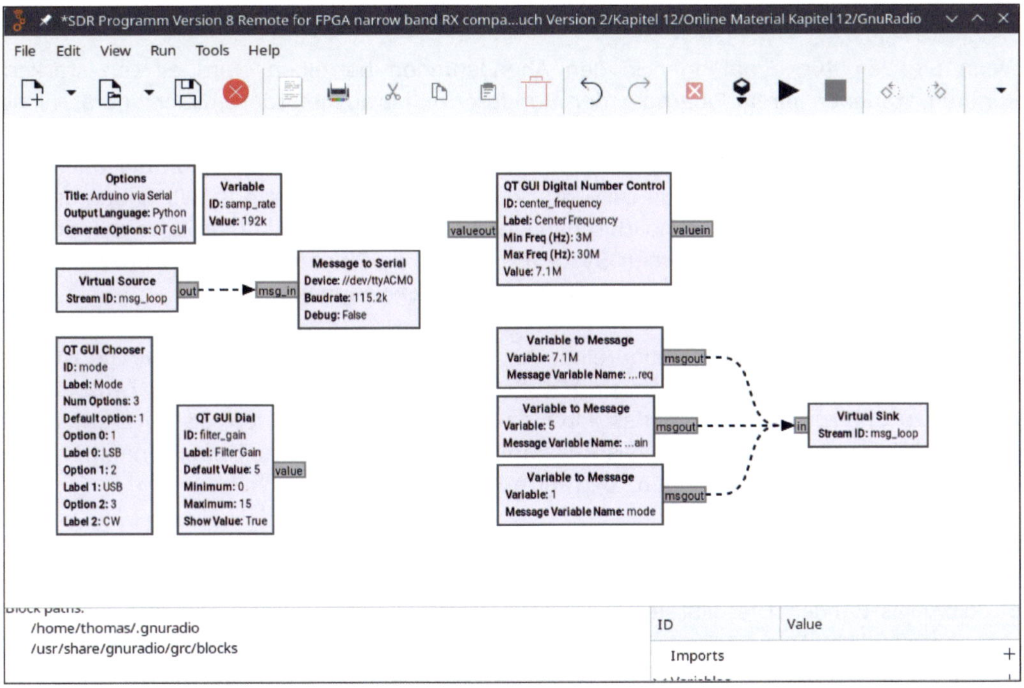

Abbildung 12-6-1: Der verbliebene GnuRadio-Flowgraph für den Schmalband-RX

Sie könnten auch daran denken, dem Empfänger eine PC-unabhängige Arduino-Steuerung zu verpassen. Dazu reichen einige Tastschalter oder z.B. zwei Encoder. Wenn Sie ohnehin schon den ganzen Tag vor dem PC sitzen, kann die Benutzung eines Empfängers mit realen Knöpfen und Schaltern eine angenehme Abwechslung darstellen.

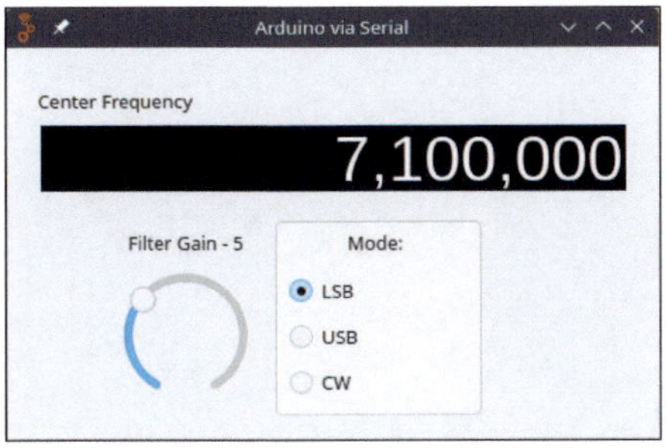

Abbildung 12-6-2: Die GnuRadio-GUI zur Steuerung des Schmalband-RX

12.7 Optimierungen

Es ist überraschend, wie einfach beeindruckende Empfangsexperimente mit dem FPGA gelingen können. Bereits in der Basisversion ist der Empfänger recht empfindlich und nur schwer übersteuerbar. Dennoch gibt es Raum für einige einfache Verbesserungen, wie wir gleich feststellen werden.

12.7.1 Der Anti-Aliasing-Filter

Wenn Sie den 40m-Empfänger in den Abendstunden betreiben, wird er von starken Rundfunkstationen direkt oberhalb der Bandgrenze herausgefordert. Dabei gerät nicht etwa der ADC in die Übersteuerung, sondern es tauchen AM-Rundfunksignale im 40m-Band auf, die dort nicht hingehören. Dafür gibt es einen Grund: Die Vorselektion der analogen Signale reicht für die vollständige Unterdrückung des Aliasing nicht aus. Wir haben uns zu sehr auf die Selektivität des monolithischen Quarzfilters (üblich sind 60 dB Sperrdämpfung) verlassen. Bei einem empfindlichen System und starken Eingangssignalen außerhalb des Passbandes verbleiben also deutlich hörbare Reste dieser Signale.

Eine Abhilfe kann durch den Einbau eines Anti-Aliasing-Filters erfolgen. Die Frage ist, wo das Sperrband beginnen sollte. Unser ADC arbeitet bei 200 kHz Samplerate. Um bei ihm Aliasing zu unterdrücken, sollte das Filter das Eingangsspektrum nur bis kurz unterhalb von 100 kHz durchlassen. Durch das Resampling bei 50 kHz entsteht aber eine strengere Anforderung: Die Nyquist-Frequenz beträgt nur 25 kHz!

Glücklicherweise hat unsere Signalverarbeitung mit dem Downmixer und dem Weaver-Modulator einen nützlichen Nebeneffekt: Der Downmixer unterdrückt alle geradzahligen 50 kHz-Alias-Bänder. Die digitale Signalkette ist also nur bei 50kHz, 150 kHz, 250 kHz, etc... empfindlich. Das können Sie mit einem Signalgenerator auch direkt nachprüfen. Weiterhin durchläuft das 50 kHz-Signal im Weaver-Schema zwei Tiefpässe, einen mit 1,5 kHz Bandbreite und einen mit der SSB-Bandbreite, so dass Frequenzen oberhalb der Nyquist-Frequenz von 25 kHz bereits wirksam digital ausgefiltert werden. Daher reicht ein Anti-Aliasing-Filter mit einer Grenzfrequenz zwischen 50 und 100 kHz völlig aus. Es sollte jedoch über eine genügend hohe Sperrdämpfung verfügen um die Rundfunksignale vollständig zum Verschwinden zu bringen. Wegen der großen Empfindlichkeit des ADCs wählen wir einen LC-Tiefpass mit 9 Polen.

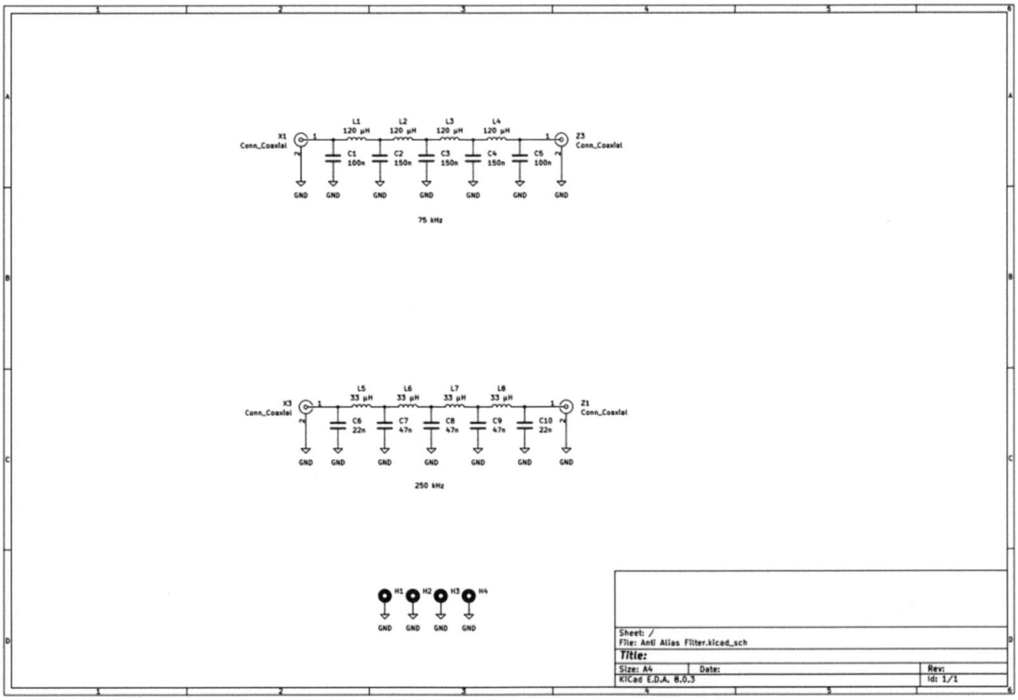

Abbildung 12-7-1: Schaltung des LC-Tiefpasses

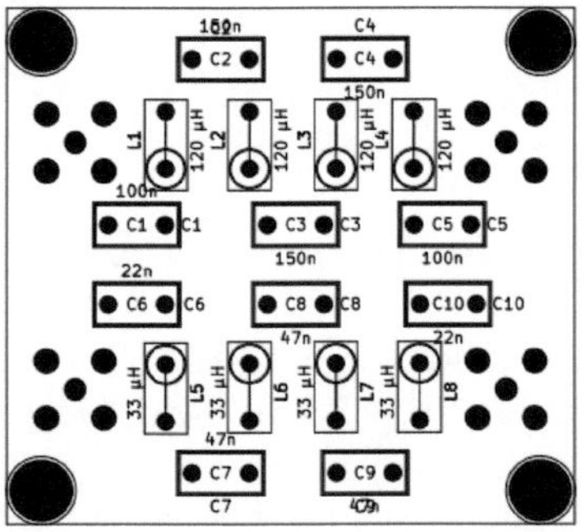

Abbildung 12-7-2: Bestückungsplan des LC-Tiefpasses

Sie können einen solchen Tiefpass leicht mit QUCS berechnen. Leider sind dann nicht alle Bauteilwerte in den Standardreihen enthalten. Im Schaltplan der Filter (Abbildung 12-7-1) sind bereits vereinfachte Bauteilwerte vorgesehen. Dadurch kommt es zu Abweichungen bei z.B. der Welligkeit des Filters im Passband. In Abbildung 12-7-3 sind die mit den angegebenen Bauteilen berechneten Durchlasskurven angegeben.

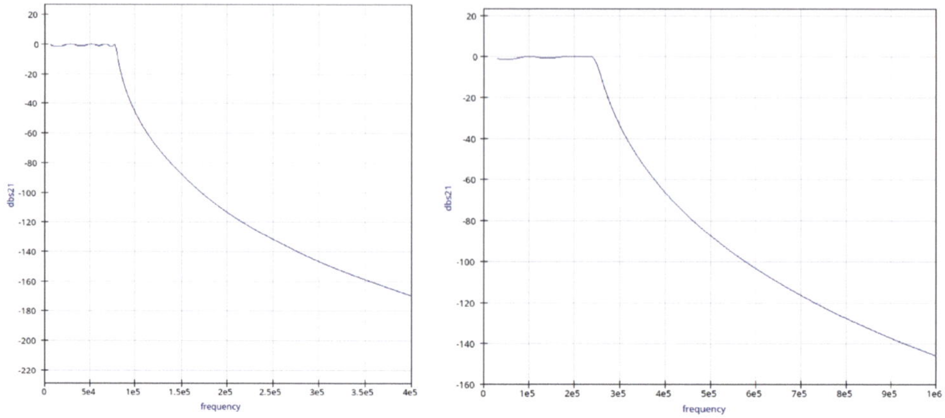

Abbildung 12-7-3: Mit QUCS berechnete Durchlasskurven für die Filter

Auf der Platine ist Platz für zwei verschiedene Filter, damit Sie mit dem Anti-Aliasing experimentieren können. Wenn Sie das vereinfachte 75 kHz-Filter einsetzen, werden Sie auch in den Abendstunden eine deutlich Verbesserung des Empfangs feststellen können!

Abbildung 12-7-4: Foto des Anti-Aliasing-Filters

Der komplett aufgebaute Empfänger ist in Abbildung 12-7-5 wiedergegeben. Auch beim Doppelsuperhet erwies sich die ganz oben eingebaute optische Trennung vom USB als hilfreich beim Unterdrücken von Störungen, die sonst vom PC in den Empfänger eingetragen werden.

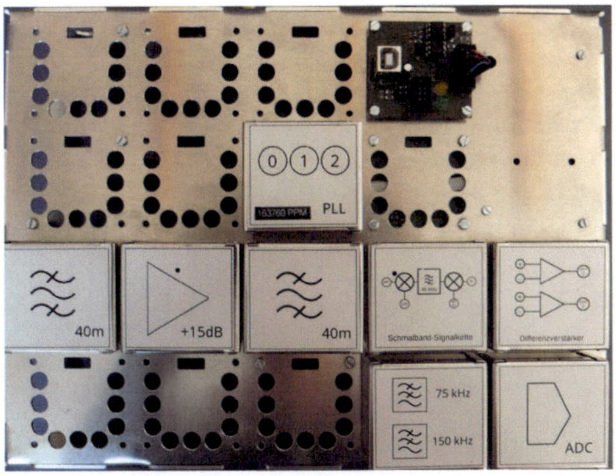

Abbildung 12-7-5: Foto des komplett aufgebauten Empfängers auf einem Chassis

12.7.2 Einen Spitzenwert-Detektor einfügen

Auf dem MAX1000-Board befinden sich acht LEDs, mit denen wir einen ADC-Spitzenwert-Indikator realisieren können. Damit lässt sich feststellen, wie hoch der ADC ausgesteuert wird. Der VHDL-Code für diesen Block ist übersichtlich:

```
--Überwachung für 24 bit-ADC-Übersteuerung
--Zur Ausgabe der MSBits werden die User-LEDs verwendet
--nur die positive Halbwelle wird ausgewertet
library ieee;
use ieee.std_logic_1164.ALL;
use ieee.numeric_std.ALL;

entity ADC_Peakdetector is
        port (ADC_DAT : in signed(23 downto 0);
                        LED_OUT : out std_logic_vector(7 downto 0);
                        SAMPLE_CLK : in std_logic
                        );
end ADC_Peakdetector;

architecture ADC_Peaktedector_arch of ADC_Peakdetector is

signal adc_data : signed(23 downto 0);

begin
        led_display : process(SAMPLE_CLK)
        variable adc_data_max : signed(23 downto 0);
        variable sample_counter : integer range 0 to 20000 := 0;
        begin
          if SAMPLE_CLK'event and SAMPLE_CLK = '1' then
             sample_counter := sample_counter + 1;
                  if sample_counter = 20000 then
                     sample_counter:= 0;
```

```
                          LED_OUT <= std_logic_vector(adc_data_max(23 downto
16));
                     adc_data_max := to_signed(0,24);
                  else
                     if adc_data_max < ADC_DAT then
                             adc_data_max := ADC_DAT;
                          end if;
                  end if;
                end if;
        end process;

end ADC_Peaktedector_arch;
```

Listing 12-9: Ein Spitzenwert-Detektor mit 8 Bit-Ausgang

Es werden die oberen acht Bit der ADC-Daten überwacht. Alle 20000 Zyklen wird das Maximum an den Ausgang weitergeleitet - damit werden auch selten auftretende Spitzenwerte noch wahrnehmbar angezeigt. Mit den Ausgangsbits werden die acht Nutzer-LEDs verbunden. Die Projektdatei mit diesem Zusatz finden Sie unter

"Kapitel 12/Online Material Kapitel 12/Quartus/Quartus Projekte/WEAVER_SCHEMA"

Schließen Sie einen Signalgenerator an Ihr Experiment an. Drehen Sie den Pegel bei z.B 7,1 MHz auf, bis der Spitzenwert auf der LED-Skala nicht weiter steigt. Der angezeigte Spitzenwert beträgt beim Autor 6 (Dezimal). Die MSB-Position berechnet sich zu 16 Bits (die nicht angezeigt werden) + MSB an Position 3 (die durch die LEDs angezeigt wird) + 1 Vorzeichenbit (da wir nur positive Halbwellen auswerten) und beträgt damit 19 Bits (Abbildung 12-7-9, unterer Graph). Der Vorverstärker (15 dB) ist dabei eingeschaltet.

12.7.3 Die Schmalband-Signalkette an den Systemwiderstand anpassen

Eine Ursache des geringen Pegels ist eine Fehlanpassung des Ausgangs der Schmalband-Signalkette (= 1,5 kOhm) an den Systemwiderstand von 50 Ohm. Man könnte versucht sein, eine Verstärkerstufe einzufügen, um die Impedanz des Mischerausgangs am SA612 deutlich zu reduzieren. Die hohe Empfindlichkeit des ADCs würde aber auch dessen Rauschen mit verstärken - es wird lauter aber das SNR verringert sich. Daher folgen wir hier dem Prinzip "weniger ist mehr" und setzen einen Transformator ein. Dieser kann auf einen BN73-202 gewickelt werden und sollte ein Übersetzungsverhältnis von 50:10 aufweisen (1 Windung = einmal durch ein Loch hindurchstecken). Dieser Transformator ist für den Schmalband-Brick leider zu groß, daher wird er auf einer eigene Bridge-Platine untergebracht. Wir fügen für zukünftige Experimente mit mehreren Eingängen und ADCs gleich noch einen zweiten Kanal mit hinzu. Die Trafos wurden beim Autor mit 0,22 mm dickem Kupferlackdraht gewickelt. Die Doppellochkerne sollten z.B. mit einem Tropfen Kontaktkleber fixiert werden, damit der dünne Draht von mechanischen Stößen entlastet wird.

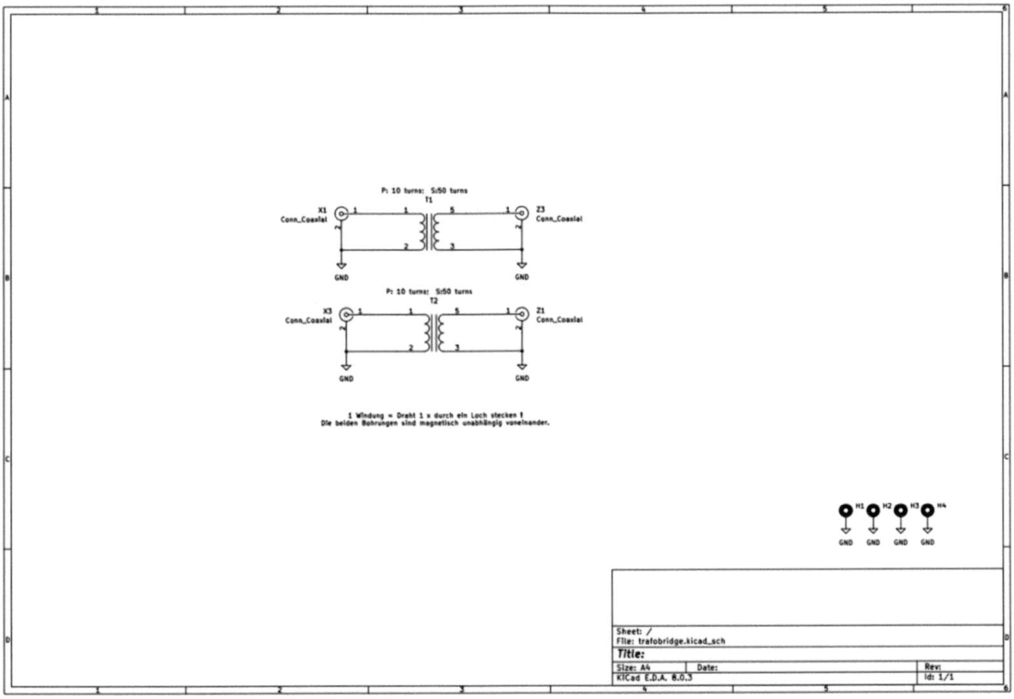

Abbildung 12-7-6: Schaltung der Transformator-Bridge

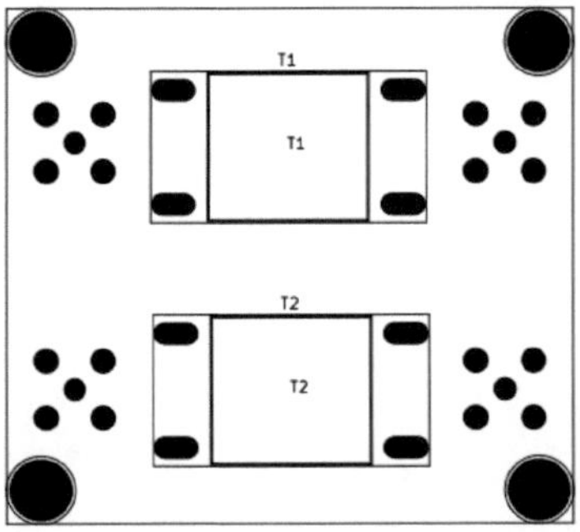

Abbildung 12-7-7: Bestückungsplan der Transformator-Bridge

Abbildung 12-7-8: Bild der bestückten Transformator-Bridge

Wenn Sie das Aussteuerungs-Experiment jetzt wiederholen, sehen Sie bei -30 dBm Eingangspegel wahrscheinlich das MSB an Position 5 (dies entspricht einer Aussteuerung von 22 Bit). Die Anpassung ergab also einen Faktor 3,2 an Gewinn allein bei der Spannung (Abbildung 12-7-9, Vergleich oberer und unterer Graph)! Anpassung lohnt sich also nicht nur bei der Antenne, sondern ist in der gesamten Signalkette wichtig.

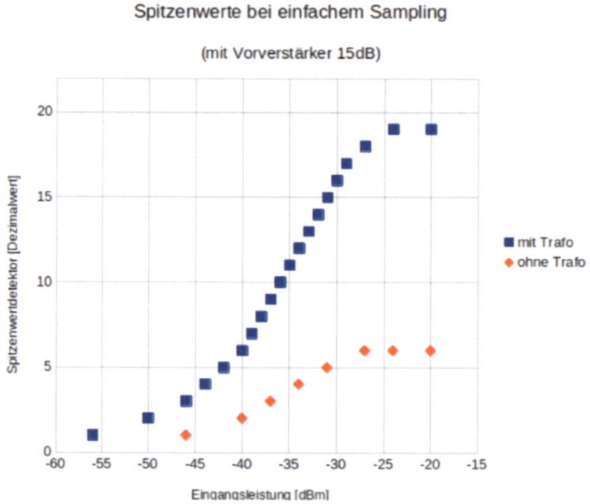

Abbildung 12-7-9: Verlauf der Spitzenwertanzeige mit der Eingangsleistung (7,1 MHz) ohne und mit Trafo-Bridge

Mit eingeschaltetem Vorverstärker geht die Signalkette bei ca. -30 dBm in die Sättigung. Es wäre eine Frage, ob die Ursache dazu beim Vorverstärker liegt. Mit den Bricks können Sie das leicht testen: Ziehen Sie einfach den Stecker für die Betriebsspannung vom Vorverstärker-Brick ab. Dann schleift er sich mit seinen Bypass-Relais aus dem Signalweg. Wenn Sie die Messung wiederholen, bekommen Sie wahrscheinlich ein Resultat, das dem aus Abbildung 12-7-10 ähnelt:

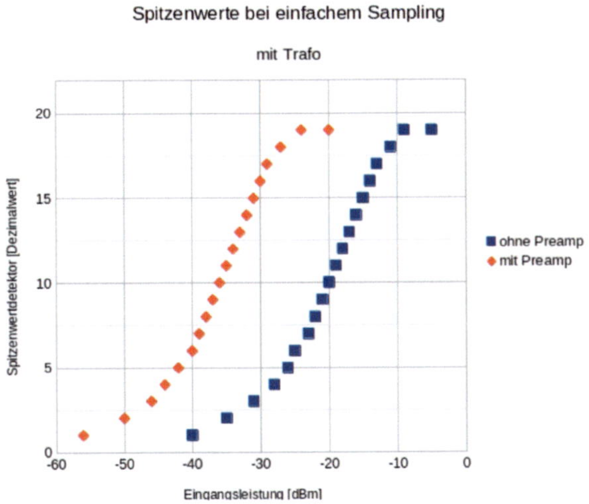

Abbildung 12-7-10: Verlauf der Spitzenwertanzeige mit Trafo-Bridge, ohne und mit Vorverstärker

Sie können die Daten (unter "Online Material Kapitel 12 / Wirkung von Anpassung und Oversampling.ods" enthalten) der beiden Graphen in etwa zur Deckung bringen, wenn Sie von den X-Werten in der Tabelle "Einfaches Sampling mit Anpassung, ohne Preamp" eine angenommene Verstärkung G des Vorverstärkers abziehen. Bei G = 15 kommen die Kurven gut zur Deckung, der Vorverstärker verhält sich also genau wie angenommen. Zudem liefert der (nicht sehr genaue) visuelle Vergleich auch, dass der Vorverstärker nicht hauptsächlich zur Sättigung der Signalkette beiträgt.

12.7.4 Vierfaches Oversampling mit dem LTC2380

Die Samplerate des LTC2380 war im letzten Beispiel mit 200 kHz gewählt worden. Der ADC ist aber erheblich schneller. Wenn man ihn bei 800 kHz, also bei 4-fachem Oversampling betreibt, kann man ein eingebautes Feature des Chips ausnutzen: Eine integrierte Mittelung. Diese verbessert die Wandler Statistik im Idealfall um die Wurzel aus dem Oversampling-Faktor. Ein Faktor zwei bei der Spannung entspricht einem Faktor vier bei der Leistung, Sie können also idealerweise eine um ca. 3 dBm gesteigerte Empfindlichkeit erwarten. Solche Geschenke sollten nicht vorschnell ausgeschlagen werden!

Eine VHDL-Implementierung für den LTC2380-Block liefert dazu das folgende Listing:

```
--Interface für den seriellen 24bit-DAC LTC2380-24
--der ADC liefert bereits signed integer 24 bit
--oversampling 4-fach mit Mittelung im LTC2380 (sinc-Filter)
library ieee;
use ieee.std_logic_1164.ALL;
use ieee.numeric_std.ALL;

entity LTC2380_24 is
      port (ADC_DAT : out std_logic_vector(23 downto 0);  --sampled adc data word
```

```
                        CNV : out std_logic;            --cnv input ADC, starts
                                                        --conversion at rising edge
                        BUSY: in std_logic;             --high during conversion, low
                                                        --otherwise
                        SCK : out std_logic;            --clock pulses for spi
                        SDO : in std_logic;             --data output of ADC
                        RDY : out std_logic;            --ready output of ADC block
                        CLK_IN : in std_logic;          --synchronous clock input
                        SAMPLE_CLK : in std_logic);
end LTC2380_24;

architecture adc_arch of LTC2380_24 is

signal adc_data : std_logic_vector (23 downto 0); --adc delivers unsigned data
                                                  --word
signal state : integer range 0 to 4 := 0;
signal sample : boolean := false;

--state 0: idle
--state 1: Convert -> 1
--state 2: wait for busy to return to low
--state 3: retrieve bit 23 (sck low)
--state 4: retrieve bits 22 to 0 (valid on falling edge)

begin
        sample_ff : process(SAMPLE_CLK, state)
        begin
           if SAMPLE_CLK'event and SAMPLE_CLK = '1' then
                        if state = 0 then
                                sample <= true;
                        end if;
                end if;
                if state > 0 and state <= 2     then
                   sample <= false;
                end if;
        end process;

   acquire : process(CLK_IN, state)
   variable n : integer range 0 to 23 := 0;
        variable oversampling : integer range 0 to 4 := 0;
        begin
                --toggle ADC SCK bit when clocking data
           if state >= 2 and state <= 3 then
                   SCK <= CLK_IN;
                else
              SCK <= '0';
```

```
            end if;

        if CLK_IN'event and CLK_IN = '0' then --data valid on falling edge

                if state = 0 then
                        if sample = true then
                                RDY <= '0'; --set ready bit low, as we
                                            --start to acquire
                                CNV <= '1'; --setting of ADC CNV bit sets
                                            --busy bit for duration of
                                            --conversion
                                state <= 1;
                        end if;

                 elsif state = 1 then --poll the ADC BUSY bit and stay
                                      --here as long as it is HIGH
                        CNV <= '0';   --reset CNV bit, as the ADC is
                                      --already busy
                        if (BUSY = '0') then
                           oversampling := oversampling + 1;
                           if oversampling = 4 then
                              oversampling := 0;
                              state <= 2;  --transmit every fourth
                                           --sample
                            else
                              state <= 0;
                            end if;
                        end if;

                elsif state = 2 then
                    adc_data(23) <= SDO;    --retrieving the MSBit
                         n := 22;           --by loading bit counter
                         state <= 3;        --prepare to get the other
                                            --bits

                elsif state = 3 and  n <= 22 and n >= 0 then  --state 4 =
                                                   --clocking in data from chip
                    adc_data(n) <= SDO;
                    if (n = 0) then        --only when all the bits have been
                                           --read out,
                       state <= 4;         --signal we are ready
                         else
                     n := n - 1;           --otherwise, stay in loop and
                                           --continue polling data
                    end if;
```

```
                elsif state = 4 then          --we are ready, output data and
                                              --return to idle
                    ADC_DAT <= adc_data;
                                   RDY <= '1';
                    state <= 0;
                end if;
            end if;

    end process;
end adc_arch;
```

Listing 12-10: Implementierung von 4-fachem Oversampling und einfachem Lesezyklus

Die Implementierung gelingt einfach: Sie müssen die Wandlung einfach bei vierfacher Samplerate mit dem CNV-Bit anwerfen und auf das BUSY-Bit warten. Der Unterschied zur nicht mittelnden Version liegt darin, dass Sie nur jedes vierte Mal die Daten auslesen. Die Mittelwertbildung erledigt der LTC2830 dann intern. Da die Ausgangsrate des Wandlers wiederum nur 200 kHz beträgt, ändert sich am Rest unseres Weaver-Schemas nichts. Sie finden das Quartus-Projekt im Onlinematerial, im Verzeichnis

"Online Material Kapitel 12/Quartus/Quartus Projekte/Weaver_Schema_4fach_
Oversampling".

Wenn Sie jetzt die Signalkette in Betrieb nehmen, können Sie das verminderte Rauschen direkt wahrnehmen. Einen Vergleich können Sie vornehmen, wenn Sie die Hardwarekonfiguration für das 4-fache Oversampling als *.pof-Datei permanent in den Flash-Speicher laden, die einfach abtastende Version als *.sof-Datei in den flüchtigen Konfigurationsspeicher. Für das instantane Umschalten brauchen Sie dann nur noch den Reset-Knopf auf dem MAX1000-Board zu drücken. Weiter unten werden wir sehen, dass dieses verminderte Rauschen mit einer Verringerung der Dynamik einhergeht.

12.7.5 Zehnfaches Oversampling mit dem LTC2380

Es wäre denkbar, das Oversampling noch weiter auf die Spitze zu treiben. Der LTC2308-24 kann bis zu zwei MSPS aufnehmen. Die Schnittstellengeschwindigkeit ist dann zu langsam, um die Datenworte innerhalb einer Sampling-Periode zu transferieren. Es gibt aber gemäß Datenblatt noch die Möglichkeit des "distributed Read" [Linear 2015]. So wäre bei einer Ausgangsrate von 200 kHz ein 10-faches Oversampling denkbar. Das Wandlerrauschen würde sich damit idealerweise um Faktor $\sqrt{(10)}=3{,}162$ verringern. Da es sich lediglich um eine kleine Softwareänderung handelt, sollten wir uns die Chance nicht entgehen lassen – zudem dazu eine weitere Fingerübung in VHDL nötig ist. Wiederum verringern sich das Rauschen aber auch der Dynamikbereich.

```
--Interface für den seriellen 24bit-DAC LTC2380-24
--der ADC liefert bereits signed integer 24 bit
--oversampling 10-fach mit Mittelung im LTC2380 (sinc-Filter)
--Auslesen mit distributed read
```

```
--Thomas Duden 2024
library ieee;
use ieee.std_logic_1164.ALL;
use ieee.numeric_std.ALL;

entity LTC2380_24 is
        port (ADC_DAT : out std_logic_vector(23 downto 0);  --sampled adc data
                                                             --word
                        CNV : out std_logic;         --cnv input ADC, starts
                                                     --conversion at rising edge
                        BUSY: in std_logic;          --high during conversion, low
                                                     --otherwise
                        SCK : out std_logic;         --clock pulses for spi
                        SDO : in std_logic;          --data output of ADC
                        RDY : out std_logic;         --ready output of ADC block
                        CLK_IN : in std_logic;       --synchronous clock input
                        SAMPLE_CLK : in std_logic);
end LTC2380_24;

architecture adc_arch of LTC2380_24 is

signal adc_data : std_logic_vector (23 downto 0);   --adc delivers unsigned data
                                                     --word
signal state : integer range 0 to 4 := 0;
signal sample : boolean := false;


--state 0: idle
--state 1: Convert -> 1, load bit counter
--state 2: wait for busy to return to low
--state 3: retrieve bit 23 (sck low)
--state 4: retrieve bits 22 to 0 (valid on falling edge)

begin

        sample_ff : process(SAMPLE_CLK, state)
        begin
           if (SAMPLE_CLK'event) and (SAMPLE_CLK = '1') then
                        if state = 0 then
                                sample <= true;
                        end if;
                end if;
                if (state > 0) and (state <= 2) then
                   sample <= false;
                end if;
        end process;
```

```
acquire : process(CLK_IN, state)
variable n : integer range 0 to 23 := 0;
     variable bit_counter : integer range 0 to 4 := 0;
     variable oversampling : integer range 0 to 10 := 0;
     begin
             --toggle ADC SCK bit when clocking data
        if (state = 2) and (oversampling < 9) then
                SCK <= CLK_IN;
             else
           SCK <= '0';
             end if;

        if CLK_IN'event and CLK_IN = '0' then --data valid on falling edge

              if (state = 0) then
                    if sample = true then
                            RDY <= '0'; --set ready bit low, as we start to
                                        --acquire
                            CNV <= '1'; --setting of ADC CNV bit sets busy
                                        --bit for duration of conversion
                            state <= 1;
                    end if;

              elsif (state = 1) then       --poll the ADC BUSY bit and
                                           --stay here as long as it is HIGH
                           CNV <= '0';     --reset CNV bit, as the ADC is
                                           --already busy
                      if (BUSY = '0') then
                                  oversampling := oversampling + 1;
                                           --oversampling 10
                           if (oversampling = 10) then
                                 oversampling := 0;
                                 n := 23;
                           end if;
                           if (oversampling >= 0) and (oversampling <= 6) then
                                  bit_counter := 3;  --for the first 7
                                                     --cycles, transmit 3
                                                     --bits (21 bits total)
                           elsif oversampling = 7 then
                                 bit_counter := 2;   --for the 8th cycle,
                                                     --tranmit 2 bits (23
                                                     --bits total)
                           elsif oversampling = 8 then
                                 bit_counter := 1;   --for the 9th cycle,
                                        --tranmit 1 bit (24 bits total)
```

```
                        end if;     --ignore the 10th cycle to update
                                    --ADC output register

                        state <= 2;  --go on to distributed read
                    end if;         --with 10-fold average


                elsif (state = 2) then     --retrieve bits in distributed
                                           --read mode
                    if (oversampling >= 0) and (oversampling <= 8) then
                             adc_data(n) <= SDO;  --retrieving the
                                                  --MSBit
                             n := n - 1;
                     bit_counter := bit_counter - 1;
                             if (bit_counter = 0) then
                                state <= 0;
                             end if;
                        end if;
                        if (oversampling = 9) then
                            state <= 4;  --do last acquisition cycle
                                         --and no clocking
                        end if;

                elsif (state = 3) then        --during the last sampling
                                              --period, do not operate
                                              --clock to finish averaging
                        state <= 4;

                 elsif (state = 4) then  --we are ready, output data
                                         --and return to idle
                        ADC_DAT <= adc_data;
                        RDY <= '1';
                       state <= 0;
                end if;
         end if;
    end process;

end adc_arch;
```

Listing 12-11: Zehnfaches Oversampling mit dem LTC2380-24 mit verteiltem Lesezyklus

Die Übertragung der Bits erfolgt mit Hilfe der Variable "oversampling", die mit jeder Messung des ADCs inkrementiert wird und von 0 nach 9 hochgezählt wird. Während der ersten 7 Messungen (oversampling = 0..6) werden je 3 Bits übertragen (durch die Variable bit_counter gesteuert). Während der achten Messung dann nur noch zwei Bits und während der neunten Messung (oversampling = 8) das letzte noch fehlende Bit. Bei der zehnten Messung werden keine Bits mehr abgeholt – damit wird dem LTC2380 mitgeteilt, dass die

Mittelwertbildung abgeschlossen ist. Sie finden das Quartus-Projekt im Onlinematerial, im Verzeichnis

"Online Material Kapitel 12/Quartus/Quartus Projekte/Weaver_Schema_10fach_ Oversampling".

12.7.6 Die Wirkung des Oversamplings analysieren

Unser LTC2380-24 wirkte mit einer Abtastrate von 200 kHz noch etwas unterbeschäftigt. Das Datenblatt nennt für das Wandlerrauschen bei einfachem Sampling eine vornehm ausgedrückte Zahl: 32 Counts. Das wirkt zunächst harmlos, beträgt die gesamte Dynamik doch 2^24 Bit = 16777216 Counts. Es handelt sich aber doch um 5 Bits, d.h. bei einfacher Abtastrate können Sie nur 24-5 = 19 Bits an effektiver Dynamik erwarten. Das ist zwar immer noch ein beeindruckender Wert aber weniger als erhofft. Um die Situation zu verbessern, wartet der LTC2380-24 mit dem bereits beschriebenen, eingebauten Mittelwertfilter auf.

Das dabei verwendete Oversampling reduziert das Wandlerrauschen bei einer Mittelwert-bildung mit N Samples um . Das ist beeindruckend und bereits bezahlt! Mit dem Spitzen-wert-Detektor-Block können Sie vergleichen, wie sich das Oversampling mit nachfolgender Mittelwert-Filterung im LTC 2380 auf den Dynamikbereich auswirkt.

Wenn Sie zunächst das Kabel vom ADC-Eingang lösen, stellen Sie fest, dass das wahrnehmbare Rauschen des ADCs mit wachsendem Oversampling tatsächlich subjektiv geringer wird.

Mit angeschlossener Signalkette und einem Signalgenerator am Eingang der gesamten Anordnung ist die Betrachtung der ADC-Aussteuerung interessant: Während bei einfachem Sampling die Vollaussteuerung mit einem Sinussignal bei 7,1 MHz bei etwa -30 dBm und 22 Bit erreicht wird, wird bei 4-fachem Oversampling zwar das Rauschen kleiner aber die Vollausssteuerung liefert auch nur noch 21 Bit. Bei 10-fachem Oversampling und noch stärker unterdrücktem Wandlerrauschen werden bei Vollaussteuerung vom ADC nur noch 20 Bit abgeliefert.

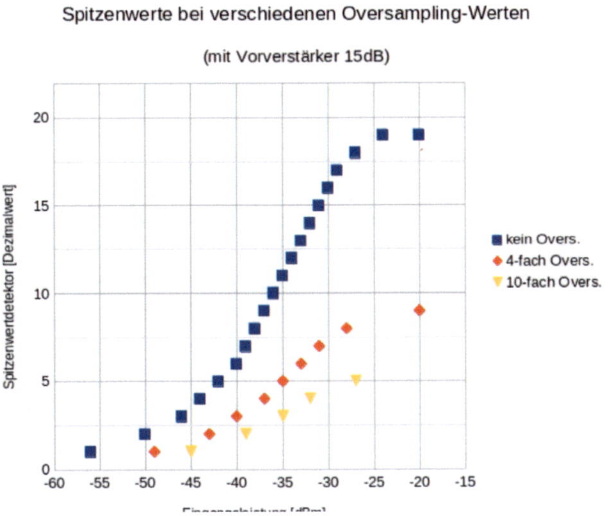

Abbildung 12-7-11: Verlauf der Spitzenwertanzeige bei verschiedenen Oversampling-Werten (mit 15 dB Preamp)

Das Datenblatt des ADCs gibt dazu noch eine wichtige Anmerkung: Für die Mittelwertbildung ist der Divisor fest programmiert und nimmt nur diskrete Werte von Zweierpotenzen an. Bei 10 Samples beträgt der Divisor bereits 16, so dass beim Vergleich der Ausgangsdaten eine Multiplikation mit 16/10=1,6 vorgenommen werden muss.

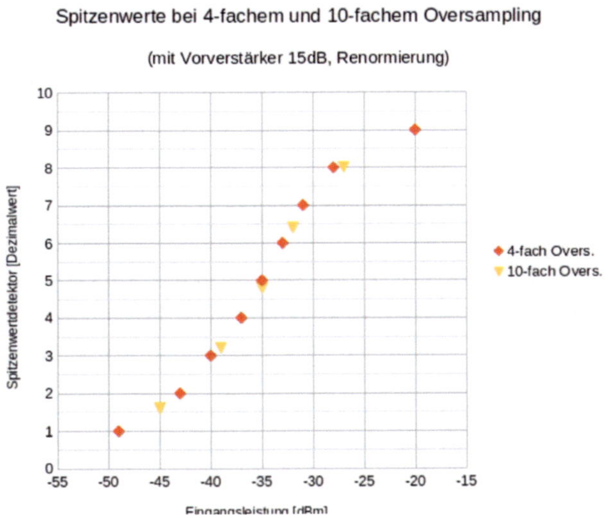

Abbildung 12-7-12: Spitzenwertdetektor-Anzeige des Ausgangs-MSB bei 4-fachem und 10-fachem Oversampling mit Renormierung für 10-faches Oversampling

Nach der Renormierung liegen die Werte für 4-faches und 10-faches Oversampling fast deckungsgleich (Abbildung 12-7-12).

Um das beim Übergang auf die vierfache Mittelung verloren gegangene Bit zu erklären, müssen wir uns noch überlegen, was der auf den ADC folgende Mixer bewirkt: Dieser sortiert Halbwellen des 50 kHz-Eingangssignals in vier Variablen ein, er richtet (bei Schwebungsnull) das Signal also gleich. Es handelt sich sogar um einen Vollwellengleichrichter, da positive und negative Halbwelle gleichermaßen berücksichtigt werden.

Bei einfachem Sampling liefert der ADC-Ausgang den Spitzenwert der Signalamplitude am Eingang des ADCs. Beim Oversampling jedoch werden die Viertelwellen (wir tasten 4 Quadranten mit 4f ab) in 4 bzw. 10 Intervalle unterteilt und die Momentanwerte paketweise gemittelt ausgegeben. Der Mittelwert über eine Halbwelle des Signals kann damit aber nicht mehr den Spitzenwert liefern, sondern nur noch deren Gleichrichtwert (wenn man eine vollständige, positive Halbwelle erwischt, was bei einer Schwebung wiederholt passiert). Für sinusförmige Signale lässt sich der Gleichrichtwert über eine Halbwelle folgendermaßen berechnen:

$$U_{glr}=1/\pi\int_0^{\pi} U_{pk}\sin(\phi)d\phi=U_{pk}/\pi[-\cos(\phi)]_0^{\pi}=2/\pi U_{pk}\approx 0{,}637\,U_{pk}$$

Der errechnete Faktor zeigt, dass sich die Spitzenspannung des Eingangssignals in etwa halbiert, wenn die Mittelung verwendet wird, was den Dynamikverlust zumindest plausibel erscheinen lässt.

Im Datenblatt wird dazu bemerkt, dass bei Verwendung des eingebauten Mittelwertfilters der ADC nicht höher ausgesteuert werden sollte als , also mit maximal 2,5 V Signalamplitude. Sie können es (vorsichtig) dennoch tun, um weitere Bits des ADCs auszusteuern. Das funktioniert zwar aber die Linearität geht verloren, da der Wandler vor dem Mittelwertfilter dabei in die Sättigung gefahren wird. Sollten dann schließlich 7 LEDs (alle bis auf das Vorzeichenbit) eingeschaltet sein, mitteln Sie über ein rechteckförmiges Eingangssignal – leider ist das ein unbrauchbarer Input für unsere Signalkette.

Es ist eine Frage wert, ob wir das Mittelwert-Filter direkt im ADC überhaupt benötigen, da im weiteren Signalweg die FIR-Tiefpassfilter liegen. Diese integrieren bereits über eine erhebliche Anzahl von Samples, indem sie die Impulse-Response-Funktionen in den Akkumulatoren der Filter aufaddieren. Anstelle der Nebenwirkungen des Mittelwert-Filters liefert diese Art der gewichteten Summation aber schlicht das erwünschte Tiefpassverhalten.

Probieren Sie die verschiedenen Oversampling-Einstellungen einfach einmal aus – dazu muss an der Mechanik des Gerätes nichts geändert werden. Es ist schwierig, eine Verbesserung der Grenzempfindlichkeit durch das Oversampling festzustellen.

12.7.7 Die Weaver-Signalkette als Oversampling-Filter interpretieren

Entworfen haben wir die Signalkette wie einen klassischen Empfänger – mit Mischer, Filtern, BFO, etc. Da die Samplerate im Verlauf der Signalverarbeitung aber reduziert wird, bestimmt letztlich die kleinste Samplerate in der Kette, bei welcher Grenzfrequenz das Aliasing zuerst auftritt (und nicht etwa die Samplerate des ADCs) – in unserem Weaver-Schema also die ungeradzahligen Vielfachen der Samplerate von 50 kSPS.

Sie kennen das wahrscheinlich schon vom reinen Dezimieren: Wenn Sie, um die Samplerate zu reduzieren, N-1 Samples aus dem Datenstrom wegwerfen, müssen Sie vorher eine Tiefpassfilterung vornehmen, um das durch die verringerte Samplerate verursachte Aliasing zu unterdrücken.

Interessant ist, dass es dabei unerheblich zu sein scheint, wie die Filterung genau aussieht – wir konnten anstelle einer reinen Tiefpassfilterung das gesamte Weaver-Schema mit I- und Q-Separation dort elegant "verstecken". Es wäre auch denkbar, andere Filter mit interessanten Eigenschaften "in-line" in dieser Frequenzdomäne unterzubringen.

Kapitel 13 • Ausblick

FPGAs bieten einzigartige Möglichkeiten, die Signalverarbeitung zu beschleunigen. In diesem Buch haben wir die Tür in diese interessante Welt nur einen kleinen Spalt weit geöffnet. Wenn Sie sich weiter damit beschäftigen, könnten Sie Probleme angreifen, die mit dem PC schwer oder durch größeren Ressourcenaufwand lösbar waren: Dazu gehören z.B. die Berechnung der FFT oder die instantane Auswertung von Richtungsinformation, sollten Sie zwei synchronisierte Empfangskanäle mit gekreuzten Antennen betreiben. Die Auslagerung solcher rechenintensiven Prozesse in die Hardware kann ein Embedded-System entlasten.

Allerdings ist ein FPGA-System zwar durch eine Hochsprache wie VHDL beschreibbar – die endgültige Realisierung ist aber wieder eine Hardware. Es handelt sich streng genommen also nur mittelbar um ein "Software Defined Radio".

An dieser Stelle haben Sie alle Werkzeuge in der Hand, dazu auch schon ein funktionierendes Stück Hardware. Das alles gehört jetzt ganz und gar Ihnen – ich wünsche Ihnen bei der Weiterentwicklung viel Vergnügen!

Kapitel 14 • Quellen

[Amann 2024] "Antennenerdung, Blitz- und Überspannungsschutz", Amann, Fabian, Hunger, Wolfgang, Raphael, Thomas, Schweyda, Michael, CQ-DL 6 (2024), DARC CQ DL GmbH, Baunatal, 2024, S. 30-35

[Analog 2009] "MT-086: Fundamentals of Phase Locked Loops (PLLs)", Analog Devices 2009

[Andraka 1998] "A survey of CORDIC algorithms for FPGA based computers", Andraka, Ray, ACM, Monterey 1998, www.andraka.com/files/crdcsrvy.pdf

[Angelov 2009] "VHDL Vorlesung SS2009 Teil 06" Angelov, V.,
URL: https://www.physi.uni-heidelberg.de/~angelov/VHDL2019/VHDL_SS09_Teil06.pdf

[Bartels 2013] "Bau eins Quarzfilters", Bartels, Jörn, Osnabrück, 2013,
URL: https://www.bartelsos.de/_media/filter/quarzfilter/bau_eines_quarzfilter.pdf

[Barrett 1999] "Technical Brief SWRA029: Fractional/Integer-N PLL Basics", Barrett, Curtis (ed.), Texas Instruments, Dallas, 1999

[Duden 2023] "FreeCAD für Elektroniker", Duden, Thomas, Elektor-Verlag, Aachen, 2023, ISBN 978-3-89576-543-8

[Gomez 99] "Engineering and Scientific Computing with Scilab", Gomez, Claude (Ed.), Birkhäuser Verlag, Boston 1999, ISBN 0-8176-4009-6

[Kainka 2019] "SDR Hands-on Book", Kainka, Burkhard, Elektor International Media b.v., London, 2019, ISBN 978-1-907920-76-9

[Kester 2008] "Noise power Ratio (NPR) – "A 65-Year Old Telephone System Specification Finds New Life in Modern Wireless Applications", Kester, Walt, Analog Devices Tutorial MT-005 Rev. A 10/08

[Linear 2015] Datenblatt zu LTC2380-24, LT0716 Rev. A,
URL: https://www.analog.com/en/products/ltc2380-24.html

[Lima] https://www.darc.de/fileadmin/filemounts/distrikte/l/ortsverbaende/02/Lima-SDR/Manual_Board_1_RX_Teil3.pdf

[Milanes 2024] "Arduino Si5351 Library tuned for size and click noise free", Milanes, Pavel, URL: https://github.com/pavelmc/Si5351mcu

[Nussbaum 2006] "HF-Messungen für den Funkamateur", Nussbaum, Hans, VTH Verlag Baden-Baden, S. 111 – 119

[Perry 2002] "VHDL: Programming by Example", Perry, Douglas L., Mc. Graw-Hill, New York, 2002, DOI: 10.1036/0071409548

[Rech 2011] "Untersuchungen an Rauschquellen", Rech, Wolf-Henning, 34. Ghz-Tagung Dorsten 2.2011, URL: http://www.df9ic.de

[Reeder 2005] "Transformer-Coupled Front-End for Wideband A/D Converters", Reeder, Rob, Analogue Dialoge 39-04, April 2005, p. 1-4,
URL: https://www.analog.com/en/resources/analog-dialogue.html

[Schnorrenberg 2016] "HF-Zweitongenerator für IM3-Messungen an SSB-Endstufen (PA's) und SSB-Empfängern", Schnorrenberg, Werner, URL: https://dc4ku.darc.de

[Schnorrenberg 2020] "Aufbau eines Kerbfilters für NPR- und SBN-Messungen", Schnorrenberg, Werner, URL: https://dc4ku.darc.de

[Schnorrenberg 2020] "NPR-Messverfahren", Schnorrenberg, Werner,
URL: https://dc4ku.darc.de

[Schnorrenberg 2024] "Rauschmessungen", Schnorrenberg, Werner, CQ-DL 1 2024. DARC-Verlag, S. 42-45

[Schulz 2016] "Digitale Systeme mit FPGA entwickeln", Schulz, Peter und Noroska, Edwin, Elektor-Verlag, Aachen 2016, ISBN 978-3-89576-310-6

[Smith 1999] "The Scientist and Engineers Guide to Digital Signal Processing", Smith, Steven W., California Technical Publishing, San Diego, California, 1999, S. 280

[Steder 2009] "Klassische und moderne Quarzfilter, eine kleine Einführung mit Praxisbeispielen Rev.2", Steder, Horst, 2009, URL: https://www.bartelsos.de/_media/filter/quarzfilter/quarzfilter_rev2a.pdf

[SV1AFN] www.giga.co.za/ocart/index.php?route=product/product&product_id=317

[Uppström 2017] "FPGA DSP Radio for narrow band communications", Uppström, Daniel, Elektor 7/2017 Elektor-Verlag Aachen, S. 70

[USDX] https://github.com/threeme3/usdx

[Wippermann 2016] "Sende/Empfangs-Bandpassfilter", Wippermann, Wolfgang, Ribnitz-Damgarten, 2016, URL: http://www.dg0sa.de/bandpassfilter.pdf

Index